ArcGIS
地理信息系统大全

薛在军　马娟娟　等编著

清华大学出版社

北　京

内 容 简 介

本书立足实战，讲解最新的 ArcGIS 10 桌面系统的基本操作方法，从地理数据的显示、编辑、查询和管理的角度介绍了桌面的应用，并介绍扩展模块及综合实战案例。全书穿插了大量的应用实例，是作者在项目实施过程中积累的各种应用技巧的总结。本书附带 1 张 DVD 光盘，内容为本书配套多媒体教学视频及其他资料。

本书共 27 章，分 6 篇。第 1 篇认识 ArcGIS 地理新系统平台，以实例开始 ArcGIS 之旅。第 2 篇介绍如何创建地图、管理图层、数据的符号化，如何用文字和图表的方式对地图进行信息丰富并打印地图，如何使用符号和样式。第 3 篇介绍图形编辑工具、数据编辑基础、数据属性、地理数据库属性的编辑方法及拓扑知识。第 4 篇介绍数据表、图表、报表的相关内容，以及地图的查询方式、栅格数据的操作方法及 ArcCatalog 使用基础。第 5 篇介绍地理处理、三维分析、地统计、高级智能标注、网络分析和空间分析等扩展模块的应用。第 6 篇介绍了一个高级制图的综合案例。

本书适合地理信息系统专业入门人员、ArcGIS 桌面产品使用人员、地理信息系统技术爱好者等相关人员阅读，也适合作为大中专院校相关专业的实验教材使用。

本书封面贴有清华大学出版社防伪标签，无标签者不得销售。

版权所有，侵权必究。举报：**010-62782989**，beiqinquan@tup.tsinghua.edu.cn。

图书在版编目（CIP）数据

ArcGIS 地理信息系统大全 / 薛在军等编著. —北京：清华大学出版社，2013.1（2024.7 重印）
ISBN 978-7-302-30742-6

Ⅰ. ①A… Ⅱ. ①薛… Ⅲ. ①地理信息系统－应用软件 Ⅳ. ①P208

中国版本图书馆 CIP 数据核字（2012）第 283986 号

责任编辑：夏兆彦
封面设计：欧振旭
责任校对：胡伟民
责任印制：刘海龙

出版发行：清华大学出版社
　　　　　网　　　址：https://www.tup.com.cn，https://www.wqxuetang.com
　　　　　地　　　址：北京清华大学学研大厦 A 座　　　　邮　　　编：100084
　　　　　社 总 机：010-83470000　　　　　　　　　邮　　　购：010-62786544
　　　　　投稿与读者服务：010-62776969，c-service@tup.tsinghua.edu.cn
　　　　　质 量 反 馈：010-62772015，zhiliang@tup.tsinghua.edu.cn
印 装 者：三河市铭诚印务有限公司
经　　销：全国新华书店
开　　本：185mm×260mm　　　印　张：33　　　字　数：848 千字
　　　　　（附光盘 1 张）
版　　次：2013 年 1 月第 1 版　　　　　印　次：2024 年 7 月第 13 次印刷
定　　价：69.00 元

产品编号：049095-01

前　　言

  ArcGIS 软件平台是当前主流的地理信息系统应用平台之一。该软件由 Esri 公司开发研制，该公司 40 年以来一直引领全球 GIS 行业技术进步，并在地理信息系统理念创新上走在业内前列。ArcGIS 产品线为用户提供一个可伸缩的、全面的 GIS 平台。ArcObjects 包含了大量的可编程组件，从细粒度的对象（例如单个的几何对象）到粗粒度的对象（例如与现有 ArcMap 文档交互的地图对象），涉及面极广，这些对象为开发者集成了全面的 GIS 功能。每一个使用 ArcObjects 建成的 ArcGIS 产品都为开发者提供了一个应用开发的容器，包括桌面 GIS（ArcGIS Desktop）、嵌入式 GIS（ArcGIS Engine）以及服务端 GIS（ArcGIS Server）。

  代表了 ArcGIS 最新最主要产品的 ArcGIS 10 产品系列于 2010 年夏季发布，目的就是为了帮助用户提高 GIS 工作效率。在提高 GIS 工作效率、提高地图制作质量、在线共享、更好地执行建模分析及改进三维 GIS 环境等方面做出很大改进和提高。

  本书的编写参考了大量的地理信息系统专业著作，如邬伦教授的《地理信息系统——原理、方法和应用》，以及数据库技术相关教程和遥感技术方面的著作。且部分示例数据采用了 Esri 公司产品 ArcTutor 中的示例数据作为讲解模型。在介绍软件操作方法的过程中参考了 Esri 公司资源中心的部分公开资料，以保证软件操作实际步骤的准确无误，在此对行业前辈们及 Esri 公司一并表示感谢。

  如果你想了解更多有关 ArcGIS 10 版本的相关介绍，了解 ArcGIS 10 具有哪些新特点，那么这本教程可以满足你的要求。它特别适合不同基础的 GIS 学习爱好者对于 ArcGIS 软件平台的学习需求。

本书特色

  本书由浅入深，适合各水平阶段的读者学习。书中结合作者的实际项目实施经验，讲解时穿插了大量的应用技巧和实例。本书主要有如下特点。

- ❑ 提供配套教学视频。本书涉及大量的实际操作，作者为这些操作都录制了详细的多媒体教学视频，便于读者高效、直观地学习。
- ❑ 内容非常全面。本书是一本涉及 ArcMap、ArcCatalog、ArcScene、ArcGlobe 等各个应用程序端使用方法的大全，还介绍了 ArcGIS 扩展模块应用及作者实际的软件应用经验结合，思想和内容极其丰富。
- ❑ 以最新的版本写作。本书是较早介绍 ArcGIS 10 桌面应用的中文书籍。书中对新版本软件的特性及优点进行了详细介绍，并举例介绍了新特性的使用方法和技巧。
- ❑ 结构安排合理。GIS 学习涉及的知识庞杂，本书根据读者的学习规律，合理安排内容，由浅入深地带领读者学习。
- ❑ 实用性很强。本书选择了一些十分常见的应用例子，贯穿全书每一个技术点的讲解。这些例子中既有常见的桌面程序应用的技术点与经验总结，也包含当前流行的地理信息系统的技术热点。

❑ 提供综合应用案例。本书最后提供了一个综合应用案例，这个案例覆盖了本书介绍的重点知识，可以帮助读者提高实战技能。

本书知识体系

本书共 27 章，分 6 篇。

第 1 篇　认识 ArcGIS（第 1～3 章）

本篇讲解地理信息系统的基本概念和 ArcGIS 桌面应用程序的基本操作方法。

第 2 篇　地理数据的显示（第 4～9 章）

本篇介绍 ArcGIS 平台地图展示与地理数据显示的多样化方式，让读者可以掌握地图创建和打印方法，掌握地理数据符号化和符号样式管理方法。

第 3 篇　地理数据的编辑（第 10～14 章）

本篇详细介绍了图形编辑、数据属性编辑、数据库属性编辑的基础知识，让读者可以从应用角度掌握地理数据处理的基本方法。本篇内容是从业人员必备基础，也是各种地理数据处理的基础。

第 4 篇　地理数据的查询和管理（第 15～20 章）

本篇从数据表、报表、图表等操作的角度介绍地理数据的不同管理方式，并讲述地理实体操作选择方法、栅格数据相关操作和 ArcCatalog 应用等。

第 5 篇　地理处理（第 21～26 章）

本篇重点介绍三维分析、地统计、高级智能标注、网络分析和空间分析几个扩展模块的具体应用和方法。

第 6 篇　综合应用案例（第 27 章）

本篇介绍一个高级制图的综合实例，内容涵盖数据编辑基础的应用、图层控制技巧、智能标注及地图发布的基本方法等。

本书读者对象

本书的读者对象主要涵盖：大中专院校地理信息系统专业的学生、地理信息系统行业从业人员、ArcGIS 平台使用者和爱好者、地理信息系统爱好者、希望了解地理信息系统软件技术的软件工程师等。

❑ 大中专院校地理信息系统专业的学生：本书在介绍 ArcGIS 10 桌面应用的同时穿插介绍地理信息系统专业的基本概念和相关知识点，可以作为辅助教材使用。且 ArcGIS 应用平台是目前主流地理信息系统应用平台，可以在实验课中结合使用本书，作为实验课教材。

❑ 地理信息系统行业从业人员：本书穿插了大量实际应用例子及行业经验，可以解决行业在职人员工作中遇到的相关技术难点。

❑ ArcGIS 平台使用者和爱好者：本书由浅入深介绍 ArcGIS 桌面系统应用的基本方法，可以使读者在较短时间内掌握软件基本操作技巧和方法，非常适合初次接触 ArcGIS 应用平台的 GIS 爱好者。

- □ 地理信息系统爱好者：由于 ArcGIS 应用平台的开发贯穿了前沿的地理信息系统思想与理念，且整个产品体系良好地体现了地理信息系统学科中的基本概念及地理信息系的几大重要功能，因此对于地理地理信息系统爱好者而言，通过学习本书中介绍的软件应用来理解地理信息系统的功能和原理是很好的学习 GIS 技术的方法。
- □ 希望了解地理信息系统的软件工程师：地理信息系统是一门与其他传统软件行业、信息系统、IT 技术、遥感技术等紧密结合的科学技术，而且其发展是与其他相关行业的发展相辅相成的，如 ArcGIS 10 中所体现出的云技术结合及在线共享技术等。因此对于其他行业的软件工程师而言，本书也是了解地理信息系统技术的一个良好的窗口。

本书作者

本书由薛在军和马娟娟主笔编写。其他参与编写和资料整理的人员有陈世琼、陈欣、陈智敏、董加强、范礼、郭秋滟、郝红英、蒋春蕾、黎华、刘建准、刘霄、刘亚军、刘仲义、柳刚、罗永峰、马奎林、马味、欧阳昉、蒲军、齐凤莲、王海涛、魏来科、伍生全、谢平、徐学英、杨艳、余月、岳富军、张健和张娜，在此一并表示感谢！

阅读本书的过程中，有任何疑问可以发邮件到 bookservice2008@163.com，我们会及时解决你的问题。

编著者

目　　录

第 1 篇　认识 ArcGIS

第 2 篇　地理数据的显示

第 3 篇　　地理数据的编辑

第 4 篇　地理数据的查询和管理

第 5 篇　地理处理

第 6 篇　综合应用案例

第 1 篇　认识 ArcGIS

第 1 章　认识 ArcGIS

地理信息系统的应用目前已经覆盖到多个行业，由最早的资源调查、环境污染监测、城市和区域规划等慢慢扩展到金融业、保险业、运输导航、医疗救护、即时灾害救助等多个领域。地理信息系统的应用是结合传统的地理行业知识和遥感应用日渐发展壮大的。本章将介绍地理信息系统的基本知识及主流 GIS 应用软件 ArcGIS 的基本概况。

1.1　地理信息系统基础知识介绍

有学者断言：“地理信息系统和信息地理学是地理科学第二次革命的主要工具和手段。如果说 GIS 的兴起和发展是地理科学信息革命的一把钥匙，那么，信息地理学的兴起和发展将是打开地理科学信息革命的一扇大门，必将为地理科学的发展和提高开辟一个崭新的天地。”GIS 被誉为地学的第三代语言——用数字形式来描述空间实体。

1.1.1　什么是地理信息系统——GIS

地理信息系统（Geographic Information System，简称 GIS）有时又被称为“地学信息系统”或者“资源与环境信息系统”，是在计算机软硬件系统技术支持下，对地理数据进行采集、存储、管理、运算、分析、显示和描述，并解决复杂规划、决策和管理问题的空间信息系统。

地理信息系统处理、管理的对象是多种地理空间实体数据及其关系，包括空间定位数据、图形数据、遥感图像数据、属性数据等，用于分析和处理在一定地理区域内分布的各种现象和过程。

GIS 的操作对象是空间数据和属性数据，即点、线、面、体这类有三维要素的地理实体。空间数据的最根本特点是每一个数据都按统一的地理坐标进行编码，实现对其定位、定性和定量的描述，这是 GIS 区别于其他类型信息系统的根本标志，也是其技术难点之所在。

1.1.2　地理信息系统基本概念

在学习 ArcGIS 软件之前，补充基础的地理信息系统相关知识是十分必要的。其中空间数据、地理坐标系、投影坐标系、拓扑规则等，是学习 GIS 时最容易混淆和掌握的内容，下面重点介绍一下这几个概念。

1. 空间数据

对空间数据（Spatial Data）的处理是 GIS 区别于其他学科的重要标志。空间数据是用来描述有关空间实体的位置、形状和相互关系的数据，以坐标和拓扑关系的形式进行存储。而所有的 GIS 应用软件，也都是以空间数据的处理为核心来进行开发研制的。

空间数据分类如下。

❑ 矢量数据：矢量数据在地理信息系统空间数据库中，用于表达既有大小又有方向的地理要素。是用离散的坐标来描述现实世界的各种几何形状的实物。常见的数据格式有 SHP 文件、Geodatabase、Coverage 等。

❑ 栅格数据：栅格数据是按照网格单元的行与列排列的阵列数据，在网格中存储一定的像元值来模拟现实世界。常见数据格式有 Grid、Image、Tiff 等影像格式。

🔔提示：矢量数据模型和栅格数据模型是空间数据表达中重要的数据模型类型。有关空间数据的概念在后面的章节中有详细阐述。

2．地理坐标系和投影坐标系

简单地说，所有的空间信息的量算都是基于某个坐标系统的，在坐标系统中包含了原点及计算单位等参数。坐标系统分为如下两大类。

❑ 球面坐标系统：以经纬度来量算球体（近似球体）表面距离。

❑ 笛卡尔坐标系统：量算平面面积，通常纸质地图使用笛卡尔坐标系统。

我们通常所讲的地理坐标系统属于球面坐标系统，投影坐标系统属于笛卡尔坐标系统。

（1）地理坐标系统

地理坐标系统（Geographic Coordinate System）以经纬度为地图的存储单位。由于地球是一个不规则的椭球，因此，当把地球上的数字化信息存放到球面坐标系统上时，就要求这个椭球体可以量化计算，具有长半轴、短半轴、偏心率等参数。

（2）投影坐标系统

投影坐标系统（Projected Coordinate System）使用基于 X, Y 值的坐标系统来描述地球上某个点所处的位置。这个坐标系是从地球的近似椭球体投影得到的，对应于某个地理坐标系，由地理坐标系（如常见的北京 54、西安 80、WGS84 等）和投影方法（高斯-克吕格投影、兰伯特投影、墨卡托投影等）这两个参数确定。

将球面坐标转换为平面坐标的过程就称为投影。

3．拓扑

在地里信息系统中，拓扑描述了地理要素之间的空间关系，使用拓扑规则，可以更好地表达地理信息。而在空间分析的应用中，拓扑关系的掌握对于提高空间分析能力十分重要。

🔔说明：在第 14 章中将详细介绍拓扑的基本概念、常见拓扑规则及如何使用 ArcGIS 中的拓扑编辑和处理功能。

1.2　ArcGIS 概述

ArcGIS 是由 Esri 公司开发研制的一套完整的 GIS 应用平台。基于该应用平台可以完成地理信息系统的开发、地理信息的浏览、地理数据的编辑、分析和存储及地理信息的发布等基本的地理信息功能，是目前市场上流行的 GIS 应用平台之一，日前推出新版本是 ArcGIS 10。

1.2.1　什么是 ArcGIS

ArcGIS 软件平台支持桌面应用、服务器浏览器模式应用及移动设备应用，是一套完整的、可伸缩的框架，主要由以下几部分组成。

1. ArcGIS Desktop

ArcGIS Desktop 是一套集成的专业 GIS 应用程序，按照其功能的涵盖程度可以分为 ArcView、ArcEditor 和 ArcInfo 三个等级，其中 ArcInfo 功能最为完整。

2. ArcGIS Sever

ArcGIS Sever 主要完成了地理信息中数据发布的功能，提供一系列的 WebGIS 应用程序，把地理信息中的地理数据和地图以服务的形式发布。

3. ArcGIS Emgine

ArcGIS Emgine 依然是 ArcGIS 平台的核心程序，支持多种开发语言如 C++、.NET 和 Java 等，为开发人员提供软件组件库。

4. ArcGIS Mobile

ArcGIS Mobile 是一种连接地理信息的主要 Web 客户端，支持移动电话和野外使用的其他设备（例如 Tablet PC 和 GPS 数据采集装置）。许多移动客户端都可以用于在野外访问和使用地理信息。

5. ArcGIS Online

ArcGIS Online 提供了通过 Web 进行访问的在线 GIS 功能，Esri 和合作伙伴发布自己的 WebGIS 应用程序中的地理数据及地图。

1.2.2　ArcGIS 具备哪些功能

从完成地理信息系统基本功能的角度来看，ArcGIS 具备地理数据的显示和发布、地理数据的编辑、地理数据的查询和管理、地理处理等完整功能框架。

从软件本身功能模块来看，主要包括以下几大功能。

1. 空间数据的编辑和管理功能

空间数据的编辑和管理是地理信息系统软件的基本功能之一。ArcGIS 具有强大的数据编辑、版本管理、数据共享、企业级数据管理功能，还具有空间数据采集、空间数据库创建、拓扑关系创建与管理等功能。

从基本数据管理功能上看，ArcGIS 的 geodatabase 空间数据库可以理解为是存放在同一位置的各类型地理数据集的集合，其存放位置可以是某一文件夹（本地）、Access 数据库或者是同一个多用户关系型数据库管理系统（DBMS），支持 Oracle，Microsoft SQL Sever，

PostgreSQL，Informix 及 IBM DB2。

　　而文件地理数据库是 ArcGIS 中另外一种地理数据库的类型，以文件夹形式将数据集存储在计算机中。每个数据集作为一个文件进行存储，文件大小可达 1TB，支持跨平台使用，还可以进行压缩和解密。

　　文件地理数据和个人地理数据库是专为支持地理数据库的完整信息模型而设计的，包含拓扑、栅格目录、网络数据、Terrain 数据集、地址定位器等。而这两种数据库都不支持版本地理数据库的版本管理。

　　ArcSDE 地理数据库是为了让多用户的地理数据库进行数据库管理，在大小和用户数量方面没有限制，如果需要在地理数据库中使用历史存档、复制数据、使用 SQL 访问简单数据或在不锁定的情况下同时编辑数据，可以使用 ArcSDE 地理数据库。同样支持 Oracle，Microsoft SQL Sever，PostgreSQL，Informix 及 IBM DB2 等主流 DBMS。

　　当然 ArcGIS 具有强大的基本数据编辑功能，这个功能将在下面的章节中详细介绍。

　　对于开发者而言，ArcObjects（即 AO）中的地理数据库 API 提供对所有类型地理数据库及其他类型的 GIS 数据很好地控制，提供所有从简单数据库创建、数据查询到高级数据集合的构建（网络、拓扑等）及高级的地理数据库功能，如版本管理、数据库复制等 API。使用 AO API，开发者不仅可以在已有的桌面产品（ArcGIS Desktop）中定制功能，还可以开发独立的应用程序。

　　ArcSDE API 提供开发者直接控制 ArcSDE 地理数据库的能力。

2．制图表达及高级制图功能

　　ArcGIS 平台拥有完整的地图生产体系，包括制图符号化、地图标注、制图编辑、地图输出和打印。ArcGIS 10 在制图上有较多改善，这部分内容在 1.3 节"ArcGIS 10 新功能"中详细介绍。

3．地理处理功能

　　地理处理的基础是数据变换，在 ArcGIS 中，Geoprocessing 包含了几百个空间处理工具执行对数据集的各种操作，从而生成新的数据集。ArcGIS 提供了 Modelbuilder 对话框以支持设计这些工具所组成的操作流程，这样就可以设计出各种模型来实现自动化工作，执行复杂问题的分析。

4．空间分析等扩展模块

　　空间分析是 GIS 最具特色的一部分内容，事实上空间分析属于数据地理处理的一部分。但鉴于其支持丰富复杂的操作，支持多种独立信息源的融合，ArcGIS 将其作为独立的扩展模块。基于 ArcToolbox 和 Modelbuilder 可视化建模环境的空间处理框架，空间分析功能可以得到丰富多样的分析处理结果。

　　鉴于其功能涵盖面较广，第五篇将有独立介绍该功能模块的详细内容。

5．三维可视化和分析扩展模块

　　栅格数据是 GIS 数据的重要来源，由卫星和航空器及其他栅格数据采集器得到。另外，数字高程模型、扫描纸质地图、专题栅格数据等也是栅格数据的重要来源。

ArcGIS 可以进行影像管理、处理、发布和使用，如二三维一体化的影像显示和浏览，栅格影像数据的存储、编目、处理和分发，影像分析和动态处理，影像服务的发布及地图缓存的制作等。

三维可视化和分析是目前 GIS 应用重要发展方向之一，也是热门技术之一。

除以上介绍的基本 GIS 功能之外，ArcGIS 还具备应用平台企业级 GIS，CAD 系统集成整合功能，以及目前流行的云计算技术等。本书重点介绍前 5 个基本功能。

1.3　ArcGIS 10 新功能

ArcGIS 10 自发布以来受到热烈关注，新增功能更是 GIS 爱好者讨论的热点，包括界面的巨大变化，颠覆了从 8 系列版本到 9 系列版本的基本印象，比如最熟悉的 Catalogue 被嵌入到到桌面各应用程序中（如图 1.1 所示）、主流 IT 技术云计算的结合等。

图 1.1　ArcGIS 10 新界面

在基本地理信息功能上也新增了许多内容，在本书第 1.3 节中有详细介绍。

1.3.1　制图表达新增功能

ArcGIS 中有一系列的工具来管理制图表达规则，使用这些工具可以控制显示图层的属性选项，可以修改制图表达要素符号等。在 ArcGIS 10 中，制图表达新增了许多新的特性。

- ❑ 新增了现状要素的急转弯效果和箭头效果。
- ❑ 改进了制图表达图层设置，加载带有制图表达图层时，默认显示制图表达符号样式。
- ❑ 新增了制图表达符号的 move 功能。

1.3.2 影像显示和管理新类型

ArcGIS 存储影像栅格数据主要有三种方式：作为文件系统中的文件存储；以 Geodatabase 形式存储，或者在 Geodatabase 中管理而在文件系统中存储。在 ArcGIS 10 版本中，推荐两种管理影像栅格数据的模型：栅格数据集（Raster Dataset）和镶嵌数据集（Mosaic Dataset）。值得一提的是镶嵌数据集，这一数据集是镶嵌好的影像视图，采用动态处理的方式，在应用中比较适合管理和发布大数据量的栅格数据。

对于开发人员而言，使用 ArcGIS Server 发布影响栅格数据，支持多种数据源构建影像服务，以 SOAP XML、REST、OGC 的 WMS、WCS 等标准形式提供在线影像服务。可以发布的数据类型中包含了镶嵌数据集，另外还有影像文件格式如 TIFF、JPEG2000、IMG、NITF、DEM 及栅格数据集等。

1.3.3 CAD 整合新增功能

在 ArcGIS 10 中，CAD 整合功能发生了重要变化。

❑ 增加了批量加载 CAD 数据集的新工具 CAD To Geodatabase，使用该工具可以进行一系列的转换处理，包括导入 CAD 注记，根据属性进行相同要素合并。这个工具接受多种格式的 CAD 文件输入。

❑ 当 CAD 数据添加到 ArcMap 时，默认不显示非重要字段，并可以在图层属性对话框中设置显示与否。

❑ 支持直接读取转换 CAD 样条曲线。

1.3.4 空间分析扩展模块新增功能

ArcGIS 10 中，空间分析扩展模块新增了如下 5 个地理处理工具，如图 1.2 所示。

❑ 多值提取至点

❑ 多元分析中的 Iso 聚类非监督分类（如图 1.3 所示）

❑ 模糊分类

❑ 模糊叠加

❑ 区域直方图

1.3.5 三维可视化新增功能

在 ArcGIS 10 中，允许在 ArcGlobe 和 ArcScene 提供的编辑环境中创建和维护带有 Z 值的 GIS 要素。3D 编辑提供了以下功能。

❑ 在 ArcMap 中对于二维要素的编制编辑管理操作：如开始编辑、停止编辑、保存编辑、使用取消操作和重复操作功能等。

❑ 支持要素捕捉功能及平行、复制。绝对值 XYZ 等。

❑ 创建和删除单个要素。

图 1.2　空间分析工具箱　　　　　图 1.3　新增 Iso 聚类非监督分类工具

- 一套 3D 分析操作工具集，包括 Intersect 3D、Union 3D、Inside 3D、Is Closed 3D 和 Difference 3D 的地理处理任务。
- 新增虚拟城市工作流特别功能：天际线和天际线障碍物等。
- 新增基于 3D 的 Nerwork 数据集。
- 使用 3D 的测量工具进行交互式量测操作等。

在第 23 章将详细介绍三维可视化的功能。

1.3.6　地统计扩展模块新增功能

地统计扩展模块在 ArcGIS 10 中改进了地统计分析向导，用户可以调整窗口大小，可在对话框中或经过编译的帮助中获得参数帮助。该分析模块新增了 11 个地理处理工具，其中包括多种新的插值方法（如图 1.4 和图 1.5 所示）。

1.3.7　网络分析扩展模块新增功能

在 ArcGIS 10 中，网络分析扩展模块新增内容主要是支持 3D 网络数据集的分析，比如建筑物内部通道建模和网络分析等。

另外在路边通道属性中新增了"禁止 U 形转弯"，在为无法在停靠点转向的车辆安排路线时提供路线支持。

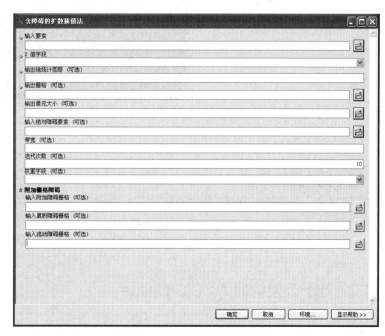

图 1.4　地统计扩展模块工具箱　　　　　　图 1.5　含障碍的扩散插值法

在第 26 章中有该模块的应用展示。

1.3.8　高级智能标注扩展模块新增功能

高级智能标注扩展模块在 ArcGIS 10 中支持 MSD 格式，并且可以发布为优化的地图服务，可以在同一面内重复放置标注。

在 2.7.2 节制图综合图层框架设计中有相关操作的详细介绍。

1.4　如何更好地学习 ArcGIS 10

ArcGIS 10 提供了资源中心和基于云架构的 ArcGIS Online，包含了大量丰富的资料供学习者参考学习，且 ArcGIS.com 作为 ArcGIS 的重要组件可供用户使用和共享 GIS 地图、Web 应用程序和移动应用程序。本节介绍如何使用这些资源。

1.4.1　资源中心

学习 ArcGIS 的过程中，除了可以使用帮助目录之外，还可以进入 Esri 的资源中心（如图 1.6 和图 1.7 所示），这里有大量丰富的资料供爱好者学习和参考。其中图 1.7 显示的是其中文资源中心界面，内容丰富，包括产品功能介绍、行业应用的典型案例、解决方案，以及爱好者乐园博客等。资源中心的网址为 http://resources.arcgis.com/zh-cn。

图 1.6　资源中心　　　　　　　　　　　　　　图 1.7　资源中心网站

1.4.2　基于云架构的 ArcGIS Online

对于开发者而言，ArcGIS Online 提供了通过 Web 进行访问的在线 GIS 功能。ArcGIS.com 网站（如图 1.8 所示）是 ArcGIS 的重要组件，该网站可供用户使用和共享 GIS 地图、Web 应用程序和移动应用程序。

图 1.8　ArcGIS.com 网站

Web 开发人员可以使用该网站上免费提供的 ArcGIS Web API 的访问权限及相关文件材料。通过这些 API 可以使用 JavaScript、Silverlight 和 Flex 来构建 Web 应用程序和移动应用程序。

ArcGIS Online 的网址为 http://www.arcgis.com/home/。

第 2 章　开始 ArcGIS 之旅

和大多数软件一样，ArcGIS 是一款要求使用者动手能力较强的软件，在实践中学习，不断尝试，是学习 ArcMap 的最好方法之一。本章挑选了比较典型的实例介绍 ArcGIS 的基本操作和功能。

2.1　实例 1 浏览地理数据

浏览地理数据是 ArcMap 的基本操作之一，该实例介绍了在 ArcGIS 10 版本下浏览地理数据的一些基本操作方法。

2.1.1　打开已有的地图文档

打开已有地图文档是接触 ArcMap 的第一步。首先，要启动 ArcMap，启动 ArcMap 的步骤比较简单，单击 Windows 任务栏上的 Start 按钮，指向程序/ArcGIS/ArcMap 即可。

以 ArcGIS 自带文档为例，打开模板中的 Traditional Layouts 中的 USA 类别下 SouthwesternUSA 文档，如图 2.1 所示，双击打开该文档。

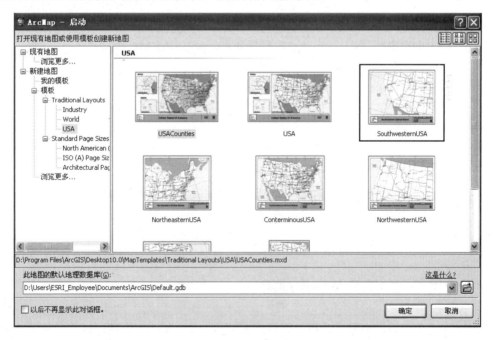

图 2.1　打开已有文档

进入 ArcMap 界面，如图 2.2 所示。

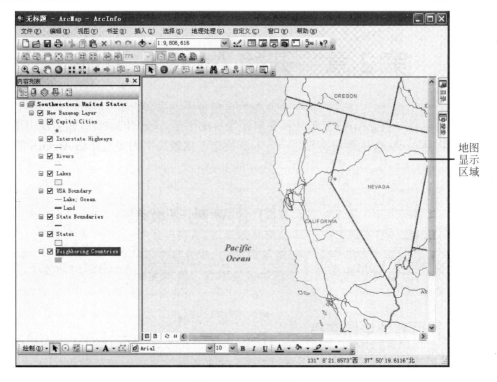

图 2.2　ArcMap 界面

其中，界面的左侧是内容列表区域，显示图层列表；右侧是地图显示区域，显示地图内容。图 2.2 所示的地图内容中，包含 Southwestern United States 数据框中的以下图层：

Capital Cities	省会城市
Interstate Highways	州际公路
Rivers	河流
Lakes	湖泊
USA Boundary	美国边界
State Boundaries	州界
States	州
Neighboring Countries	周边国家

提示：目前，地图显示了所有图层，可以看到在内容表中所有图层复选框均被选中。这表示所有的图层可见。去除某一图层的复选框勾选，则该图层在 ArcMap 的操作界面内不可见。

2.1.2　使用 Tools 工具条操作地图

Tools 工具条可以用来移动地图、查询地图要素，是 ArcMap 中地图操作的重要工具，右击菜单栏选中"工具"即可激活。本节简单介绍 Tools 工具条的使用，在第 3 章 ArcMap 基础应用和第 4.1 节创建地图的方法中都涉及详细的使用方法。

1．移动地图

工具条中有移动地图的相关工具，如放大、缩小、平移、全图、固定比例放大、固定比例缩小及返回上一视图、转到下一视图、标识要素等其他作用工具，如图 2.3 所示。

图 2.3 工具条

以对地图进行放大操作为例，选中图 2.3 中的"放大"工具，围绕 NEVADA 的区域画一个方框来放大地图。将鼠标指针置于区域左上部，按住鼠标（如图 2.4 所示），ArcMap 将地图放大到方框定义域的大小，如图 2.5 所示。

图 2.4 对 NEVADA 区域进行放大操作前   图 2.5 对 NEVADA 区域进行放大操作后

🔔提示：缩小、移动、全图等其他移动地图的操作可以参考此方法进行。

2．标识要素

单击工具上的"标识"工具，如图 2.6 所示。

图 2.6 标识工具

移动鼠标指针到图 2.5 中绿色五角星符号，该符号所在位置是 NEVADA 省会城市"Carson city（卡森城）"。此时，识别结果窗口弹出，如图 2.7 所示。

该窗口中显示了要素"Carson city（卡森城）"的属性。包括城市名（CITY_NAME）、州名（STATE_NAME）等。其中识别范围是可选的，可以根据自己的需要在识别范围下拉列表框中（如图 2.7 所示）选择需要在识别结果窗口中出现的图层要素。

如图 2.8 所示，可以根据需要选择可见图层、可选图层、所有图层，那么所选图层在鼠标单击位置的所有要素都会在属性列表框中出现，如图 2.9 所示，识别结果对话框中多了 States 图层的要素属性。

图 2.7　识别结果窗口　　　　图 2.8　最顶部图层要素　　　　图 2.9　所有图层要素

2.1.3　要素符号化

ArcMap 可以改变显示要素的颜色和符号，本节以改变省会要素符号为例，介绍要素符号化的基本操作。具体方法如下。

（1）单击内容表中省会城市的点符号，出现"符号选择器"窗口，如图 2.10 所示。

图 2.10　符号选择器

（2）使用符号搜索功能找到合适的符号，单击"确定"按钮即可完成符号替换。

提示：符号搜索功能是 ArcGIS 10 版本中新增的符号管理功能，用此功能可以进行符号分类、多种视图显示及符号关键字搜索等操作。更详细的内容参见第 6 章。

2.1.4　添加图形

使用 ArcMap 窗口底部的绘图工具条，可以在地图内容显示区域内添加文字和其他图形。以在"卡森城"要素边添加文本名称为例，具体操作方法如下。

（1）使用单击"新建文本"按钮，如图 2.11 所示。

图 2.11　绘图工具条

（2）待鼠标指针变成一个带有 A 的十字线后在图形显示区域内单击，即可出现文本编辑框，在文本编辑框内输入"卡森城"，并按 Enter 键，如图 2.12 所示。

图 2.12　添加图形

说明：　"卡森城"文字周围有蓝色虚线框，表明其当前被选中，可以把文字拖动到新的位置。

2.2　实例 2 操作地理实体

本节主要介绍操作地理实体的一些基本方法，包括如何创建数据框和设置其属性、图层操作及选择要素的几种不同方式。这些基本操作技巧在实际使用中很容易被忽略，但是掌握以后会让 ArcMap 下的工作变得更加简单。

2.2.1　操作数据框

数据框是把需要在一起显示的一系列图层组织起来的一种方式。本节介绍如何新建数据框及设置数据框的属性等基本操作。

1．新建数据框

新建数据框方法比较简单，只需选择"插入"|"数据框"命令，如图 2.13 所示，即可在内容列表区域看到新建的数据框，如图 2.14 所示。

图 2.13　添加数据框

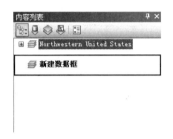

图 2.14　新创建的数据框

2．设置数据框属性

右击内容表中的"新建数据框"，在弹出的快捷菜单中单击"属性"选项，弹出"数据框属性"对话框，如图 2.15 所示。

在对话框中有常规、数据框、坐标系、格网、要素缓存、注记组、框架等多个标签，是数据框属性设置的重要界面。以修改数据框名称为例，具体操作方法如下。

（1）单击图 2.15 中的"常规"标签，在该选项卡中的"名称"文本框中输入数据框名字"我的数据框"。

（2）在"描述"文本框中输入"我的新建数据框"。

（3）在"制作者名单"文本框中输入"张三"。

（4）在"单位"选项组中，选择"地图"的下拉列表框按钮，选择"英寸"。

（5）在"单位"选项组中，选择"显示"的下拉列表框按钮，选择"英寸"。

（6）在"参考比例"下拉列表框中选择"1:1,000"选项。

（7）在"旋转"文本框中输入"0"。

（8）"标注引擎"下拉列表框中有两个选项，一个是 ESRI 标准标注引擎，一个是基于 Maplex

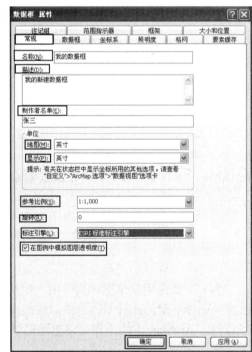

图 2.15　数据框属性设置界面

的引擎方式，当使用 Maplex 高级智能标注时，需要选择该选项，这里默认"ESRI 标准标注引擎"。

（9）勾选"在图例中模拟图层透明度"复选框。

（10）完成设置后，单击"确定"按钮即可保存该设置。

2.2.2　图层操作

在实际操作中，会有许多操作图层的需求，比如复制图层，可以在不增加数据量的情况下，增加图层显示，以方便制作地图显示的效果，或者实现其他需求。以下以复制图层为例，介绍图层操作的基本方法。

如需要在"我的新建数据框"中出现"Rivers"和"Lakes"两个图层，就可以从数据框"Northwestern United States"中复制过来，并修改为汉语显示名称"河流"和"湖泊"。

（1）选择"视图"|"数据视图"命令，进入数据视图界面。

（2）在"内容列表"区域，数据框"Northwestern United States"中右击"Rivers"图层，在弹出的快捷菜单中选择"复制"命令，如图 2.16 所示。

（3）右击数据框"我的新建数据框"，在弹出的快捷菜单中选择"粘贴图层"命令，如图 2.17 所示，即可在新的数据框中看到"Rivers"图层。

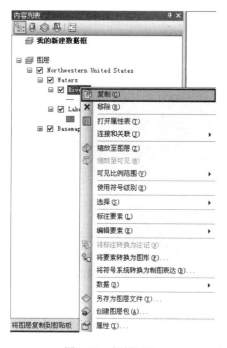

图 2.16　复制图层

图 2.17　粘贴图层

（4）右击"Rivers"图层，在弹出的快捷菜单中选择"属性"命令，即可进入图层的属性设置界面，如图 2.18 所示。

（5）单击"常规"标签，在"图层名称"文本框中将"Rivers"修改成"河流"。

（6）单击"确定"按钮，即可完成设置。完成后的结果如图 2.19 所示。

提示：在内容列表框中关闭"Northwestern United States"的图层显示，地图内容显示区域中可以看到"河流"图层的数据。

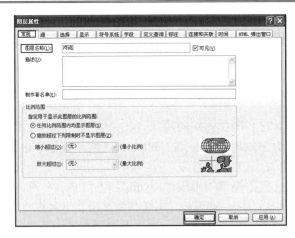

图 2.18　修改图层名称

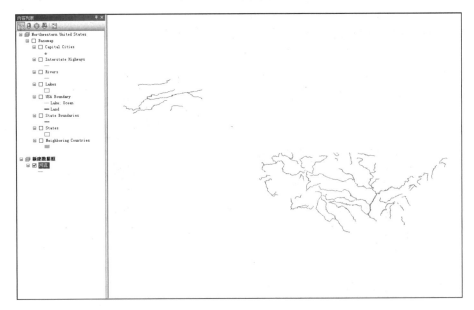

图 2.19　复制完成的"河流"图层

2.2.3　选择要素的方式

ArcMap 提供了选择要素的不同方式。当已知某一要素的某些属性，需要显示其地理位置时，可以选择按照属性选择；而当需要对某一已知地理区域要素进行操作时，可以选择按照地理方式进行要素选择，本文介绍两种不同需要的要素选择处理。

1. 按照要素属性选择

如已知某一河流名称为"Alabama"，需要在地图高亮显示该河流位置，那么就可以按照要素属性对要素进行选择，操作的方法如下。

（1）选择"选择"|"按属性选择"命令，如图 2.20 所示。

（2）在弹出的"按属性选择"对话框中进行选择条件的设置，如图 2.21 所示。

图 2.20　按属性选择命令

图 2.21　属性条件设置

在该计算器中支持 SQL 语言，如本例中，可以看到在属性选择对话框中提供了可供选择的属性字段'OBJECTID', 'NAME', 'SYSTEM', 'MILES'和'KILOMETERS'，并给出了这些属性的可选值。如选中'NAME'字段后，表达式右侧可以选择该图层中所有要素的名字。本例选择'Alabama'，即可得出选择条件：

```
SELECT*FROM us_rivers WHERE "NAME" = 'Alabama'
```

也可以自定义在计算器中输入这些条件。

（3）单击"确定"按钮，即可在地图显示区域看到该要素被高亮显示，如图 2.22 所示。

2. 按照地理方式选择

按照要素属性对要素进行选择提供了多种空间选择方法，选择"选择"|"按位置选择"命令，进入"按位置选择"对话框，如图 2.23 所示。

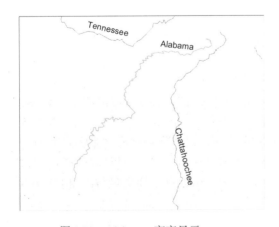

图 2.22　Alabama 高亮显示

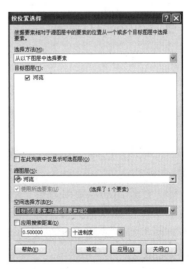

图 2.23　"按位置选择"对话框

在"空间选择方法"下拉列表框中，有空间选择的多种计算方法，包括：

❑ 目标图层要素与源图层要素相交、目标图层要素与源图层要素相交（3D）。
❑ 目标图层要素在源图层要素的某一距离范围内。
❑ 目标图层要素在源图层要素的某一距离范围内（3D）。
❑ 目标图层要素包含源图层要素。
❑ 目标图层要素完全包含源图层要素。
❑ 目标图层要素完全包含（Clementiini）源图层要素。
❑ 目标图层要素在源图层要素范围内。
❑ 目标图层要素完全位于源图层要素范围内。
❑ 目标图层要素在（Clementiini）源图层要素范围内。
❑ 目标图层要素与源图层要素相同。
❑ 目标图层要素接触源图层要素的边界。
❑ 目标图层要素与源图层要素共线。
❑ 目标图层要素与源图层要素的轮廓交叉。
❑ 目标图层要素的质心在源图层要素内。

2.3　编　辑　数　据

要素数据的编辑是 ArcMap 基本操作，本实例是对编辑功能进行简单介绍，包括如何输出数据、如何数字化要素、为新要素添加属性、设置捕捉范围等。

2.3.1　输出数据

ArcMap 中的输出数据有多种方法，这里介绍两种。

❑ 导出为.shp、.gdb 等格式。
❑ 导出为 CAD 数据。

1．导出数据

导出数据需要在数据视图下进行，以导出"我的新建数据框"中的"河流"图层数据为.shp格式数据为例，具体操作方法如下。

（1）选择"视图"|"数据视图"命令，进入数据视图。

（2）右击"河流"图层，在弹出的快捷菜单中选择"数据"|"导出数据"命令，如图 2.24所示。

（3）在弹出的"导出数据"对话框中，进行相关设置。在"导出"下拉列表框中选择"所选要素"，则此次数据导出工作只将该图层所选中的要素导出，另外还可以根据需要选择导出所有数据等。选择"此图层的源数据"单选按钮，则导出数据坐标系将与该图层坐标系相同，如图 2.25 所示。

（4）在图 2.25 中的"输出要素类"中选择数据保存位置，弹出"保存数据"对话框，如图 2.26 所示。

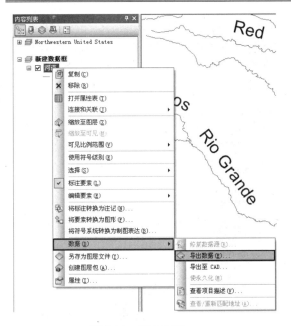

图 2.24   导出数据

图 2.25   "导出数据"对话框

默认图层名称为 Export_Output.shp，其中 shp 为 shapefile 文件格式后缀名。在"保存类型"下拉列表框中选择"shapefile"，单击"保存"按钮。

注意：其他格式数据导出如文件和个人地理数据库要素类及 SDE 要素类操作方法类似，可以参照.shp 格式数据导出进行，此处不再赘述。

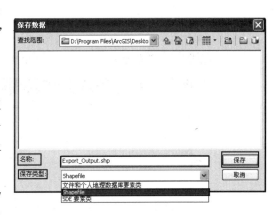

（5）导出过程中会显示进度条，如图 2.27 所示。完成后弹出是否将数据显示到内容列表中对话框提示，如图 2.28 所示。

图 2.26   保存数据

图 2.27   导出数据进度条

图 2.28   是否将导出数据添加到地图图层中

（6）根据需要选择"是"或"否"。若选择"是"，该导出数据将会被自动添加到地图图层中，如图 2.29 所示。

2．导出为CAD

（1）导出为 CAD 数据是另外一种菜单命令，选择"数据"|"导出至"命令，如图 2.30

所示。

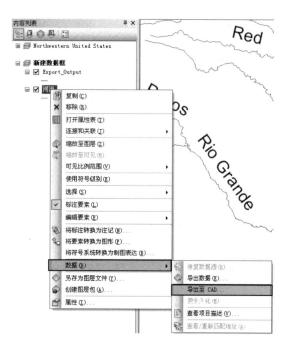

图 2.29　导出数据被添加到图层　　　　　　　图 2.30　导出至命令

（2）在弹出的"要素转 CAD"对话框中进行相关设置，如图 2.31 所示。

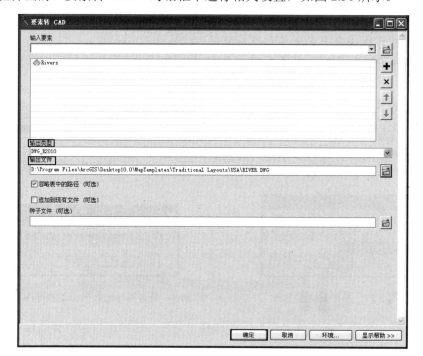

图 2.31　要素转 CAD

（3）选择输出数据类型，输入输出文件名称，选择保存位置即可。

提示："要素转换 CAD"工具支持多种 CAD 数据格式输出，包括 DWG_R2010，DXF_R2010 等多种类型数据格式。

2.3.2　数字化要素

在 ArcMap 中，可以使用 Editor 工具条进行数据编辑。在同一个编辑对话中，工作空间中的所有图层都可以进行编辑，可以指定新要素将要添加到的目标图层。本小节以数字化道路为例，介绍如何创建新要素，以及在数字化过程中需要用到的数据编辑技巧。

例如：需要在已知的街区区域内增加两条相互平行的直角转弯道路，东西方向长 50 地图单位，南北方向长 40 地图单位。具体操作方法如下。

1. 新建线状要素

（1）在 ArcMap 中单击"编辑器"按钮，编辑器被展开。另外可以看到，编辑工具条中"编辑工具"、"编辑注记工具"、"直线段"、"端点弧段"、"追踪"等工具都是灰色，表示此时这些工具不可用，如图 2.32 所示。

（2）单击"开始编辑"按钮，编辑工具条中的所有工具都被激活，处于可用状态，ArcMap 界面右侧出现"创建要素"设置界面，如图 2.33 所示。

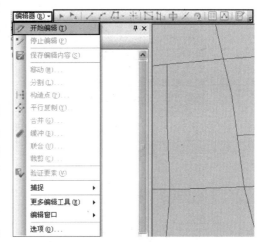

图 2.32　编辑器

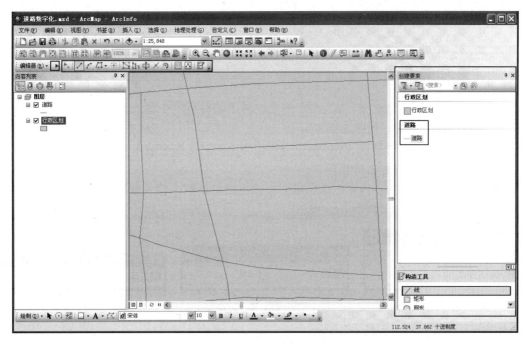

图 2.33　开始数据编辑界面

（3）在"创建要素"界面中，选择新建数据的目标图层，这里选择"道路"图层。在"构造工具"栏中选择数字化工具"线"。则该两处选项被高亮显示并激活。如图 2.33 所示。

（4）漫游缩放地图显示界面，使之处于需要增添要素的地理位置，选择"编辑工具"后使鼠标回到地图内容显示区域，单击鼠标开始绘制要素。

（5）右击出现绘图工具相关菜单，如图 2.34 所示。

此时可以选择多个工具绘制精确长度新要素，如图 2.34 中所示，有以下几种。

- 长度："长度"命令需要在弹出的对话框中直接输入线段长度，而要素方向由鼠标停止位置决定，如图 2.35 所示。

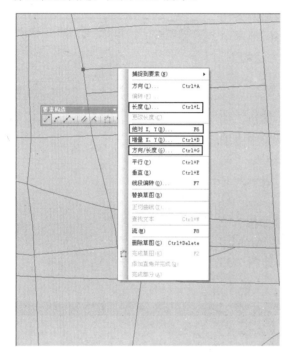

图 2.34　按照精确长度新建要素　　　　　　　　图 2.35　长度命令

- 绝对 X，Y："绝对 X，Y"命令需要在弹出的对话框中输入新增节点的经纬度，确定新增线段长度，如图 2.36 所示。
- 增量 X，Y："增量 X，Y"命令需要在弹出的对话框中输入新增节点相对于起始点的位移长度，如图 2.37 所示。
- 方向/长度："方向/长度"命令需要在弹出的对话框中输入新增线段的方向及长度，如图 2.38 所示。

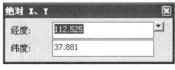　　　　　　　　

图 2.36　绝对 X，Y 命令　　　　图 2.37　增量 X，Y 命令　　　　图 2.38　方向/长度命令

以上几种方式都可以实现按照精确长度、方向新增要素的目的。

（6）采用步骤（5）中任意一种方式新增一段正东方向（即角度为 0）、长度为 50 个地图单位的线段。

（7）采用同样的方法，继续创建一个正南方向（即角度为 90）、长度为 40 个地图单位的线段，如图 2.39 所示。

（8）右击出现编辑工具菜单栏，选择"完成草图"命令，结束数据新增操作，如图 2.40 所示。

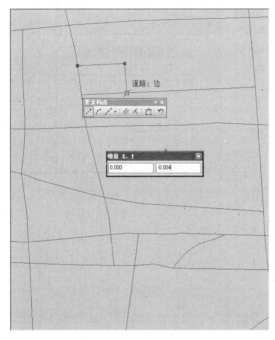

图 2.39　新增要素　　　　　　　　　　　　图 2.40　完成草图

2．创建平行线

接下来的操作是进行平行线复制。可以按照以上（1）至（8）的步骤进行重复操作，重新创建一条线状要素，也可以选择使用"平行复制"命令。这里介绍使用"平行复制的操作方法"。

（1）选中需要与之平行的目标线状要素，使之处于被选择状态并高亮显示，如图 2.41 所示。

（2）选择"编辑器"|"平行复制"命令，如图 2.42 所示。

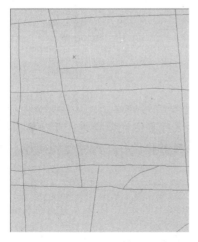

图 2.41　选中与之平行的目标要素　　　　图 2.42　平行复制命令

（3）弹出"平行复制"对话框，且目标要素被符号化显示，如图 2.43 所示。

默认设置中目标图层为"道路"线状图层，"距离"为"0.002"表示将要复制的平行线与目标线状要素的距离；"侧"下拉列表框中有三个选项，分别是"双向""左""右"，表示以目标要素的起点为准，以在目标要素两侧、左侧、右侧三种方式复制要素，该例子中根据需要选择"左"，默认"拐角"为"斜接角"，且勾选"将所选线视为单条线"复选框和"为每条所选线创建新要素"复选框。

（4）完成设置以后，单击"确定"按钮。即可在地图内容显示区域中出现平行线，如图 2.44 所示。

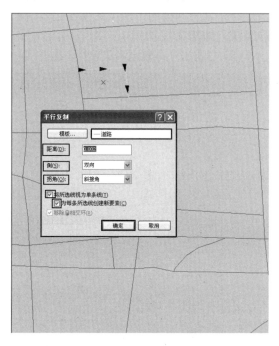

注意：至此完成了所有平行复制的操作。可以注意到其中涉及很多编辑要素的工具和技巧，而 ArcMap 在新版本中变化较多，在该处知识点处应多实践总结，掌握更多编辑工具。

图 2.43　"平行复制"对话框

（5）编辑操作结束以后，需要使用"编辑器"中的"停止编辑"命令关闭编辑器，如图 2.45 所示。

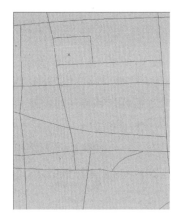

图 2.44　完成平行复制操作

图 2.45　停止编辑

注意：若此时编辑操作未完成，还需要继续进行其他数据编辑，可以单击图 2.45 中的"编辑器"|"保存编辑内容"，则此时编辑器将保存之前操作的动作，并处于可以编辑状态。

2.3.3　为新要素添加属性

属性是地理信息数据的重要信息组成部分，数字化要素的工作完成以后，要为相应数据添加其属性信息，使地理数据具有更多的信息，反映更多的显示内容。下面介绍如何为新要素添加属性信息，分 2 部分内容。

1．向属性表添加字段

以向"道路"图层增加字段"所属区县"为例，介绍向属性表添加字段的操作方法。

（1）右击需要编辑属性的目标图层"道路"，在弹出的快捷菜单中选择"打开属性表"命令，如图 2.46 所示。

（2）在"道路"图层属性表中，选择"表选项"|"添加字段"命令，如图 2.47 所示。

图 2.46　打开属性表

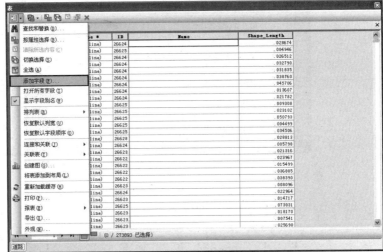

图 2.47　添加字段命令

（3）在弹出的"添加字段"对话框中设置字段属性。在"名称"文本框中输入"DISTRICT"；在"类型"下拉列表框中选择"文本"选项；在"字段属性"选项组中，为"别名"文本框输入"所属区县"，"允许空值"下拉列表框中选择"是"，"默认值"文本框默认为空，"长度"文本框默认为"50"，如图 2.48 所示。

图 2.48　"添加字段"对话框

🔔注意：在添加字段时，"名称"文本框中习惯以英文命名，而别名中习惯以其中文含义补充说明。

（4）单击"确定"按钮，即可在"道路"图层中看到新增加的字段，如图 2.49 所示。

2．添加属性信息

仍以"道路"图层为例，为新增要素添加属性信息，具体操作方法如下。

（1）漫游缩放地图显示区域到"数字化要素"过程中新增两条道路要素的位置，如图 2.50 所示。

（2）选择"编辑器"|"开始编辑"命令，激活 ArcMap 编辑功能，鼠标左键选中其中一个线状要素，该要素同时高亮显示，如图 2.51 所示。

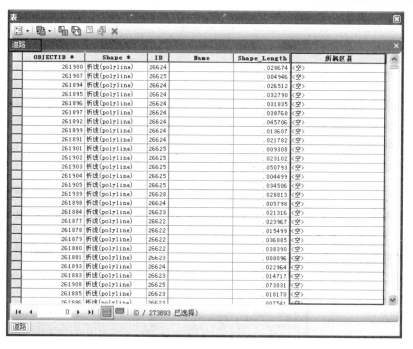

图 2.49　新增"所属区县"字段

（3）右击该要素，在弹出的快捷菜单中选择"属性"命令，如图 2.52 所示。

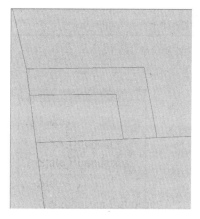

图 2.50　缩放到新增要素处

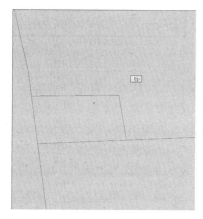

图 2.51　选中一个线状要素

图 2.52　选择"属性"命令

（4）在 ArcMap 界面最右侧出现该要素属性信息，在字段"GB"中输入"100000"，在"Name"字段中输入"经纬路"，在"DISTRICT"字段中输入"海河县"，"Shape_Length"字段是 ArcMap 根据要素图形自动生成的，其数值在属性表中不可修改，如图 2.53 所示。

（5）用同样的方法为其他要素添加属性信息。

2.3.4　设置捕捉范围

捕捉功能可以指定新要素与现要素的连接关系。在 ArcMap 新版本中该功能变化较大，且在实际操作过程中应用较多，因此本节单独介绍捕捉功能。

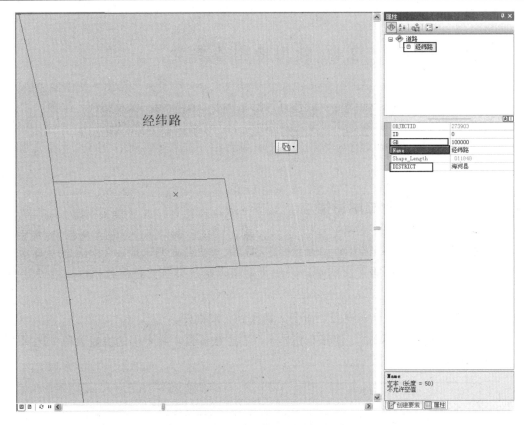

图 2.53   输入要素的属性信息

（1）选择"编辑器"|"捕捉"|"捕捉工具条"命令，弹出捕捉功能设置对话框，如图 2.54 所示。

（2）在"捕捉"对话框中单击"捕捉"按钮，弹出相关菜单，选择"使用捕捉"命令后，捕捉功能被激活，"交点捕捉"、"中点捕捉"、"切线捕捉"功能被激活，如图 2.55 所示。

（3）在图 2.55 中选择"选项"命令，弹出"捕捉选项"对话框，如图 2.56 所示。

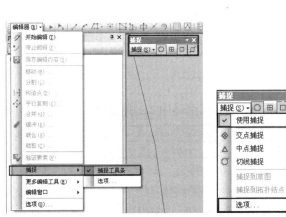

图 2.54   捕捉工具　　图 2.55   激活捕捉功能　　图 2.56   "捕捉选项"对话框

2.4　使用地图各要素

除了基本的数据之外，地图上一般都有背景、标题、图框线，以及图例、比例尺和指北针等传统纸质地图要素，另外在电子地图制作中，还可以添加阴影等效果。

在第 8 章中有关于打印地图和地图出图的详细介绍。本节实例简单介绍一下各项地图要素的添加方法。

2.4.1　添加背景、下拉阴影等

一幅地图在完成之前，需要添加相应标题和背景来使之更加完整。本小节介绍如何在布局视图下为地图添加这些要素。其中，添加背景和阴影效果等都是在数据框属性设置中完成的。

（1）选择"视图"|"打印视图"命令，切换到布局视图。

（2）单击页面上的数据框，使其高亮显示，右击数据框，在弹出的快捷菜单中选择"属性"命令，如图 2.57 所示。

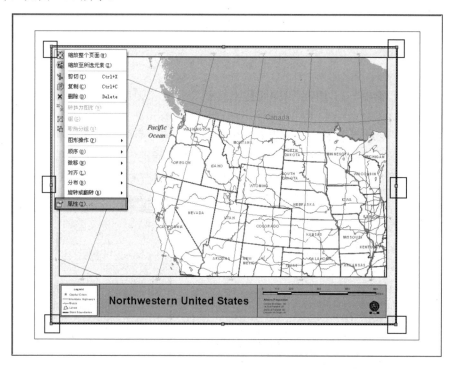

图 2.57　属性命令

（3）在弹出的属性设置对话框中，选择"框架"标签，在"边框"下拉列表框中选择边框样式，在"背景"下拉列表框中选择背景样式，在"下拉阴影"下拉列表框中选择下拉阴影样式，勾选"草图模式-仅显示名称"复选框，如图 2.58 所示。

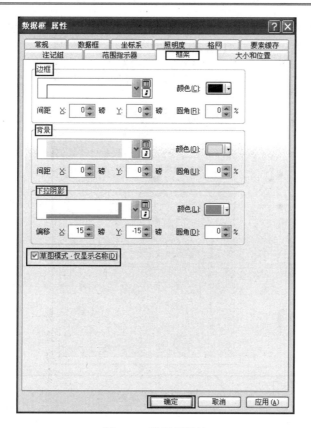

图 2.58　数据框属性

（4）完成后单击"确定"按钮。

2.4.2　添加标题

添加标题操作需要在菜单命令中完成。具体操作步骤如下：

（1）选择"插入"|"标题"命令，如图 2.59 所示。

（2）弹出"插入标题"对话框，如图 2.60 所示。

图 2.59　插入标题命令　　　　　　　图 2.60　插入标题对话框

（3）输入地图名称"河海县小王庄道路地图"，单击"确定"按钮，即可在地图内容显示区域出现该地图标题，如图 2.61 所示。

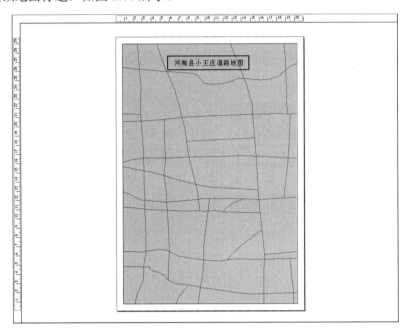

图 2.61　添加标题

第 3 章 ArcMap 基础应用

本章针对初接触 ArcMap 的使用者介绍软件的基础知识，包括：图层、框架的概念，如何使用图层控制，ArcMap 软件用户界面的基本元素、工具栏的使用方法，举例介绍如何定制个性化的 ArcMap，初学者如何更好地获得帮助等。

3.1 ArcMap 基础

本节重点介绍图层、框架、图层控制的概念及方法，这些内容属于 ArcMap 的应用基础，多数概念在后面应用中将会多次提到，这里进行总体介绍，以期使读者对 ArcMap 的整体基础有完整体验。

3.1.1 图层、框架和图层控制

地图上的地理信息以图层方式显示，每个图层代表某一特定的要素类型，如河流、湖泊、公路、行政边界或野生动物栖息地等。在 ArcMap 中，图层内没有保存实际的地理数据，只是引用了包含在 coverage、shape 文件、gdb 地理数据库及图像、网格等格式中的数据。

以图层的形式来引用数据可以使展示出来的地图各图层自动反映地理信息系统数据库中的最新信息。

内容列表中列出了地图的所有图层，并显示每个图层代表的要素。每个图层前的复选框则表明该图层当前的可视状况。如果选中，则图层绘制在当前地图上，反之则不绘制。

内容表中的图层顺序也很重要，最上面的图层显示在地图最上层，底部的图层则显示在地图最下面，如图 3.1 所示。

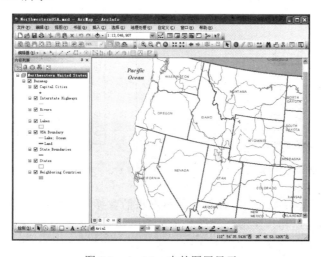

图 3.1 ArcMap 中的图层显示

注意：一般情况下图层的放置顺序由上而下是点、线、面图层。在图 3.1 中可以看到，Capital Cities 点状图层被放置在内容表的最上层，而 Neighboring Countries 面状要素被放置在底层。Lakes 面状要素因是少数面状要素，根据制图效果需要，被放置在部分线状要素上面。

而内容表中的图层可以进一步组织为数据框。数据框将要一起显示的图层以独立的框架形式来分组。

创建一幅地图，就会有一个数据框，它以层 "layers" 列在内容表的顶部，可以根据需要修改图层文件名。在一幅地图中，往往在有需要突出显示的图层或者属性时，需要添加多个数据框进行图层管理。

3.1.2　如何使用图层控制

图层控制在浏览地图时，是许多任务的焦点，因此掌握基本图层控制技巧是学习 ArcMap 的基本要求。本小节介绍如何控制内容表、显示或者关闭图层，以及显示数据框内容和图层图例内容等。

1. 显示内容表

显示内容表这一操作往往被很多人忽略，在实际操作过程中经常把内容表 "弄丢" 后找不到重新打开的命令。

需要选择 "窗口" | "内容列表" 命令进行内容表的控制，如图 3.2 所示。

2. 显示或者关闭图层

在内容表中，单击选中图层文件名边上的复选框，即可控制图层显示或者关闭，如图 3.3 所示。

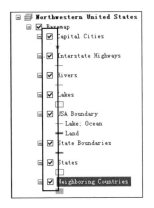

图 3.2　打开内容表　　　　图 3.3　显示或者关闭图层

注意：如果图层显示在地图上，却看不到该图层的数据，则说明可能出现了以下几种情况：被别的图层遮挡、该图层被设定了显示比例、该图层无数据。这些问题出现的具体原因需要在实际操作过程中总结积累。另外，在本书第 27.2.1 节图层框架设计中会予以介绍。

3．显示图层的图例

在内容表中，单击图层文件左侧的"+"或者"-"，来控制图例的显示或者隐藏，如图 3.4 和图 3.5 所示，分别显示了选择"+"或者"-"时，图层图例的显示状况。

4．数据框下的图层控制命令

右击数据框，在弹出的快捷菜单中有关于图层控制的多个命令，如图 3.6 所示。建议读者自己进行练习，这里不再赘述。

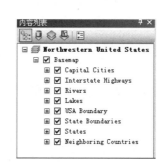

图 3.4　图层图例显示　　　　图 3.5　图层图例隐藏　　　　图 3.6　数据框中的图层操作命令

注意：　"打开所有图层"和"展开所有图层"命令为灰色，表示目前在内容表中的所有图层均被打开并展开。

3.2　ArcMap 的基本要素

虽然 ArcGIS 的终端用户应用程序已经设计得很灵活且易于使用了，但仍然有用户希望可以在 ArcMap 的界面上反映一些个性化的内容。对于开发者而言，不用写代码就可以执行许多自定义的任务，比如改变和创建新的工具栏、菜单、按键等，这些内容都属于 ArcMap 的基本要素。本节重点介绍工具条。

3.2.1　用户界面的基本要素

ArcMap 具有缺省的主菜单和标准工具条，二者都可以称为工具条，只是主菜单（Main menu）仅包含菜单而已，工具条可以包含菜单、按钮、工具、列表框和编辑框等不同命令。虽然调用每种应用程序的方法不同，但是所有的命令一般都以相同方式执行。

- ❑ 菜单：以列表的形式组织各种命令。右击，在指针处弹出的菜单称为弹出式（上下文）菜单。
- ❑ 按钮：单击按钮盒菜单项时执行的是某个脚本。
- ❑ 工具：在脚本运行之前与屏幕进行交互。例如 Zoom In 工具，单击该工具后，在地图上单击一下或者拖出一个方框，就会显示框内的详细内容。
- ❑ 组合框：提供下拉列表框选择。
- ❑ 文本框或编辑框：可以进行文字输入和编辑。例如可以输入比例尺数据浏览地图。

3.2.2　工具栏的显示与隐藏

除主菜单和标准工具条外，ArcMap 还有其他执行命令的工具条能完成一组相关命令。ArcMao 在标准工具条上提供了快速显示最常用工具条的按钮。

1. 在已有菜单中选择工具栏的显示与隐藏

选择"自定义"|"工具条"命令，在弹出的快捷菜单中勾选需要显示的工具栏，取消勾选，将会在菜单中隐藏该工具栏，如图 3.7 所示。

2. 自定义工具条的显示与隐藏

选择"自定义"|"工具条"|"自定义"命令，在弹出的自定义对话框中设置工具条的显示与隐藏，如图 3.8 所示。

图 3.7　勾选工具栏的显示与隐藏

图 3.8　自定义工具条的显示和隐藏

在弹出的对话框中单击"工具条"标签，在需要显示的工具条"3D Analyst"和"高级编辑"前面勾选其复选框。可以看到在 ArcMap 的界面上出现了这两项的工具条。

根据需要勾选需要的工具条，单击"关闭"按钮，即可完成工具条的自定义。

3.3　定制个性化的 ArcMap

很多工具条是由 ArcMap 提供的，但是有时需要创建带有按钮的工具条来运行自定义的脚本。可以使用自定义对话框重命名或者删除其中的工具条。但是，如果工具条内嵌于程序中，或者是被添加进来的动态链接库的一部分，那么该工具条就不能被重命名或者删除。

本节简单介绍一下如何创建自己的工具栏和工具，关于其他自定义功能，读者可以自己练习。

3.3.1　创建自己的工具栏和工具

本小节分以下几部分内容进行介绍：新建工具条、修改工具条内容、创建快捷键及如何保存定制内容等。

1．新建工具条

（1）选择"自定义"|"工具条"|"自定义"命令，在弹出的对话框中单击"工具条"标签，单击"新建"按钮，如图 3.9 所示。

（2）在弹出的命名对话框中输入需要自定义的工具条名称，如"我的第一个自定义工具条"，如图 3.10 所示，完成后单击"确定"按钮。

图 3.9　新建工具条

图 3.10　工具栏命名对话框

可以在 ArcMap 的菜单栏中看到一个空的自定义工具条，如图 3.11 所示。

🔔注意：重命名和删除操作方法类似，同样在自定义新建工具条的对话框中进行，此处不再赘述。

图 3.11　菜单栏中新增工具条

2. 修改工具条内容

使用添加、移动和删除命令可以修改任何工具条的内容。对工具条上的命令进行分组有助于将不同任务的命令分开。以在"我的第一个新建工具栏"中添加 3D 分析命令为例。

（1）选择"自定义"|"工具条"|"自定义"命令，在弹出的对话框中单击"命令"标签，单击"类别"列表框中需要的命令组"3D Analyst"，则"命令"列表框中将此类别中所有3D 分析的相关命令列出，如图 3.12 所示。

（2）选择图 3.12 中所示的"TIN 转栅格"命令，拖动到目标工具条"我的第一个新建工具条"中；用同样的方法将"TIN 转要素"命令拖动到目标工具条中。单击"关闭"按钮，则目标工具条中将出现此两项命令按钮，如图 3.13 所示。

图 3.12　"命令"列表框　　　　　图 3.13　增添命令到新建工具条

3. 在工具条中添加新的空菜单

（1）选择"自定义"|"工具条"|"自定义"命令，在弹出的对话框中单击"命令"标签，单击"类别"列表框中"新建菜单"，则"命令"列表框中出现"新建菜单"命令按钮，如图 3.14 所示。

（2）选中"新建菜单"命令，拖动到目标工具条"我的第一个新建工具条"中，则该工具条中出现空的新建菜单，如图 3.15 所示。

🔔注意：可以根据需要给新建菜单重命名。

图 3.14　"新建菜单"命令　　　　　图 3.15　空的新建菜单

4．快捷键

（1）选择"自定义"|"工具条"|"自定义"命令，在弹出的对话框中单击"命令"标签，单击"键盘"按钮，如图 3.16 所示。

（2）在弹出的"自定义键盘"对话框中设置快捷键。如需要给"文件"类别中的"添加数据"命令设置快捷键"Ctrl+="，则需要选中"文件"类别中的"添加数据"命令，在"按新建快捷键"文本框中输入"Ctrl+="，单击"分配"按钮，如图 3.17 所示。

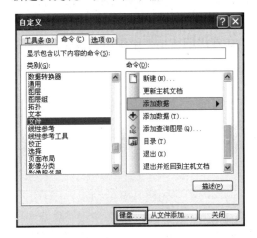

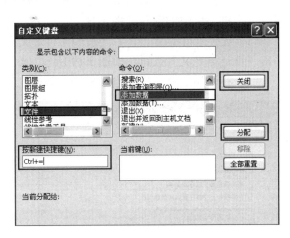

图 3.16　单击"键盘"按钮　　　　　图 3.17　分配新建快捷键

（3）设置完成后单击"关闭"按钮。

5．如何保存定制内容

将自定义模板保存在相应位置。具体方法如下。

（1）选择"文件"|"另存为"命令，弹出"另存为"对话框。

（2）从文件夹浏览器中找到 ArcGIS 10 安装目录|Desktop10.0|MapTemplates，在对应子目录下找到自定义模板的类型，定位到想要保存模板的位置，如图 3.18 所示。

图 3.18　地图模板保存位置

（3）输入新模板的名字，单击"保存"按钮。下次在模板中启动 ArcMap 时，自定义的模板内容将会出现在 ArcMap 的界面中。

3.3.2　锁定地图文档和模板

为了保护私有或者敏感信息与工作进程，防止别人修改自己定制的文档和模板，可以使用自定义对话框中的锁定文档工具。

（1）选择"自定义"|"工具条"|"自定义"命令，在弹出的对话框中单击"选项"标签，单击"锁定自定义"按钮，如图 3.19 所示。

（2）在弹出的对话框中输入密码，如图 3.20 所示。

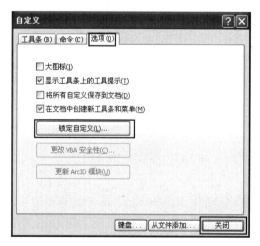

图 3.19　锁定自定义

图 3.20　输入锁定自定义密码

（3）设置完成后单击"确定"按钮。

3.4　获　得　帮　助

学习 ArcMap 的一个快捷方法是了解界面上那些按钮和菜单命令，也可以从帮助系统中获得大部分帮助信息。本节介绍几种常见的获得帮助的方法。

3.4.1　在 ArcMap 窗口中获得帮助

在未进行任何命令操作之前，对于希望了解的内容，可以直接在 ArcMap 窗口中获得帮助。操作方法为：选择菜单中"帮助"|"这是什么"命令，如图 3.21 所示。

使用帮助指针，单击 ArcMap 窗口中想要了解更多信息的某一项。如把鼠标放到编辑器中"开始编辑"按钮上，即可获得"开始编辑"按钮的相关帮助信息，如图 3.22 所示。

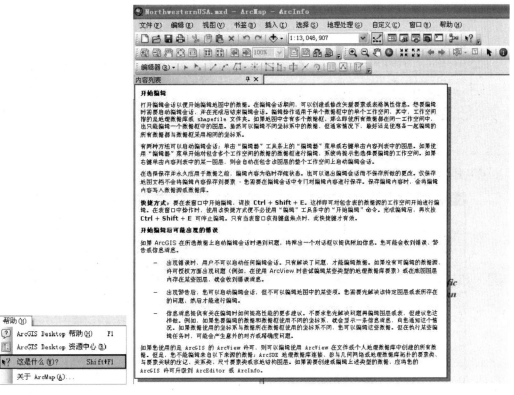

图 3.21　在 ArcMap 窗口中获得帮助　　　　　　图 3.22　"开始编辑"按钮帮助信息

用鼠标单击菜单中其他地方则取消帮助信息提示。

3.4.2　在对话框中获得帮助

在对话框中获得帮助的方法和在窗口中获得帮助的方法类似，如图 3.23 所示。

3.4.3　使用 Help Contents 获取帮助

使用帮助目录获取帮助可以得到较为完整的帮助信息。具体操作方法如下。

（1）选择"帮助"|"ArcGIS Desktop 帮助"命令，如图 3.24 所示。

图 3.23　在对话框中获得帮助信息

图 3.24　帮助命令

（2）弹出 ArcGIS 10 帮助库，如图 3.25 所示。

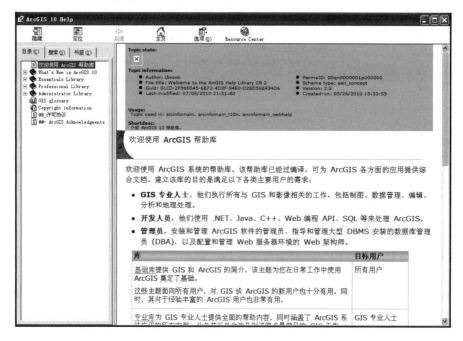

图 3.25　ArcGIS 10 帮助库

3.4.4　查询帮助索引

　　使用查询帮助索引可以更加快速地找到需要的帮助资料。单击帮助目录中的"搜索"标签即可，如图 3.26 所示。

图 3.26　帮助搜索

第 2 篇　地理数据的显示

第 4 章　如何创建地图

创建地图是地理信息系统最基本的应用之一，使用现代软件创建地图时仍然会较多地参照传统纸质地图生产时的重要因素，包括最基础的地图数据、地图的布局、地图要素的综合涵盖。但是对于 ArcMap 等大多数地理信息系统平台而言，创建地图最重要的工作是添加不同来源的数据。

本章重点介绍创建地图的方法及如何在创建地图的过程中添加不同数据。

4.1　创建地图的方法

创建地图之前往往要思考制图目的是什么，地图显示内容包括哪些，地图的使用者是谁等。思考这些问题决定了如何在地图上组织和显示信息，以及制图的细节如何表现。

地图创建的第一步是找到数据。除了 GIS 数据库之外，互联网是非常好的数据来源，商业数据商也提供从商业到自然资源的各种数据。当然，有免费数据，也有收费数据。如果有特殊要求，还可以自己创建数据。

4.1.1　新建一个地图

新建地图的方法比较简单，有以下两种方式。

1．启动ArcMap创建新地图

（1）单击 Windows 任务栏上的"开始"|"程序"| ArcGIS | ArcMap 10 菜单命令，启动 ArcMap。

（2）在弹出的对话框中单击"新建地图"选项，则对话框右侧会出现"空白地图"选项。单击该选项，在"此地图的默认地理数据库"文本框中输入新建地图的保存路径，如图 4.1 所示。

（3）完成之后单击"确定"按钮。

📖注意：此时也可以选择 ArcMap 自带的模板进行地图新建，则新的地图就是基于该模板的内容而创建的。

2．在标准工具条上新建地图

在 ArcMap 已经启动的情况下，可以在标准工具条上新建地图。选择菜单项中"文件"|"新建"命令，如图 4.2 所示，或者单击"新建"快捷图标，如图 4.3 所示。

ArcMap 直接进入新建地图界面，如图 4.4 所示。

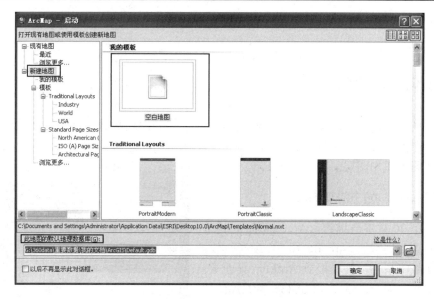

图 4.1　启动 ArcMap 创建新地图

图 4.2　新建地图命令

图 4.3　新建地图图标

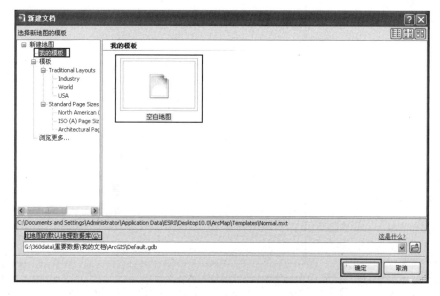

图 4.4　新建文档界面

同样地，在"此地图的默认地理数据库"文本框中输入新建地图的保存路径。单击"确定"完成。

4.1.2　如何添加图层

在第 3 章中已经介绍过图层和数据框的概念，了解到地理数据在地图中是以图层的形式表现的，一个图层代表了某种要素。本节不再介绍图层的概念和控制方法，只介绍如何用不同方法往地图中添加图层。主要内容如下。

1．从ArcCatalog中添加图层

在本书第 20 章中会讲到，ArcCatalog 是地理信息数据的重要浏览器。ArcGIS 10 中，ArcCatalog 区别于以往版本系列，被集成到 ArcMap 桌面上，更加方便操作。因此，从 ArcCatalog 中添加图层也将更加易于操作。

可以选择单击 Windows 任务栏上的"开始" | "程序" | ArcGIS | ArcCatalog 10 菜单命令来启动 ArcCatalog，如图 4.5 所示。

则此时 ArcCatalog 会被作为一个单独的应用程序端启动，如图 4.6 所示。

图 4.5　启动 ArcCatalog

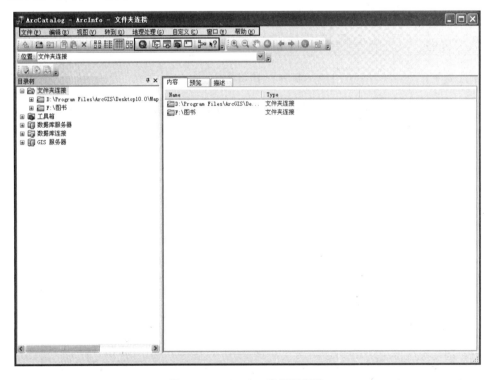

图 4.6　ArcCatalog 应用程序端

🔔**注意**：从图 4.6 中可以看出，所有菜单栏功能都可以使用，且 ArcMap 应
用程序、Toolbox 应用程序、Modelbuilder 应用程序端都可以在此处
被启动。

ArcCatalog 被集成到 ArcMap 中后，启动方式为：选择 "窗口" | "目
录"命令，如图 4.7 所示。

被集成后的 Catalog 以目录形式存在。以从本地文件夹目录中添加数据
为例，首先需要将该文件夹目录连接到 Arccatalog 中。操作方法如下。

图 4.7 目录命令

（1）单击"目录"内容表中的"新建文件夹"按钮，如图 4.8 所示。

（2）在弹出的"连接到文件夹"选项中选择要连接到的文件夹，如图 4.9 所示。

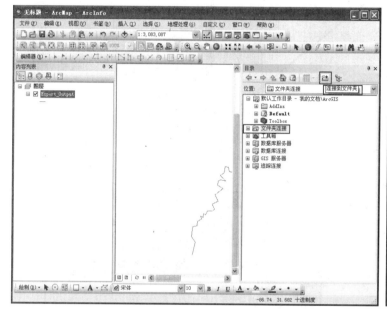

图 4.8 连接"新建文件夹"

图 4.9 "连接到文件夹"对话框

（3）文件夹被连接以后，会在"目录"内容列表中显示该文件夹的内容。单击需要加载
到 ArcMap 中的数据，按住鼠标左键直接拖动到 ArcMap 的"内容列表"中，如图 4.10 所示。

（4）用同样的方法加载其他图层数据。

2．使用"添加数据"按钮添加图层

使用添加数据命令添加图层是常用的图层添加方法，具体操作步骤如下。

（1）单击菜单栏"标准工具条"中的"添加数据"按钮，在下拉菜单中选择"添加数据"
命令，如图 4.11 所示。

（2）在弹出的"添加数据"对话框中，"查找范围"下拉列表中找到待要加载图层的位
置。单击目标图层，则在"名称"栏中会出现该图层名称。也可以直接在"名称"文本框中
输入需要加载的图层名称，ArcMap 也会找到该图层并完成加载。"显示类型"下拉列表框
默认"数据集和图层"，不可改。完成选择和设置以后，单击"添加"按钮完成，如图 4.12
所示。

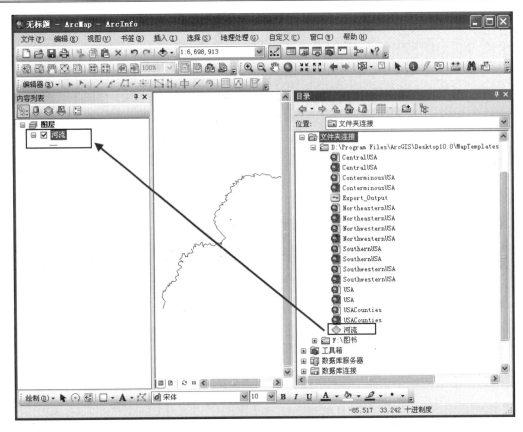

图 4.10　从 Arccatalog 中拖动图层

图 4.11　选择添加数据命令

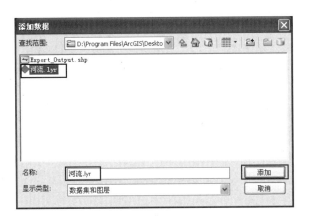

图 4.12　添加图层对话框

在"内容列表"中将会出现该图层，如图 4.13 所示。

3．从另一地图中添加图层

引用另一地图中已经定义好的图层，可以直接添加到新地图中，具体操作方法如下。

（1）打开要复制图层的地图。

（2）在该地图的内容表中右击需要复制的图层，弹出快捷菜单，选择"另存为图层文件"

命令，如图 4.14 所示。

图 4.13　被加载的图层　　　　　图 4.14　保存数据为图层文件

（3）弹出"保存图层"对话框，如图 4.15 所示。在"名称"文本框中输入需要保存的图层名称，"保存类型"列表默认为"图层文件（*.lyr）"，也可以保存为早期版本的图层文件类型，如图 4.16 所示。

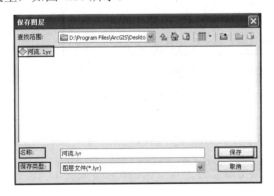

图 4.15　保存图层　　　　　　　图 4.16　保存图层文件类型

（4）完成后单击"保存"按钮。

（5）单击菜单栏"标准工具条"中的"添加数据"按钮，在下拉菜单中选择"添加数据"命令。

（6）在弹出的"添加数据"对话框中，在"查找范围"下拉列表中找到待要加载图层的位置。单击目标图层，单击"添加"按钮，完成图层的添加。

4.1.3　添加各种格式的数据

实际操作中往往没有定义好的图层可用，需要直接从数据源（coverage、shp 文件、gdb 数据库等）中创建。那么首先需要进行的操作就是需要把各种格式的数据添加到地图中。在创建一个新的图层时，需要参照该数据源。

1. 从ArcCatalog中添加数据

ArcCatalog 作为目录形式存在，从本地文件夹目录中添加数据，首先需要将该文件夹目录连接到 Arccatalog 中。操作方法如下：

（1）单击"目录"内容表中的"新建文件夹"按钮，如图 4.17 所示。

图 4.17　连接新建文件夹数据

（2）在弹出的"连接到文件夹"选项中选择要连接到的文件夹，如图 4.9 所示。

（3）文件夹被连接以后，会在"目录"内容列表中显示该文件夹的内容。单击需要加载到 ArcMap 中的数据，按住鼠标左键直接拖动到 ArcMap 的"内容列表"中，如图 4.18 所示。

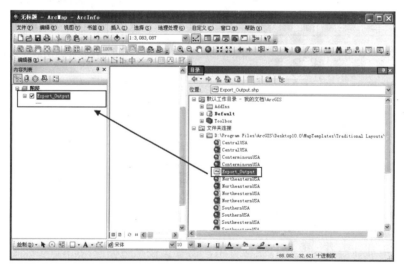

图 4.18　从 Arccatalog 中拖动图层

2．从ArcMap中添加数据

实际操作中需要经常从 ArcMap 中添加数据，具体操作步骤如下。

（1）单击菜单栏"标准工具条"中的"添加数据"按钮，在下拉菜单中选择"添加数据"命令，如图 4.19 所示。

（2）在弹出的"添加数据"对话框中，"查找范围"下拉列表中找到数据位置。单击数据，则在"名称"栏中会出现该数据源名称；也可以直接在"名称"文本框中输入数据源名称，单击"添加"按钮完成，如图 4.20 所示。

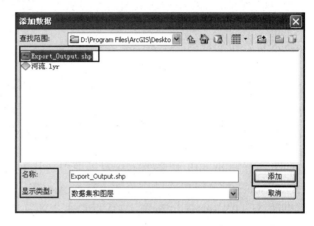

图 4.19　选择"添加数据"　　　　　　　　图 4.20　"添加数据"对话框

3．从ArcGIS Online中添加数据

实际操作中需要经常从 ArcMap 中添加数据，具体操作步骤如下。

（1）单击菜单栏"标准工具条"中的"添加数据"按钮，在下拉菜单中选择"从 ArcGIS Online 添加数据"命令，如图 4.21 所示。

（2）在弹出的 ArcGIS Online 网站中找到合适的数据资源，添加即可，如图 4.22 所示。

图 4.21　选择添加数据　　　　　　　　图 4.22　ArcGIS Online 网站资源

⚲注意：在地图中显示的数据类型各不相同，如栅格、矢量、表格，并且以不同的形式保存，
可以直接将其作为图层添加到地图，而如果添加的是 ArcMap 不支持的格式的数据，
可以使用 ArcToolbox 数据转换工具转换成 ArcMap 支持的数据格式。

4. 从GIS服务器添加数据

从 GIS 服务器添加数据，可以采用先在 Catalog 中加入
服务器连接，然后从该服务器中添加的方法，如图 4.23 所示。

也可以按照从文件中添加数据的方法来进行数据添加。
本小节重点介绍如何在 ArcMap 中使用"添加数据"按钮添
加 GIS 服务器中的数据。

具体方法如下。

（1）单击菜单栏"标准工具条"中的"添加数据"按钮，
在下拉菜单中选择"添加数据"命令。

图 4.23　从 Catalog 中连接服务器

（2）在弹出的"添加数据"对话框中，找到添加数据的根目录，如图 4.24 所示。双击
GIS 服务器选项。

（3）在弹出的 GIS 服务器连接对话框中，找到需要新增的 GIS 服务连接方式。如添加
"ArcGIS Sever 服务器"连接。单击"添加 ArcGIS Server"选项，则在"名称"栏中将会出
现"添加 ArcGIS Server"字样，完成后单击"添加"按钮，如图 4.25 所示。

图 4.24　选择 GIS 服务器选项　　　　　图 4.25　添加 ArcGIS Sever 服务器连接

（4）系统弹出 GIS 服务器连接设置过程提示，选择"使用 GIS 服务"，并单击"下一步"
按钮，如图 4.26 所示。

（5）在弹出的常规设置对话框中选择 ArcGIS Server 连接类型。此处本地主机作为服务器
连接。选择"本地"选项，并在"主机名称"文本框中输入"localhost"。单击"完成"按
钮，如图 4.27 所示。

（6）接下来用添加文件夹数据的方法添加数据即可。此处不再赘述，读者可自己练习。

4.1.4　添加 TIN 数据作为表层显示

TIN 是根据一系列间隔不规则的点建立的，这些点描述了该点位置上表面的值。在地图

上经常使用 TIN 作为一个表面表达，如反映一个地区上连续变化的数据高程、降水和温度。TIN 数据的添加方法也有多种。

图 4.26　执行使用 GIS 服务

图 4.27　选择 ArcGIS Server 连接类型

1. 从ArcCatalog中添加TIN数据

ArcCatalog 作为目录形式存在，从本地文件夹目录中添加 TIN 数据，和添加其他格式数据一样，同样需要将该文件夹目录连接到 Arccatalog 中。操作方法如下。

（1）单击"目录"内容表中的"新建文件夹"按钮，如图 4.28 所示。

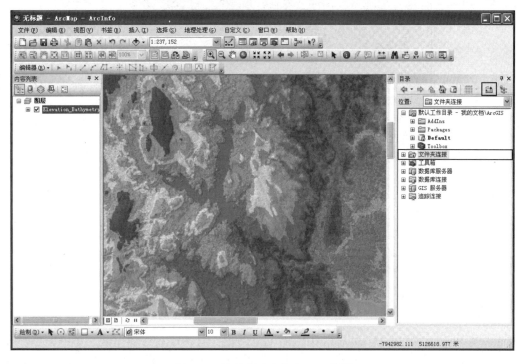

图 4.28　连接新建文件夹 TIN 数据

（2）在弹出的"连接到文件夹"选项中选择要连接到的文件夹，如图 4.29 所示。

图 4.29　连接文件夹 TIN 数据对话框

（3）文件夹被连接以后，会在"目录"内容列表中显示该文件夹内容。单击需要加载到 ArcMap 中的数据，按住鼠标左键直接拖动到 ArcMap 的"内容列表"中，如图 4.30 所示。

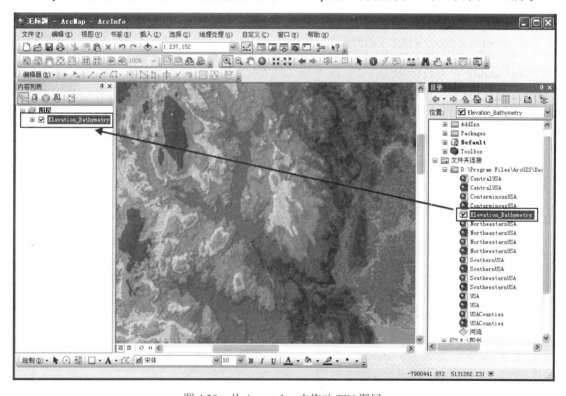

图 4.30　从 Arccatalog 中拖动 TIN 图层

2．从ArcMap中添加TIN数据

实际操作中需要经常从 ArcMap 中添加 TIN 数据，具体操作步骤如下。

（1）单击菜单栏"标准工具条"中的"添加数据"按钮，在下拉菜单中选择"添加数据"命令。

（2）在弹出的"添加数据"对话框中，"查找范围"下拉列表中找到数据位置。单击数据，则在"名称"栏中会出现该数据源名称；
也可以直接在"名称"文本框中输入数据源名
称，单击"添加"按钮完成，如图 4.31 所示。

3．从 ArcGIS Online 中添加 TIN 数据

实际操作中需要经常从 ArcMap 中添加
TIN 数据，具体操作步骤如下。

（1）单击菜单栏"标准工具条"中的"添
加数据"按钮，在下拉菜单中选择"从 ArcGIS
Online 添加数据"命令。

（2）在弹出的 ArcGIS Online 网站中找到合
适的数据资源，添加即可，如图 4.32 所示。

图 4.31　添加 TIN 数据对话框

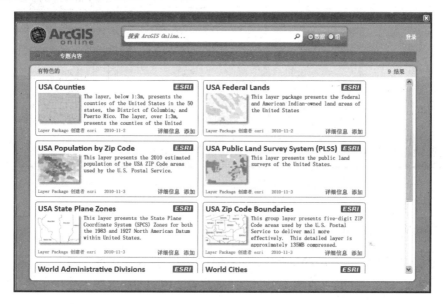

图 4.32　ArcGIS Online 网站 TIN 数据资源

4.1.5　添加 CAD 数据

常见 CAD 数据是以图形文件存在的，如果只是想浏览一下 CAD 图形，可以将其作为图
层添加到地图中，实体会以在 CAD 图形文件中定义的形式显示。另外，如果想要控制实体
的显示及进行地理分析，就需要添加 CAD 数据，将其作为 ArcMap 处理的要素——点、线、面。

本小节重点介绍如何添加 CAD 图形文件，具体介绍从 Arccatalog 和 ArcMap 中添加的方法。

1．从 ArcCatalog 中添加 CAD 数据

ArcCatalog 作为目录形式存在，从本地文件夹目录中添加 CAD 数据，和添加其他格式数
据一样，同样需要将该文件夹目录连接到 Arccatalog 中。操作方法如下。

（1）单击"目录"内容表中的"新建文件夹"按钮，如图 4.28 所示。

（2）在弹出的"连接到文件夹"选项中选择要连接到的文件夹。文件夹被连接以后，会在"目录"内容列表中显示该文件夹内容。单击需要加载到 ArcMap 中的数据，按住鼠标左键直接拖动到 ArcMap 的"内容列表"中，如图 4.33 所示。

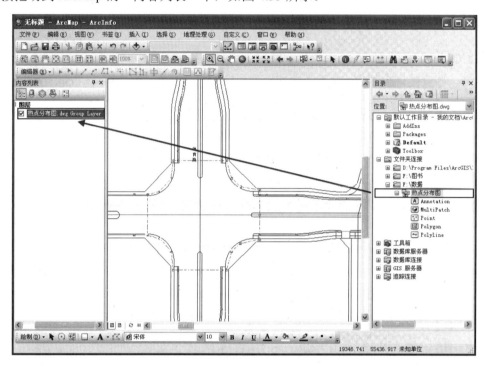

图 4.33　从 Arccatalog 中拖动 CAD 数据

2．从ArcMap中添加CAD数据

实际操作中需要经常从 ArcMap 中添加 CAD 数据，具体操作步骤如下。

（1）单击菜单栏"标准工具条"中的"添加数据"按钮，在下拉菜单中选择"添加数据"命令。

（2）在弹出的"添加数据"对话框中，在"查找范围"下拉列表框中找到数据位置。单击数据，则在"名称"文本框中会出现该数据源名称；也可以直接在"名称"文本框中输入数据源名称，单击"添加"按钮完成，如图 4.34 所示。

另外，同样可以在网络资源中找到需要的 CAD 数据，方法与添加其他格式地理信息数据的方法一致。

4.1.6　添加 x，y 坐标序列

在实际操作中，并不总是有现成的 shape

图 4.34　添加 CAD 数据对话框

等格式的数据源，往往在一些表格数据中包含有 x，y 坐标形式的地理位置信息，在 ArcMap

中可以将这些数据也加载到地图上。

本节以创建一个监测点序列为例，介绍如何把 Excel 表格中的经度、纬度值转换成 ArcMap 中的坐标序列。

具体方法如下。

（1）准备好 Excel 表格，其中应包含需要点的经度值和纬度值，本例中有 10 个监测点序号及其坐标值，如图 4.35 所示。

（2）启动 ArcMap 后，在目录列表中找到"工具箱"，并依次展开"系统工具箱"、"Data Management Tools"、"图层和表视图"工具箱，如图 4.36 所示。

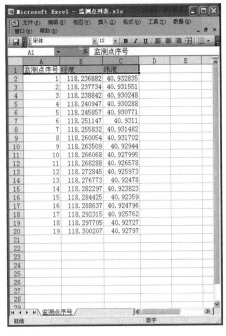

图 4.35　监测点 Excel 列表

图 4.36　选择创建 XY 事件图层工具

（3）双击"创建 XY 事件图层"工具，弹出"创建 XY 事件图层"对话框，如图 4.37 所示。

（4）单击"XY 表"文本框后的文件夹图标，弹出 XY 表选择对话框，找到后缀名为 xls 的"监测点列表"文件，选择"监测点序号"标签项，单击"添加"按钮即可，如图 4.38 所示。

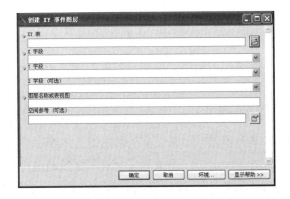

图 4.37　创建 XY 事件图层对话框

图 4.38　XY 表选择对话框

（5）ArcMap 重新回到"创建 XY 事件图层"对话框，此时的"XY 表"中显示监测点列表的文件路径，而"图层名称或表视图"文本框中则显示"监测点序号$_Layer"，如图 4.39所示。

（6）在"X 字段"下拉列表中选择"经度"，如图 4.40 所示。

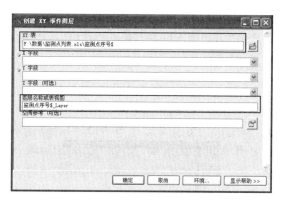

图 4.39　添加 XY 表

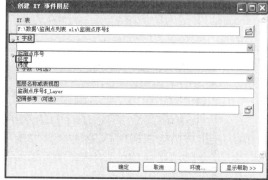

图 4.40　选择 X 字段

（7）在"Y 字段"下拉列表中选择"纬度"，如图 4.41 所示。

（8）Z 字段和空间参考选项均可选，此例中默认为空。完成后单击"确定"按钮，即可完成选择，如图 4.42 所示。

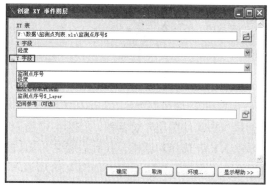

图 4.41　选择 Y 字段

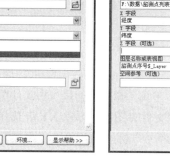

图 4.42　完成创建 XY 事件图层设置

（9）ArcMap 开始创建 XY 事件图层，如图 4.43 所示为根据"监测点列表"创建成功的序号为 1～19 的坐标序列点。

至此完成了该例中所要完成的添加 x, y 坐标序列的操作。

注意：该操作主要用到了工具箱中的"创建 XY 事件图层"工具。要想在地图上添加 x, y 坐标表，该表必须包括两个字段：一个表示 x 坐标，一个表示 y 坐标，字段的值可以表示任何坐标系和坐标单位，如经纬度或米等。

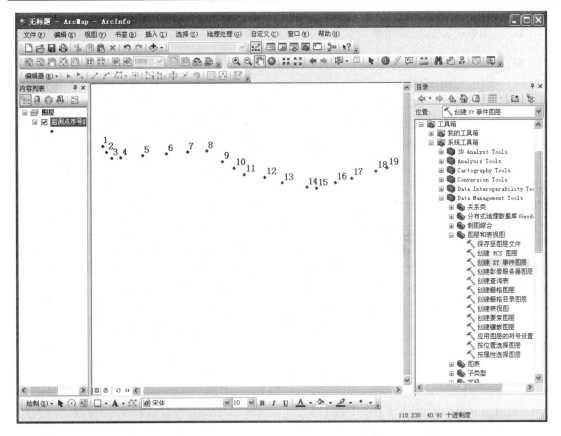

图 4.43　创建好的 x, y 坐标序列

4.2　地图的坐标系和数据源

通过第 1 章的介绍我们了解到，地图上的要素反映了其所代表的真实对象在地球上的实际位置。而地球球形表面上的位置是使用经纬度量算的，即通常所说的地理坐标。而实际上数据通常从三维坐标系转到二维平面地理坐标。投影坐标系描述了从两个独立坐标轴到原点的距离，水平 X 轴代表东西，垂直的 Y 轴代表南北。

4.2.1　地图的坐标系统

在平面化的过程中，会引起距离、面积、形状和方向等一个或多个空间属性的变形，没有任何一种投影可以使这些属性都不变形，也就是说，所有的平面地图均有不同程度的变形。

但是每一种投影方式都有其特点，可以在确保某一项属性诸如距离、面积、形状或方向等方面不变形，但是这种属性不变形的保证是以扩大其他属性变形为代价的。因此，作为一个地图制作者，了解需求地图最重要的属性，从而确定适合的投影是十分重要的。

本节重点介绍常见的投影方式及其特点、ArcMap 的动态投影，以及 ArcMap 中坐标系信息的指定方法等知识点。

1．常见投影方式及其特点

根据地图投影所保持的空间属性特点不同，投影方式分为以下几类。

（1）等积投影：保持面积不变，也叫等效投影。由于其特点，大部分专题图制作时都需要等积投影。Alberts 等积圆锥投影在美国最常用，全世界通用的投影方式是等积圆柱正弦投影。

（2）等角投影：保持角度不变，在航海制图和气象制图上非常有用。在小范围内保证面积不变，但是对于大面积的陆地地图，其面积变形非常大。Lambert 等角圆锥投影和 Mercator 投影是最常见的等角投影。

（3）方位投影：保持某一点到其他点的方位不变。这种投影可以与等积、等距和等角结合，这样就可能有等积方位投影，例如 Lambert 或者等距方位投影。

（4）等距投影：保持距离不变，但是没有任何一种投影能保持所有的点到点的距离不变。相反，一点（或者一些点）到所有其他点，或者沿着经线或者平行线，距离保持不变。如果我们使用地图查找距离某一要素一定距离内的要素，可以使用等距投影。

（5）折中投影保持各种空间属性变形最小，但不保证任何一种几何特性不变形。例如 Robinson 投影，既不是等积投影，也不是等角投影，从审美角度看很舒服，可以用在普通制图中。

2．ArcMap的动态投影

ArcMap 能够执行通常所说的动态投影，这意味着 ArcMap 能够显示以不同投影方式存储的数据。而这一投影仅仅对查询和显示有意义，实际数据源的投影不会被改变。当数据框中含有不同坐标系的数据时，数据会动态地进行投影变换。可以通过向空的数据框中添加数据来定义数据框的坐标系统，也可以在数据框属性中手工定义坐标系统（通过访问数据框的属性）。

如果没有定义数据集的坐标系统，则 ArcMap 不会为数据添加动态投影。未定义坐标系统的数据集将以其自带的坐标系统进行简单显示。

数据框会自动设置为与第一次添加的数据相一致的坐标系统，不管该数据使用的是投影坐标系统还是地理坐标系统，都是如此。例如，若添加的第一个图层使用的是 Lambert Conformal Conic 投影坐标系统，其他的图层也会按照该投影系统动态地进行变化。同样，若添加的第一个图层使用的是 WGS84 地理坐标系统，其他的图层也会自动调整为与之一致的坐标系统，此时，即使添加的是一个使用了投影坐标系统的数据，也会动态地取消投影。

3．ArcMap中坐标系的查看与指定方法

前面介绍过，在 ArcMap 中，当添加一个图层到空的数据框中时，这个图层会设置该数据框的坐标系。实际上，也可以根据需要修改该图层的坐标系参数。下面介绍查看和修改坐标系的方法。

（1）右击需要查看和设置坐标系的数据框，在弹出窗口中单击"属性"选项，如图 4.44 所示。

（2）在弹出的"数据框 属性"对话框中，选择"坐标系"选项卡，"当前坐标系"文本框中显示的内容即为当前数据框所用的坐标系详细信息，如图 4.45 所示。

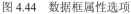

图 4.44 数据框属性选项　　　　　　　　图 4.45 坐标系选项卡

（3）在"坐标系"选项卡的"选择坐标系"列表框中单击"预定义"选项，在展开的坐标系列表中依次选择 Projected Coordinate Systems | Gauss Kruger | Beijing 1954 文件夹选项，如图 4.46 所示。

并在"Beijing 1954"文件夹中进行选择，本例中选择"Beijing 1954 GK Zone 13"，则"当前坐标系"文本框中将会显示出该坐标系的详细信息，如图 4.47 所示。

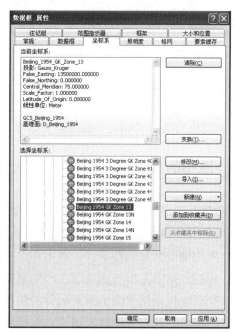

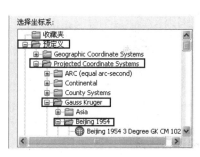

图 4.46 预定义坐标系　　　　　　　　图 4.47 选择北京 54 坐标系

（4）单击"确定"按钮，则现在所有数据框都使用该坐标系显示。

4．修改坐标系参数

在实际操作中，会遇到坐标系参数自定义的情况，此时可以在 ArcMap 中进行坐标系参数的修改。具体操作方法如下。

（1）右击需要查看和设置坐标系的数据框，在弹出窗口中单击"属性"选项，在弹出的"数据框 属性"对话框中，选择"坐标系"选项卡，单击"修改"按钮，如图 4.48 所示。

（2）在弹出的"地理坐标系属性"对话框中，进行相关参数的修改，如图 4.49 所示。

图 4.48　修改当前坐标系

图 4.49　坐标系属性对话框

从图 4.49 中可以看到，可以进行名称、基准面名称、基准面椭球体相关参数、角度单位、本初子午线相关参数的设置，此处不再赘述，读者可以自己练习。

（3）完成后单击"确定"按钮即可。

4.2.2　地图的数据源

地图数据源是地图构成的基础，空间数据的可视化构成了地图，而产生空间数据有多种途径。本小节介绍目前地图数据的几种来源。

- ❑　应用地面测量的方法产生地形图。
- ❑　遥感数据的应用构成地图生产的重要来源。
- ❑　全球定位系统改变了测量科学的传统项目。
- ❑　地图数据源自各种地理调查，包括环境调查和社会经济统计数字。

下面分别介绍这些数据源的特点。

1．地面测量数据

地面测量数据产生地形图，已经有 4 个世纪的历史。20 世纪 30 年代兴起的摄影测量方法缓解了繁重的野外测量作业，到了 20 世纪 80 年代，由全站仪和数字测图构成的自动测图系统，进一步解放了生产力。即使小范围的测量任务，也能快速产生地图数据。

地面测量数据方法概括起来有以下几种。

（1）小区域控制测量

控制测量：工程控制测量为工业建设测量而建立的平面控制测量和高程控制测量的总称。它是工程建设中各项测量工作的基础。在工程规划设计阶段，要建立地形测量控制网，用来控制整个测区，保证最大比例尺测图的需要；在施工阶段，要建立施工控制网，以控制工程的总体布置和各建筑物轴线之间的相对位置，满足施工放样的需要；在经营管理阶段，根据需要建立变形观测控制网，用来控制建筑物的变形观测，以鉴定工程质量，保证安全运营，分析变形规律并进行相应的科学研究。各阶段所要建立的控制网，共同的特点是精度要求高，点位密度大。由于网的作用不同，使得测图网、施工网和变形网又都有各自的布网方式和精度要求，因此多是分别依次建立或者在原有网的基础上改建。

小区域控制测量主要包括平面控制测量、高程控制测量，而高程控制测量有水准测量和三角高程测量，前者用于建成区、平原的地形测量和工程测量，后者用于丘陵和山地。

（2）碎部测量

碎部测量是指在控制点上安置测量仪器，按一定的程序和方法，根据地形图图式规定的符号，将地物地貌按比例缩绘在图纸上。

（3）全站仪测量

全站仪测量是由电子经纬仪、电磁波测距仪和微处理器组成，集测角、测距和测高于一体的测量装置，可实现测图自动化。

（4）数字测图系统

由测量设备采集地图数据输入计算机，用制图软件进行编辑处理、数控绘图或喷绘成图。

2．多源遥感数据

遥感数据的应用构成地图生产的重要来源。早期是航空摄影测量成为国家地形图生产的主要环节，后来由资源卫星提供高分辨率的地面影像，使大比例尺地形图生产成为可能。更重要的是，多波段图像使自然、能源和社会经济各部门都能从图像处理中获得丰富的信息，为专题制图提供海量数据。

3．全球定位系统

全球定位系统改变了测量科学的传统项目，RTK 实时测量系统将成为地面自动测量的里程碑。当我国拥有自主权的北斗定位系统以后，地图测绘更方便，空间数据更源源不断。

4．各种地理调查

各种地理调查，包括环境调查和社会经济统计数字，经过预处理后，成为地理信息符号化的重要材料，而研究和运用数学模型处理地理数据，是地图科学的一个重要分科。

第 5 章　管理图层显示数据

图层管理是 ArcMap 管理和显示数据的重要方式。本章通过介绍地图图层基本操作、图层属性的查看显示及图层管理的特点等内容向读者介绍 ArcMap 的图层管理特点。本章内容知识点较为分散，涉及软件应用的各个层面，因此在本章中采用归纳总结的方式介绍，希望可以起到抛砖引玉的作用。

5.1　地图图层基本操作

在 ArcMap 中图层可以认为是按照指定的方式显示和管理地理数据。图层存在于地图中，并且可以作为地图独立存储在地理数据库中，也可以作为图层文件（后缀名为.lyr）存储。

接触过 ArcMap 的读者都很熟悉图层的概念，具体图层的属性功能可以总结为以下几点。

❑ 显示效果	❑ 标注
❑ 选择符号	❑ 表
❑ 符号体系	❑ 交互式选择
❑ 字段显示	❑ 范围定义
❑ 定义查询	❑ 级别和符号
❑ 连接和关联	❑ 拓扑规则与误差

而实际上，以上这些图层的属性是在进行有关图层操作时经常用到的功能。本节中将详细介绍有关地图图层的一些基本操作。

5.1.1　改变一个图层的文字描述

在内容表的每个图层旁边都有文字描述。一个字符串是图层的名字，其他的文字描述了该图层的要素代表的含义。

在默认情况下，添加到地图的图层将以其数据源的名称命名。为了赋予图层更有意义的名称，也可以不改变数据源的名字，直接修改图层名称。

下面着重介绍更改图层名字的方法。需要着重指出的是，更改图层名字并不会修改数据源的名称。具体操作如下。

（1）在内容表中，选中需要修改图层名字的图层，在图层名上双击，图层名字高亮显示，允许对其进行更改，如图 5.1 所示。

（2）在名字高亮显示处输入新的图层名称。例如，这里将图层名"Capital Cities"修改为汉字名称"省会城市"，如图 5.2 所示。

也可以在图层属性对话框中进行修改，具体操作方法如下。

（1）右击需要修改的图层，在弹出的快捷菜单中选择"属性"命令，弹出"图层属性"

对话框。

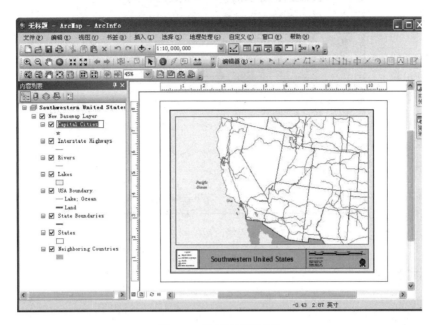

图 5.1 高亮显示图层名

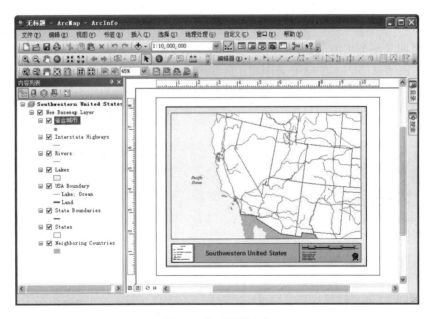

图 5.2 修改图层名称

（2）在"图层名称"文本框输入需要修改的名称。同样，以将图层名"Capital Cities"修改为汉字名称"省会城市"为例，如图 5.3 所示。完成后，单击"确定"按钮即可完成。

技巧：更改地图要素描述也可以用类似的方法进行，在内容表中，单击想要修改的文字。再次单击字符串，字符被高亮显示，修改即可。

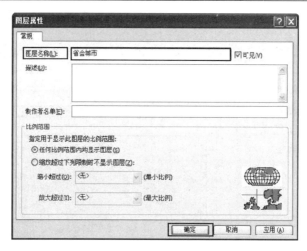

图 5.3　输入修改后的图层名字

5.1.2　复制图层

使用同一数据源创建不同地图，最快速的方法就是在 ArcMap 中执行复制图层操作。本节详细介绍常见的几种复制图层操作

1. 在数据框间复制图层

在数据框间复制图层可以在同一个 ArcMap 会话中进行，具体操作方法如下。

（1）右击需要复制的一个或多个图层，在弹出的快捷菜单中选择"复制"命令，如图 5.4 所示。

（2）右击放置复制图层的目标数据框，在弹出的快捷菜单中选择"粘贴图层"命令，如图 5.5 所示。

图 5.4　复制图层命令

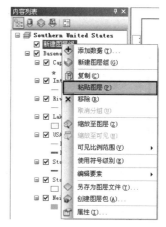

图 5.5　粘贴图层命令

2. 复制图层到另一个地图

每个 ArcMap 会话只能操作一幅地图，但可以同时打开多个 ArcMap 会话，并在不同会

话之间进行图层复制操作。以将"Southern United States"中的底图"Basemap"复制到
"Northeastern United States"中为例，介绍具体操作方法如下。

（1）右击需要复制的一个或多个图层，在弹出的快捷菜单中选择"复制"命令，本例中
复制整个数据组"Basemap"，如图 5.6 所示。

（2）打开另外一个新的 ArcMap 会话，右击目标数据组，在弹出的快捷菜单中选择"粘
贴图层"命令，如图 5.7 所示。

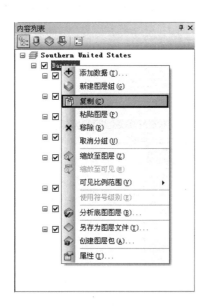

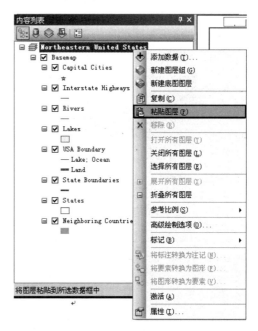

图 5.6　从一个 ArcMap 会话中复制数据组　　　　图 5.7　在新的 ArcMap 会话中粘贴图层

5.1.3　从地图中移除图层

从地图中移除图层的方法比较简单，具体方法为：在内容表中，右击想要删除的一个或
多个图层，在弹出的快捷菜单中选择"移除"命令即可。

提示：移除图层时，并没有删除这个图层所基于的数据源。当需要删除数据源时，可以在
　　　ArcCatalog 中执行相关操作，此处不再赘述。如果需同时移除多个图层，可以使用
　　　Shift 键或 Ctrl 键选中多个图层执行移除操作。

5.1.4　图层的编组

在 ArcMap 中可以把许多图层作为一个层来进行操作，其方法为将其形成一个组图层。
一个组图层在内容表中就像一个独立的图层那样显示。关闭一个组图层的显示，也就关闭了
所包括的图层。值得注意的是，当同一组内不同图层间属性相互冲突时，组图层的这种性质
会让冲突属性无效。

本节重点介绍如何创建组图层、对现有图层进行分组的方法、如何修改组图层中的图层结构、如何改变组图层中的图层顺序，以及显示组图层中任何图层的属性的方法等。

1．创建组图层

创建组图层是图层分组管理中的基本操作，方法比较简单，操作过程如下。

（1）右击需要创建组图层的数据框，在弹出的快捷菜单中选择"新建图层组"命令，如图 5.8 所示。

（2）单击"新建图层组"，该图框高亮显示，表明此时可以修改名称。输入希望的图层组名称，如图 5.9 所示。

图 5.8　新建图层组命令　　　　　图 5.9　新建图层组命名

2．对现有图层进行分组

创建组图层的作用是在实际应用中将性质类似或者其他属性类似的图层合并到一起，便于显示和管理。例如，可以把同一个 ArcMap 会话中的"Rivers"图层和"Lakes"图层合并到一起，并命名为"Waters"。在内容表中，打开或关闭"Waters"组图层，就可以同时打开或关闭"Rivers"和"Lakes"两个图层。下面以此分组为例，介绍对现有图层进行分组的方法。

（1）按住 Ctrl 键，单击"North America"数据框下的"Rivers"和"Lakes"两个图层，被选中的目标图层名称高亮显示，如图 5.10 所示。

（2）在目标图层上右击，在弹出的快捷菜单中选择"组"命令，如图 5.11 所示。

（3）"Rivers"和"Lakes"两个图层被合并到"新建图层组"中，单击"新建图层组"，该图框高亮显示，如图 5.12 所示。

（4）在新建的图层组中输入"Waters"，至此完成图层的分组，如图 5.13 所示。

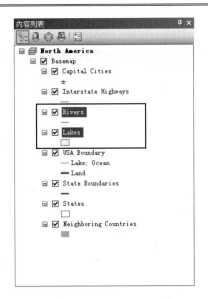

图 5.10　选择将要分组的目标图层

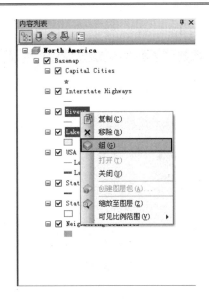

图 5.11　选择组命令

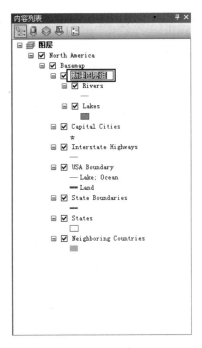

图 5.12　合并后的组图层

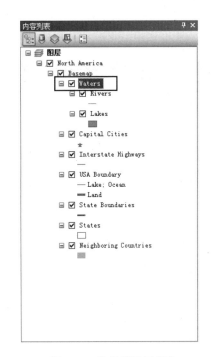

图 5.13　修改组图层名称

3．修改组图层中的图层结构

根据实际操作中的需要，可以在组图层中添加图层和删除图层，具体操作方法如下。

（1）双击内容表中的组图层，弹出图层组属性对话框，如图 5.14 所示。

（2）单击"组合"选项卡中的"添加"按钮，如图 5.15 所示。

（3）在弹出的"添加数据"对话框中选择将要添加进来的数据，单击"添加"按钮即可，如图 5.16 所示。

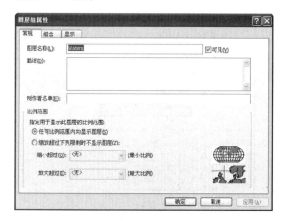

图 5.14　图层组属性对话框

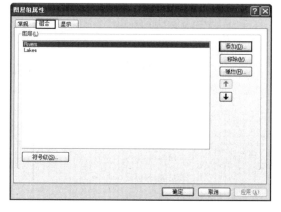

图 5.15　选择组合选项卡

（4）如若发现需要删除的图层，则需要在图层组属性对话框中选中该图层，单击"删除"按钮，如图 5.17 所示。

图 5.16　选择需要添加到组图层中的数据

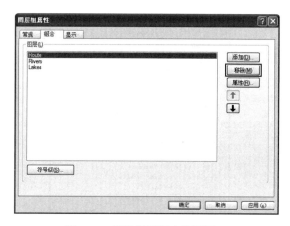

图 5.17　删除图层组中的图层

4. 改变组图层中的图层顺序

改变组图层中的图层顺序的方法比较简单，但是，在实际操作中，为了达到较好的显示效果，会经常用到。具体操作如下。

双击内容表中的组图层，弹出图层组属性对话框，单击"组合"选项卡，选择单击"向上箭头"按钮或者"向下箭头"按钮，调整目标图层顺序，完成后单击"确定"按钮，如图 5.18 所示。

5. 显示组图层中任何图层的属性

显示组图层中图层的属性，可以采用常规的方法进行，即右击图层名称，在弹出的快捷菜单中选择"属性"命令。也可以在组图层中进行查看显示，具体方法如下。

（1）双击内容表中的组图层，弹出"图层组属性"对话框，单击"组合"选项卡，选择目标图层后，单击"属性"按钮，如图 5.19 所示。

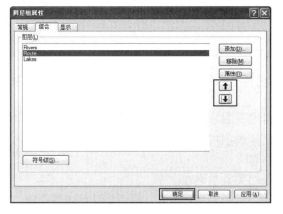

图 5.18　调整目标图层顺序

图 5.19　组图层中图层属性

（2）在弹出的"图层属性"对话框中进行图层属性的查看或者修改，如图 5.20 所示。

图 5.20　图层属性对话框

（3）完成后单击"确定"按钮即可。

5.2　图层查看和显示

在实际的制图过程中，往往需要不同的显示方式来对图层进行不同程度的查看，如按照指定比例尺显示图层，设置图层透明度来显示变化和叠加的图层信息，甚至可以事先在图层设置不变的情况下改变数据源，以实现该图层设置应用于不同数据源和应用。本节重点介绍在 ArcMap 下进行图层查看和显示的一些典型应用。

5.2.1　查看图层的属性

图层属性是图层控制的重要途径，许多显示控制都需要访问图层属性来进行，在前面的内容中涉及图层属性的访问知识，这里归纳总结一下查看图层属性中所包括的具体内容。

1．常规属性

图层常规属性中包括图层名称、图层可见性设置、图层描述、比例范围设置等内容，如图 5.21 所示。

- ❑ 图层名称：在图层名称文本框中输入其自定义名字。
- ❑ 图层可见性设置：勾选"可见"复选框使该图层可见。
- ❑ 描述：描述文本框内输入该图层的描述信息。
- ❑ 制作者名单：在制作者名单文本框内输入相关人员名单。
- ❑ 比例范围：指定用于显示此图层的比例范围。这里有两种方式，后面会进行详细介绍。

2．图层属性数据源

每一个图层都对应其数据源，在图层属性"源"中显示了所有数据源的属性信息，如图 5.22 所示。

图 5.21　图层属性常规

图 5.22　图层属性数据源

- ❑ 范围：范围内显示左、右、上、下 4 个数据，表明该数据源的经纬度范围。
- ❑ 数据源：数据源选项卡内显示了数据类型，即该图层对应数据源属于个人数据库、shp 文件、文件数据库等何种类型；数据源位置，即数据源的存储位置；要素类，即图层对应的数据源名称；几何类类型，即图层对应数据源属于点、线、面何种类型；地理坐标系；基准面；本初子午线；角度单位等内容。
- ❑ 设置数据源：根据需要重新设置数据源，具体方法在后续章节中详细介绍。

3．图层属性选择

在该属性项设置中，可以修改所选要素的显示方式，如图 5.23 所示。

- ❑ 使用"选择"选项卡中所指定的选择颜色：默认使用该图层被系统自动赋予的随机颜色。
- ❑ 用此符号：符号化显示所选要素。

❑ 用此颜色：设置颜色。

4．图层属性显示

图层属性中"显示"标签内设置的内容较多，下面一一介绍，如图 5.24 所示。

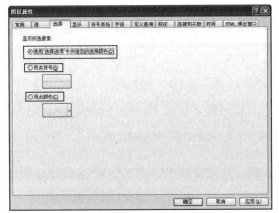

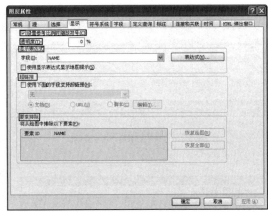

图 5.23   图层属性选择   图 5.24   图层属性显示

❑ 设置参考比例时缩放符号：勾选该复选框来选择是否需要在设置参考比例的同时缩
　放符号。
❑ 透明度：设置图层透明度。
❑ 显示表达式：根据字段表达式设置图层显示内容，在后面高级制图相关章节中有详
　细介绍。
❑ 超链接：使用字段支持超链接。
❑ 要素排除：绘图中排除指定要素。

5．图层属性符号系统

ArcMap 的图层符号系统功能十分丰富，通常情况下可以使用单一符号、颜色分级、符
号分级、密度图及多变量和图表地图等多种方法进行绘制，这些在图层属性的"符号系统"
标签中有所体现，如图 5.25 所示。

🔔注意：符号系统相关内容这里不再赘述，在第 6 章"数据的符号化显示"中有详细介绍，
　　　请读者关注。

6．图层属性字段

通过图层属性中字段的相关设置，可以使字段可见，如图 5.26 所示。
如图 5.26 所示，禁用"NAME"复选框，那么在属性表中，该字段"NAME"不可见，
如图 5.27 所示。

7．图层属性定义查询

根据实际应用中的要求，设置查询定义，如图 5.28 所示。

图 5.25 图层属性符号系统

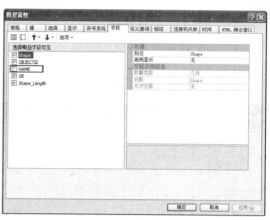

图 5.26 图层属性字段

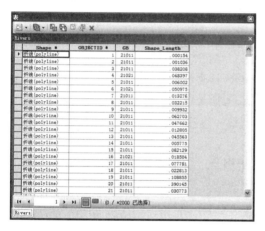

图 5.27 图层属性表中 NAME 字段不可见

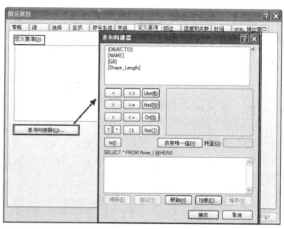

图 5.28 图层属性定义查询

如图 5.28 所示，可以在"定义查询"文本框中输入查询式，也可以单击"查询构建器"按钮，弹出"查询构建器"对话框，在其中输入查询式。此处不再赘述，读者可以自己练习。

8. 图层属性标注

标注是 ArcMap 应用在制图中较多的一项功能，在本书第 7 章中有对于标注的详细讲解，此处简单独立介绍一下图层属性"标注"标签所包含的内容，如图 5.29 所示。

❑ 勾选复选框来确定是否标注此图层的要素。

❑ 选择是否以相同方式为所有要素加标注。

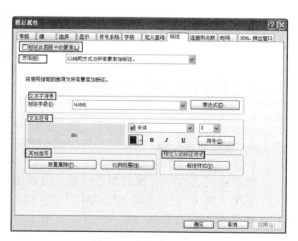

图 5.29 图层属性标注

- □ 在"文本字符串"选项组中选择标注字段，以及使用表达式确定标注字段。
- □ 在"文本符号"选项组中选择标注文本的字体类型、字体大小、字体颜色及字体符号等。
- □ 在"其他选项"选项组中确定放置属性和比例范围等。
- □ 确定预定义的标注样式。

9. 图层属性连接和关联

连接和关联属性是表操作中的重要内容，在本书第 15.4 节中有详细介绍，此处介绍在图层属性中连接和关联的有关内容。在图 5.31 中，单击"连接"选项卡中的"添加"按钮，弹出连接数据对话框，在该对话框中可以向该图层的属性表追加其他数据，使这些数据执行符号化等图层显示的操作。具体方法可以参考本书第 15.4 节，读者也可以自行练习。

在图 5.31 中，单击"关联"选项卡中的"添加"按钮，弹出关联对话框，在该对话框中主要完成图层和相关数据之间的一对多或多对多的关联，如图 5.30 和图 5.31 所示。

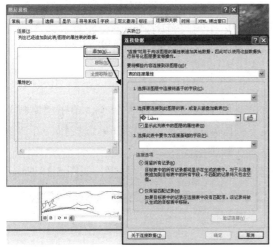

图 5.30　图层属性连接

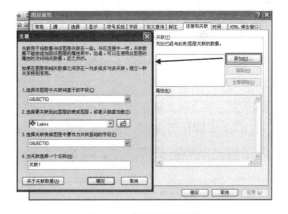

图 5.31　图层属性关联

10. 图层属性时间

在图层属性中，"时间"标签内可以设置时间属性，包括图层时间、时间字段、字段格式、时间步长间隔，图层时间范围，以及时区和时间偏移等高级设置，如图 5.32 所示。

11. 图层属性HTML弹出窗口

在图层属性 HTML 弹出窗口中，可以选择是否使用 HTML 弹出窗口工具显示此图层的内容。并且可以选择 HTML 样式，如作为可视字段的表格、作为 URL 或作为基于 XSL 模板固定格式的页面。以及是否在所有 HTML 内容中显示编码值描述，如图 5.33 所示。

5.2.2　设定图层在一定比例下显示

为了能在适当的比例尺下自动显示图层，可以设置图层的可见比例尺范围。前面介绍过，只要图层在内容表中处于显示状态，不管地图比例尺大小如何，ArcMap 都会绘制它。因此在很多实际操作中，当缩小地图时，包含更详细信息的图层上的一些要素就很难分辨。

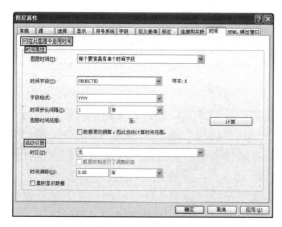
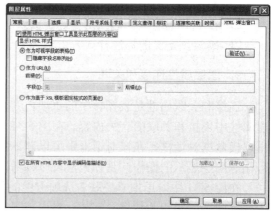

图 5.32　图层属性时间　　　　　　　　　　图 5.33　图层属性 HTML 弹出窗口

　　因此在适当的比例尺下显示图层，设置图层的可见比例尺范围显得十分重要。本节介绍如何为地图设置指定数字比例尺及如何根据实际地图当前比例尺设置可见范围。

1. 设置已知数字的图层比例范围

　　（1）右击内容表中的某个图层，在弹出的快捷菜单中选择"属性"命令，单击"常规"标签，在"比例范围"选项组内选择"缩放超过下列限制时不显示图层"单选按钮，在"缩小超过"下拉列表框中输入最小比例的数字，如图 5.34 所示。

　　（2）用同样的操作，在"放大超过"下拉列表框中输入最大比例的数字，如图 5.35 所示。

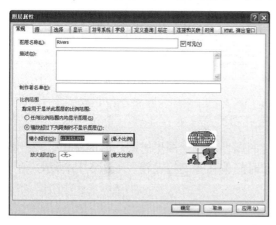
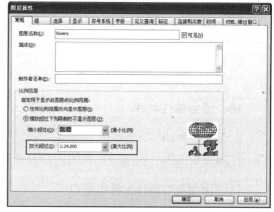

图 5.34　设置最小比例尺数字　　　　　　　图 5.35　设置最大比例尺数字

2. 设置当前地图比例尺为可见范围

　　（1）使用工具栏中的缩放工具按钮，将地图范围缩放到合适大小，如图 5.36 所示。

图 5.36　工具栏中缩放工具

（2）设置好地图最小比例范围之后，右击图层，在弹出的快捷菜单中选择"可见比例范围"|"设置最小比例"命令，如图 5.37 所示。

（3）用同样的方法，在设置好地图最大比例范围之后，右击图层，在弹出的快捷菜单中选择"可见比例范围"|"设置最大比例"命令，如图 5.38 所示。

　　　图 5.37　设置最小比例　　　　　　　　　图 5.38　设置最大比例

🔔提示：当需要清除已经设置好的最大和最小比例时，可以右击图层，在弹出的快捷菜单中选择"可见比例范围"|"清除比例范围"命令。此处不再赘述，请读者自己练习。

5.2.3　使用地图框架管理图层

数据框是地图上显示图层的一个框架，创建地图时包含了一个列在内容表中的缺省数据框。数据框中的图层是在同一坐标系中显示并叠置在一起的。如果实际操作中需要单独显示图层而且不使它们相互重叠，就需要另外添加数据框。

当地图有几个数据框时，只有一个数据框是活动的，活动的数据框就是当前正在操作的那个数据框，并且活动的数据框会在地图的布局视图中高亮显示，其标题以粗体显示。

本节介绍有关数据框的一些相关操作。

1．添加数据框

添加数据框操作方法比较简单，选择菜单中的"插入"|"数据框"命令即可。

🔔注意：新建数据框将出现在布局视图的中央。

2．删除数据框

删除数据框的方法也比较简单，右击将要删除的数据框，在弹出的快捷菜单中选择"移除"命令即可。

3．激活数据框

这个功能很多读者注意得比较少，因为在实际操作中，往往单击数据框架即可激活该数据框，而实际上也可以使用菜单命令激活数据框。具体方法如下。

右击目标数据框，在弹出的快捷菜单中选择"激活"命令，如图 5.39 所示。

4．在数据框中旋转数据

在数据框中旋转数据需要用到"数据框工具"，操作方法如下。

（1）右击菜单，在弹出的快捷菜单中选择"数据框工具"，使其处于被激活状态，如图 5.40 所示。

图 5.39　激活数据框

图 5.40　数据框工具被激活

（2）有两种方法控制地图的旋转角度，一种是单击"数据框工具"中"旋转数据框"按钮，在地图视图中执行旋转操作；另外一种是在下拉列表框中选择将要选择的数值，如 60 等，如图 5.41 所示。

旋转后的地图效果对比图如图 5.42 和图 5.43 所示。

图 5.41　数据框工具

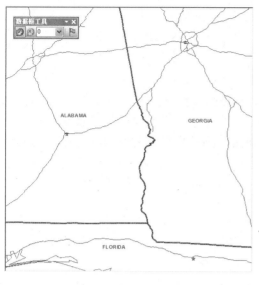

图 5.42　旋转前

图 5.43　旋转后

注意：在后面的章节中将会讲到，用这种旋转方式旋转数据实际上并不改变源数据，而只是改变了源数据在数据框中的显示。

5.2.4　如何保存图层

图层的主要特征之一就是可以作为一个文件存在于 GIS 数据库中，使别人可以很容易地访问他人建立的图层。保存地图时，也就保存了关于该图层的一切内容。当将该图层添加到其他地图中时，将按其保存的内容绘制。当显示和存取其他数据库中的数据比较困难时，添加已保存的图层就显得尤为重要了。操作方法较为简单，具体如下。

（1）右击目标图层，在弹出的快捷菜单中选择"另存为图层文件"命令，如图 5.44 所示。

（2）在弹出的位置保存对话框中输入保存图层的名称和类型，如图 5.45 所示。

图 5.44　另存为图层文件命令

图 5.45　保存图层选项

（3）完成后单击"保存"按钮。

5.2.5　修复数据链接

修复数据链接和更改数据源都是在实际操作中经常会遇到的操作，比如在应用中，当需要把保存在图层文件中的属性应用到其他数据源上时，就可以用到更改数据源的方法。

而当操作过程中遇到数据丢失的现象，即图层前出现红色惊叹号时，就需要用到修复数据链接的操作。

下面具体介绍这两种情况。

1．更改数据源

具体操作方法如下。

（1）右击图层，在弹出的快捷菜单中选择"属性"命令。

（2）单击"源"标签，在"数据源"选项组中单击"设置数据源"按钮，如图 5.46 所示。

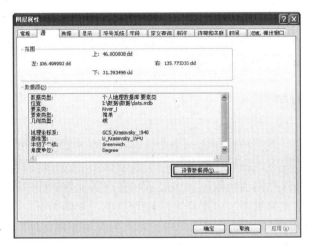

图 5.46　设置数据源

（3）弹出数据源选择对话框，浏览文件夹找到目标数据，单击选择，如图 5.47 所示。

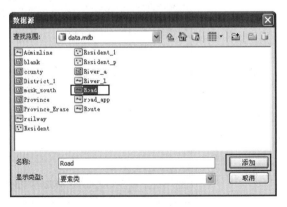

图 5.47　选择目标数据源

（4）完成后单击"添加"按钮。

2．修复数据链接

当图层出现异常状况后，经常会遇到数据源找不到的情况，例如源数据在磁盘中位置移动了，图层前面会出现一个红色惊叹号，如图 5.48 所示。

此时需要单击该红色惊叹号，弹出数据源设置对话框。值得注意的是，原始图层的数据类型决定了将要修复的数据源的数据类型，比如矢量图层在弹出的数据源设置对话框中支持数据集的数据类型，而 TIN 数据集支持的是与其同样类型的数据类型的选择。如图层"put"的数据源为 TIN 数据，那么在弹出的数据源设置对话框中支持 TIN 类型，如图 5.49 所示。

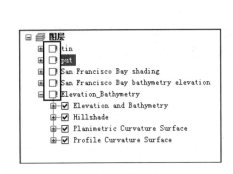

图 5.48　数据出现异常

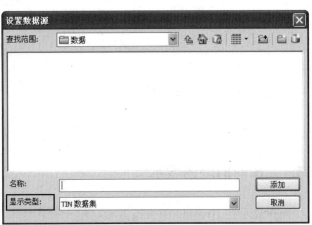

图 5.49　设置 TIN 数据集数据源

第6章 数据的符号化显示

要素符号化是绘图决策过程中最终的步骤，因为符号化的过程是决定在地图中选择何种方式展现数据的过程，而实际上如何显示数据决定了所绘制的地图能表达何种信息内容。在ArcMap的高级制图中，数据符号化显示方式丰富多彩，也是其区别于其他软件的重要特点。

本章将分层次由浅入深地介绍符号化的不同方法。

6.1 地图符号化

所谓地图符号化，简单地讲，就是把地图数据用人们比较熟知或者普遍认可的符号，将其在地图中表达出来的过程，通常符号化后的地图才是能够被准确认知的地图，而清晰准确的要素位置的显示能够在地图的高级应用和辅助决策中提供更有用的价值。

6.1.1 多彩的地图显示

地图显示在 ArcMap 中丰富多彩，单一符号地图、唯一值地图、颜色分级地图、符号分级地图、多变量地图甚至图表地图、栅格地图、TIN 表面地图，多种多样的地图显示表明了ArcMap 作为地理信息系统平台在地图制作中的优势和特点。

下面简单介绍一下各种地图显示的特点。

❑ 单一符号地图：用单一符号表示数据，往往采用能够代表人们日常认知习惯的符号，并且可以很清楚地表现出要素的分布状况，揭示要素分布的潜在趋势。

❑ 唯一值地图：根据指定属性值或者反映要素特征的属性来绘制要素，常常用同一符号、不同颜色区分不同值的颜色分级符号化。

❑ 颜色分级地图：当需要对事物进行定量或数量化绘制时，可以选择使用颜色分级图，不同的颜色等级适合于特定的属性值。

❑ 符号分级地图：与颜色分级地图相似，符号分级地图是另外一种表现事物数量的方法，即通过符号的大小来反映属性的特点。

❑ 多变量地图：多变量地图是同时使用两个或多个属性来对数据进行符号化展示，在实际应用中用处很广。

❑ 图表地图：图表地图可以在一幅地图上表现多个属性及不同属性间的关系，常用直方图和饼图来表示要素的结构状况。

❑ 栅格地图：栅格数据几乎可以表现任何地理要素，可以将航片加载到地图中给其他数据提供更为现实的背景，甚至使用栅格数据来编辑更新其他数据，添加卫片显示气候和洪水的即时信息等。

❑ TIN 表面地图：将地形高程等连续表面显示为 TIN 表面图，是表征连续表面的方法之一，TIN 可以用颜色阴影来显示，而颜色阴影的晕渲与分层设色的结合，增强了地形表面信息。

6.1.2　单一符号显示

单一符号显示数据是较为基础的地图要素展示方式，通常情况下，单一符号显示利于表达要素的恰当准确位置。

使用一种符号绘制图层的具体方法如下。

（1）右击目标图层，例如目标图层为"Rivers"线状图层，在弹出的快捷菜单中选择"属性"命令，弹出"图层属性"对话框。

（2）单击"符号系统"标签，在"显示"选项中单击"要素"|"单一符号"，则对话框内出现单一符号的符号化界面，单击"符号"选项组内的符号图形按钮，如图 6.1 所示。

（3）在弹出的"符号选择器"对话框中选择相应符号，比如选择符号器中自带的"River"符号，如图 6.2 所示。

图 6.1　单一符号符号化界面　　　　　　图 6.2　"符号选择器"对话框

（4）选择完成后，单击"确定"按钮即可。

注意：因为本例中的目标图层为线状图层，所以符号选择器中提供的均为线状要素符号，同样，当目标图层为点状图层时，符号选择器中提供的则均为点状要素符号，面状要素也是如此。

6.1.3　分类符号显示

在 ArcMap 中，分类符号显示有三种类别，即"唯一值"、"唯一值，多个字段"及"与样式中的符号匹配"。

这里介绍其中的"唯一值"类别的分类符号显示方法，其他两种方法请读者自己练习。

（1）右击目标图层，例如目标图层为"Rivers"线状图层，在弹出的快捷菜单中选择"属性"命令，弹出图层属性对话框。

（2）单击"符号系统"标签，在"显示"选项中单击"类别"|"唯一值"，则对话框内出现"唯一值"的符号化界面，在"值字段"下拉列表框中选择一个作为"唯一值"的字段，例子中选择"GB"字段中的取值作为唯一值，在"色带"下拉列表框中选择需要的色带选项，单击"添加值"按钮为分类添加划分的类别值。例子中选择单击"添加所有值"按钮，即把该图层属性表中所有的"GB"字段的取值全部作为分类基础进行唯一值分类，如图 6.3 所示。

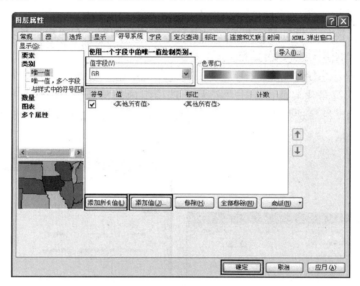

图 6.3   唯一值符号化界面

（3）界面中出现所有"GB"字段中取值，作为符号分类的唯一值。另外，可以根据需要自定义设置不同分类的标注名称，并且显示不同类别下的要素计数，如图 6.4 所示。具体方法为单击某一类型的标注名称，则该标注高亮显示，表明可更改，输入名称即可，如图 6.5 所示。

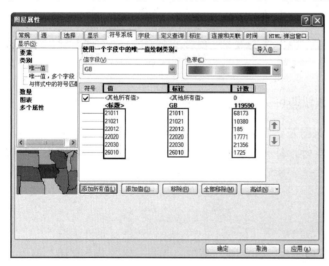

图 6.4   添加所有值后的唯一值符号化界面   图 6.5   可自定义的唯一值标注

提示：这里涉及较多高级应用，在后续章节中有详细介绍，请感兴趣的读者关注。

（4）单击分类后的符号，弹出符号选择器，在其中选择合适的符号进行详细分类即可。

6.1.4　分类的管理

在 ArcMap 中使用分类图层符号化可以显示同类型数量在地图上的分布规律，而当显示较少的类型时，往往可以把相似的类型合并为一个类型。比如可以把水域分类的两个详细类型合成一个概念较为概括的类型。合并类型使得分布规律更为清晰易读，缺点是可能没有详细分类的信息全面。当然对于非专业人士而言，可以辅助解释较为复杂的分布规律。

另外介绍一些排序的方法。

1．将两个或多个类型合并成一个类型

此处举例介绍，将"GB"字段值为"21011"和"21021"的分类合并为一个类型，并统一标注为"21000"。具体操作方法如下。

（1）按住键盘的 Ctrl 键，单击"21011"和"21021"分类，选中后右击，在弹出的快捷菜单中选择"分组值"命令，如图 6.6 所示。

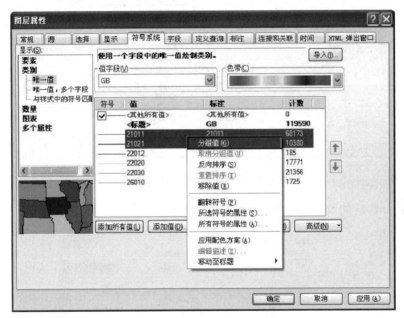

图 6.6　选择分组值命令

（2）单击合并类型后的标注值，该标注值高亮显示，表示可以被更改，在其中输入新的标注值"21000"。修改标注前后的对比如图 6.7 和图 6.8 所示。

图 6.7　合并类型前　　　　　　　　　　　　　　图 6.8　合并类型后

2．分割已经合并的组

分割已经合并的组操作基本类似，这里以同样的例子介绍操作方法。比如将合并后的类型"21000"进行分割，具体方法如下。

（1）右击标注值为"21000"的分类，在弹出的快捷菜单中选择"取消分组值"命令，如图6.9所示。

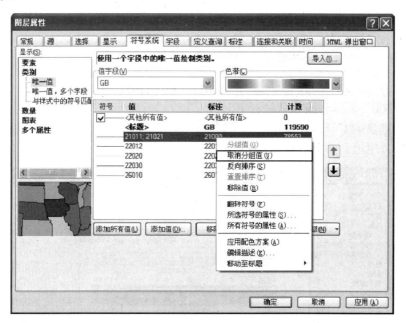

图6.9 选择"取消分组值"命令

（2）取消分组后的类型，标注值分别以各自标题命名，如图6.10所示。

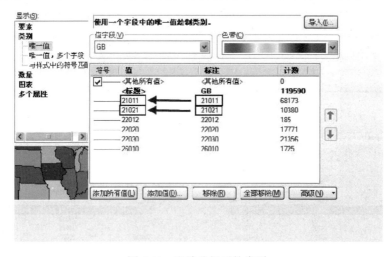

图6.10 取消分组后的类型

（3）该例中标注的取值统一以标题中的值作为其取值范围，当然，在实际操作中经常遇到重新修改标注的情况，以使得分类更加符合应用需求。方法也比较简单，单击目标分类的标注值,待其高亮显示后,输入标注值即可。如实际操作中需要把标注为"21011"的分类修改为"支流",可以直接单击标注"21011",输入"支流",如图 6.11 所示。

图 6.11　修改标注"21011"为"支流"

3．唯一值反转排序

唯一值反转排序是经常遇到的操作,具体方法如下。

(1)在 ArcMap 内容表中右击需要反转排序的唯一值图层,在弹出的快捷菜单中选择"属性"命令。

(2)弹出"图层属性"对话框,单击"符号系统"标签,进入唯一值分类界面。单击"值"列,在弹出的快捷菜单中选择"反向排序"命令,如图 6.12 所示。

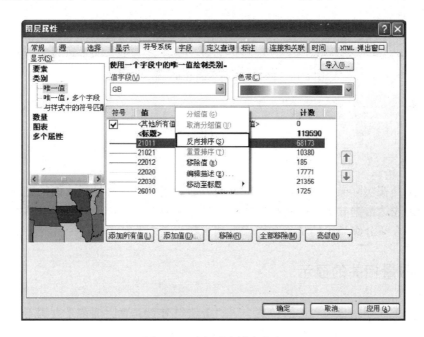

图 6.12　选择反向排序命令

提示:该命令按照整个分类列表的字母顺序进行反向排序。

4．唯一值排序

唯一值排序可以采用单击向上或向下箭头来对相应的值进行上下移动。具体操作方法如下。

(1)在 ArcMap 内容表中右击需要反转排序的唯一值图层,在弹出的快捷菜单中选择"属性"命令。

(2)弹出"图层属性"对话框,单击"符号系统"标签,进入唯一值分类界面。

(3)单击需要排序的分类值,使用右侧的上下箭头移动相应的值。如图 6.13 所示。

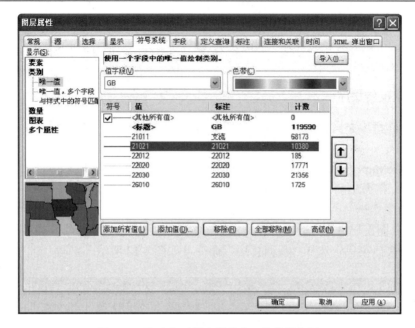

图 6.13　移动上下箭头调整唯一值分类位置

6.2　分　级　显　示

分级显示是在实际操作中经常遇到的分类方法，用颜色、符号和比例的方式表达分级可以更加清晰地表达数据分级，在实际操作特别是专题应用中经常遇到。本节从经常遇到的几个应用着手，介绍分级显示的特点和操作方法。

6.2.1　与数量相关的显示

与数量相关的显示分为"分级色彩"、"分级符号"、"比例符号"等不同方式。它们各自的特点和常见应用在前面已经介绍过了。

当然它们的共性是与数量相关的显示分类，本节分别介绍一下这几种不同的分级方式。

1．分级色彩

在对数据进行分类时，可以根据需求使用 ArcMap 提供的任何一种标准分类方案，也可以创建自定义分类方案。如果对数据进行自动分类，只需要选择相应的分类方案并设定分类数目即可。如果想自定义分类，可以通过手工操作来添加类的间隔断点并设置分类范围，从而创建适合用户数据的分类标准。

2．分级符号

在地图上通过改变绘制要素的符号大小来表示定量化数据，比如在表示污染较为严重的城市时，用较大的圆来表示该城市的污染程度。

在用分级符号绘制要素时，可以将定量数据值合成一定的分类类型。前面已经讲到过合并类型的优势，即可以更好地区分出分类范围和趋势。

3．比例符号

用比例符号能更精确地表示出数据值，而比例符号的大小则可以更加清楚地反映出真实数据的大小。

6.2.2　分级色彩

用分级颜色对数据进行符号化，主要是通过改变符号颜色及大小来表达数量的变化，比如可以用橙色色度的变化表达不断变化的省会城市高程。

具体操作方法如下。

（1）右击目标图层，例如本例中目标图层为"Capital Cities"点状图层，在弹出的快捷菜单中选择"属性"命令，弹出"图层属性"对话框。

（2）单击"符号系统"标签，在"显示"选项中单击"数量" | "分级色彩"。

（3）在"字段"的"值"下拉列表中选择"ELEVATION"，在"归一化"下拉列表框中选择"POP1990"对数据进行标准化处理，ArcMap 会将这一字段分成相应的值并创建比率。在"类"下拉列表框中选择"6"，在"色带"下拉列表框中选择合适的色系，比如该例子中选择橙色色系。单击"分类"按钮，在弹出的"分类"对话框中，单击"方法"下拉列表，选择合适的分类方法，比如"自然间断点分级法"，及分类类别，比如选择"6"。如图 6.14 和图 6.15 所示。

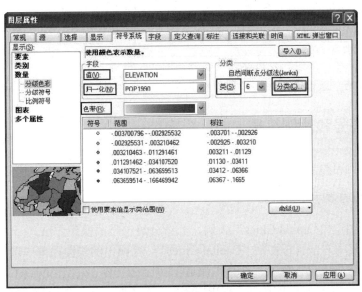

图 6.14　分级色彩设置界面

技巧：实际应用中，往往会有一些取值极端的数据，比如极大值或者极小值，而在参与分级时，这些数据会影响分级方案的设定。因此在进行分级之前，对数据进行检查是很有意义的一项工作。

图 6.15　分类方法和类别选择

（4）在分类对话框中单击"数据排除"选项组中的"排除"按钮，弹出"数据排除属性"对话框，如图 6.16 所示。

"数据排除属性"对话框界面与前面章节中介绍过的数据条件选择计算器类似，同样支持 SQL 语言，比如本例中，可以看到在属性选择对话框中提供了可供选择的属性字段 'OBJECTID' , 'CITY_FIPS' ,'CITY_NAME'等并给出了这些属性的可选值。如选中'ELEVATION'字段后，表达式右侧可以选择该图层中所有要素的名"ELEVATION"取值，本例选择<=创建表达式。即可得出选择条件：

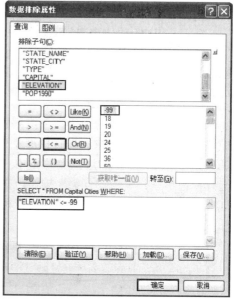

```
SELECT*FROM    Capital    Cities    WHERE
"ELEVATION"< = -99
```

也可以自定义在数据排除计算器中输入这些条件。

（5）完成后单击"确定"按钮即可。

提示：该知识点中"高级"应用处涉及高级制图的一些技巧，请读者关注高级制图相关章节。

图 6.16　"数据排除属性"对话框

6.2.3　分级符号和比例符号

用分级或比例符号表达数量也是数量分级常见的表达方式。下面分别进行介绍。

1. 用分级符号表示定量数据

本例仍然以图层"Capital Cities"为例，介绍分级符号的操作方法。

（1）在内容表中右击目标图层"Capital Cities"，在弹出的快捷菜单中选择"属性"命令。

（2）单击"符号系统"标签，选择"数量"|"分级符号"，进入分级符号设置界面，在"字段"的"值"下拉列表框中选择"POP1990"，在"归一化"下拉列表框中选择字段对数据进行标准化处理，ArcMap 会将这一字段分成相应的值并创建比例，这里默认无，如图 6.17所示。

（3）在"类"下拉列表中选择"5"，"符号大小"输入从"4"到"18"。单击"分类"按钮，在弹出的"分类"对话框中，单击"方法"下拉列表，选择合适的分类方法，比如"自然间断点分级法"，及分类类别，比如选择"5"，如图 6.18 所示。

（4）回到符号系统设置界面，单击"符号"按钮，弹出"符号选择器"对话框，如图 6.19 所示。

图 6.17　分级符号设置界面

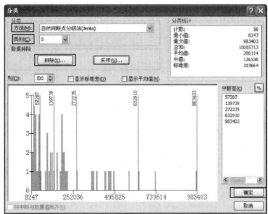

图 6.18　分级符号分类对话框

（5）在分类对话框中单击"数据排除"选项组中的"排除"按钮，弹出"数据排除属性"对话框，如图 6.16 所示。方法与前面介绍的排除方法相似，这里不再赘述。

2．用比例符号表示定量数据

用比例符号表示定量数据的操作方法如下。

（1）在内容表中右击目标图层"Capital Cities"，在弹出的快捷菜单中选择"属性"命令。

（2）在弹出的"图层属性"对话框中，单击"符号系统"标签，选择"数量"|"比例符号"，如图 6.20 所示。

图 6.19　分级符号符号选择器

图 6.20　比例符号定量数据分级界面

（3）在"字段"选项组的"值"下拉列表中选择"POP1990"，在"归一化"下拉列表中选择字段对数据进行标准化处理，ArcMap 会将这一字段分成相应的值并创建比例，这里默认无。在"单位"下拉列表中选择合适单位，这里用默认值。单击"符号"选项组中的"最小值"按钮，进行符号选择。

（4）在"分类"对话框中单击"数据排除"选项组中的"排除"按钮，弹出"数据排除属性"对话框，如图 6.16 所示。方法与前面介绍的排除方法相似，这里不再赘述。

6.2.4　多属性共同显示

在前面章节的例子中看到的那些数据，往往包含一系列的属性，通常用一个属性来显示数量或者类型，但是在实际制图中，有时候会遇到需要用多个属性来制图的情况。

下面介绍操作方法。

（1）在内容表中右击目标图层，在弹出的快捷菜单中选择"属性"命令，如图 6.21 所示。

（2）在弹出的符号系统属性对话框中选择"多个属性"，系统会自动选择"按类别确定数量"，如图 6.22 所示。

图 6.21　选择目标图层属性　　　　图 6.22　选择按类别确定数量

（3）在该界面中进行相应设置，在"值字段"的三个下拉列表中分别选择字段。需要注意的是，这里支持三个字段的综合设置，但是不要求全选，可以根据需要选择。单击"添加所有值"按钮，在界面中将会出现多属性分类列表，如图 6.23 所示。

（4）单击"配色方案"下拉列表，弹出 ArcMap 系统中提供的色彩方案，如图 6.24 所示。

（5）多属性分级方案里提供了两种变化依据，一种是色带依据，另一种是符号大小依据，如图 6.25 所示。

（6）单击"变化依据"选项组中的"色带"按钮，弹出"使用颜色表示数量"对话框，在该对话框中的"字段"选项组里，"值"的下拉列表框中选择合适字段，"归一化"下拉列表框中选择合适字段，在"分类"选项组中设置"类"的数目，并单击"分类"按钮进入分类对话框，在其中设置分类方法，完成后单击"确定"按钮，如图 6.26 所示。

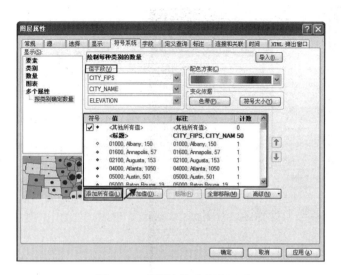

图 6.23　多属性类型分类界面

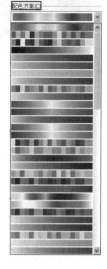

图 6.24　多属性配色方案

（7）单击"变化依据"选项组中的"符号大小"按钮，弹出"使用符号大小表示数量"对话框，同样，在该对话框中的"字段"选项组里，在"值"的下拉列表框中选择合适字段，"归一化"下拉列表框中选择合适字段，在"分

图 6.25　多属性分级方案的变化依据

类"选项组中设置"类"的数目，并单击"分类"按钮进入"分类"对话框，在其中设置分类方法，填写符号大小从"4"到"18"，单击"模板"下的点符号按钮，在弹出的符号选择器中选择合适的符号，如图 6.27 所示。

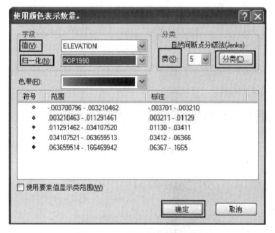

图 6.26　使用颜色表示数量

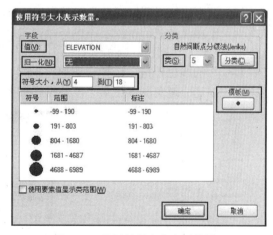

图 6.27　使用符号大小表示数量

（8）在多属性设置分级方案界面中，单击"高级"按钮，在弹出的快捷菜单中选择"旋转"命令，弹出"旋转"对话框，在其中设置角度旋转点的角度参考字段及旋转方式，如图 6.28 所示。

（9）在多属性设置分级方案界面中，单击"高级"按钮，在弹出的快捷菜单中选择"字段分隔符"命令，弹出"更改字段分隔符"对话框，在"新字段分隔符"文本框中输入新的分隔符号，比如用"；"代替默认的"，"作为分隔符，如图 6.29 所示。

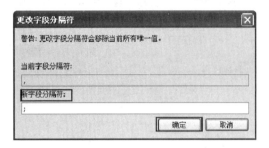

图 6.28　"旋转"对话框　　　　　　　　图 6.29　更改字段分隔符

对比效果读者可以自己练习，这里不再做过多介绍。

6.2.5　用图表方式显示

饼图、条形图/柱状图、堆叠图是常见的几种图表分级表达方式，在对大量的定量化数据进行表示时较有优势。这三种方式的特点如下。

- ❑ 饼图：显示每一类型占总量的大小。
- ❑ 条形图/柱状图：显示相关的数值而不是显示比例。
- ❑ 堆叠图：显示各个部分之间的关系。

1．绘制饼图

（1）在内容表中右击目标图层，在弹出的快捷菜单中选择"属性"命令，如图 6.30 所示。

（2）在弹出的"图层属性"对话框中选择"符号系统"|"图表"|"饼图"，在"字段选择"列表中选择需要的字段，本例中选择"POP1990"、"POP2000"和"POP90_SQMI"，选中后单击"<"按钮，则系统自动为这些字段赋予符号，且这些符号可以重新自定义。单击"背景"的颜色按钮，选择合适的背景颜色，单击"配色方案"下拉列表，选择合适的配色方案，勾选"避免图表压盖"复选框，如图 6.31 所示。

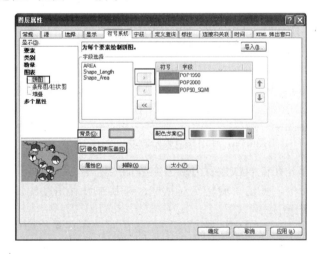

图 6.30　选择图层属性命令　　　　　　图 6.31　饼图设置界面

（3）在饼图设置界面中单击"大小"按钮，弹出"饼图大小"对话框，如图 6.32 所示。

这里涉及 3 种饼图变化类型，图 6.32 中显示的是"固定大小"变化类型；在"变化类型"选项组中选择"使用字段值的总和更改大小"，则饼图大小变化将随着数据被选字段值的总和而改变。在"符号"选项组的"大小"微调框中调整合适的符号大小值，这里不勾选"外观补偿"复选框，如图 6.33 所示。

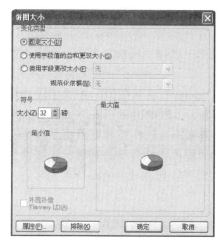

图 6.32 "饼图大小"对话框

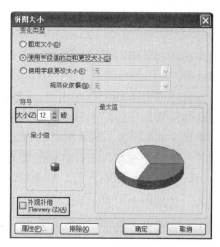

图 6.33 使用字段值的总和更改大小

另外一种变化类型是"使用字段更改大小"，在"变化类型"选项组中选择"使用字段更改大小"选项，在选项后的下拉列表中选择合适字段，并在"规范化依据"选项后的下拉列表中选择合适的字段，其余设置与前面两种变化类型类似，如图 6.34 所示。

（4）回到"符号系统"设置界面，单击"属性"按钮，进入"图表符号编辑器"对话框。在"轮廓"选项组中，进行饼图轮廓的相关设置。当不勾选"显示"选项后的复选框时，轮廓相关属性设置均置灰，勾选"显示"选项后的复选框时，可以进行颜色、宽度等的设置，这里默认不勾选。在"方向"选项组中选择饼图方向，这里默认选择"算术"方式。在"3-D"选项组中选择是否以 3-D 方式显示，并调整倾斜度和厚度，这里默认以 3-D 方式显示。设置效果均在对话框左侧的"预览"区域显示，如图 6.35 所示。

图 6.34 使用字段更改大小

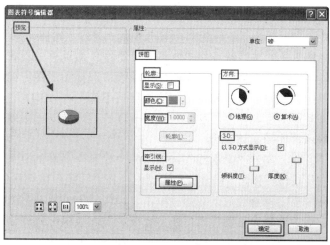

图 6.35 图表符号编辑器

（5）勾选"牵引线"选项组中"显示"后面的复选框，则"属性"按钮可用。单击"属性"按钮，弹出"线注释"对话框，在"间距"微调框中调整合适的数据，在"牵引线容差"微调框中调整合适的数据，单击"牵引线"的"符号"按钮，进行符号选择，在"样式"选项组中选择合适的样式，在"边框距"选项组中微调合适的"左"、"右"、"上"、"下"数据，完成后单击"确定"按钮，如图 6.36 所示。

2．绘制条形图/柱状图

（1）在内容表中右击目标图层，在弹出的快捷菜单中选择"属性"命令，弹出"图层属性"对话框。

（2）在"符号系统"选项卡中，选择"图表"|"条形图/柱状图"，在"字段选择"选项组中选择需要的字段，本例中仍然选择"POP1990"、"POP2000"和"POP90_SQMI"，选中后单击"<"按钮，则系统自动为这些字段赋予符号，且这些符号可以重新自定义。单击"背景"的颜色按钮，选择合适的背景颜色，单击"配色方案"下拉列表，选择合适的配色方案，勾选"避免图表压盖"复选框，在"归一化"下拉列表框中选择合适的字段，这里默认"无"，如图 6.37 所示。

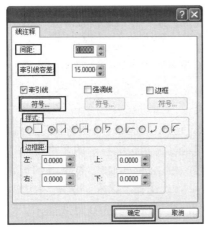

图 6.36　"线注释"对话框　　　　　　图 6.37　条形图/柱状图设置界面

（3）单击"条形图/柱状图"中的"属性"按钮，弹出"图表符号编辑器"对话框，在"条形图"的"条"选项组中，调整"宽度"微调框，设置合适的数据；调整"间距"微调框，设置合适的数据；在"方向"选项组中选择条形图方向，这里默认"柱状"；在"轴"选项组中设置轴的颜色和宽带，这里默认不选；在"3-D"选项中选择是否以 3-D 方式显示，并调整倾斜度和厚度，这里默认以 3-D 方式显示。而设置效果均在对话框左侧的"预览"区域显示，如图 6.38 所示。

（4）勾选"牵引线"选项组中"显示"后面的复选框，则"属性"按钮可用，单击"属性"按钮，弹出"线注释"对话框，在"间距"微调框中调整合适的数据，在"牵引线容差"微调框中调整合适的数据。单击"牵引线"的"符号"按钮，进行符号选择，在"样式"选项卡中选择合适的样式，在"边框距"选项组中微调合适的"左"、"右"、"上"、"下"数据，完成后单击"确定"按钮，如图 6.39 所示。

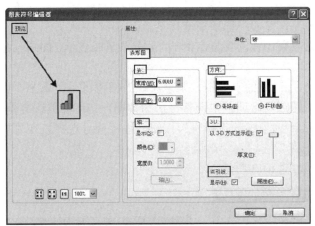

图 6.38　柱状图图表符号编辑器　　　　图 6.39　条形图/柱状图线注释对话框

3．绘制堆叠图

（1）在内容表中右击目标图层，在弹出的快捷菜单中选择"属性"命令。

（2）在弹出的"图层属性"对话框中选择"符号系统"|"图表"|"堆叠图"，在"字段选择"选项组中选择需要的字段，本例中仍然选择"POP1990"、"POP2000"和"POP90_SQMI"，选中后单击"<"按钮，则系统自动为这些字段赋予符号，且这些符号可以重新自定义。单击"背景"的颜色按钮，选择合适的背景颜色，单击"配色方案"下拉列表，选择合适的配色方案，勾选"避免图表压盖"复选框，在"归一化"下拉列表中选择合适的字段，这里默认"无"，如图 6.40 所示。

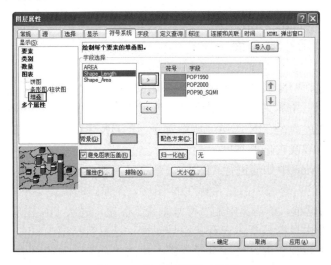

图 6.40　堆叠图设置对话框

（3）单击"堆叠图"中的"属性"按钮，弹出"图表符号编辑器"对话框，在"堆积条形图"选项组的"条块宽度"微调框中设置合适的数据；在"方向"选项组中选择条形图方向，这里默认"柱状"；在"轮廓"选项组中，进行饼图轮廓的相关设置，当不勾选"显示"

选项后的复选框时，轮廓相关属性设置均置灰，勾选"显示"选项后的复选框时，可以进行颜色、宽度等的设置，这里默认不勾选；在"3-D"选项中选择是否以 3-D 方式显示，并调整厚度，这里默认以 3-D 方式显示。设置效果均在对话框左侧的"预览"区域显示，如图 6.41 所示。

（4）勾选"牵引线"选项组中"显示"后面的复选框，则"属性"按钮可用，单击"属性"按钮，弹出"线注释"对话框，在"间距"微调框中调整合适的数据，在"牵引线容差"微调框中调整合适的数据，单击"牵引线"选项组的"符号"按钮，进行符号选择。在"样式"选项组中选择合适的样式。在"边框距"选项组中微调合适的"左"、"右"、"上"、"下"数据，完成后单击"确定"按钮，如图 6.42 所示。

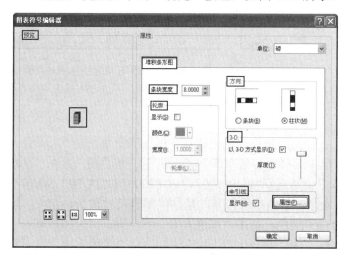
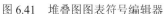

图 6.41 堆叠图图表符号编辑器

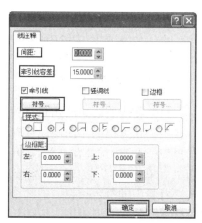

图 6.42 堆叠图线注释对话框

6.2.6 用 TIN 显示三维表面

前面已经介绍过，TIN 表达了地面高程、温度梯度等连续的表面，这一连续表面由一系列首尾相连的不规则三角面来表示。用分层设色来描述海拔高度，以及用渐变的颜色来模拟地球表面的太阳光强度就是 TIN 应用的典型例子。给 TIN 表面赋予不同的颜色可以很容易地识别山脊、山谷、山坡及它们的高度。

这里介绍在 ArcMap 中如何进行 TIN 符号系统设置。具体方法如下。

（1）在 ArcMap 的内容表中右击目标 TIN 图层，在弹出的快捷菜单中选择"属性"命令，弹出"图层属性"对话框，单击其中的"符号系统"标签，进入 TIN 图层符号系统设置界面，在"显示"列表中单击目标目录，查看其符号属性，这里目标层中只有"高程"在目标目录中。单击"色带"下拉列表框，选择合适色带；单击"分类"选项组中的"类"下拉列表，选择合适的类数目，如图 6.43 所示。

（2）单击"分类"按钮，弹出"分类"对话框，在"分类"选项组中，单击"方法"下拉列表，选择合适的分类方法，这里默认"相等间隔"。在"类别"下拉列表中选择类别数目，这里设置为"9"。在"列"微调框中调整列数目，这里默认"100"，根据实际需求选择是否勾选"显示标准差"和"显示平均值"复选框，这里默认不勾选，完成后单击"确定"

按钮，如图 6.44 所示。

图 6.43　TIN 图层符号系统

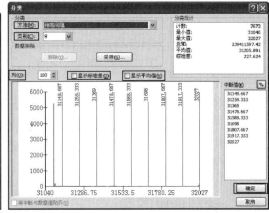

图 6.44　TIN 符号系统分类设置界面

（3）回到 TIN 符号系统设置界面，单击"添加"按钮，弹出"添加渲染器"对话框，绘制 TIN 的其他要素，这里以选择"具有相同符号的结点"为例，选择完成后单击"添加"按钮，如图 6.45 所示。

（4）选择"图层属性"中的"符号系统"标签进入结点符号系统设置界面，单击"符号"的图形按钮，进入符号选择器，进行结点符号选择。在"图例"选项组中的"内容列表中显示在符号旁的标注"文本框中输入相应文字。单击"描述"按钮，进入图例描述界面，在其中输入相应描述文字信息，如图 6.46 和图 6.47 所示。

图 6.45　添加渲染器对话框

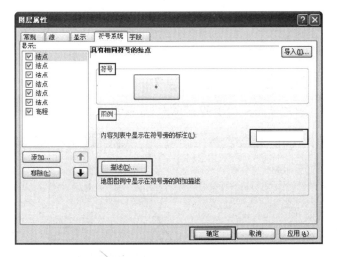

图 6.46　结点符号系统设置界面

图 6.47　图例描述界面

6.3　高级符号化

ArcMap 提供了一些控制绘制图层的工具，这些工具可以完成以下典型的符号化任务。

- ❑　设置图层透明度。
- ❑　对符号的参考比例尺进行设置的数据框。
- ❑　使用符号级别控制要素符号的绘制顺序。
- ❑　利用可变深度来对图层的某一部分进行掩膜分析。

本节重点从这几个方面介绍这些绘制图层工具的应用。

6.3.1　绘制透明图层

透明度功能适用于任何符号类型。使用透明度功能，即使某一图层在当前窗口的其他图层下面也能看见。本节介绍绘制透明图层的方法。

（1）右击 ArcMap 菜单栏，在弹出的快捷菜单中选择"效果"工具条，则 ArcMap 界面中出现效果工具条，如图 6.48 和图 6.49 所示。

图 6.48　在菜单中打开效果工具条图　　　　图 6.49　"效果"工具条

（2）单击工具条中的图层下拉列表，选择需要调整透明度的图层，单击"透明度"按钮，弹出透明度调节控件，如图 6.50 所示。

（3）滑动透明度调节滑标来调节透明度。例如当面图层透明度设为 9%与 29%时的对比效果图，如图 6.51 和图 6.52 所示。

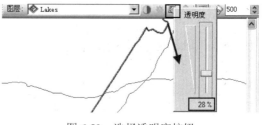

图 6.50　选择透明度按钮

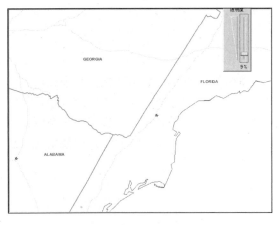

图 6.51　透明度设置前　　　　　　　　图 6.52　透明度设置后

6.3.2　设置符号的参考比例尺

具体操作方法如下。

（1）右击数据框，在弹出的快捷菜单中选择"参考比例"|"设置参考比例"命令，即可设置符号的参考比例尺，如图 6.53 所示。

（2）右击数据框，在弹出的快捷菜单中选择"参考比例"|"清除参考比例"命令，即可清除参考比例，如图 6.54 所示。

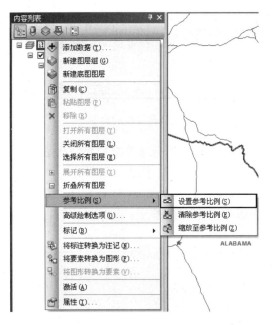

图 6.53　设置符号的参考比例尺

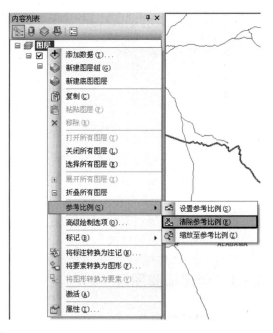

图 6.54　清除参考比例

（3）右击数据框，在弹出的快捷菜单中选择"参考比例"|"缩放至参考比例"命令，即可缩放至参考比例，如图 6.55 所示。

6.3.3　使用符号级别绘图

使用符号级别绘图在高级制图中非常有用，很多时候使用级别绘图功能是必须使用的，特别是同一要素图层不同分级时，会遇到使用单一符号、唯一符号、分级颜色及分级符号中的符号绘制形式。比如在做道路、河流等符号化过程中，道路图层往往是放在同一个图层中的，但是对于不同级别的道路，覆盖规则限制了它们的符号绘制顺序，因此必须使用符号级别高级制图功能来绘图。

这里具体介绍如何使用符号级别。

（1）右击目标图层，在弹出的快捷菜单中选择"属性"命令，弹出"图层属性"对话框。

（2）单击"符号系统"标签，进入该图层的符号系统设置界面，单击"高级"按钮，在弹出的快捷菜单中选择"符号级别"命令，如图 6.56 所示。

图 6.55　缩放至参考比例　　　　　　　图 6.56　选择符号级别命令

（3）弹出"符号等级"设置对话框，勾选"使用下面指定的符号等级来绘制此图层"复选框，单击"对话框"右侧的上下方向按钮调整图层的上下顺序，如图 6.57 所示。

（4）单击"切换到高级视图"按钮，进入符号等级设置的高级视图，同样要保证勾选"使用下面指定的符号等级来绘制此图层"复选框，单击"1"列中的数字，高亮显示后，表明该分级的绘制顺序可以被修改，如图 6.58 所示。

6.3.4　创建掩膜图层

1．创建掩膜图层

创建掩膜图层具体方法如下。

（1）打开 ArcMap 界面的目录列表，选择"工具箱" | "系统工具箱" | Cartography Tools | "掩膜工具" | "要素轮廓线掩膜"，如图 6.59 所示。

图 6.57　符号等级设置对话框　　　　　　图 6.58　符号等级设置高级视图

（2）双击"要素轮廓线掩膜"工具，进入"要素轮廓线掩膜"对话框，如图 6.60 所示。在"输入图层"下拉列表中选择输入图层；在"输出要素类"文本框中，会生成名为"River_a_FeatureOutlineMasks"的名称；在参考比例文本框中输入参考比例；在计算坐标系中选择坐标系，默认输入图层的坐标系；在"边距"文本框中输入文本数字；在"传递属性"可选；完成后单击"确定"按钮。

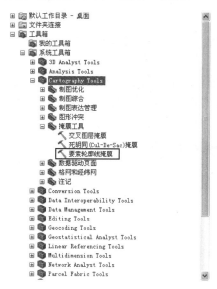
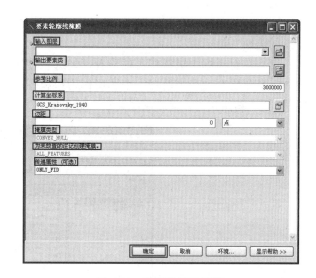

图 6.59　要素轮廓线掩膜　　　　　　　　图 6.60　要素轮廓线掩膜

（3）当弹出"结果"对话框时，表明掩膜创建成功，如图 6.61 所示。

2．使用掩膜图层

使用掩膜图层的具体方法如下。

（1）单击工具条中的"添加数据"按钮，将掩膜图层添加到内容列表中，如图 6.62 所示。

图 6.61　掩膜图层结果

图 6.62　添加掩膜图层

（2）在内容表中右击数据框，在弹出的快捷菜单中选择"高级绘制选项"命令，弹出"高级绘制选项"对话框。

（3）在对话框中进行相关的设置，勾选"使用下面指定的掩膜选项进行绘制"复选框，在"掩膜图层"列表中选择一个图层作为掩膜图层，在"被掩膜图层"列表中勾选被掩膜图层，勾选"将级别与被掩膜图层关联"复选框，设置完成后单击"确定"按钮，如图 6.63 所示。

图 6.63　"高级绘制选项"对话框

第 7 章　用文字和图表对地图进行信息丰富

在表达地理要素的信息时，往往需要添加文字和图表信息来增强总体表达效果，比如可以在一些城市点要素的旁边添加城市名称，既使得地图信息显得完整，又会让地图可读性增强。

对于文字标注，ArcMap 提供了几种不同种类的文本如图形文本、标注及注记来满足多种制图需求。本章将重点介绍如何用文字和图表丰富地图信息。

7.1　标注基本概念

一般来讲，标注就是在地图中的地图要素上或者地图要素旁边添加描述性文字的过程。在 ArcGIS 中，标注主要是特指自动生成并放置地图要素的描述性文字的过程。

7.1.1　什么是标注

前面介绍过标注的概念可以指在地图上添加描述信息的过程，而实际上，通常所说的标注是指地图的一段文本，而这段文本往往是由要素属性本身的一个或多个因素产生的，反映的仍然是要素本身的属性特点。

在 ArcMap 中，标注是不可选的，用户也不能对单个的某个标注进行编辑。ArcMap 能够自动进行标注，自动生成并放置文本，这种特点避免了手动地为每个要素逐个添加文本。

7.1.2　标注工具条和标注管理器

在 ArcMap 中，要进行标注工作，首先需要使用标注工具条，在工具条中对标注过程进行控制管理，方便查看和修改地图上所有标注的标注属性。

1. 标注工具条

标注工具条的打开方法如下。

（1）右击 ArcMap 菜单，在弹出的快捷菜单中选择"标注"命令，如图 7.1 所示。

（2）弹出"标注"工具条，如图 7.2 所示。

2. 标注管理器

此处以线状要素的标注管理器为例进行介绍。

（1）单击标注工具条中的"标注管理器"按钮，如图 7.3 所示。

（2）弹出"标注管理器"对话框，在标注分类列表中选择一个线状图层，如 Rivers 图层，如图 7.4 所示。

图 7.1　在菜单快捷菜单中选择标注　　　　　图 7.2　"标注"工具条

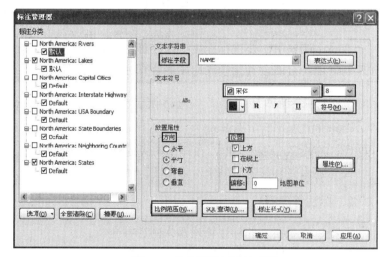

图 7.3　标注管理器　　　　　　　　　　　图 7.4　线状图层标注管理器

可以看到，图 7.4 中在左侧标注分类栏中列举了图层信息，右侧是选中图层的标注管理信息，此图中选中的是 Rivers 线状图层。

（3）在"文本字符串"选项组中，选择"标注字段"下拉列表中用来标注的字段，也可以单击其后的"表达式"按钮，弹出"标注表达式"对话框。在"字段"列表中双击某一字段，即可将该字段加入到"表达式"选项组中。"解析"支持"JScript"和"VBScript"，完成后单击"确定"按钮，如图 7.5 所示。

（4）回到"标注管理器"对话框，在"文本符号"选项组中，选择"字体"和"字体大小"下拉列表，确定字体类型和大小，单击"符号"按钮，弹出字体的符号选择器，在其中选择合适的字体符号，如图 7.6 所示。

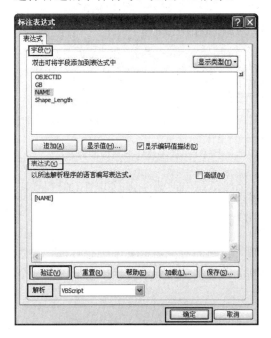

图 7.5　线状图层标注表达式

图 7.6　字体符号选择器

（5）在"放置属性"选项组中选择"方向"和"位置"，这里默认"平行"方向和"上方"位置，表明标注位置放到要素水平方向和上方位置，输入偏移的地图单位数值。

（6）单击"属性"按钮，弹出"放置属性"对话框，该对话框有两个标签，一个是"放置"，另外一个是"冲突检测"。其中"放置"选项卡中显示的是线设置方向和位置，以及同名标注的处理方式，如图 7.7 所示。

"冲突检测"选项卡中是冲突检测方法，包括"标注权重"、"要素权重"和"缓冲区"，如图 7.8 所示。

这 3 种冲突检测方法的特点如下。

❑ 标注权重：用于确定图层中的标注是否可以被其他图层中的标注压盖。权重越高，标注被压盖的可能性越低。

❑ 要素权重：用于确定此图层中的要素是否可以被此图层或任何其他图层中的标注压盖。标注只能放置到权重更低的要素上。

❑ 缓冲区：通过在每个标注周围定义一个缓冲区，避免相邻标注放得过近，而在缓冲区范围内不会放置其他任何标注。

图 7.7　"放置属性"对话框

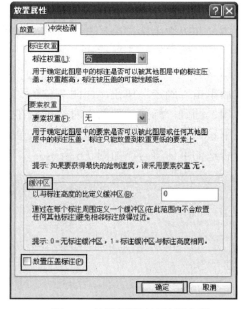

图 7.8　放置属性冲突检测方案

❑ 回到标注管理器对话框，单击"比例范围"按钮，弹出标注"比例范围"对话框，指定标注的比例范围，选择"使用与要素图层相同的比例范围"或者单独的显示比例，单击"确定"按钮完成该设置，如图 7.9 所示。

💭技巧：标注范围设置在实际的高级制图中十分有用，当遇到对稠密的要素进行标注，要素本身在地图中的显示权重低于其标注信息时，设置单独的标注显示比例范围是一个很好的控制方法。

（7）在"标注管理器"对话框内单击"SQL 查询"按钮，弹出"SQL 查询"对话框，如图 7.10 所示。可以在该对话框中进行查询操作，与前面章节中介绍到的方法类似，此处不再赘述。

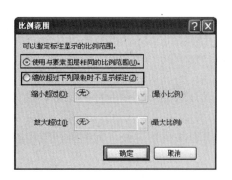

图 7.9　标注比例范围

图 7.10　"SQL 查询"对话框

（8）在"标注管理器"对话框内单击"标注样式"按钮，弹出"标注样式选择器"对话框，如图 7.11 所示。

图 7.11 标注样式选择器

⚲技巧：一般在高级制图中往往要用到 ArcGIS 扩展模块 Maplex，当安装了该模块后，标注菜单中将会添加一些其他的控件工具。

7.2 ArcMap 中标注的不同方式

上一节中已经对标注工具条和标注管理工具做了介绍，而在实际操作中需要有多种不同方式来丰富地图信息，本节介绍在 ArcMap 中进行标注的不同方式。

7.2.1 手工增添文字和图形信息

前面已经讲到过标注的概念，严格来讲，手工添加文字和图形信息不属于 ArcMap 中的标注的范畴，这里为了方便对比和总结，放到一个章节进行讲述。

1．在点上添加文本

对于点状要素添加文本信息，操作方法如下。

（1）右击 ArcMap 菜单，在弹出的快捷菜单中选择"绘图"工具条，则绘图工具条出现在 ArcMap 界面中，且习惯上往往把该绘图工具条放到界面的左下侧，如图 7.12 和图 7.13 所示。

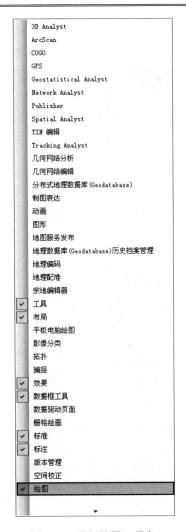

图 7.12　选择绘图工具条

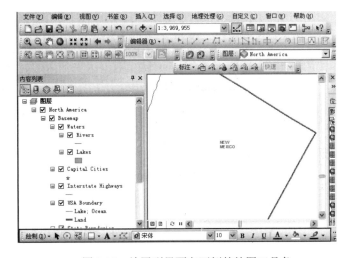

图 7.13　放置到界面左下侧的绘图工具条

（2）单击绘图工具条中的"新建文本"按钮，如图 7.14 所示。

（3）在地图上单击鼠标，输入文字即可。

2．沿曲线添加文本

（1）用同样的方法打开"绘图"工具条。

（2）单击绘图工具条中的"样条化文本"按钮，如图 7.15 所示。

图 7.14　新建文本按钮

图 7.15　新建样条化文本

（3）在地图上单击，沿样条曲线绘制文字走向，如图 7.16 所示。

图 7.16　绘制样条走向

（4）完成后双击鼠标，在文本框中输入名称，如"密西西比河"，如图 7.17 所示。

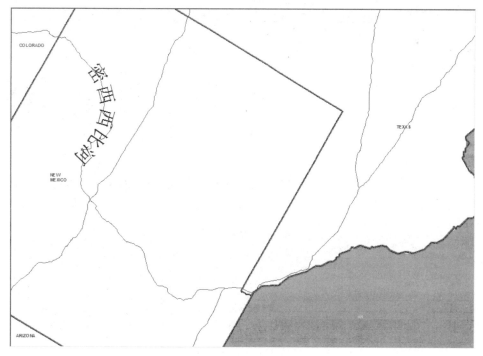

图 7.17　沿样条输入文本

3．在指示框中添加文本

（1）用同样的方法打开"绘图"工具条。

（2）单击绘图工具条中的"注释"按钮，如图 7.18 所示。

图 7.18　单击注释按钮

（3）单击地图，输入指示框中的文本文字，如图 7.19 所示。

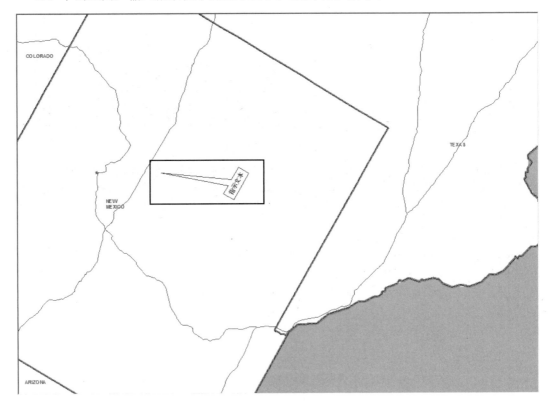

图 7.19　指示框文本

4．在多边形中添加文本

（1）用同样的方法打开"绘图"工具条。

（2）单击绘图工具条中的"面文本"、"矩形文本"或"圆形文本"按钮，如图 7.20 所示。

（3）单击地图，输入文本文字。

7.2.2　动态标注

在应用中经常提到的标注实际上指的是动态标注的概念，应用中对单一图层往往会用到分类标注。下面结合前面讲到的标注管理器的应用，介绍如何进行动态标注。以对"Rivers"图层进行分类标注为例，将该图层标注分为 3 种不同方式，分别命名为"class1"、"class2"和"class3"。

图 7.20　在多边形中添加文本

具体操作方法如下。

（1）打开标注管理器，单击目标图层"North America：Rivers"，进入标注添加分类界面，在"添加标注分类"选项组中输入分类名称，如"class1"，完成后单击"添加"按钮，则在标注分类列表中，目标图层下面的分类中会增添一个名为"class1"的分类，如图 7.21 所示。

（2）右击标注分类列表中的"class1"，在弹出的快捷菜单中选择"SQL 查询"命令，如图 7.22 所示。

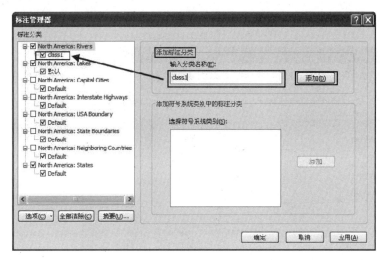

图 7.21　添加标注分类

图 7.22　对标注分类进行 SQL 查询

（3）弹出"SQL 查询"对话框，在该对话框中输入标注分类为"class1"的查询条件。本例中，约定条件为：

```
SELECT*FROM River_ll_1 WHERE [GB]=21011 OR [GB]= 21021;
```

在对话框中需要双击字段列表中的[GB]字段名称，单击"＝"按钮，单击"获取唯一值"按钮，在数值列表中选择"21011"和"21021"，并且可以单击"验证"按钮，验证该表达式语法是否符合语法要求，如图 7.23 所示。

（4）完成后回到标注管理器界面，结合前面介绍过的各个设置步骤，对标注分类为 class1 的分类进行标注设置。本例中，标注字段选择"NAME"，文本符号字体用系统自带的名称为"River"的符号，如图 7.24 所示。

图 7.23　标注分类 SQL 查询　　　　图 7.24　选择系统自带符号"River"

　　设置标注放置方向"水平",放置位置"上方",偏移地图"5"个单位,则分类"class1"设置完成后的结果如图 7.25 所示。

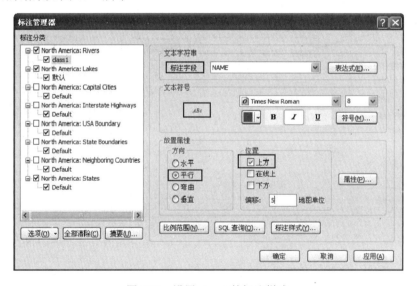

图 7.25　设置 class1 的标注样式

　　(5)同步骤(1)的方法创建 class2 和 class3 分类。

　　(6)右击标注分类列表中的"class2",在弹出的快捷菜单中选择"SQL 查询"命令。

　　(7)弹出"SQL 查询"对话框,在该对话框中输入标注分类为"class2"的查询条件,本例中,约定条件为:

```
SELECT*FROM River_l1_1 WHERE [GB]=22012 OR [GB]= 22020 OR [GB]= 22030;
```

　　(8)同步骤(2)~(4)的方法,设置 class2 的标注样式。

（9）用同样的方法创建 class3 分类。

7.2.3　个性化标注

实际应用中往往只用到一个属性值进行标注，但实际上标注文本是由一项或者多项要素属性生成的，当要素属性值变化时，标注也会随之改变。在前面标注管理器中已经介绍过可以用一个表达式进行标注，可以用多个字段值，添加更多的字符，可以用 VBScript 或 JScript 函数进行标注。

在本节中，以同时用"NAME"和"GB"两个字段同时标注要素为例，介绍如何实现个性化标注。

（1）打开标注管理器，单击目标图层"North America：Rivers"下的分类"class1"，单击该分类标注设置界面中的"表达式"按钮，弹出"标注表达式"对话框。

（2）在"字段"列表中双击字段"NAME"，即可将该字段加入到"表达式"选项组中。完成后单击"GB"字段，并单击"追加"按钮，[GB]字段也被追加到该表达式选项组中，"解析"支持"JScript"和"VBScript"，完成后单击"确定"按钮。如图 7.26 所示。

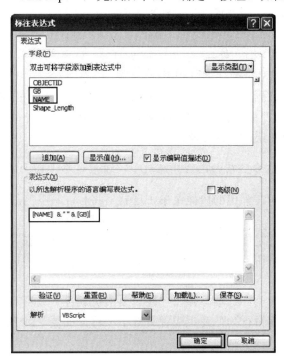

图 7.26　多个属性的标注表达式

7.3　地　图　注　记

注记也是 ArcMap 在地图上存储文本的一种方式。在这种方式中，位置、文本、显示属性都是存储在一起的，并且可以单独进行标注。与添加动态标注不同，如果每个文本的具体位置十分重要，那么必须将文本作为注记保存。

本节重点介绍地图注记的概念、特点和操作等。

7.3.1　ArcMap 中的地图注记

前面已经介绍过，标注的文本和位置是由一系列定位规则自动确定的。在实际操作中，注记往往是由标注转换生成的，这是由注记的特点决定的。

❑　主要用于在地图上或者地图周围设置文本。

❑　地理数据库注记和地图文档注记都支持将图形（矩形、圆和线）作为注记进行存储。

将文本转换为注记是最常见的应用，无论是创建新的注记还是从已有标注或注记进行转换的时候，都可以选择地理数据库注记和地图文档注记两种方式。地理数据库注记存储在地理数据库注记要素类中。地图文档注记存储在特定地图文档的注记组中。

1．将文本转换为地理数据库注记

在应用中，以下情况下建议采用地理数据库注记方式。

❑　注记数量较多。

❑　注记将用于地图文档之外。

❑　注记将有多人同时编辑。

将文本转换为地理数据库注记的操作方法如下。

（1）在 ArcMap 界面左侧内容表中右击目标图层，在弹出的快捷菜单中选择“标注要素”。这一操作的目的是把该图层的标注要素功能打开。

🔔提示：要素标注的操作方法前面已经介绍过了，请读者参考前面的章节，这里不再赘述。

（2）右击目标图层，在弹出的快捷菜单中选择“将标注转换为注记”命令，弹出“将标注转换为注记”对话框。

（3）对话框中显示的是将注记存储在数据库中的操作界面。在“存储注记”选项组中选择“在数据库中”单选按钮，勾选“要素已关联”复选框，勾选“追加”复选框，如图 7.27 所示。

（4）单击“注记要素类”选项，弹出“注记要素类属性”设置对话框，在其中设置“文本符号”，“关联要素编辑行为”及“配置关键字”等，如图 7.28 所示。

（5）完成后单击“转换”按钮，弹出“进度”对话框，如图 7.29 所示。

2．将文本转换为地图文档注记

将文本转换为地图文档注记的操作方法如下。

（1）在 ArcMap 界面左侧内容表中右击目标图层，在弹出的快捷菜单中选择“标注要素”。

（2）右击目标图层，在弹出的快捷菜单中选择“将标注转换为注记”命令，弹出“将标注转换为注记”对话框。

（3）在“存储注记”选项组中选择“在地图中”单选按钮，如图 7.30 所示。

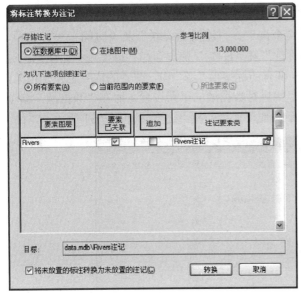

图 7.27　在数据库中存储注记界面

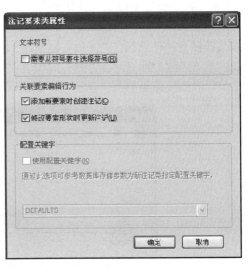

图 7.28　"注记要素类属性"对话框

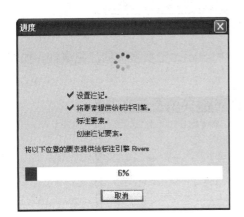

图 7.29　转换进度

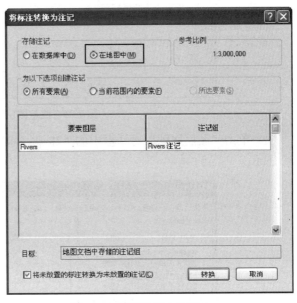

图 7.30　存储注记在地图中

3. 显示注记

在 ArcMap 中可以查看地图中使用的所有类型注记,包括地理数据库注记、地图文档注记、coverage、CAD 等其他注记格式。

显示地理数据库注记的方式如下。

(1)在 ArcMap 内容表中右击注记图层名称,在弹出的快捷菜单中选择"属性"命令,弹出"图层属性"对话框。

(2)在对话框中可以看到,注记图层属性跟普通图层的图层属性有区别:本书第 3 章

ArcMap 基础中已经介绍过，注记图层与普通图层共同拥有"常规"、"源"、"选择"、"显示"、"符号系统"、"字段"、"定义查询"、"连接和关联"及"时间"等标签项；普通图层属性中还包含图层的"注记"、"标注"和"HTML 弹出窗口"标签项；而注记图层除共性标签项外只包含"注记"标签。在同样拥有的标签项"源"中，两者的内容也差别很大。如：单击"源"标签，在"源"的设置对话框中进行数据源的重新设置，而在"数据源"选项中可以看到要素类型为"注记"，这是区别于其他要素类的特点之一，如图 7.31 所示。

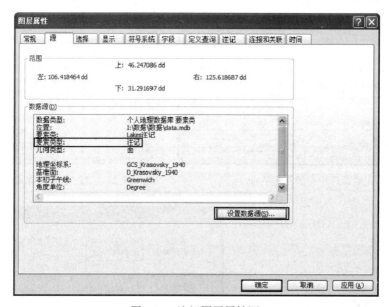

图 7.31　注记图层属性源

（3）单击"图层属性"对话框中的"注记"标签，将显示注记要素类的注记属性，如图 7.32 所示。

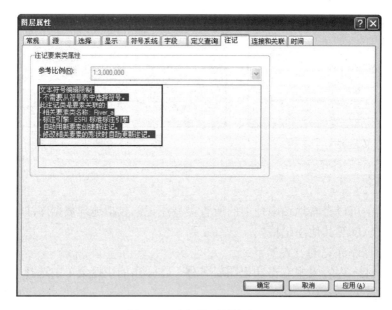

图 7.32　注记图层属性注记

（4）单击"图层属性"对话框中的"符号系统"标签，在"未放置的注记"选项组中，勾选 "绘制未放置的注记"和"使用此颜色绘制未放置的注记"复选框，单击颜色选择框的下拉箭头，弹出颜色调整界面，如图 7.33 所示。

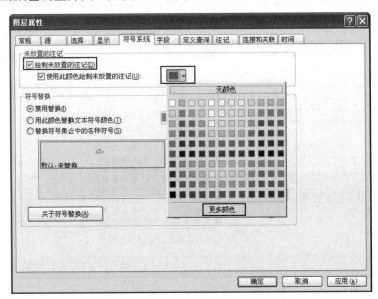

图 7.33　使用自定义颜色绘制未放置的注记

（5）禁用替换是默认选项，不涉及选项设置，此处不再予以介绍。这里需要对符号替换做相关介绍：

符号替换同样是基于注记图层的功能，用于在 ArcMap 中临时更改注记图层的符号系统。此项功能在已存储的地理数据库要素符号系统不适用于给定地图的情况下使用。符号替换对话框中提供了 3 种不同符号替换状态。

❑ 禁用替换：选择该选项则表明未启用符号替换。使用已存储的符号系统来绘制注记要素类中的文本。系统默认选择该项。

❑ 用单色替换文本符号的颜色：选择该选项则仅替换文本符号颜色。使用注记中已存储的字体、字号等来显示文本。如果在应用中只是想要在与原来颜色不同的背景之上查看注记，可以选择此选项。例如，现在要在航空照片上查看黑色注记会比较困难。使用此选项将所有注记的颜色改为白色，从而使其与背景形成对比而更加清楚地突显出来。

❑ 替换符号集合中的个别符号：选择该选项，则将启用替换注记要素类符号集合中的个别符号功能。大部分文本都会引用符号集合中的符号。符号集合中的符号是绘制文本的基础符号。替换此符号之后，可以通过添加文本符号属性（如晕圈、阴影）来改变文本外观，乃至改变符号字体。

🔔提示：不推荐在使用符号替换的同时进行编辑。编辑地理数据库注记可能导致文本符号发生变化。符号替换并不是设计用来大规模替换注记符号编辑和符号管理的。提供这种功能值是用来偶尔更改用于动态地图显示和地图生成的文本符号系统。

（6）用此颜色替换文本符号：在"符号替换"选项组中选择"用此颜色替换文本符号颜

色"单选按钮，单击"颜色"按钮的下拉箭头，弹出颜色设置界面，选择目标颜色，如图 7.34所示。

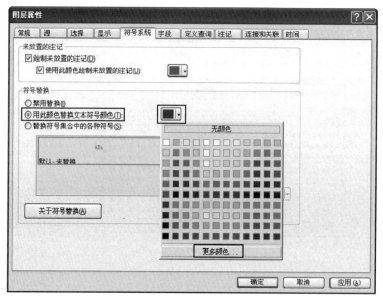

图 7.34　用此颜色替换文本符号颜色

（7）替换符号集合中的各种符号：单击"属性"按钮，弹出符号选择器，在其中选择合适符号，勾选"使用此颜色替换内嵌存储文本的颜色" 复选框，并单击其后符号按钮的下拉箭头，在颜色设置界面中选择合适颜色，勾选 "符号替换优先于各种符号覆盖"复选框，如图 7.35 所示。

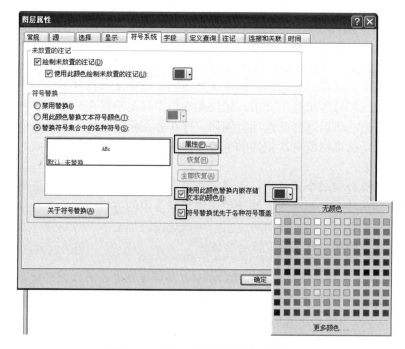

图 7.35　替换符号集合中的各种符号

7.3.2　新建注记组

新建注记组是在创建地图注记时比较灵活的方法，本小节简单介绍如何在 ArcMap 中使用"绘图工具条"创建注记组。具体操作方法如下。

（1）右击 ArcMap 界面菜单，在弹出的快捷菜单中选择"绘图"命令，打开绘图工具条。

（2）在绘图工具条中选择"绘制"|"新建注记组"命令，弹出"新建注记组"对话框。

（3）在"注记组名称"文本框中输入注记组的名称，如：Lakes new，如图 7.36 所示。

（4）单击"关联图层"下拉列表，选择该注记组所要与之关联的图层，默认无，即该注记组不与图层要素关联。本例中选择 Lakes 图层，即该新建注记组与图层 Lakes 相关联，如图 7.37 所示。

（5）回到新建注记组对话框，设置比例范围。

图 7.36　新建注记组对话框

图 7.37　设置新建注记组的关联图层

第8章 成图及地图的打印

在编制地图之前，需要考虑地图的成图和打印效果。综合考虑，主要关注以下地图成图元素。

- ❑ 地图打印版本的大小。
- ❑ 页面方向。
- ❑ 地图所包含数据框的数目。
- ❑ 地图是否包含其他地图元素，诸如标题、指北针和图例等。
- ❑ 地图的比例尺的表示方式。
- ❑ 优化组织页面上的地图元素。

8.1 地 图 模 板

在地图出版中，为了提高生产率并使生产的地图标准化，往往采用模板来存储地图的布局格式、数据及需要反复使用的界面设置。因此，地图模板的应用在成图和地图出版中占据着十分重要的位置。下面介绍有关地图模板在 ArcGIS 10 中的应用。

8.1.1 什么是地图模板

在创建系列地图时，需要让这些地图具有相同的外观，此时就可以使用地图模板来标准化布局，甚至在地图系列的背景数据相同时，还可以把背景数据包含到模板中，来节省时间，省略手工重复一些相同工作。

因此，把为了减少重复工作，将相同外观及背景数据制定到一定模式下的地图制图样式，叫做地图模板。

在 ArcMap 中提供了自带的地图模板，可以快速建立一个美观的地图，减少地图布局工作量。在 ArcMap 中，选择其中一个已有的自带模板，只需要在模板中添加数据，并按照需要做相应的修改，就可以完成需要的地图成图。在 ArcMap 中，使用一个叫 Normal 的模板（normal.mxt）来存储默认用户界面信息。

首次启动 ArcMap 时，从模板中启动地图模板的过程如下。

（1）启动 ArcMap。在"打开现有地图或使用模板创建新地图"选项中，选择"模板"中提供的任意一个地图模板，如图 8.1 所示。

（2）选择完成后单击"确定"按钮，ArcMap 进入地图模板界面，如图 8.2 所示。

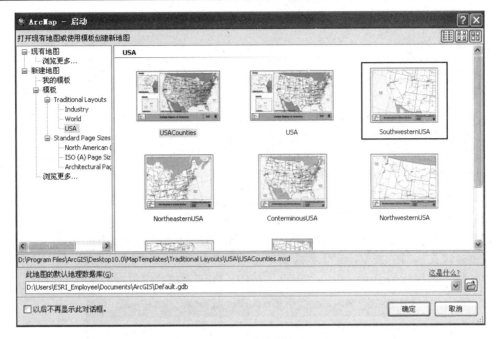

图 8.1　ArcMap 自带模板的选择

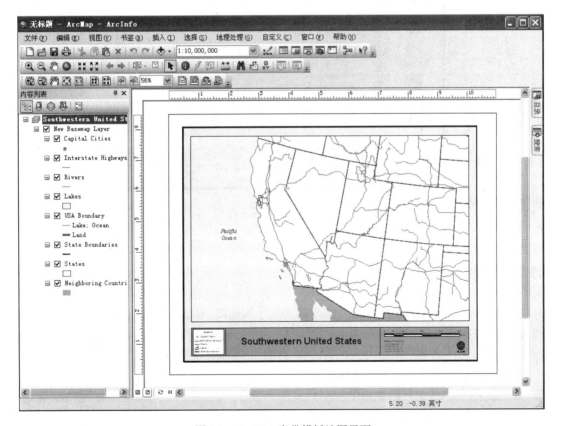

图 8.2　ArcMap 自带模板地图界面

技巧：在已经启动的 ArcMap 中打开地图模板，可以采用选择"文件"｜"新建"命令的方法操作。

当新建一幅地图并想将其保存为模板时，或者当修改现有模板样式时，可以选择保存模板的方式。可以选择在网络上储存模板，也可以选择在本地保存，当需要再次使用时，可以从 ArcCatalog 或者 ArcMap 中打开。如果将模板保存在 ArcMap Templates 文件夹中（默认时在 ArcGIS 10 的安装目录的|Desktop10.0|MapTemplates 目录），则该模板会显示在新地图文档对话框中，其中文件夹 Standard Page Size 中有三种标准页面文件夹，Traditional Layouts 中是传统显示的配图模板，可以根据需要进入不同的子文件夹内，将自定义模板保存在相应位置。具体方法如下。

（1）选择"文件"｜"另存为"命令，弹出"另存为"对话框。

（2）从文件夹浏览器中找到 ArcGIS 10 安装目录|Desktop10.0|MapTemplates，在对应子目录下找到自定义模板的类型，定位到想要保存模板的位置，如图 8.3 所示。

（3）输入新模板的名字，单击"保存"按钮，即可完成地图模板的保存设置。

图 8.3 地图模板保存位置

8.1.2 如何进行页面设置

ArcMap 可以根据需要很方便地修改页面大小和地图布局，当创建的地图需要打印和出版时，需要在布局视图的虚拟页面上进行工作。在默认状态下，虚拟页面的大小与打印机默认页面大小相同，当虚拟页面的大小和方向与用户的设计不匹配时，可以修改页面设置。

切换到布局视图有如下两种方式。

❑ 选择"视图"｜"布局视图"命令。

❑ 单击地图显示区左下角的"布局视图"按钮，如图 8.4 所示。

以上两种方式均可进入到布局视图界面，如图 8.5 所示。

图 8.4 布局视图按钮

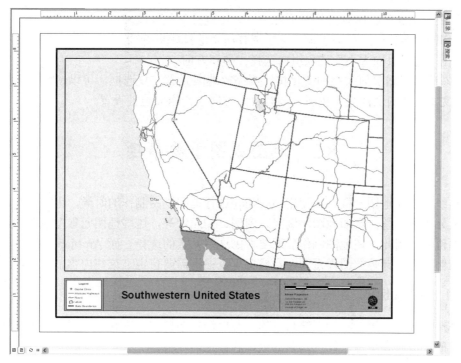

图 8.5　布局视图界面

设置页面大小的操作步骤如下。

（1）右击虚拟页面，在弹出的快捷菜单中选择"页面和打印设置"命令，弹出"页面和打印设置"对话框，如图 8.6 所示。

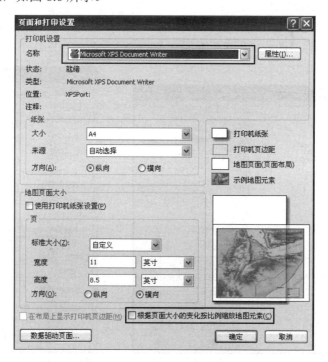

图 8.6　"页面和打印设置"对话框

（2）在"页面和打印设置"对话框中，即可进行参数修改和设置。

❑　打开"名称"下拉列表框，从中选择所用的打印机选项。

❑　在"地图页面大小"选项组内选择大小和方向。

❑　勾选"根据页面大小的变化按比例缩放地图元素"复选框，可以使地图宽度和高度文本框随新页面大小更新，同时页面方向也会相应地被设置。

8.2　地图成图重要事项

与传统的纸质地图一样，在使用 AcrMap 进行地图制图制作的时候，也需要考虑地图具有的重要元素和属性，比如地图比例尺、图例、指北针等，这些地图元素在地图成图中占据着重要的位置。因此，在地图制作后期要考虑这些元素的选择。而 ArcMap 提供了丰富的比例尺、图例、指北针等的图样系列，当然也可以根据需要自定义这些内容。

8.2.1　地图比例尺、图例

在 ArcMap 中，可以添加系统自带的一些比例尺条样式，并且可以根据出图需要，定制比例尺条的比例尺和单位、比例尺条的数字和标记。

1．比例尺和单位的定制方式

比例尺和单位的定制方式如下。

（1）选择"插入"|"比例尺"命令，在弹出的"比例尺选择器"对话框中选择一种比例尺条单击，如图 8.7 所示。

（2）在"比例尺选择器"对话框中，单击 "属性"按钮，可在弹出的"比例尺"属性设置对话框中进行属性修改，如图 8.8 所示。

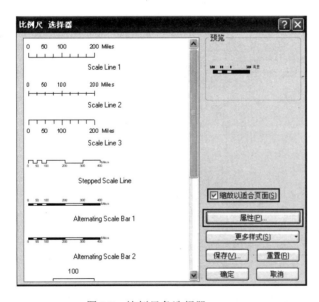

图 8.7　比例尺条选择器

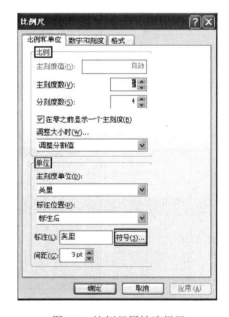

图 8.8　比例尺属性选择器

（3）选择"比例和单位"标签，在"比例"选项组中，单击微调按钮设置"主刻度数"和"分刻度数"微调框中的数值；选择"调整大小时"下拉列表框，选择当比例尺发生变化时比例尺条的反应模式。

（4）在"单位"选项组中，单击微调按钮设置"主刻度单位"和"标注位置"微调框中的数值。

提示：还可以在该属性设置对话框中定制比例尺符号。操作方式为：单击图 8.8 中"符号"按钮，进入符号选择器，如图 8.9 所示。

图 8.9　符号选择器

2．数字和刻度的定制方式

数字和刻度的定制方式如下。

（1）在"比例尺"对话框（图 8.8）中，单击"数字和刻度"标签，如图 8.10 所示。

在"数字"选项组中：

❑　"频数"选项用于选择沿比例尺条在什么位置放置数字。

❑　"位置"选项用于设置相对于比例尺条数字的放置方位。

在"刻度"选项组中：

❑　"频数"选项用于选择沿比例尺条在什么位置放置标记。

❑　"位置"选项用于设置相对于比例尺条标记的放置方位。

（2）单击"数字格式"按钮，进入"数字格式"设置对话框，进行数字格式相关属性的设置，如图 8.11 所示。

图 8.10　数字和刻度设置界面　　　　　图 8.11　"数字格式"对话框

（3）单击"符号"按钮，可以进入"符号选择器"设置对话框（见图 8.9），进行符号自定义设置。

3．图例的定制方式

图例在地图要素中占据着十分重要的地位，在地图阅读中，需要使用图例的区分来识别地图中所展现的要素内容，以及地图各个要素所要表达的含义。因为在地图制作和地图出版中，图例的选择与绘制需要花费相当大的时间与精力。但是在电子地图的制作中，ArcMap 提供了一系列自带的图例符号，其中涉及各个行业的多种应用，如电力、国土、交通等，为用户在 GIS 行业应用时提供了优化的符号方案。而在我国的 GIS 制图中，还可以根据各个行业的国家标准进行自定义的符号制作，ArcMap 同时支持多种格式的符号样式。

在地图出版中，除了图例符号，还需要关注这些符号在整个图幅中的放置位置及排列方式，以达到使整个图幅效果较美观的预期。

接下来介绍一下在地图打印与出版时，图例的一些相关设置要点。

（1）选择"插入"|"图例"命令，在弹出的"图例向导"对话框中，选择要包括在图例中的图层。这时，可以有选择性地进行一些设置，如可以放弃一些作为背景的图层图例设置，以简化和美观图例的表达，如图 8.12 所示。

> 提示：在默认状态下，当前地图上的所有图层都出现在"图例项"中，要删除一个图例项，单击该图例项并单击向左的箭头按钮。另外，使用上下箭头按钮，对各个图例项进行排序。

（2）在"图例向导"对话框中，选择"设置图例中的列数"微调按钮，设置列数数目。

（3）单击"预览"按钮，进行图例设置效果预览。

（4）设置完成以后，单击"下一步"按钮，进入图例标题相关属性设置界面，进行图例标题设置，以及图例标题字体属性、标题对齐方式设置，如图 8.13 所示。由于此步骤设置相对较为简单，具体设置方式不再赘述。

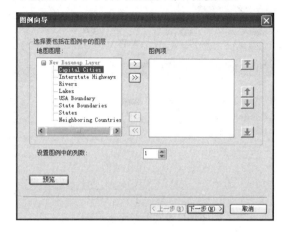

图 8.12 图例向导界面 1

图 8.13 图例向导界面 2

（5）设置完成以后，单击"下一步"按钮，进入"图例框架"设置界面，如图 8.14 所示。

❑ 单击"边框"下拉箭头选中一种边界。

❑ 单击"背景"下拉列表框选中其中一种背景。

❑ 单击"下拉阴影"下拉列表框选中其中一种阴影效果。

❑ 分别设置"间距"和"圆角"。

（6）完成所有设置以后，单击"预览"按钮进行设置效果预览。

（7）单击"下一步"按钮，进入图例项符号斑块设置对话框，这里可以对单个的图例符号分别设置线状或者面状要素的符号面大小和形状，如图 8.15 所示。

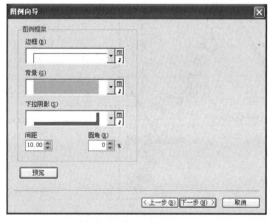

图 8.14 图例框架设置

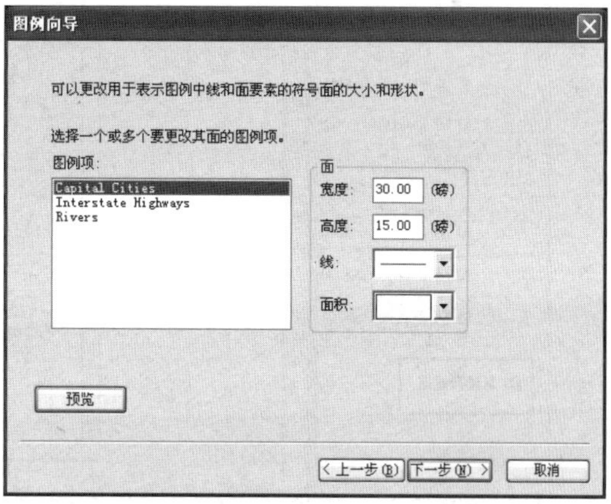

图 8.15 设置符号斑块的大小和形状

（8）单击"下一步"按钮，在适当的文本框中输入数值来设置图例元素之间的间距，如图 8.16 所示。

（9）单击"完成"按钮。至此，完成了有关图例的选项设置。

8.2.2　添加数据框

数据框在地图打印中同样重要。在布局视图中，可以看到虚拟页面上数据框中的地理数据，并可以使用数据框来强调地图上的地理数据，例如，添加边框、背景或阴影等。另外，为了方便地理要素的定位，还可以为数据框添加格网。

本小节重点介绍数据框相关的一些概念和操作，这些知识点比较分散，此处分别罗列介绍。

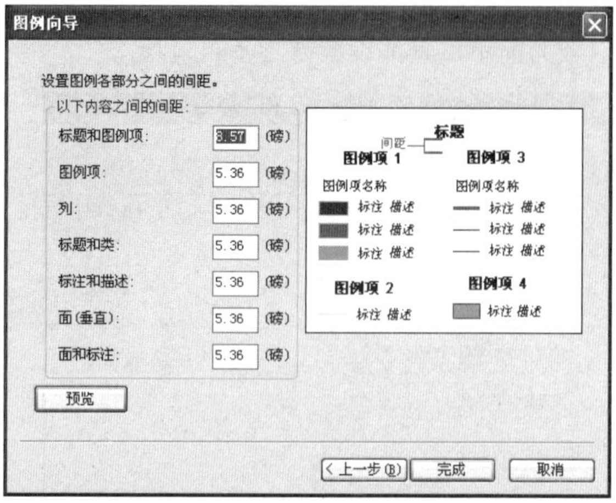

图 8.16　设置图例元素距离

1．在地图中添加新数据框

（1）选择 ArcMap 界面主菜单中的"插入"|"数据框"命令，将视图切换到"布局视图"。

（2）可以看到地图中出现新的数据框，可以在该数据框内增加任何数据图层，如图 8.17 所示。

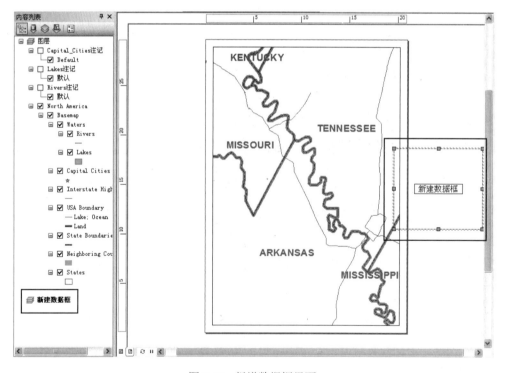

图 8.17　新增数据框界面

2．复制数据框

（1）在布局视图中单击目标数据框，该数据框周边高亮显示，表明被选中，如图 8.18 所示。

图 8.18　选中数据框

（2）右击目标数据框，在弹出的快捷菜单中选择"复制"命令。

（3）右击地图空白处，在弹出的快捷菜单中选择"粘贴"命令。

（4）目标数据框被复制，而此时在内容表中也可以看到，目标数据框的所有图层都被复制。至此完成整个数据框的复制过程，如图 8.19 所示。

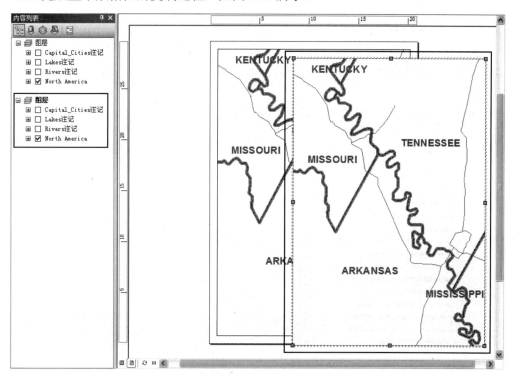

图 8.19　数据框被复制

3．给数据框添加边框

给数据框添加边框操作的具体步骤如下。

（1）右击目标数据框，在弹出的快捷菜单中选择"属性"命令，如图 8.20 所示。

（2）在弹出的"数据框属性"对话框中选择"框架"标签，进入框架设置界面，如图 8.21 所示。

图 8.20　选择数据框属性命令

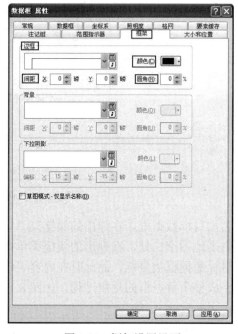

图 8.21　框架设置界面

（3）单击"边框"选项组中的下拉箭头，弹出系统自带的边框样式，单击选择，如图 8.22 所示。

（4）单击"边框"选项组的"样式选择器"按钮，如图 8.23 所示。

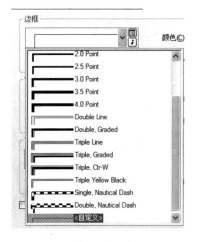

图 8.22　选择边框

图 8.23　单击"样式选择器"按钮

（5）弹出数据框边框的"边框选择器"对话框，在其中进行相关设置。单击"属性"按钮，弹出边框属性设置对话框，设置边框颜色及宽度属性，如图 8.24 所示。

（6）单击"更多样式"按钮，弹出样式选择快捷菜单，进行样式勾选及添加操作，如图8.25 所示。

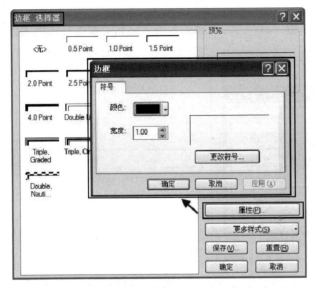

图 8.24　边框选择器对话框　　　　　　　　　图 8.25　更多样式选择

（7）回到"框架"设置界面，设置"颜色"、"间距"及"圆角"属性，如图 8.21 所示。

4．给数据框添加背景

为数据框添加背景操作依然在"框架"标签下进行，具体操作方法如下。

（1）右击目标数据框，在弹出的快捷菜单中选择"属性"命令。

（2）在弹出的"数据框属性"对话框中选择"框架"标签，进入框架设置界面。

（3）在"背景"选项组中，单击"背景"颜色下拉箭头，选择合适的背景颜色，如图 8.26所示。

（4）单击"背景"选项组中的"样式选择器"按钮，如图 8.27 所示。

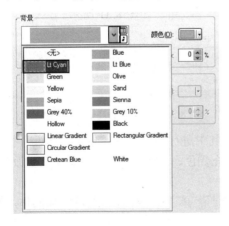

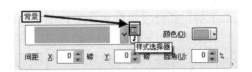

图 8.26　选择背景颜色　　　　　　　　　图 8.27　背景样式选择器

（5）弹出背景"样式选择器"对话框，在其中进行相关设置。单击"属性"按钮，在弹出的背景符号属性设置对话框中，设置填充颜色、轮廓颜色、轮廓宽度及更改符号，如图 8.28 所示。

（6）单击"更多样式"按钮，弹出样式选择快捷菜单，进行样式勾选及添加操作，如图 8.25 所示。

（7）回到"框架"设置界面，设置"颜色"、"间距"及"圆角"属性，如图 8.29 所示。

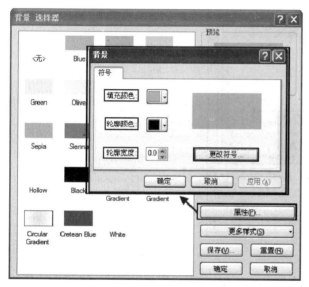

图 8.28　背景符号属性设置对话框

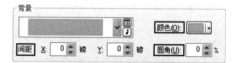

图 8.29　背景设置对话框

5．给数据框添加阴影

为数据框添加下拉阴影的操作方法如下。

（1）右击目标数据框，在弹出的快捷菜单中选择"属性"命令。

（2）在弹出的"数据框属性"对话框中选择"框架"标签，进入框架设置界面。

（3）在"下拉阴影"选项组中，单击"下拉阴影"下拉箭头，选择合适下拉阴影，如图 8.30 所示。

（4）单击"下拉阴影"选项组中的"样式选择器"按钮，如图 8.31 所示。

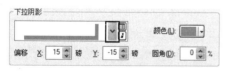

图 8.30　选择下拉阴影

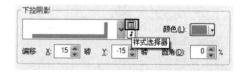

图 8.31　下拉阴影样式选择器

（5）弹出下拉阴影"样式选择器"对话框，在其中进行相关设置。单击"属性"按钮，在弹出的下拉阴影符号属性设置对话框中，设置填充颜色、轮廓颜色、轮廓宽度及更改符号，如图 8.32 所示。

（6）单击"更多样式"按钮，弹出样式选择快捷菜单，进行样式勾选及添加操作，如图 8.25 所示。

（7）回到"框架"设置界面，设置下拉阴影的"颜色"、"偏移"及"圆角"属性，如图 8.33 所示。

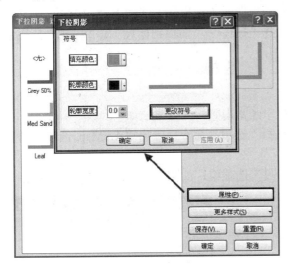

图 8.32　下拉阴影属性设置对话框

图 8.33　下拉阴影属性设置对话框

6．打开和关闭标尺

打开和关闭标尺的方法如下。

（1）右击整个页面，在弹出的快捷菜单中选择"标尺"|"标尺"命令，则"标尺"命令图标被高亮显示时，表明标尺被打开，如图 8.34 所示。

（2）关闭标尺是同样的操作，当"标尺"命令图标未高亮显示时，则表明标尺关闭。标尺打开前后对比图如图 8.35 和图 8.36 所示。

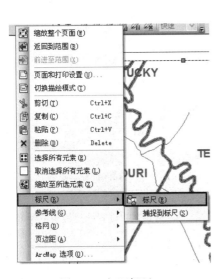

图 8.34　打开标尺

图 8.35　标尺打开前

7．捕捉到标尺

捕捉到标尺可以在打印地图时精确地对齐地图元素，操作方法如下。

右击整个页面，在弹出的快捷菜单中选择"标尺"|"捕捉到标尺"命令，则"捕捉到标尺"命令被打勾时，表明标尺捕捉功能被打开。

8．设置标尺的单位和划分

设置标尺的单位和划分在地图打印过程中经常用到，操作方法如下。

（1）右击标尺，在弹出的快捷菜单中选择"选项"命令，弹出"ArcMap 选项"设置对话框。

（2）单击"布局视图"标签，找到"标尺"选项组，如图 8.37 所示。

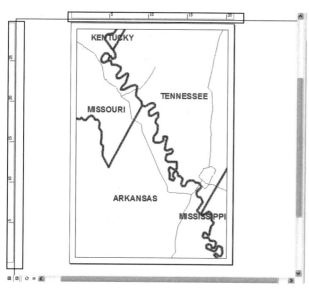

图 8.36　标尺打开后

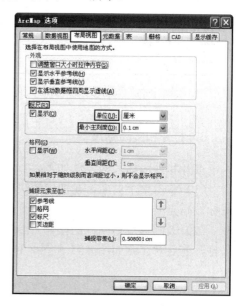

图 8.37　"ArcMap 选项"设置对话框

（3）单击"单位"下拉箭头，在其中选择标尺的单位，如图 8.38 所示。

（4）单击"最小主刻度"下拉箭头，在其中选择最小主刻度，如图 8.39 所示。

图 8.38　选择标尺单位

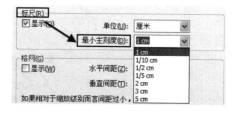

图 8.39　设置标尺最小主刻度

9．打开和关闭参考线

（1）右击整个页面，在弹出的快捷菜单中选择"参考线"|"参考线"命令，则"参考线"

命令图标被高亮显示时，表明参考线被打开。

（2）关闭参考线是同样的操作，当"参考线"命令图标未高亮显示时，则表明参考线关闭。

10．捕捉到参考线

捕捉到参考线可以在打印地图时精确地对齐地图元素，操作方法如下。

右击整个页面，在弹出的快捷菜单中选择"参考线"|"捕捉到参考线"命令，则"捕捉到参考线"命令被打勾时，表明参考线捕捉功能被打开。

11．添加参考线

当参考线功能被打开之后，单击标尺上需要添加参考线的位置，即可添加参考线，如图8.40 所示。

图 8.40　添加参考线

12．删除参考线

右击需要删除的目标参考线图标，在弹出的快捷菜单中选择"清除参考线"命令，即可清除参考线。

13．删除标尺上的所有参考线

要删除所有参考线，右击参考线图标，在弹出的快捷菜单中选择"清除所有参考线"命令，即可清除所有参考线。

14．打开和关闭格网

（1）右击整个页面，在弹出的快捷菜单中选择"格网"|"格网"命令，则"格网"命令图标被高亮显示时，表明格网被打开。

（2）关闭格网是同样的操作，当"格网"命令图标未高亮显示时，则表明格网关闭。

15．捕捉到格网

捕捉到格网可以在打印地图时精确地对齐地图元素，操作方法如下。

右击整个页面，在弹出的快捷菜单中选择"格网"|"捕捉到格网"命令，则"捕捉到格网"命令被打勾时，表明格网捕捉功能被打开。

16．改变格网大小

（1）右击布局视图，在弹出的快捷菜单中选择"选项"命令，弹出"ArcMap 选项"设置对话框。

（2）单击"布局视图"标签，找到"格网"选项组，勾选"显示"复选框，在"水平间距"下拉列表中选择水平间距数值，在"垂直间距"下拉列表中选择垂直间距数值，如图8.41

所示。

17．改变捕捉容差

（1）右击布局视图，在弹出的快捷菜单中选择"选项"命令，弹出"ArcMap 选项"设置对话框。

（2）单击"布局视图"标签，找到"捕捉元素至"选项组，根据需要，勾选 "参考线"、"格网"、"标尺"或"页边距"复选框，在捕捉容差文本框中输入数值。如图 8.42 所示。

图 8.41　格网设置界面

图 8.42　改变捕捉容差

8.2.3　添加地图要素

有些地图元素，如指北针、比例尺条、文字比例尺和图例等，与数据框中的数据有关。简单概括这些地图元素的作用与特点如下。

- ❑　指北针：指示地图方向。
- ❑　比例尺：提供在地图上显示的要素及要素之间距离大小的可视化指标。
- ❑　文字比例尺：表明了地图及地图上要素的比例尺。
- ❑　图例：表明了要素在地图上所用的符号。

在地图成图重要事项的章节中，已经详细介绍了比例尺和图例的概念，以及在实际应用中的操作方法。

而在一幅完整的地图中，需要有更多的地图要素作为支撑，如：指北针、地图标题、图形元素、动态文本，以及在电子地图中经常需要添加的图片和对象。除此之外，在本小节还将介绍到如何将这些地图元素组合对齐，以便于打印出版。

另外，还将介绍对于地图而言比较重要的格网和经纬网等概念。

1．添加指北针

添加指北针操作方法如下。

（1）选择 ArcMap 主菜单上的"插入"|"指北针"命令，弹出"指北针选择器"对话框。

（2）单击目标指北针样式，则在预览区域显示该指北针的预览式样。勾选"缩放以适合页面"复选框，如图 8.43 所示。

（3）单击"属性"按钮，弹出"指北针"属性设置对话框。在"常规"选项组中，调整"大小"微调框，设置指北针大小。单击"颜色"下拉列表框，选择适当的颜色。调整"校准角度"微调框，设置校准角度。在"角度"文本框中输入角度数值。在"标记"选项组中单击"字体"下拉列表框，选择合适的字体，如图 8.44 所示。

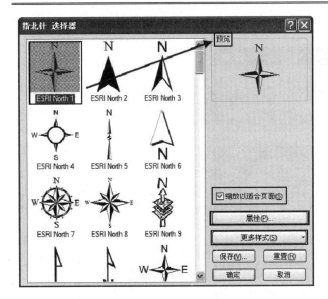

图 8.43　指北针选择器对话框

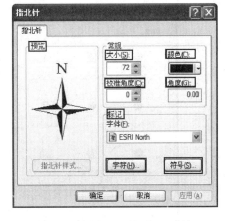

图 8.44　指北针属性设置对话框

（4）单击指北针属性设置对话框中的"字符"按钮，弹出"符号"设置对话框，在其中进行相关设置，如图 8.45 所示。

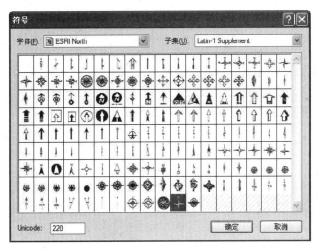

图 8.45　"符号"设置对话框

（5）单击指北针属性设置对话框中的"符号"按钮，弹出"符号选择器"对话框，在其中设置当前符号的颜色、大小、角度等属性值，如图 8.46 所示。

（6）回到"指北针选择器"对话框中，单击"更多样式"按钮，选择更多符号样式，如图 8.47 所示。

2．添加标题

具体操作方法如下。

（1）在 ArcMap 主菜单中选择"插入"|"标题"命令。

（2）弹出"插入标题"对话框，在其中输入合适的标题，如"我的新建地图"，如图 8.48

所示。

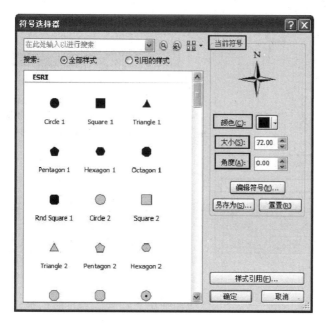

图 8.46　指北针符号选择器

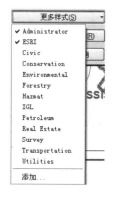

图 8.47　指北针更多样式

3．添加动态文本

ArcMap 中地图元素的动态文本包含的内容比较丰富，包括当前日期、当前时间、用户名、作者、保存日期、文档名称、文档路径、坐标系、数据框名称、参考比例、数据框时间、数据驱动页面名称、数据驱动页面页码、带页数的数据驱动页面等，如图 8.49 所示。

图 8.48　插入标题对话框

图 8.49　添加动态文本

这里以添加"当前时间"动态文本为例，介绍如何添加和设置动态文本。

（1）选择 ArcMap 主菜单的"插入"|"动态文本"|"当前时间"命令。

（2）在布局视图的地图界面，出现当前时间动态文本，如图 8.50 所示。

（3）在图 8.50 中可以看到，"当前时间"动态文本的大小比例并不适合整个布局视图界面，可以在该动态文本的属性对话框中进行相应调整和修改。右击该动态文本，在弹出的快捷菜单中选择"属性"命令，弹出"当前时间"动态文本属性对话框。

图 8.50　当前时间动态文本

　　（4）单击"文本"标签，在"文本"文本框中修改时间文本样式。在"字体"文本框中输入字体类型。在"角度"微调框中进行角度微调。在"字符间距"微调框中调整字符间距。在"行间距"微调框中调整行间距，如图 8.51 所示。

　　（5）弹出"当前时间"动态文本属性对话框，单击"大小和位置"标签，在"位置"选项组中输入 X、Y 数值。在"大小"选项组中输入"宽度"和"高度"数值。在"元素名称"文本框中输入合适的名称，如图 8.52 所示。

图 8.51　"当前时间"文本属性设置

图 8.52　"当前时间"大小和位置属性

4．添加图片

添加图片的操作方法如下。

（1）选择 ArcMap 主菜单中的"插入"|"图片"命令，弹出图片选择对话框。

（2）浏览文件夹找到目标文件路径，在"文件类型"下拉列表中选择目标文件的类型，如"所有格式"或者"JPG 图像（*.JPG）"等，此处选择"所有格式"。单击目标文件，则"文件名"中出现目标文件名称，如图 8.53 所示。

图 8.53　图片选择对话框

（3）单击"打开"按钮，目标文件被添加到布局视图中，如图 8.54 所示。

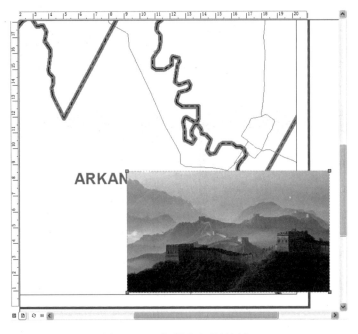

图 8.54　目标图片文件被添加

（4）右击图片文件，在弹出的快捷菜单中选择"属性"命令，弹出"图片属性"对话框。

（5）在对话框中进行图片属性相关设置。单击"图片"标签，在"源"选项组中，单击文件夹图表，修改目标文件路径，当需要更换图片时，此操作可以直接修改图片来源，如图8.55 所示。

（6）单击"面积"标签，进入面积设置界面。在"面积"文本框中输入合适的数值，在"周长"文本框中输入合适的数值，在"中心"文本框中输入合适的数值，如图 8.56 所示。

图 8.55　图片源设置

图 8.56　图片面积设置

（7）单击"框架"标签，进入框架设置界面，进行边框、背景和下拉阴影的相关设置。具体操作方法与前面介绍过的数据框架的边框、背景、下拉阴影类似，如选择合适的样式，设置合适的间距、颜色和圆角及偏移等相关属性，具体操作步骤，读者可以参考前面的相关章节，此处不再赘述，如图 8.57 所示。

（8）单击"大小和位置"标签，在"位置"选项组中输入 X、Y 数值。在"大小"选项组中输入"宽度"和"高度"数值。在"元素名称"文本框中输入合适的名称，如图 8.58 所示。

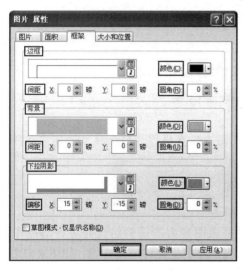

图 8.57　图片框架设置

图 8.58　图片大小和位置

5. 添加对象

添加对象的操作方法如下。

（1）选择 ArcMap 主菜单中的"插入"|"对象"命令，弹出"插入对象"对话框，选择"对象类型"，完成后单击"确定"按钮。此处以"Microsoft Office Excel 图表"为例，如图 8.59 所示。

图 8.59 "插入对象"对话框

（2）弹出 Excel 图表操作界面，在其中进行图表属性相关设置，如图 8.60 所示。

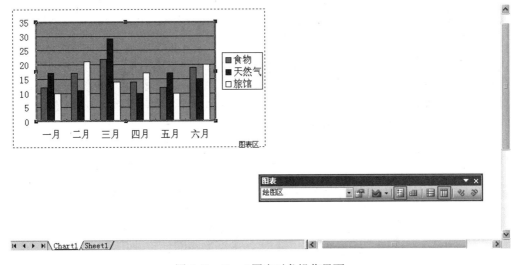

图 8.60 Excel 图表对象操作界面

💭 提示：这里的 Excel 图表操作方法与普通 Excel 图表设置操作方法一样，读者可自行练习或参阅相关资料，这里不再赘述。

6. 对齐地图元素及元素分组

对齐地图元素及元素分组是针对地图上的重要成图要素的排列组合而进行的操作，当然，涉及的地图元素排列规则很多，如：微移、对齐、分布及旋转或翻转等，如图 8.61 所示。这里以"对齐"规则为例，介绍其方法，具体操作步骤如下。

（1）按住 Shift 键，单击"图例"和"当前时间"动态文本，如图 8.62 所示。

图 8.61　地图元素排列规则　　　　图 8.62　同时选中"图例"和"当前时间"

（2）右击其中一个选择的地图元素，在弹出的快捷菜单中选择"对齐"|"右对齐"命令，如图 8.63 所示。

（3）完成操作后，"图例"和"当前时间"右对齐，效果如图 8.64 所示。

（4）为了便于操作，往往把这样对齐后的地图元素合并为一个组，操作方法为：选中两个目标地图元素，右击弹出快捷菜单，选择"组"命令。

（5）组合之后的地图元素作为一个图形存在，如图 8.65 所示。

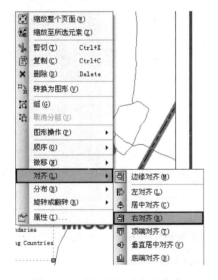

图 8.63　选择"右对齐"命令　　　图 8.64　右对齐效果　　　图 8.65　组合之后的地图元素

8.3　地图打印和导出

地图打印与导出是地图制作中的重要步骤，ArcMap 的地图打印与导出功能十分完善与强大。本节重点介绍打印地图时的各种设置方法，以及导出地图的意义和操作方法。

8.3.1　打印地图

ArcMap 的打印地图功能支持地图页面布局的预览，即在使用打印机设置功能之前对制作完成的地图进行布局打印设置。下面分别介绍 ArcMap 打印地图的几项典型应用。

1．预览及打印地图

具体操作方法如下。

（1）选择 ArcMap 主菜单的"文件"|"打印预览"命令。

（2）单击"放大"、"缩小"、"第一页"、"上一页"、"下一页"及"最后一页"按钮，检查预览地图，如图 8.66 所示。

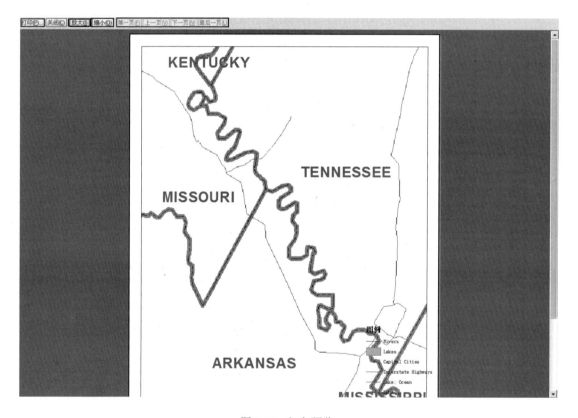

图 8.66　打印预览

注意：图 8.66 中"第一页"、"上一页"、"下一页"及"最后一页"按钮为灰色，表明此时预览的地图只有一页，不涉及这些功能的使用。

（3）确认预览的地图无误后，可以单击"打印"按钮，确认"打印机引擎"无误，确认"输出图像质量（重采样率）"，如图 8.67 所示。

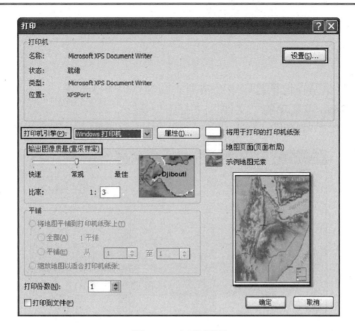

图 8.67　打印设置

2．打印多份拷贝

具体操作方法如下。

（1）选择 ArcMap 主菜单的"文件"｜"打印"命令。

（2）弹出打印设置对话框，在"打印份数"微调框中，调整打印份数的数字，如图 8.68 所示。

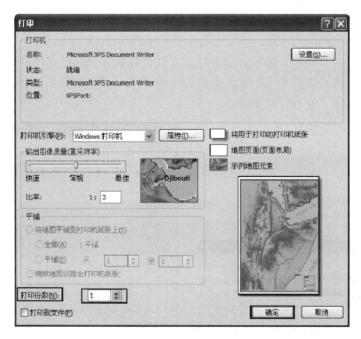

图 8.68　打印份数调整

（3）完成后单击"确定"按钮。

3．打印为文件

"打印为文件"也是在地图打印中经常遇到的操作，方法如下。

（1）选择 ArcMap 主菜单的"文件"|"打印"命令。

（2）弹出"打印"对话框，勾选 "打印到文件"复选框，如图 8.69 所示。

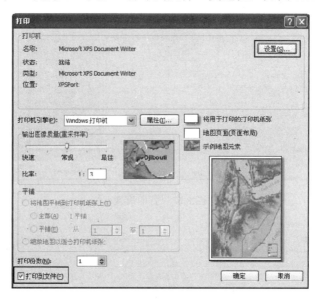

图 8.69　勾选"打印到文件"复选框

（3）确认"打印到文件"复选框被选中后，单击对话框中的"设置"按钮。

（4）弹出"页面和打印设置"对话框，单击"名称"下拉箭头，选择打印引擎，如图 8.70 所示。

（5）完成后单击"确定"按钮，进入打印文件位置选择界面，文件保存类型默认为"打印机文件*.prn"，在"文件名"中输入合适的地图文件名称，如图 8.71 所示。

（6）完成后单击"保存"按钮即可。

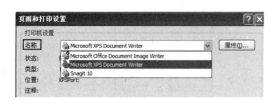

图 8.70　设置打印引擎　　　　　　　　图 8.71　打印到文件对话框

8.3.2　导出地图

地图创建成功以后，可以将其从地图文档格式（*.mxd）导出为另外文件类型，如常见的几种图像文件：EMF、EPS、AI、PDF、SVG、BMP、JPG、PNG、TIF、GIF 等，这里简单介绍一下这些常见图形的特点。

- ❑ EMF（Enhanced Windows Metafiles，增强型 Windows 元文件）文件是 Windows 自身的矢量图形或矢量和栅格图形，因其在缩放时不会变形，故可以嵌入 Windows 文档中。
- ❑ EPS（Encapsulated PostScript）文件的主要用途在于矢量图形和打印。
- ❑ AI（Adobe Illustrator）文件可以保留大多数图层，包括注记、标签等，而数据框图形文本被输出到一个称为"Graphics"的图层；地图周边元素和图形文本元素被输出为一个"Extras"图层；栅格数据被输出为另一个"Extras"图层。其他所有数据层都仍然保留在和 ArcMap 中一样的图层中。
- ❑ PDF 文件被设计成可以在跨平台浏览的格式。通常用于在网络上发布文档。
- ❑ SVG（Scalable Vector Graphics，可伸缩性矢量图形）文件是基于 XML 的文件，特别设计用于在网络上浏览。SVG 可以同时包含矢量和栅格信息。这种文件是在网页显示地图的一个很好的选择，因为它们是可伸缩的，而且比栅格文件更容易编辑。
- ❑ JPG（Joint Photographic Experts Group）文件是经过压缩的图像文件。它们通常用于网络上的图像，因为它们比许多其他文件类型占更小的磁盘空间。
- ❑ PNG（Portable Network Graphics）文件是为网络设计的一种压缩格式。它支持 24 位真彩色并可以定义透明颜色。
- ❑ TIFF（Tagged Image File Format）文件可以存储若干种位深度的像素数据，而且可以用任何一种压缩技术进行压缩。它们是跨操作系统转换到图像编辑应用程序中的最佳选择。
- ❑ GIF（Graphics Interchange Format）文件是一种用于网络上的栅格格式。GIF 文件不支持高于 256 色的颜色，因此比其他格式文件小。

🔔提示：导出地图的操作方法为：选择 ArcMap 主菜单中的"文件" | "导出地图"命令即可。

第9章 如何更好地使用符号和样式

在 ArcMap 中，样式是预定义颜色、符号、符号属性及地图元素的集合，不仅有助于定义如何绘制数据，而且有助于定义地图元素及地图上其他绘制附件的外观和位置。

使用样式的优点如下。

❑ 维护符号、颜色、图案、着色分布方法、关系及趋势等的制图标准。

❑ 通过熟悉的样式，使地图与地图之间的互通更为有效，而在浏览、理解和分析地图时也显得更为容易。

❑ 在创建地图或地图系列时，使用带有参照样式或样式组的地图模板更为简单。

❑ 使用地图符号标准化，确保在不同打印打印环境下制作出的地图是一致的。

本章从样式的这些优点着手，介绍如何使用样式管理器更好地使用和创建符号与样式。

9.1　使用样式管理器创建地图样式

使用样式创建地图既包括使用样式创建包括 ArcMap 中大量的符号，也包括这些符号所支持的地图元素，这些符号都继承了 ESRI 的标准样式，还有大量的工业标准样式。本节介绍如何使用这些样式来创建地图符号及地图元素。

9.1.1　如何用样式管理器创建地图样式

本小节主要介绍如何控制 ArcMap 中的参照样式，以及如何使用样式管理器创建地图样式，具体操作方法如下。

（1）在 ArcMap 主菜单中选择"自定义"|"样式管理器"命令。

（2）弹出"样式管理器"对话框，如图 9.1 所示。

（3）单击对话框中的"样式"按钮，弹出"样式引用"对话框，可以看到里面列出了所有自带符号样式，这里勾选 ESRI 复选框，如图 9.2 所示。

（4）单击"将样式添加到列表"按钮，弹出样式浏览对话框，在其中浏览找到目标样式，选中后单击"打开"按钮，即可将目标样式"mystyle.style"添加到列表中，如图 9.3 所示。

（5）回到"样式管理器"对话框，在左侧样式管理器列表中可以看到被显示的后缀名为.style 的样式 ESRI.style，单击 ESRI.style 前的展开符号，展开 ESRI.style 样式列表，如图 9.4 所示。

提示：在图 9.4 中可以看到，ArcGIS 10 在样式的符号组织上较之以前 9 系列版本有较多改变，分类更加详细与丰富。文件夹图标颜色置灰表明该样式是只读状态，不可被修改。

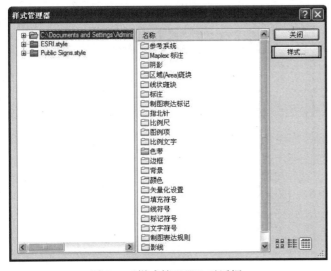

图 9.1　"样式管理器"对话框

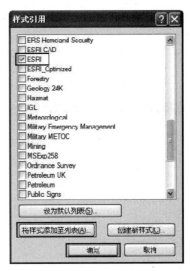

图 9.2　"样式引用"对话框

图 9.3　浏览查找 mystyle.style 样式

图 9.4　ESRI.style 样式被展开

9.1.2　修改和保存符号

符号是地图应用中常用的表达方式，在 ArcMap 中，符号实际上被管理在样式中，前面也已经介绍过，在 ArcGIS 10 中，样式内的符号分类越来越细化与丰富，有参考系统符号、Maplex 标注符号、阴影符号、颜色符号等，但归纳起来，它们都属于符号系统中的分支。

这里以在自定义的 mystyle.style 样式中为例，介绍如何修改和保存符号。

（1）在"样式管理器"对话框中单击"样式"按钮，弹出"样式引用"对话框，勾选"I:\数据\我的样式\mystyle.style"样式，如图 9.5 所示。

（2）回到"样式管理器"对话框中，展开 mystyle.style 样式符号，以修改标记符号"Asterisk 1"为例：单击"标记符号"前的文件夹图标，在右侧符号列表中找到"Asterisk 1"，如图 9.6 所示。

图 9.5　选择 mystyle.style 样式

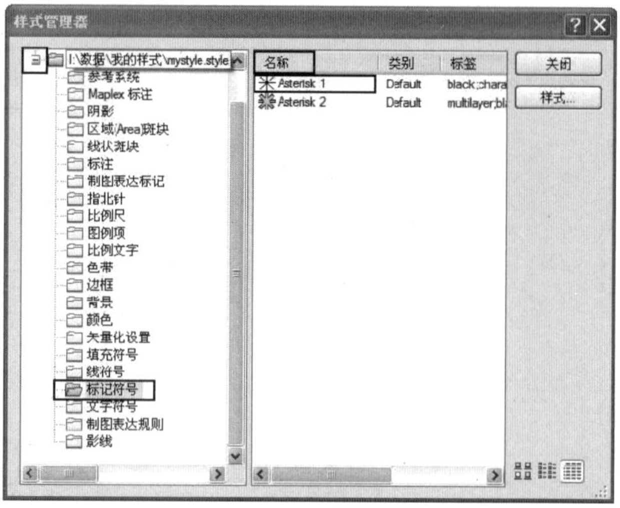

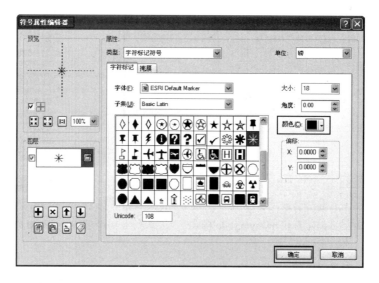

图 9.6　查找名称为"Asterisk 1"的符号

（3）双击该符号，弹出"符号属性编辑器"对话框，在其中进行相关属性修改，如图 9.7 所示。

图 9.7　符号属性编辑器

💭提示：符号属性的设置方法这里不再细述，在后面的"标记符号"制作方法中将会有详细介绍。

（4）以修改符号颜色为例，单击"颜色"属性，在调色板中选择目标颜色，如红色，完成后单击"确定"按钮，即可完成符号的修改。

（5）修改后可以在符号列表中看到名称为"Asterisk 1"的符号颜色改为红色，如图 9.8 所示。

图 9.8　修改颜色后的符号"Asterisk 1"

9.1.3　修改保存地图元素

在前面的章节中介绍过，地图元素是地图的重要组成部分，而图例、指北针、比例尺的地图元素多是由符号构成的图标，本节以修改保存地图元素图例为例，详细介绍一下如何修改和保存地图元素。

具体方法如下。

（1）右击需要修改的目标指北针，在弹出的快捷菜单中选择"属性"命令，如图 9.9 所示。

（2）弹出"指北针属性"设置对话框，单击"指北针"标签，进入指北针属性设置界面。在"常规"选项组中，调整"大小"微调框，设置合适的符号大小；在"颜色"属性中设置合适的颜色；调整"校准角度"微调框，设置合适的角度；在"角度"文本框中输入合适的角度数值。在"标记"选项组中，单击"字体"下拉列表框，选择合适的字体，如图 9.10 所示。

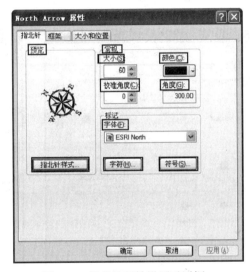

图 9.9　选择指北针属性命令　　　图 9.10　指北针属性设置对话框

（3）在指北针设置界面，单击"指北针样式"按钮，弹出"指北针选择器"对话框，根据需要选择指北针符号样式，本例中不做修改，如图 9.11 所示。

提示：这里指北针选择器的相关设置方式在第 8 章中有详细介绍，请读者参考相关章节。

（4）在指北针设置界面，单击"标记"选项组中的"字符"按钮，弹出"符号"字体设置对话框，在其中选择合适的字体进行修改，本例中不做修改，如图 9.12 所示。

（5）在指北针设置界面，单击"标记"选项组中的"符号"按钮，进行相关设置和选择，如图 9.13 所示。

（6）在"指北针属性"设置对话框中，单击"框架"标签，进入框架设置界面。在该界面中设置边框、背景和下拉阴影等属性，如图 9.14 所示。

（7）在"指北针属性"设置对话框中，单击"大小和位置"标签，进入大小和位置设置界面。在"位置"选项组中设置 X,Y 数值；在"大小"选项组中设置"宽度"和"高度"数值；在"元素名称"中输入合适的名称，如图 9.15 所示。

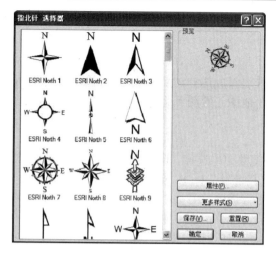

图 9.11　指北针选择器

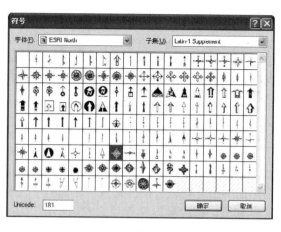

图 9.12　符号字体对话框

图 9.13　符号选择器

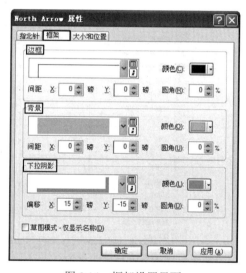

图 9.14　框架设置界面

图 9.15　大小和位置设置界面

9.2　样式管理器

样式管理器实际上为颜色、地图元素、符号及符号属性提供了存储空间，当在样式管理器中选择或应用特定地图元素或符号时，其实是在使用样式中的符号内容。

样式管理器的使用是符号管理中十分重要的一项内容，有效使用样式管理器管理符号将会提高制图效率。

这里分别介绍样式管理器中如何进行组织样式内容、保存当前样式等操作。

9.2.1　创建新样式

创建新样式是在样式管理器中经常遇到的操作，方法如下。

（1）在 ArcMap 主菜单中选择"自定义"|"样式管理器"命令，弹出"样式管理器"对话框，如图 9.1 所示。

（2）在样式管理器中单击"样式"按钮，如图 9.1 所示。

（3）弹出"样式引用"对话框，单击"创建新样式"按钮，如图 9.16 所示。

（4）弹出新样式"另存为"对话框，在"文件名"文本框中输入合适的样式名称；默认"保存类型"为"ESRI 样式（*.style）"，完成后单击"保存"按钮，如图 9.17 所示。

图 9.16　单击"创建新样式"按钮

图 9.17　保存新建样式

9.2.2　复制和粘贴样式内容

复制和粘贴样式内容也是经常会遇到的操作，这里以将样式"ESRI.style"中的部分颜色样式复制粘贴到新建样式"newstyle.style"中为例，讲述一下复制粘贴样式内容的具体操作方法。

（1）打开样式管理器，单击"ESRI.style"样式前的"+"按钮，将其样式分类展开，单击"颜色"文件夹，右侧列表中出现所有颜色符号列表。

（2）按住 Ctrl 键后单击颜色符号"Arctic White"、"Rose Quartz"及"Sahara Sand"三个符号，右击符号图案，在弹出的快捷菜单中选择"复制"命令，如图 9.18 所示。

（3）在"样式管理器"对话框的左侧样式列表中单击"颜色"文件夹，该文件夹被打开。

（4）在右侧符号列表框中右击，在弹出的快捷菜单中选择"粘贴"命令。

（5）则被选中的三个颜色符号被粘贴到新建样式"newstyle.style"中，如图 9.19 所示。

图 9.18　复制样式内容

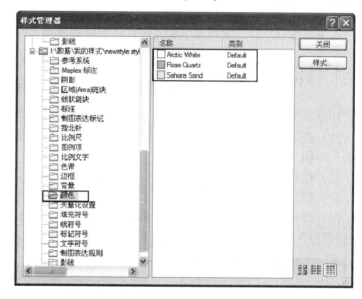

图 9.19　粘贴内容到样式

（6）在图 9.19 中可以看到，"颜色"文件夹没有置灰，表示粘贴过来的符号是可写状态，因此可以根据需要对符号进行重命名等操作。单击符号名称，高亮显示后表明可以被修改，输入新名称即可，如图 9.20 和图 9.21 所示。

图 9.20　高亮显示符号名称

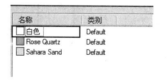

图 9.21　输入目标名称

9.2.3　在样式管理器中创建一个新的符号

在实际应用中往往会有新建符号的情况出现，在样式管理器中有 22 种符号分类，而这 22 种符号分类的方法都不一样。在下一节创建符号的内容中会详细介绍这些符号的创建操作方法和界面。这里以创建一个线符号为例，简单介绍一下创建新符号的基本操作，这一基本操作在后面的内容中将简要概括，请读者注意。

（1）单击"线符号"文件夹，文件夹被打开。在右侧符号列表中右击，在弹出的快捷菜

单中选择"新建"|"线符号"命令，如图 9.22 所示。

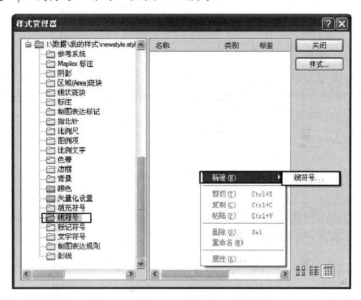

图 9.22　新建"线符号"

（2）弹出"符号属性编辑器"对话框，在其中进行相关设置，如图 9.23 所示。

图 9.23　符号属性编辑器

（3）新建符号的名称被自动高亮显示，表明可以被修改，如图 9.24 所示。

（4）输入合适的名称，如"灰色实线"即可，如图 9.25 所示。

图 9.24　新建符号名称可改　　　图 9.25　修改后的线符号名称

9.3　创　建　符　号

创建符号是制图中十分重要的环节，ArcMap 的符号制作系统十分完善。这里举例介绍如何创建 ArcGIS 10 中支持的几种典型符号，并且介绍可以使符号制作更加有效的一些技巧。

9.3.1　创建线状符号

线状符号一般用于绘制线性数据，如交通网、水系、境界线等，也常用来表示其他要素，如多边形、点及标注等。

和图形一样，线可以用作边界线、箭头线、其他注记和屏幕数字化等。

本小节介绍几类典型的线状符号创建方法。

1．创建普通道路符号

一般道路符号是由两层线状符号合并而成的，这里举例介绍其具体操作方法。

（1）在"符号属性编辑器"对话框中单击属性选项组中的"类型"下拉列表，选择"制图线符号"类型，在"单位"下拉列表中选择"磅"选项，如图 9.26 所示。

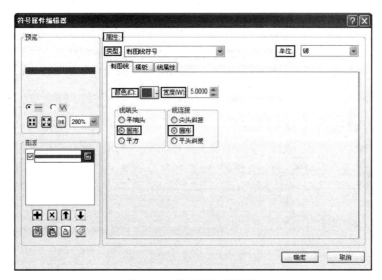

图 9.26　符号属性编辑器

（2）单击对话框中的"制图线"标签，在该界面中设置"颜色"取 RGB 值为"255、0、0"的颜色；"宽度"微调框中调整数值为"5.0000"；"线端头"选择"圆形"；"线连接"选择"圆形"，如图 9.26 所示。

（3）接下来制作第二层线状符号。单击"图层"选项组中的"Add Layer"按钮，弹出第二层线状符号的设置界面，在该界面中设置"颜色"取 RGB 值为"255、170、0"的颜色；"宽度"微调框中调整数值为"3"；"线端头"选择"圆形"；"线连接"选择"圆形"，如图 9.27 所示。

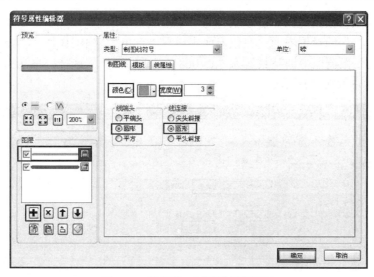

图 9.27 设置第二层线状图层属性

（4）完成后单击"确定"按钮，即可完成道路符号的制作过程，在左侧"预览"选项组中可以查看符号的预览效果。

技巧：在实际应用中，类似的道路符号制作十分常见，两层符号叠加是为了显示道路符号效果而经常用到的方法。第二层往往比第一层颜色深，且更宽些。

2．创建铁路符号

下面以普通铁路符号为例，介绍铁路符号的制作过程。

（1）在"符号属性编辑器"对话框中单击属性选项组中的"类型"下拉列表，选择"制图线符号"类型，在"单位"下拉列表框中选择"磅"选项。

（2）单击对话框中的"制图线"标签，在该界面中设置"颜色"取 RGB 值为"104、104、104"的颜色；"宽度"微调框中调整数值为"2.7213"；"线端头"选择"圆形"；"线连接"选择"圆形"，如图 9.28 所示。

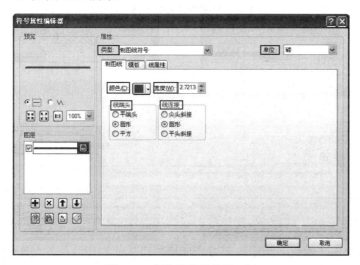

图 9.28 制作铁路符号第一层

（3）接下来制作铁路的第二层线状符号，单击"图层"选项组中的"Add Layer"按钮，弹出第二层线状符号的设置界面，在该界面中设置"颜色"取 RGB 值为"254、254、254"的颜色；"宽度"微调框中调整数值为"1.7008"；"线端头"选择"平端头"；"线连接"选择"圆形"，如图 9.29 所示。

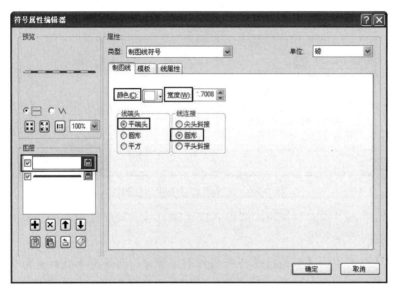

图 9.29　铁路第二层制图线设置

（4）单击铁路第二层线状符号的"模板"标签，进入模板设置界面，单击并拖动灰色方块设置样式长度；单击白色方块显示点标记；微调框"间隔"中数值调整为"1.00"，如图 9.30 所示。

图 9.30　铁路第二层线状符号模板设置界面

（5）完成后单击"确定"按钮，即可完成道路符号的制作过程，在左侧"预览"选项组中可以查看符号的预览效果。

◎技巧：铁路符号的制作往往要用到模板标签，以设置白色的标记点效果。

3. 创建箭头线

ArcMap 中的箭头线支持多种样式，这里介绍如何创建箭头线，方法如下。

（1）在"符号属性编辑器"对话框中单击"线属性"标签，调整微调框"偏移"中的数据；在"线整饰"选项组中选择合适的选项；如图 9.31 所示。

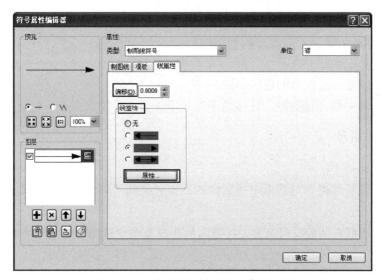

图 9.31 在线属性标签中设置相关属性

（2）在该对话框中单击"属性"按钮，弹出"线整饰编辑器"对话框。调整"位置数"微调框中的数值；单击"符号"按钮，选择合适的符号；在"翻转"选项组中勾选需要的翻转效果选项；在"旋转"选项组中，选择旋转方式，如图 9.32 所示。

图 9.32 "线整饰编辑器"对话框

🔲 技巧：这里不再一一罗列箭头线整饰的效果，请读者自行练习。

9.3.2　创建填充符号

填充符号可以分为以下几种类型。

❏　根据选定颜色快速填绘实心颜色。

❏　以线性、矩形及环形的梯度变化颜色填充。

❏　任何角度的、独立的、平行偏移的线划。

❏　随机或指定标注。

❏　用.bmp 或者.emf 图形的连续平铺。

本小节介绍其中的几种类型，具体如下。

1．创建实心填充

具体操作方法如下。

（1）在"样式管理器"对话框中找到样式列表分类的"填充符号"，单击打开文件夹，如图 9.33 所示。

（2）右击对话框右侧的符号列表，在弹出的快捷菜单中选择"新建"|"填充符号"命令，如图 9.34 所示。

图 9.33　打开填充符号文件夹　　　　图 9.34　新建填充符号

（3）弹出"符号属性编辑器"对话框，在"类型"下拉列表框中选择"简单填充符号"选项；在"颜色"选项中选择 RGB 值为"255、211、127"的颜色；"轮廓颜色"中选择 RGB 值为"110、110、110"的颜色；在"轮廓宽度"微调框中调整数值为"1"，如图 9.35 所示。

（4）单击"轮廓"按钮，弹出轮廓"符号选择器"，可以在其中重新设置轮廓符号，如图 9.36 所示。这里操作的具体方法不再赘述。

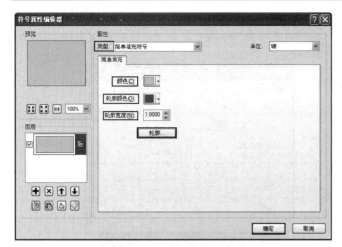

图 9.35　设置简单填充符号

图 9.36　轮廓符号选择器

2．创建梯度变化的填充

（1）在"样式管理器"对话框中找到样式列表分类的"填充符号"，打开文件夹。

（2）右击对话框右侧的符号列表，在弹出的快捷菜单中选择"新建"|"填充符号"命令。

（3）弹出"符号属性编辑器"对话框，在"类型"下拉列表框中选择"渐变填充"选项；在"间隔"微调框中调整数值为"5"；在"百分比"微调框中调整数值为"75"；在"角度"微调框中调整数值为"90"；在"样式"下拉列表框中选择"线性"选项；在色带"样式"下拉列表框中选择合适的样式，如图 9.37 所示。

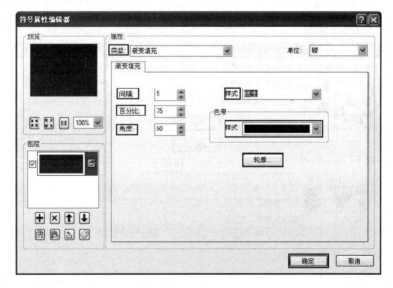

图 9.37　渐变填充符号编辑

（4）单击"轮廓"按钮，弹出轮廓"符号选择器"，在其中重新设置轮廓符号。

（5）右击色带的"样式"选项，在弹出的快捷菜单中选择"属性"命令，如图 9.38 所示。

（6）弹出"编辑色带"对话框，在其中进行色带设置，在"颜色"选项中选择合适的颜色；在"算法"中选择合适的算法；拖动"黑色"滑块调整至明亮；拖动"白色"滑块调整至明亮，如图 9.39 所示。

图 9.38　选择色带样式属性命令　　　　　图 9.39　编辑色带对话框

3．创建随机点填充

具体操作方法如下。

（1）在"样式管理器"对话框中找到样式列表分类的"填充符号"，打开文件夹。

（2）右击对话框右侧的符号列表，在弹出的快捷菜单中选择"新建"|"填充符号"命令。

（3）弹出"符号属性编辑器"对话框，在"类型"下拉列表框中选择"标记填充符号"选项；单击"标记填充"标签，设置合适的颜色；选择"随机"填充方式，如图 9.40 所示。

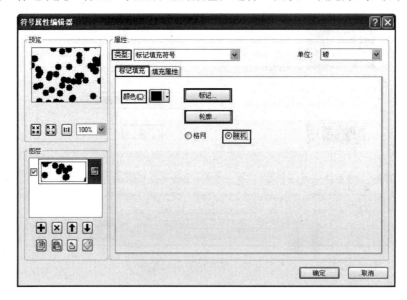

图 9.40　标记填充设置

（4）单击"标记"按钮，在弹出的"符号选择器"对话框中选择合适符号。

（5）单击"轮廓"按钮，在弹出的"符号选择器"对话框中选择合适的轮廓符号。

（6）回到"符号属性编辑器"对话框，单击"填充属性"标签，进入填充属性设置界面，在"偏移"和"间隔"微调框中调整合适的 X/Y 值，如图 9.41 所示。

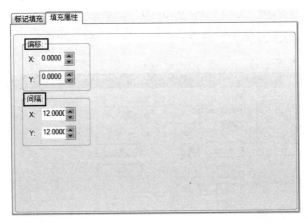

图 9.41　设置填充属性

4．创建叠置填充

具体操作方法如下。

（1）在"样式管理器"对话框中找到样式列表分类的"填充符号"，打开文件夹。

（2）右击对话框右侧的符号列表，在弹出的快捷菜单中选择"新建"|"填充符号"命令。

（3）弹出"符号属性编辑器"对话框，在"类型"下拉列表框中选择"线填充符号"选项；在"颜色"选项中设置 RGB 值为"115、178、255"的颜色；在"角度"微调框中设置数值为"45"；在"偏移"微调框中设置数值为"0"；在"间隔"微调框中设置数值为"10"，如图 9.42 所示。

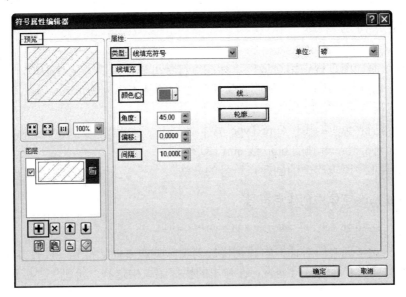

图 9.42　符号属性编辑器对话框

（4）单击"线"按钮，在弹出的"符号选择器"对话框中选择合适的符号。

（5）单击"轮廓"按钮，在弹出的"符号选择器"对话框中选择合适的轮廓符号。

（6）单击对话框中的"+"按钮，增加叠加图层，并进入叠加图层的设置界面，在"颜色"下拉列表框中设置 RGB 值为"76、115、0"的颜色；在"角度"微调框中设置数值为"45"；在"偏移"微调框中设置数值为"5"；在"间隔"微调框中设置数值为"2"，如图 9.43 所示。

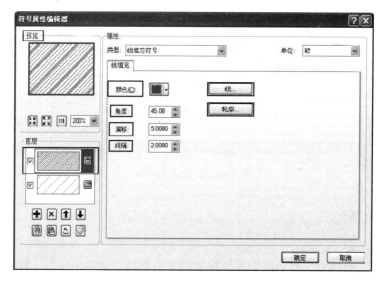

图 9.43　叠加线填充设置

（7）单击"标记"按钮，在弹出的"符号选择器"对话框中选择合适的符号。

（8）单击"轮廓"按钮，在弹出的"符号选择器"对话框中选择合适的轮廓符号。

（9）在编辑器对话框中的左侧"预览"窗口中可以看到叠加后的图形效果。

9.3.3　创建点符号

点符号在绘制地图过程中用途最广，标注点符号可以分为以下 4 种类型。

❑　简单标记符号：用可选的掩膜设置快速绘制的基本系列的形式。

❑　字体标记符号：来源于 Ture Type 字体。

❑　箭头标记符号：来源于 Ture Type 字体。

❑　图片标记符号：单独的.bmp 或.emf 图形。

本小节介绍几种比较典型的创建点符号的方法。

1．从Ture Type字体中创建点符号

具体操作方法如下。

（1）在"样式管理器"对话框中找到样式列表分类的"标记符号"，打开文件夹。

（2）右击对话框右侧的符号列表，在弹出的快捷菜单中选择"新建"|"标记符号"命令，如图 9.44 所示。

（3）弹出"符号属性编辑器"对话框，在"类型"下拉列表框中选择"字符标记符号"选项。单击"字符标记"标签，进入字符标记设置界面，在"字体"下拉列表框中选择"ESRI Default Maker"选项，在"子集"下拉列表框中选择"Basic Latin"选项，则下面的字符列表中将会出现相应字符。选择合适的字符，单击选择。在"大小"下拉列表框中选择合适大小数值，这里设置为"8"，在"角度"微调框中调整数值设置为"0"，在"颜色"选项中设置合适的颜色，在"偏移"选项组的 X/Y 微调框中调整合适的数值，如图 9.45 所示。

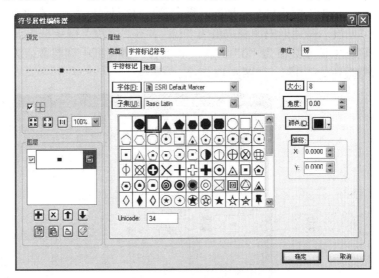

图 9.44　创建标记符号　　　　　　　　　图 9.45　字符标记设置界面

（4）回到"符号属性编辑器"对话框，单击"掩膜"标签，进入掩膜设置界面，在"样式"选项组中选择"晕圈"，在"大小"微调框中调整数值为"2"，如图 9.46 所示。

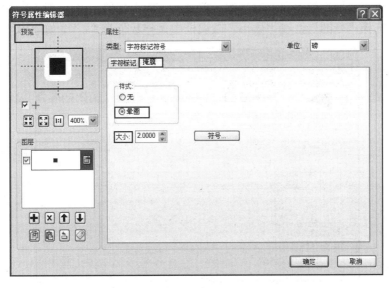

图 9.46　字符掩膜设置

（5）在对话框左侧的"预览"窗口中可以看到符号的预览效果。

2．创建一个箭头点符号

具体操作方法如下。

（1）在"样式管理器"对话框中找到样式列表分类的"标记符号"，打开文件夹。

（2）右击对话框右侧的符号列表，在弹出的快捷菜单中选择"新建"|"标记符号"命令。

（3）弹出"符号属性编辑器"对话框，在"类型"下拉列表框中选择"箭头标记符号"选项，单击"箭头标记"标签，进入箭头标记设置界面。在"颜色"下拉列表框中选择黑色；在"长度"微调框中调整数值为"12"；在"宽度"微调框中调整数值为"8"；在"X 偏移"微调框中调整数值为"0"；在"Y 偏移"微调框中调整数值为"0"；在"角度"微调框中调整数值为"0"，如图 9.47 所示。

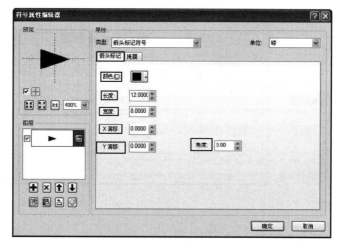

图 9.47　箭头标记设置界面

（4）回到"符号属性编辑器"对话框，单击"掩膜"标签，进入掩膜设置界面。在"样式"选项组中选择"晕圈"，在"大小"微调框中调整数值为"2"，如图 9.48 所示。

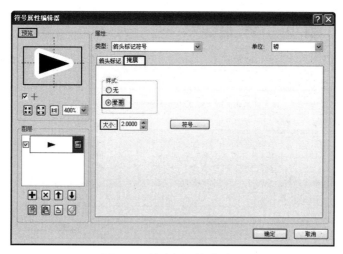

图 9.48　箭头标记掩膜设置

（5）在对话框左侧的"预览"窗口中可以看到符号的预览效果。

3．从图片中创建点符号

具体操作方法如下。

（1）在"样式管理器"对话框中找到样式列表分类的"标记符号"，打开文件夹。

（2）右击对话框右侧的符号列表，在弹出的快捷菜单中选择"新建"|"标记符号"命令。

（3）弹出"符号属性编辑器"对话框，在"类型"下拉列表框中选择"图片标记符号"选项，单击"图片"按钮，在弹出的浏览路径对话框中找到合适的填充图片；在"大小"微调框中调整数值为"8"；在"角度"微调框中调整数值为"0"；在"X 偏移"微调框中调整数值为"0"；在"Y 偏移"微调框中调整数值为"0"；设置"前景色"、"背景色"和"透明颜色"，如图 9.49 所示。

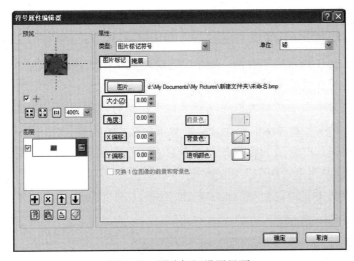

图 9.49 图片标记设置界面

（4）回到"符号属性编辑器"对话框，单击"掩膜"标签，进入掩膜设置界面，在"样式"选项组中选择"晕圈"单选按钮，在"大小"微调框中调整数值为"2"，如图 9.50 所示。

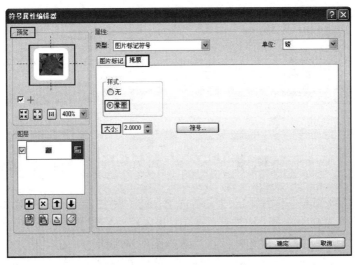

图 9.50 图片标记掩膜设置

（5）在对话框左侧的"预览"窗口中可以看到符号的预览效果。

9.3.4　创建文字符号

文字符号一般用来绘制标注和注记以说明数据的意义，也用作地图上标题、说明、图例、比例尺等的说明，以及其他文件或者表格信息。这里介绍创建带有背景的文字符号、创建文本导引线符号、在标记中创建文本符号、创建带阴影的文本符号、创建带晕的文本符号，以及创建填充文本符号的操作方法。

1．带有背景的文字符号

具体操作方法如下。

（1）在"样式管理器"对话框中找到样式列表分类的"文字符号"，打开文件夹。

（2）右击对话框右侧的符号列表，在弹出的快捷菜单中选择"新建"|"文本符号"命令。

（3）弹出"符号属性编辑器"对话框，单击"常规"标签，在"字体"下拉列表框中选择"宋体"；在"大小"下拉列表框中选择"12"；选择"样式"；在"颜色"选项中设置合适颜色；在"X 偏移"微调框中调整合适的数值；在"Y 偏移"微调框中调整合适的数值；在"角度"微调框中调整合适的数值；在"垂直对齐"选项组中选择"基线"单选按钮；在"水平对齐"选项组中选择"居中"单选按钮，如图 9.51 所示。

（4）在"符号属性编辑器"对话框中单击"高级文本"标签，在该界面中勾选"文本背景"复选框，如图 9.52 所示。

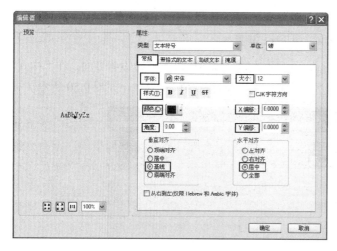

图 9.51　文本符号常规设置

图 9.52　高级文本设置

（5）单击"高级文本"标签下的"文本背景"的"属性"按钮，弹出属性设置界面，在"属性"类型下拉列表框中选择"线注释"选项，进入线注释设置界面。不勾选"牵引线""强调线"复选框，勾选"边框"复选框；在"边框距"选项组内，在"左"微调框中调整数值为"5"；在"右"微调框中调整数值为"5"，如图 9.53 所示。

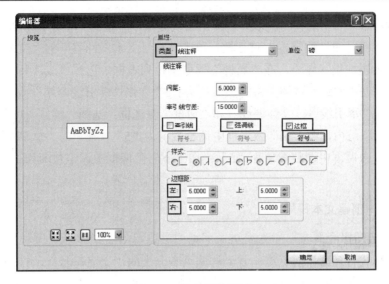

图 9.53　线注释设置界面

提示：该例中"间距"与"牵引线容差"不用设置。

（6）单击"符号"按钮，弹出"符号"设置对话框，设置"填充颜色"为 RGB 值"255、255、190"的颜色；在"轮廓宽度"微调框中调整数值为"1.0"；在"轮廓颜色"下拉列表框中设置颜色为 RGB 值"110、110、110"的颜色，如图 9.54 所示。

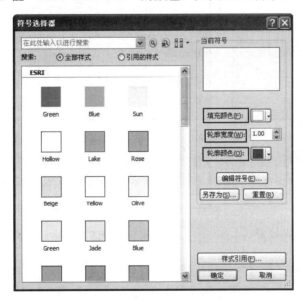

图 9.54　符号设置界面

2．创建文本导引线符号

具体操作方法如下。

（1）在"样式管理器"对话框中找到样式列表分类的"文字符号"，打开文件夹。

（2）右击对话框右侧的符号列表，在弹出的快捷菜单中选择"新建"|"文本符号"命令。

（3）弹出"符号属性编辑器"对话框，单击"高级文本"标签下的"文本背景"的"属性"按钮，弹出属性设置界面，在"属性"类型下拉列表框中选择"线注释"选项，进入线注释设置界面。在"间距"微调框中调整数值为"5"，在"牵引线容差"微调框中调整数值为"15"，勾选"牵引线"、"强调线"和"边框"复选框；选择"样式"中的第三个样式；在"边框距"选项组内，在"左"微调框中调整数值为"5"；在"右"微调框中调整数值为"5"；在"上"微调框中调整数值为"5"；在"下"微调框中调整数值为"5"，如图9.55所示。

3．在标记中创建文本符号

具体操作方法如下。

（1）在"样式管理器"对话框中找到样式列表分类的"文字符号"，打开文件夹。

（2）右击对话框右侧的符号列表，在弹出的快捷菜单中选择"新建"|"文本符号"命令。

（3）弹出"符号属性编辑器"对话框，单击"高级文本"标签下的"文本背景"的"属性"按钮，弹出属性设置界面，在"属性"类型下拉列表框中选择"标记文本背景"选项；勾选"缩放标记以适合文本复选框"复选框，设置"颜色"为RGB值"255、127、127"的颜色，如图9.56所示。

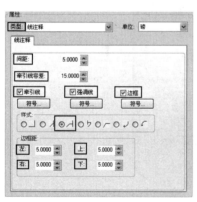

图9.55　文本导引线符号设置　　　　　　　　　图9.56　标记文本背景设置

（4）单击界面中的"符号"按钮，弹出"符号选择器"对话框，在"大小"微调框中调整大小为"8"，在"角度"微调框中调整数值为"0"，如图9.57所示。

4．创建带阴影的文本符号

具体操作方法如下。

（1）在"样式管理器"对话框中找到样式列表分类的"文字符号"，打开文件夹。

（2）右击对话框右侧的符号列表，在弹出的快捷菜单中选择"新建"|"文本符号"命令。

图 9.57 标记文本符号设置

（3）弹出"符号属性编辑器"对话框，单击其中的"常规"标签，在"字体"下拉列表框中选择"宋体"；在"大小"下拉列表框中选择"12"；选择"样式"；在"颜色"选项中设置合适的颜色；在"X 偏移"微调框中调整合适的数值；在"Y 偏移"微调框中调整合适的数值；在"角度"微调框中调整合适的数值；在"垂直对齐"选项组中选择"基线"单选按钮；在"水平对齐"选项组中选择"居中"单选按钮，如图 9.58 所示。

（4）在"符号属性编辑器"对话框中单击"高级文本"标签，勾选"文本背景"复选框，在"阴影"选项组中，设置"颜色"为 RGB 值"110、110、110"的颜色，在"X 偏移"微调框中调整数值为"1"，在"Y 偏移"微调框中调整数值为"-1"，如图 9.59 所示。

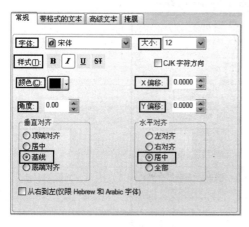

图 9.58 文本常规设置

图 9.59 阴影设置

（5）设置完成后的带阴影的文本符号效果如图 9.60 所示。

5．创建带晕的文本符号

（1）在"样式管理器"对话框中找到样式列表分类的"文字符号"，打开文件夹。

（2）右击对话框右侧的符号列表，在弹出的快捷菜单中选择"新建"|"文本符号"命令。

（3）弹出"符号属性编辑器"对话框，单击其中的"常规"标签，在"字体"下拉列表框中选择"宋体"；在"大小"下拉列表框中选择"12"；选择"样式"；在"颜色"选项中设置合适的颜色；在"X 偏移"微调框中调整合适的数值；在"Y 偏移"微调框中调整合适的数值；在"角度"微调框中调整合适的数值；在"垂直对齐"选项组中选择"基线"单选按钮；在"水平对齐"选项组中选择"居中"单选按钮。

（4）在"符号属性编辑器"对话框中单击"掩膜"标签，在"样式"单选按钮组中选择"晕圈"单选按钮，在"大小"微调框中设置数值为"2"，如图 9.61 所示。

图 9.60　预览带阴影的文本效果

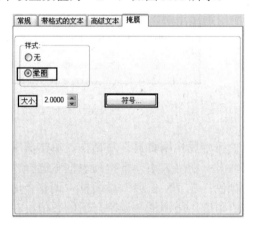

图 9.61　设置掩膜

（5）单击"符号"按钮，在"符号选择器"对话框中设置"填充颜色"、"轮廓宽度"和"轮廓颜色"等属性，如图 9.62 所示。

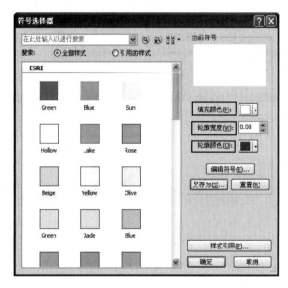

图 9.62　设置符号属性

6．创建填充文本符号

（1）在"样式管理器"对话框中找到样式列表分类的"文字符号"，打开文件夹。

（2）右击对话框右侧的符号列表，在弹出的快捷菜单中选择"新建"|"文本符号"命令。

（3）弹出"符号属性编辑器"对话框，单击其中的"常规"标签，在"字体"下拉列表框中选择"宋体"；在"大小"下拉列表框中选择"12"；选择"样式"；在"颜色"选项中设置合适的颜色；在"X 偏移"微调框中调整合适的数值；在"Y 偏移"微调框中调整合适的数值；在"角度"微调框中调整合适的数值；在"垂直对齐"选项组中选择"基线"单选按钮；在"水平对齐"选项组中选择"居中"单选按钮。

（4）在"符号属性编辑器"对话框中单击"带格式的文本"标签，设置"字符间距"为"12"，其他选项暂时默认，如图 9.63 所示。

（5）在"符号属性编辑器"对话框中单击"高级文本"标签，勾选"文本填充模式"复选框，如图 9.64 所示。

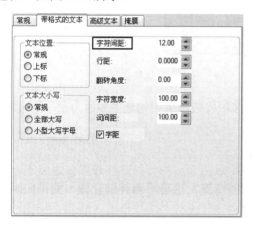

图 9.63　设置带格式的文本

图 9.64　高级文本设置

（6）单击"文本填充模式"的"属性"按钮，弹出"符号选择器"对话框，选择填充符号。

9.3.5　如何更高效地使用符号中的颜色

颜色是所有符号和地图元素的一种基本属性，本节介绍几种定义颜色的方法。

1．用样式管理器来定义颜色

具体操作方法如下。

（1）在"样式管理器"对话框中找到样式列表分类的"颜色"，打开文件夹。

（2）右击对话框右侧的符号列表，在弹出的快捷菜单中选择"新建"|"RGB"命令。

（3）弹出颜色选择对话框，单击目标颜色，完成后单击"确定"按钮即可，如图 9.65 所示。

2．用样式管理器定义空颜色

具体操作方法如下。

（1）在"样式管理器"对话框中找到样式列表分类的"颜色"，打开文件夹。

（2）右击对话框右侧的符号列表，在弹出的快捷菜单中选择"新建"|"灰色"命令。

（3）弹出颜色选择对话框，单击"灰度"按钮，在弹出的快捷菜单中选择"高级属性"命令，如图 9.66 所示。

图 9.65　颜色选择对话框　　　　图 9.66　灰度高级属性命令

（4）弹出灰度高级属性设置对话框，在"其他选项"选项组中勾选"颜色为空"复选框，完成后单击"确定"按钮，如图 9.67 所示。

3．在操作中定义颜色和空颜色

在前面的章节中遇到很多操作过程中定义颜色的情况，这里不再详细介绍，简单归纳一下其方法如下。

（1）在操作中打开"颜色"的调色板。

（2）进入"颜色选择器"设置对话框，以 RGB 值设置为例，在对话框中输入 RGB 的数值，来设定颜色，如图 9.68 所示。

图 9.67　灰度颜色为空　　　　　图 9.68　颜色选择器

（3）单击"颜色选择器"中的"属性"标签，在"其他选项"选项组中，勾选"颜色为空"复选框即可设置空颜色，如图 9.69 所示。

4．用样式管理器定义色阶

具体操作方法如下。

（1）在"样式管理器"对话框中找到样式列表分类的"色带"，打开文件夹。

（2）右击对话框右侧的符号列表，在弹出的快捷菜单中选择"新建"|"算法色带"命令。

（3）弹出"色带"设置对话框，在"常规"标签的"颜色"选项组中选择"颜色 1"，并设置合适的颜色。滑动"黑色"滑块进行调整；滑动"白色"滑块进行调整，如图 9.70 所示。

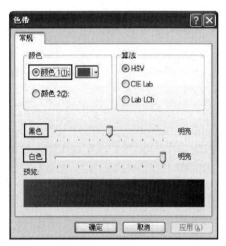

图 9.69　操作中设置空颜色　　　　　图 9.70　设置色带

第 3 篇　地理数据的编辑

第 10 章　丰富的图形编辑工具

从本章开始，进入地理数据编辑方面的内容介绍。除前面的章节介绍到的地图制作功能之外，多层次地理数据库的编辑是 ArcMap 使用功能的重要组成部分。本章概括介绍数据编辑器的基本功能、拓扑编辑和管理的工具、编辑和管理数据库中网络的工具，以及这些编辑过程中的常见技巧，使读者在学习数据编辑内容之前对基本的编辑器工具有初步印象和了解。

本章内容较为概括，是数据编辑学习的基础铺垫，后续章节中有关此方面的内容不再重复介绍。另外，数据编辑的详细内容介绍在后面的章节中将一一展开。

10.1　数据编辑器

在 ArcMap 中有很多受欢迎的图形编辑功能，可以快速地创建和编辑地理要素。本节简单介绍 ArcGIS 数据编辑器的基本功能，以及如何在数据视图和布局视图下进行数据编辑。

10.1.1　ArcGIS 数据编辑器

ArcGIS 的数据编辑器界面十分友好，但是在新版本 ArcGIS 10 中编辑器界面改动较多，使用方法与版本 9 系列相比也多有不同。本小节重点介绍如何在 ArcGIS 10 下打开数据编辑器，以及如何使用编辑器，进行数据编辑和简单操作。

1. 打开数据编辑器及编辑器界面介绍

打开编辑器的操作方法如下。

（1）在 ArcMap 主菜单中选择"自定义"|"工具条"|"编辑器"命令，如图 10.1 所示。

图 10.1　打开编辑工具

（2）在 ArcMap 菜单栏中出现编辑器工具条，如图 10.2 所示，单击"编辑器"按钮，在弹出的快捷菜单中选择"开始编辑"命令，如图 10.3 所示。

（3）编辑器处于开始编辑状态，同时在主界面右侧弹出"创建要素"窗口，单击右上角的"自动隐藏"按钮，则该窗口将被锁定在主窗口。根据应用需要选择此操作，如图 10.4 所示。

2. 使用编辑器进行简单操作

下面介绍如何使用编辑器进行简单操作，以创建一条线要素为例。

（1）在"创建要素"窗口中，单击需要创建要素的目标图层"Freeway"，如图 10.5 所示。

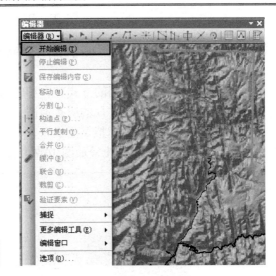

图 10.2　编辑器　　　　　　　　　　　图 10.3　选择"开始编辑"命令

（2）在"创建要素"窗口下侧的"构造工具"选项组中选择构造工具，如"线"工具，如图 10.6 所示。

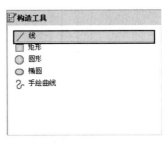

图 10.4　被打开的创建要素窗口　　　图 10.5　选中目标图层"Freeway"　　　图 10.6　选择"线"工具

🔔提示：编辑器中提供的线状要素构造工具有以下几种：线、矩形、圆形、椭圆、手绘曲线。

（3）当鼠标变成十字形后，在地图窗口中进行要素图形编辑即可。在后面相关章节中有详细的图形创建方法，这里不再赘述。

10.1.2　在数据视图和布局视图中编辑

ArcMap 提供了两种不同的方式查看和编辑地图数据：数据视图和布局视图。
- ❑　数据视图：隐藏了布局的所有地图元素，如标题、指北针及比例尺等。
- ❑　布局视图：在一张虚拟页面上布置、安排地图元素。

数据视图和布局视图的比较如图 10.7 和图 10.8 所示。

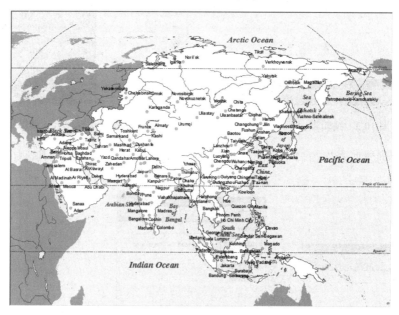

图 10.7　数据视图

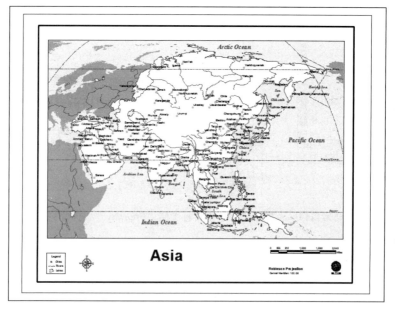

图 10.8　布局视图

10.2　数据编辑的高级应用

ArcMap 提供了编辑有拓扑关系的要素的工具，拓扑关系是在地理数据库或者地图拓扑中定义的。在后面的章节中有关于拓扑和网络的详细介绍，本章向读者介绍管理和编辑拓扑的工具、编辑和管理地理数据框中网络的工具等内容。

10.2.1　编辑和管理拓扑的工具

ArcMap 中的拓扑编辑和管理功能十分丰富，这里简单介绍如何打开拓扑工具条及拓扑工具条中的基本功能按钮的用法。

具体如下。

（1）在 ArcMap 主菜单中选择"自定义"|"工具条"|"拓扑"命令，如图 10.9 所示。

（2）拓扑工具条中有拓扑图层下拉列表、地图拓扑、拓扑编辑工具、显示共性要素、修改边、修整边工具、构造面等按钮，每个功能按钮下包含功能对话框，可以在其中进行拓扑编辑与管理的向导，这里不再详细介绍。拓扑工具条基本界面简洁，如图 10.10 所示。

图 10.9　打开拓扑工具条

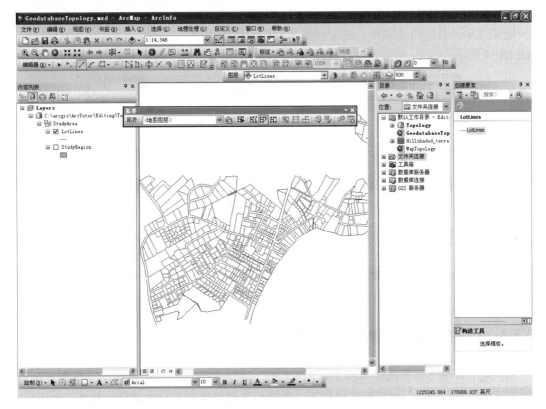

图 10.10　拓扑工具条

10.2.2　编辑和管理地理数据库中网络的工具

本节介绍的是 ArcMap 中几何网络的编辑工具和分析工具。

1．几何网络编辑工具

（1）在 ArcMap 主菜单中选择"自定义"|"工具条"|"几何网络编辑"命令，如图 10.11 所示。

（2）几何网络编辑工具条被打开，包含连接、重建连通性、验证连通性命令、验证网络要素几何工具、验证网络要素几何命令等操作按钮，如图 10.12 所示。

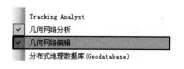 

图 10.11　打开几何网络编辑　　　　图 10.12　几何网络编辑工具条

2．几何网络分析工具

（1）在 ArcMap 主菜单中选择"自定义"|"工具条"|"几何网络分析"命令，如图 10.13 所示。

（2）几何网络分析工具条被打开，包含网络图层下拉列表、流向快捷菜单、分析快捷菜单、追踪任务下拉列表框等功能，如图 10.14 所示。

图 10.13　打开几何网络分析

图 10.14　几何网络分析工具条

10.3　使用 ArcMap 进行数据编辑的技巧

在使用 ArcMap 进行数据编辑的过程中会涉及很多操作细节，这些操作细节有的与实际数据环境有关，有的与工具使用技巧有关，有的与操作者实际操作经验有关。

本节依据 ArcMap 数据编辑工具在实际应用中的经验，归纳了一些最常遇到的编辑技巧供读者阅读和参考。具体操作细节请读者留意各个章节中相关内容的介绍与提示。

10.3.1　使用弹出式菜单和快捷键提高效率

ArcMap 包括多种弹出式快捷菜单和快捷键，在进行数据编辑的过程中，快捷菜单的使用显得十分重要。例如，在数据编辑过程中使用快捷菜单进行各种特殊线的构造，方法如下。

（1）在 ArcMap 主菜单中单击"编辑器"按钮，在弹出的快捷菜单中选择"开始编辑"

命令，如图 10.15 所示。

（2）单击"编辑器"工具条中的"编辑工具"按钮，鼠标进入编辑状态，如图 10.16 所示。

图 10.15　选择开始编辑命令　　　　图 10.16　选择"编辑工具"按钮

（3）在主窗口右侧的"创建要素"窗口中选择目标图层，如"Freeway"，在下面的"构造工具"窗口中选择"线"工具，如图 10.17 所示。

（4）鼠标回到地图上进行要素创建，单击鼠标，会在窗口中出现"要素构造"快捷菜单，其中包括直线段、端点弧段、追踪、约束平行、约束垂直和完成草图等快捷按钮，可以在操作过程中使用，如图 10.18 所示。

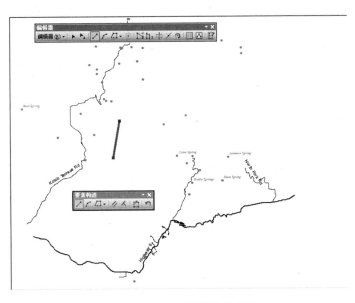

图 10.17　选择目标图层和构造工具　　　　图 10.18　要素构造快捷菜单

💭提示：这里不再对菜单中各个快捷按钮进行讲述，后续章节涉及相关内容时会有详细介绍，
　　　　请读者关注。

10.3.2　使用右键弹出式菜单构造草图

（1）在 ArcMap 主菜单中单击"编辑器"按钮，在弹出的快捷菜单
中选择"开始编辑"命令。

（2）单击"编辑器"工具条中的"编辑工具"按钮，鼠标进入编辑
状态。

（3）鼠标回到地图上进行要素创建，单击鼠标进行草图构造，右击
弹出快捷菜单，其中包括捕捉到要素、按照方向和长度进行草图构造、
平行线和垂直线构造、正切曲线等众多快捷构图功能，如图 10.19 所示。

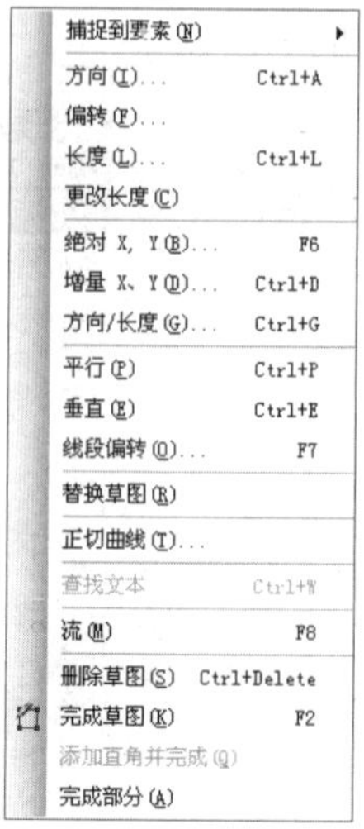

10.3.3　对要素数据进行弹性伸缩、配准和边界匹配的工具

ArcMap 提供了对不同数据源的要素数据进行坐标转换、配准、弹
性伸缩及边界匹配的工具。

这里介绍如何使用空间校正工具，具体操作方法如下。

（1）右击 ArcMap 主菜单，在弹出的快捷菜单中选择"空间校正"命令，如图 10.20
所示。

（2）"空间校正"工具条被打开，包含多种校正方法：如仿射变换、射影变换、相似变
换等，以及多种配置工具，如位移连接、多位移连接、边匹配、属性传递工具等，如图 10.21
所示。

图 10.19　右击弹出构
图快捷菜单

图 10.20　选择空间校正

图 10.21　空间校正工具条

第 11 章　数据编辑基础

在第 10 章的总体概述中已经介绍过，除了地图制作和地图分析之外，ArcMap 也用来创建和编辑空间数据库。本章将详细介绍编辑工具条的使用、启动和终止编辑会话、要素的基本操作及编辑工具条的高级应用等内容。

11.1　数据编辑的重要工具

在前面的相关章节中已经介绍过编辑工具条的加载方式及基本使用方法，这里详细介绍编辑工具条的功能及使用方法。

11.1.1　编辑器按钮

编辑器按钮下拉菜单中有较多选项，下面一一进行介绍。

1. 要素构建快捷菜单

单击"编辑器"下拉菜单，在弹出的下拉菜单中有许多要素编辑的快捷方式，包括：移动、分割、构造点、平行复制、合并、缓冲、联合、裁剪等，使用这些快捷菜单功能，可以方便地实现特殊要素的构造，如图 11.1 所示。

2. 验证要素快捷菜单

单击"编辑器"下拉菜单，选择"验证要素"命令，可以验证要素构造的合理性，如图 11.2 和图 11.3 所示。

图 11.1　要素构造快捷菜单　　图 11.2　选择"验证要素"命令　　图 11.3　验证要素结果窗口

3．捕捉

单击"编辑器"下拉菜单，选择"捕捉"|"捕捉工具条"命令，则弹出"捕捉"设置对话框，如图 11.4 所示。

单击"捕捉"对话框中的"捕捉"下拉菜单，或者单击该对话框中的快捷图标，设定不同的捕捉方式，包括：交点捕捉、中点捕捉、切线捕捉等设置，以及捕捉选项相关设置，如图 11.5 所示。

图 11.4　捕捉设置对话框　　　　　图 11.5　捕捉对话框

4．更多编辑工具

单击"编辑器"下拉菜单，选择"更多编辑工具"命令，在其中可以选择更多编辑工具，包括：COGO、几何网络编辑、制图表达、宗地编辑器、拓扑、版本管理、空间校正、路径编辑、高级编辑，如图 11.6 所示。

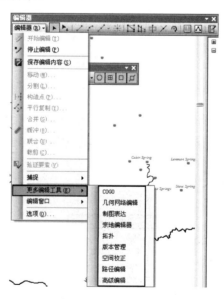

图 11.6　更多编辑工具

🔔提示：在后续相关章节中会有对这些编辑工具的介绍，感兴趣的读者也可自行尝试练习各编辑工具的功能。

5. 编辑窗口

"编辑器"下拉菜单中提供了快捷菜单，可以进行编辑窗口的控制。当然也可以在"编辑器工具条"中直接控制这些窗口，如图 11.7 和图 11.8 所示。

图 11.7　编辑器快捷菜单中的编辑窗口控制　　　图 11.8　编辑器工具条中的编辑窗口图标

11.1.2　其他编辑工具

本小节分别介绍其他编辑工具的操作方法。

1. 编辑工具和编辑注记工具

编辑器工具条中包含要素编辑工具及编辑注记工具，这两个工具在要素构造和草图编辑中经常用到，如图 11.9 所示。

2. 直线段、端点弧段、追踪工具

在创建特殊线时可以使用编辑器工具条中的快捷工具：直线段、端点弧段和追踪工具，可以方便地创建各种特殊线要素，操作方法比较简单，这里不再举例。快捷工具图标简明易读，如图 11.10 所示。

图 11.9　编辑工具

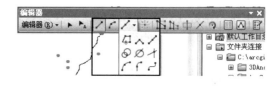

图 11.10　线要素快捷工具

3. 编辑折点

使用编辑折点工具，可以使目标要素进入草图编辑状态，进行折点添加及删除等操作。选中目标要素后，单击"编辑折点"按钮，则该目标要素进入编辑状态，如图 11.11 所示。

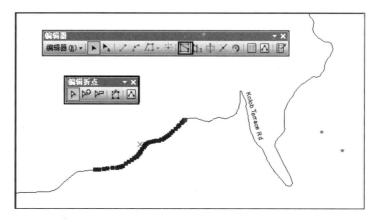

图 11.11　编辑折点工具

11.2　使用 ArcMap 编辑工具条操作数据

使用 ArcMap 编辑工具条操作数据是数据编辑的基本操作，本节介绍如何进行最基本的数据添加、启动和终止编辑会话等操作。

11.2.1　添加要编辑的数据

在进行编辑之前，一般需要进行的操作是把需要编辑的数据加到地图中。添加数据的具体方法如下。

（1）单击菜单栏"标准工具条"中的"添加数据"按钮，在下拉菜单中选择"添加数据"命令，如图 11.12 所示。

（2）在弹出的"添加数据"对话框中，在"查找范围"下拉列表框中找到待要加载图层的位置。单击目标图层，则在"名称"文本框中会出现该图层名称；也可以直接在"名称"文本框中输入需要加载的图层名称，ArcMap 也会找到该图层并完成加载。"显示类型"下拉列表框默认为"数据集和图层"，不可改。完成选择和设置以后，单击"添加"按钮完成，如图 11.13 所示。

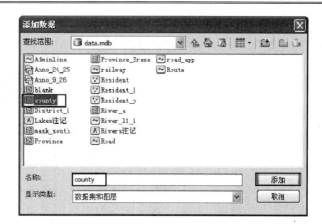

图 11.12　选择添加数据命令　　　　　　图 11.13　添加要编辑的数据

11.2.2　启动和终止编辑会话

启动和终止编辑会话是数据编辑中经常遇到的操作，这里分别介绍如何启动、终止及保存编辑会话。

1．启动编辑会话

启动编辑会话的操作方法如下。

（1）在 ArcMap 主菜单中选择"自定义"|"工具条"|"编辑器"命令，如图 11.14 所示。

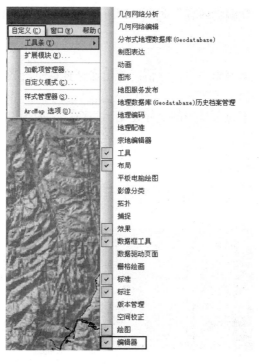

图 11.14　打开编辑工具

（2）在 ArcMap 菜单栏中出现编辑器工具条，如图 11.15 所示，单击"编辑器"按钮，在弹出的快捷菜单中选择"开始编辑"命令，如图 11.16 所示。

图 11.15　编辑器　　　　　　　　　　图 11.16　选择"开始编辑"命令

（3）编辑器处于开始编辑状态，同时在主界面右侧弹出"创建要素"窗口，单击右上角的"自动隐藏"按钮，则该窗口将被锁定在主窗口。

2．保存编辑会话

在数据编辑的过程中可以随时使用保存功能对编辑的内容进行保存。方法为：选择"编辑器"下拉菜单中的"保存编辑内容"命令，即可随时保存编辑的内容，如图 11.17 所示。

3．终止编辑会话

终止编辑会话时会根据编辑内容保存情况弹出对话框提示，当编辑内容有改动时，操作如下。

（1）选择"编辑器"下拉菜单中的"停止编辑"命令，如图 11.18 所示。

图 11.17　选择"保存编辑内容"命令　　图 11.18　选择"停止编辑"命令

（2）弹出"是否要保存编辑内容"提示对话框，当单击"是"按钮时，将对有改动的编辑内容进行保存，并停止编辑状态；当单击"否"按钮时，对改动的编辑内容不予保存，并停止编辑状态；当单击"取消"按钮时，则撤销保存操作，回到编辑状态，如图 11.19 所示。

图 11.19　是否保存编辑内容

11.3　操作地理要素

有关点、线、面要素的操作方法在 ArcMap 中是多样的，本节重点介绍如何操作地理要素及如何创建点、线、面要素。

11.3.1　操作地理要素

本小节主要介绍以下几个在实际应用中经常遇到的操作地理要素的方法：选择要素、设置可选图层、移动要素、复制和粘贴要素、删除要素等。

1．选择要素

选择要素是地理要素相关的基本操作，方法有多种，这里介绍三种常用的方法的基本步骤，分别是使用"编辑工具条"中的编辑按钮工具、使用主菜单中的"选择"下拉菜单和使用"工具"工具条中的相关按钮。

1）使用"编辑工具条"中的编辑按钮工具

具体操作方法如下。

（1）单击"编辑器工具条"中的"编辑工具"按钮，当鼠标变成编辑工具形状后即可进行选择，如图 11.20 所示。

（2）在地图区域拉框进行选择，被选中要素高亮显示，如图 11.21 所示。

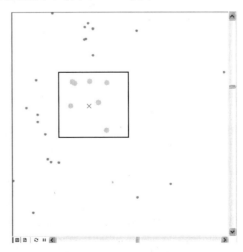

图 11.20　编辑工具按钮　　　　　　　　　图 11.21　拉框选择要素

2）使用主菜单中的"选择"下拉菜单，选择其中各项相关命令

"选择"下拉菜单中有关要素选择的各个命令，如图 11.22 所示。

说明：这里需要指出的是，在前面 ArcMap 基础介绍相关章节已经介绍过使用菜单"选择"进行要素选择，根据需要，当已知某一要素的某些属性，需要显示其地理位置时，可以选择按照属性选择；而当需要对某一已知地理区域要素进行操作时，可以选择按照地理方式进行要素选择；当需要按照图形进行要素选择时，可以选择按照图形选择方式进行要素选择。读者可以回到相关章节进行这部分内容的复习，这里不再重复介绍。

图 11.22　"选择"菜单

3）使用"工具"工具条

使用"工具"工具条可以按矩形、面、套索、圆、线几种不同方式进行选择，下面分别介绍一下这几种方式的不同操作方法。

（1）单击"通过要素选择"按钮，在弹出的快捷菜单中选择"按矩形选择"命令，在鼠标右下角将带一个矩形框图案，在地图区域内进行矩形框拉框，双击将结束选择操作。此时在区域内的要素将被选中，如图 11.23 所示。

（2）单击"通过要素选择"按钮，在弹出的快捷菜单中选择"按面选择"命令，在鼠标右下角将带一多边形框图案，在地图区域内进行多边形拉框，双击将结束选择操作。此时在区域内的要素将被选中，如图 11.24 所示。

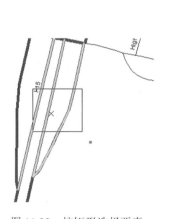

图 11.23　按矩形选择要素

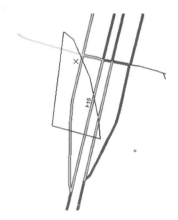

图 11.24　按多边形选择要素

（3）单击"通过要素选择"按钮，在弹出的快捷菜单中选择"按套索选择"命令，在鼠标右下角将带一套索图案，按住鼠标不放，在地图区域内进行套索拉框，松开鼠标即将结束选择操作。此时在区域内的要素将被选中，如图 11.25 所示。

提示：按套索选择有一个不同于其他选择方式的特点：在进行选择区域确定时，需要按住鼠标不放才能进行选择操作。

（4）单击"通过要素选择"按钮，在弹出的快捷菜单中选择"按圆选择"命令，在鼠标右下角将带一个圆图案，在地图区域内单击鼠标确定圆心位置，按住鼠标拉动确定圆的半径，松开鼠标即将结束选择操作。此时在区域内的要素将被选中，如图 11.26 所示。

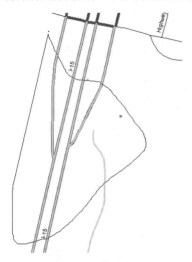

图 11.25　按套索选择要素

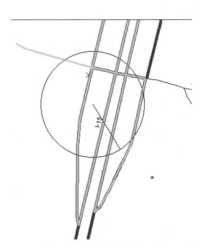

图 11.26　按圆选择要素

（5）单击"通过要素选择"按钮，在弹出的快捷菜单中选择"按线选择"命令，在鼠标右下角将带一条线图案，在地图区域内单击鼠标确定线的走向，松开鼠标即将结束选择操作。此时与线形状相交的要素都将被选中，如图 11.27 所示。

2．设置可选图层

在 ArcGIS 10 版本中，可选图层设置改动较大，需要在内容列表中进行图层管理和可选图层设置。以设置图层"CanyonsAnno"可选为例，介绍图层可选设置的具体操作方法如下。

（1）单击内容列表中的"按选择列出"按钮，在内容列表中将按照"可选"和"不可选"两种分类，对 ArcMap 文档中的现有图层进行分类显示，如图 11.28 所示。

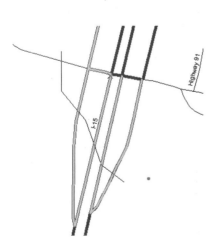

图 11.27　按线选择要素

图 11.28　单击"按选择列出"按钮

（2）单击图层"CanyonsAnno"后的"单击切换是否可选"按钮，当该按钮图标高亮显示时，表明图层被设置为可选，如图 11.29 所示。

（3）图层后的数字显示了该图层被选中的要素数目，如图 11.29 所示。

3．移动要素

移动要素有三种不同的方法，这里分别介绍这三种移动要素方法的操作步骤。

1）拖动

拖动操作要素是最简单也是最常用的方法，具体方法如下。

（1）单击"编辑器工具条"中的"编辑工具"按钮，鼠标变成编辑工具形状后在地图区域拉框进行选择，被选中要素高亮显示。

（2）要素选中后直接拖动鼠标至目标位置，松开鼠标即可，如图 11.30 所示。

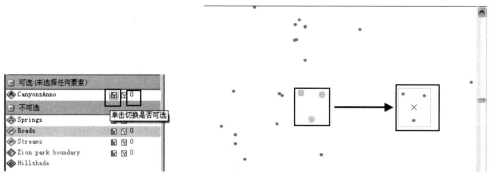

图 11.29　单击"单击切换是否可选"按钮　　　　　图 11.30　拖动要素

2）指定 x，y 坐标增量

指定 x，y 坐标增量可以比较精确地移动要素距离，具体操作方法如下。

（1）单击"编辑器工具条"中的"编辑工具"按钮，鼠标变成编辑工具形状后在地图区域拉框进行选择，被选中要素高亮显示。

（2）要素选中后，鼠标移至"编辑器工具条"位置，单击"编辑器"下拉菜单，选择"移动"命令，如图 11.31 所示。

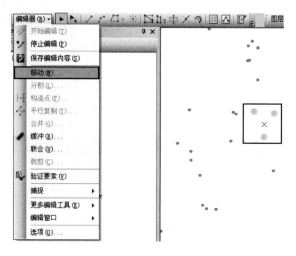

图 11.31　选择"移动"命令

（3）弹出"增量 X，Y"设置对话框，在其中输入合适的 *X*，*Y* 增量数值，如图 11.32 所示。

（4）数值输入成功之后，单击键盘上的"Enter"键，则被选中要素被按照增量数值移动。

3）旋转

旋转要素操作在一些实际应用操作中会用到，具体执行步骤如下。

（1）单击"编辑器工具条"中的"编辑工具"按钮，鼠标变成编辑工具形状后在地图区域拉框进行选择，被选中要素高亮显示。

（2）要素选中后，鼠标移至"编辑器工具条"位置，在该工具中单击"旋转工具"按钮，则鼠标变成旋转工具形状，该功能被激活，如图 11.33 所示。

图 11.32　设置移动增量值　　　　　　图 11.33　选中"旋转工具"按钮

（3）鼠标移至被选中要素的位置，单击选中要素，移动鼠标设置旋转位置，如图 11.34 所示。

（4）当旋转角度需要精确控制时，可以按键盘上的"A"字母，弹出角度设置对话框，如图 11.35 所示。

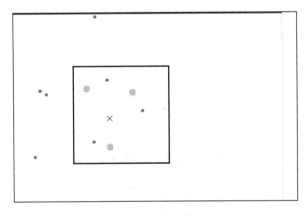

图 11.34　旋转被选中要素　　　　　　图 11.35　角度设置对话框

4．复制和粘贴要素

复制粘贴要素操作也可以在数据编辑快捷菜单中实现，既可以实现同一图层内要素的复制和粘贴，也可以实现不同图层之间要素的复制和粘贴。这里分别介绍同一图层和不同图层线状要素的复制和粘贴过程。

1）同一图层内要素的复制和粘贴

具体操作方法如下。

（1）通常情况下，为保证要素选择准确，需要将被选图层设置为可选状态，将文档中其他图层设置为不可选状态。以复制"Roads"图层中某一要素为例，在内容列表中将该图层设置为"可选"，其他图层设置为不可选，如图 11.36 所示。

（2）单击"编辑器工具条"中的"编辑工具"按钮，鼠标变成编辑工具形状后在地图区域拉框进行选择，被选中要素高亮显示。

（3）右击弹出快捷菜单，选择"复制"命令，如图 11.37 所示。

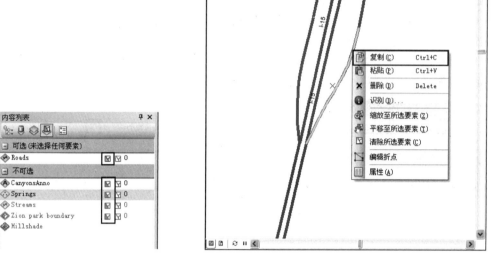

图 11.36　设置图层"Roads"可选　　　　图 11.37　选择要素"复制"命令

（4）该操作完成之后，右击弹出快捷菜单，选择"粘贴"命令，如图 11.38 所示。

（5）弹出"粘贴"设置对话框，在其中的"目标"下拉列表框中选择要素将要粘贴的目标图层，完成后单击"确定"按钮，如图 11.39 所示。

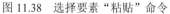

图 11.38　选择要素"粘贴"命令　　　　图 11.39　选择"粘贴"目标图层

（6）拉框选择目标要素位置，可以在属性表中看到有两个要素被选择，表明要素粘贴操作完成，如图 11.40 所示。

2）不同图层间要素的复制和粘贴

不同图层间要素的复制和粘贴操作方法与上述操作类似，需要注意的是目标图层的类型与源图层的类型必须相同，即同样是点、线或者多边形图层。

这里以将"Roads"图层中的要素复制、粘贴到"Streams"图层中为例，具体操作方法如下。

（1）在内容列表中将该图层"Roads"设置为"可选"，将其他图层设置为不可选。

（2）保证被粘贴的目标图层"Streams"可见，在内容列表中的"按绘制顺序列出"中勾选该图层前的复选框，如图 11.41 所示。

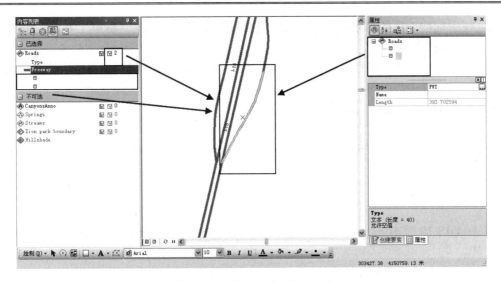

图 11.40　"粘贴"要素操作成功

（3）单击"编辑器工具条"中的"编辑工具"按钮，鼠标变成编辑工具形状后在地图区域拉框进行选择，被选中要素高亮显示。

（4）右击弹出快捷菜单，选择"复制"命令。

（5）该操作完成之后，右击弹出快捷菜单，选择"粘贴"命令。

（6）弹出"粘贴"设置对话框，在其中"目标"下拉列表框中选择目标图层"Streams"，完成后单击"确定"按钮，如图 11.42 所示。

图 11.41　使被粘贴的目标图层可见

5．删除要素

删除要素操作比较简单，具体方法有以下 3 种。

❑ 快捷键删除：只需将目标要素选中，单击右键弹出快捷菜单，选择"删除"命令即可，如图 11.43 所示。

图 11.42　选择要粘贴的目标图层

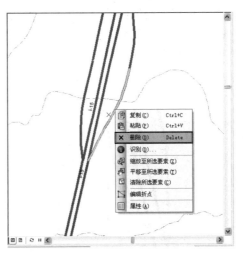

图 11.43　选择"删除"命令

□ 使用标准工具条的删除按钮：只需将目标要素选中，单击"标准工具条"中的"删除"按钮即可。

□ 使用键盘方式：将目标要素选中，按键盘上的"Delete"键可以将选中要素删除。

11.3.2　创建点、线、面要素

创建点、线、面要素的种类比较繁多，这里一一举例介绍，希望可以给读者提供较好的要素创建方法指导。

1. 点要素创建

在 ArcGIS 10 版本中，点要素创建构造工具有两种："点"构造工具和"线末端的点"构造工具。

1）"点"构造工具的使用方法

（1）单击"编辑器"下拉菜单中的"开始编辑"按钮，界面右侧出现"创建要素"窗口。单击目标点图层，这里选择"Springs"图层，如图 11.44 所示。

（2）在右侧界面中找到"构造工具"窗口，单击其中的"点"工具，如图 11.45 所示。

图 11.44　选择目标点图层　　　　图 11.45　选择"点"工具

（3）将鼠标移动到地图的位置，单击即可创建点要素，如图 11.46 所示。

（4）打开属性表，查看新建点要素的属性内容，进行属性内容修改。如给"Name"字段增添值"newpoint1"，如图 11.47 所示。

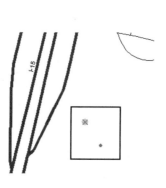

图 11.46　新建点要素　　　　图 11.47　为新增点修改属性

🔔提示：属性表操作相关内容在第 12 章中有单独章节的介绍，请读者关注。

2）"线末端的点"构造工具的使用方法

（1）单击"编辑器"下拉菜单中的"开始编辑"按钮，界面右侧出现"创建要素"窗口。单击目标点图层 "Springs"图层。

（2）在右侧界面中找到"构造工具"窗口，单击其中的"线末端的点"工具，如图 11.48 所示。

（3）同样，将鼠标移动到地图的位置，单击弹出"要素构造"对话框，如图 11.49 所示。

图 11.48　选择"线末端的点"构造工具　　　　图 11.49　"要素构造"对话框

（4）选择"要素构造"对话框中的按钮，进行要素创建方式的选择，拖动鼠标，双击结束操作，则将在线末端创建点要素。

（5）打开属性表，查看新建点要素的属性内容，进行属性内容修改即可。

2．线要素创建

在 ArcGIS 10 版本中，线要素创建构造工具有以下几种："线"、"矩形"、"圆形"、"椭圆"和"手绘曲线"构造工具。

1）"线"构造工具

（1）单击"编辑器"下拉菜单中的"开始编辑"按钮，界面右侧出现"创建要素"窗口。单击目标线图层 "Freeway"图层。

（2）在右侧界面中找到"构造工具"窗口，单击其中的"线"工具，如图 11.50 所示。

（3）鼠标移至地图区域，单击弹出"要素构造"对话框，如图 11.51 所示。

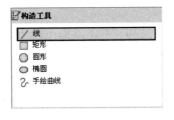
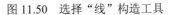

图 11.50　选择"线"构造工具　　　　图 11.51　"要素构造"对话框

（4）单击"要素构造"对话框中要素构造工具，进行线状要素构造。这里以构造"端点弧段"为例，单击对话框中的"端点弧段"按钮，此时鼠标位置代表端点弧段的起始点。移动鼠标至弧段的终止点，单击确定终止点位置后，在弧段上拖动鼠标，确定弧段的弧度，如图 11.52 所示。

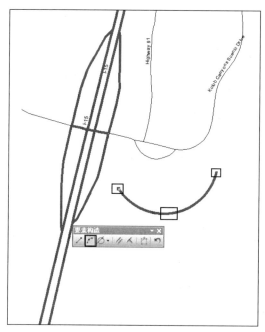

图 11.52　构造端点弧段

（5）单击确定该弧段的构造，若此时要素构造完成，则双击结束。

🔔注意：线构造的"要素构造"对话框中工具按钮较多，使用起来有比较多需要注意的技巧和细节，这里仅以"端点弧段"为例介绍操作方法，其余工具的使用方法请读者自己揣摩练习。

2）"矩形"构造工具

（1）单击"编辑器"下拉菜单中的"开始编辑"按钮，界面右侧出现"创建要素"窗口。单击目标线图层"Freeway"图层。

（2）在右侧界面中找到"构造工具"窗口，单击其中的"矩形"工具。

（3）鼠标移至地图区域，创建矩形区域，如图 11.53 所示。

（4）双击结束绘制过程。

3）"圆形"构造工具

（1）单击"编辑器"下拉菜单中的"开始编辑"按钮，界面右侧出现"创建要素"窗口。单击目标线图层"Freeway"图层。

（2）在右侧界面中找到"构造工具"窗口，单击其中的"圆形"工具。

（3）鼠标移至地图区域，单击确定圆心位置，移动鼠标确定圆形半径，完成后单击结束要素构建，如图 11.54 所示。

4）"椭圆"构造工具

（1）单击"编辑器"下拉菜单中的"开始编辑"按钮，界面右侧出现"创建要素"窗口。单击目标线图层 "Freeway"图层。

（2）在右侧界面中找到"构造工具"窗口，单击其中的"椭圆形"工具。

（3）鼠标移至地图区域，单击确定椭圆原点位置，移动鼠标后单击，拖动鼠标确定椭圆大小，完成后单击结束要素构建，如图 11.55 所示。

图 11.53　创建矩形线状要素　　　图 11.54　创建圆形要素

5）"手绘曲线"构造工具

（1）单击"编辑器"下拉菜单中的"开始编辑"按钮，界面右侧出现"创建要素"窗口。单击目标线图层 "Freeway"图层。

（2）在右侧界面中找到"构造工具"窗口，单击其中的"手绘曲线"工具。

（3）鼠标移至地图区域，单击确定起始点，松开鼠标后任意移动，完成后单击结束要素构建，如图 11.56 所示。

图 11.55　创建椭圆要素　　　图 11.56　创建手绘曲线要素

3．面要素创建

在 ArcGIS 10 版本中，面要素创建构造工具有以下几种："面"、"矩形"、"圆形"、"椭圆"和"自动完成面"构造工具。这里分别介绍各自的操作方法。

1）"面"构造工具

（1）单击"编辑器"下拉菜单中的"开始编辑"按钮，界面右侧出现"创建要素"窗口。单击目标面图层 "Zion park boundary"图层。

（2）在右侧界面中找到"构造工具"窗口，单击其中的"面"工具，如图 11.57 所示。

（3）鼠标移至地图区域，单击弹出"要素构造"对话框，单击其中的工具按钮，这里仍然以构造"端点弧段"为例，单击对话框中的"端点弧段"按钮，此时鼠标位置代表端点弧段的起始点。移动鼠标至弧段的终止点，单击确定终止点位置后，在弧段上拖动鼠标，确定弧段的弧度，双击结束要素构造，如图 11.58 所示。

2）"矩形"构造工具

（1）单击"编辑器"下拉菜单中的"开始编辑"按钮，界面右侧出现"创建要素"窗口。单击目标面图层 "Zion park boundary"。

（2）在右侧界面中找到"构造工具"窗口，单击其中的"矩形"工具。

（3）鼠标移至地图区域，拉框创建矩形区域，双击结束要素创建。

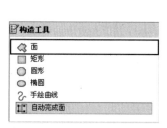

图 11.57　选择"面"构造工具

图 11.58　使用"端点弧段"工具创建面要素

3）"圆形"构造工具

（1）单击"编辑器"下拉菜单中的"开始编辑"按钮，界面右侧出现"创建要素"窗口。单击目标面图层 "Zion park boundary"。

（2）在右侧界面中找到"构造工具"窗口，单击其中的"圆形"工具。

（3）鼠标移至地图区域，单击确定圆心位置，移动鼠标确定圆形半径，完成后单击结束要素构建。

4）"椭圆形"构造工具

（1）单击"编辑器"下拉菜单中的"开始编辑"按钮，界面右侧出现"创建要素"窗口。单击目标面图层 "Zion park boundary"。

（2）在右侧界面中找到"构造工具"窗口，单击其中的"椭圆形"工具。

（3）鼠标移至地图区域，单击确定椭圆原点位置，移动鼠标后单击，拖动鼠标确定椭圆大小，完成后单击结束要素构建。

5）"手绘曲线"构造工具

（1）单击"编辑器"下拉菜单中的"开始编辑"按钮，界面右侧出现"创建要素"窗口。单击目标面图层 "Zion park boundary"。

（2）在右侧界面中找到"构造工具"窗口，单击其中的"手绘曲线"工具。

（3）鼠标移至地图区域，单击确定起始点，松开鼠标后任意移动，完成后单击结束要素构建，如图 11.59 所示。

图 11.59　创建手绘曲线要素

△**技巧**：当使用手绘曲线工具构建面要素时，最好使用容限设置，并将起始点与终止点相接。
若实际操作中无法将起始点相接，如图 11.59 所示，则绘制完成后系统将自动将起始
点与终止点封闭起来。

6）"自动完成面"构造工具

具体操作方法如下。

（1）单击"编辑器"下拉菜单中的"开始编辑"按钮，界面右侧出现"创建要素"窗口。
单击目标面图层 "Zion park boundary"。

（2）在右侧界面中找到"构造工具"窗口，单击其中的"自动完成面"工具。

（3）鼠标移至地图区域，单击确定起始点，完成绘制后双击结束，则系统将自动完成面
要素绘制，如图 11.60 所示。

图 11.60　自动完成面构造工具

△**技巧**："自动完成面"工具是 ArcGIS 10 版本新增的要素构造功能，主要作用是在现有面
基础上数字化与现有面邻接的新面，使用现有面的几何图形并编辑草图定义新面的
边。使用"自动完成面"工具创建要素时，会在现有要素上插入折点来使相邻要素之
间保持重合。

11.4　编辑器工具条高级应用技巧

在前面的章节中已经涉及了部分编辑器工具条高级应用的内容，这里重点介绍几个比较
典型的工具使用方法，包括使用"复制要素工具"复制要素、延伸线和修剪线及平滑工具。

首先介绍一下编辑工具条中"高级编辑"的菜单。单击"编辑器工具条"中的编辑器下

拉箭头，选择"更多编辑工具"|"高级编辑"命令，将弹出"高级编辑"对话框，如图 11.61 所示。

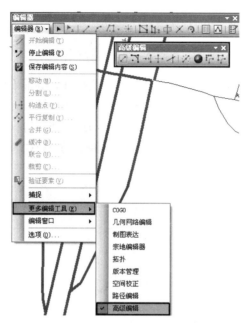

图 11.61　高级编辑工具条

可以看到，在高级编辑工具条中有很多工具按钮，主要包括：复制要素工具、内圆角工具、延伸线和修剪线工具、相交线工具、拆分多部分要素工具、概化和平滑工具以及构造大地测量要素工具等。这些工具在处理复杂数据编辑的时候十分有用。

11.4.1　使用复制要素工具

使用编辑复制要素工具需要在选中要素之后才有效。使用该工具进行要素复制的优点是：可以保留所要复制要素的属性，而不会被复制要素模板覆盖。

这里以复制"Freeway"图层中的某一要素为例，介绍该工具的使用方法。

（1）首先确保目标图层可选，并使编辑器进入可编辑状态，单击"编辑工具"按钮。

（2）鼠标移动到地图区域范围内，单击（或拉框）选择需要复制的要素。

（3）单击"高级编辑"工具条中的"复制要素"工具按钮，如图 11.62 所示。

（4）在地图区域内单击，弹出"复制要素工具"对话框，与其他图层复制方法一样，在该对话框的"目标"下拉列表框中选择要复制的目标图层，如图 11.63 所示。

图 11.62　单击复制要素按钮

图 11.63　"复制要素工具"对话框

（5）单击"确定"按钮完成复制，如图 11.64 所示。

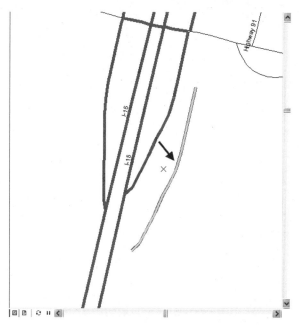

图 11.64　复制要素完成

注意：这里需要指出的是，使用该工具进行要素复制时，不同于其他复制方法的是，可以选择被复制的目标位置，而其他复制方法只能按照原经纬度对要素进行复制。

11.4.2　延伸线和修剪线

延伸线和修剪线都是线要素的修剪工具，其中延伸线可以通过延长一条线段使之与另一线段相交；而修剪线可以修剪一条线与另一线段相交的部分。在精确制图过程中，这两样工具使用频率很高。这里分别介绍它们的使用方法。

1．延伸工具

这里举例介绍延伸线的使用方法，以将图层"Freeway"中的要素"I-15-2"延伸到"I-15-1"为例，具体操作方法如下。

（1）首先确保目标图层可选，并使编辑器进入可编辑状态，单击"编辑工具"按钮。

（2）鼠标移动到地图区域范围内，单击选中将要与之延伸的要素"I-15-1"。

（3）单击"高级编辑"工具条中的"延伸工具"按钮，如图 11.65 所示。

图 11.65　单击"延伸工具"按钮

（4）鼠标变成数字光标后，单击延伸线"I-15-2"的端点，如图 11.66 所示。

（5）延伸后的线状要素"I-15-2"将被捕捉到目标线状要素"I-15-1"上，如图 11.67 所示。

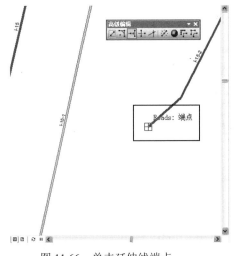

图 11.66　单击延伸线端点

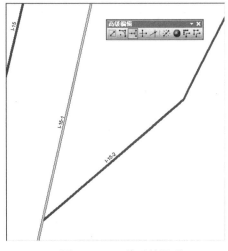

图 11.67　延伸后的图形

2．修剪工具

下面举例介绍修剪线的使用方法，以将图层"Freeway"中的要素"I-15-2"与"I-15-1"相交，且要素"I-15-2"相对多余部分修剪为例，具体如下。

（1）首先确保目标图层可选，并使编辑器进入可编辑状态，单击"编辑工具"按钮。

（2）鼠标移动到地图区域范围内，单击选中将要与之延伸的要素"I-15-1"。

图 11.68　单击"修剪工具"按钮

（3）单击"高级编辑"工具条中的"修剪工具"按钮，如图 11.68 所示。

（4）鼠标变成数字光标后，单击延伸线"I-15-2"的端点，如图 11.69 所示。

（5）要素"I-15-2"与"I-15-1"相交，且要素"I-15-2"相对多余部分将被修剪，如图 11.70 所示。

注意：这里相交部分有一个相对的概念，因此在使用修剪线工具的时候一定要注意明确被修剪的要素，当然可以选择使用撤销工具来撤销失误操作。

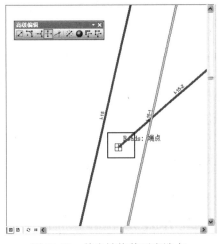

图 11.69　单击被修剪要素端点

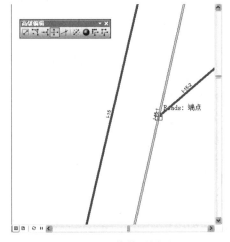

图 11.70　修剪后图形

11.4.3　平滑工具

平滑工具对要素的直角边和拐角进行平滑处理,要素几何将被一系列经过平滑处理的线段取代。在使用平滑工具时,需要指定最大允许偏移量进行简化以生成原始要素折点的子集。偏移量的单位为地图单位,简化处理后生成的折点子集将拟合贝塞尔曲线,而贝塞尔曲线则用于在折点处平滑地连接曲线。默认情况下,最大允许偏移量以地图单位表示,也可以通过在输入值后附加距离单位缩写来指定其他单位形式的值。

下面以将手绘曲线进行平滑处理为例,介绍平滑工具的使用方法。

(1)首先确保目标图层可选,并使编辑器进入可编辑状态,单击"编辑工具"按钮。

(2)鼠标移动到地图区域范围内,界面右侧出现"创建要素"窗口,单击目标线图层"Freeway"。

(3)在右侧界面中找到"构造工具"窗口,单击其中的"手绘曲线"工具。

(4)鼠标移至地图区域,单击确定起始点,松开鼠标后任意移动,完成后单击结束要素构建。

(5)单击"高级编辑"工具条中的"平滑"按钮,如图 11.71 所示。

(6)弹出"平滑"设置对话框,在这里输入最大允许偏移数值,如图 11.72 所示。

图 11.71　单击"平滑"工具按钮　　　　图 11.72　平滑设置对话框

注意:实际上,经贝塞尔差值算法后,这里所得几何与输入几何的距离可以大于指定的最大允许偏移。

(7)完成后单击"确定"按钮,则图形自动被平滑处理,并且可以根据需要多次进行平滑工具的使用,如经过两层平滑处理后图形平滑效果与原图对比,如图 11.73、图 11.74 及图 11.75 所示。

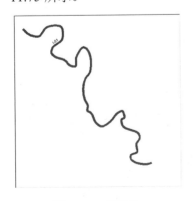

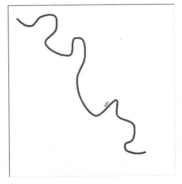

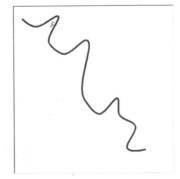

图 11.73　平滑前　　　　　　图 11.74　平滑一次后　　　　　图 11.75　平滑两次后

第 12 章　数据属性编辑

在 ArcMap 中可以很容易地查看和更新数据库中的要素属性。通常用两种方式编辑要素属性：使用属性对话框或要素图层的属性表。本章重点介绍如何使用属性对话框编辑属性，如何查看地图上选中要素的属性、同时修改单个或多个要素的某一属性、复制和粘贴某一要素的单个属性或者所有属性。

12.1　什么是数据属性

本节主要介绍数据属性相关的基本概念，以及在 ArcMap 中查看数据属性的两种基本方法：使用属性对话框或要素图层的属性表进行查看。

12.1.1　什么是数据属性

在 ArcMap 中，数据表中的数据属性实际上是点、线、面要素的描述性信息，与要素本身的特征及应用分析需要有关，除了 ArcGIS 10 中默认的一些属性之外（如线状要素的长度），一般都是自定义的，但总体而言，是对空间数据的描述。

12.1.2　如何在 ArcMap 中查看数据属性

在 ArcMap 中有两种常用的方式查看数据属性：使用属性对话框或要素图层的属性表。本小节分别介绍其操作方法。

1. 使用属性对话框查看属性

具体操作方法如下。

（1）单击编辑器工具条中的"编辑工具"按钮，如图 12.1 所示。

图 12.1　单击"编辑工具"按钮

（2）鼠标单击或拉框选择目标要素，如这里选择"Freeway"图层中的要素"I-15"单击编辑器工具条中的"属性"按钮，如图 12.2 所示。

图 12.2　单击"属性"按钮

（3）在 ArcMap 主界面右侧弹出属性表，单击"按图层顺序显示字段"或"按字母顺序排列字段"选择字段显示排列方式，如图 12.3 所示。

（4）单击属性表界面中的"选项"下拉箭头，如图 12.4 所示。

图 12.3　属性表界面　　　　　　　　　图 12.4　单击"选项"下拉箭头

（5）在弹出菜单中选择"所有字段"命令，在属性表界面中将会显示该要素的所有字段选项，如图 12.5 所示。若不选择此命令，则只显示该要素的关键字段及系统默认生成字段，如图 12.6 所示。

OBJECTID	791
ZION_ROADS_	791
ZION_ROADS_ID	2542
SOURCE	0
SOURCE_ED	0
TYPE	FWY
EDITBY	
EDITDATE	0
NAME_NO	I-15
ALTNAME	
MNTBY	
COMMENT	
GEN_PK_MAP	Y
UPDATEBY	
UPDATEDATE	<空>
SM_PUB_MAP	Y
Shape_Length	303.140744

TYPE	FWY
NAME_NO	I-15
Shape_Length	303.140744

图 12.5　选择"所有字段"命令 显示字段　　　图 12.6　不选择"所有字段"命令显示字段

（6）单击属性表界面中的"选项"下拉箭头，在弹出的菜单中选择"字段名称"或者"字段别名"，属性列表中将按照字段名称或者字段别名显示其属性，如图 12.7 和图 12.8 所示。

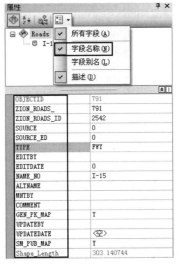

图 12.7　按照"字段名称"显示属性　　　　图 12.8　按照"字段别名"显示属性

🔔注意：有关字段名称和字段别名的概念将在下一节属性操作中进行详细介绍，请关注。

（7）单击属性表界面中的"选项"下拉箭头，并在属性列表中单击某目标字段如"NAME_NO"，在弹出菜单中选择"描述"，则属性列表的下侧窗口将显示该要素的属性指定字段的描述信息，如图 12.9 所示。

2．打开要素图层的属性表

打开要素图层的属性表方法有很多，在很多属性操作过程中都有快捷方式可以进行属性表的打开、查看，这里介绍两种比较常用的方法：在内容列表中打开和在属性窗口中打开、属性表。

1）在内容列表中打开属性表

在内容列表中打开属性表是最常用的方法，具体操作如下。

右击目标图层，在弹出的快捷菜单中选择"打开属性表"命令，如图 12.10 所示。

图 12.9　显示字段"NAME_NO"的描述信息　　图 12.10　右击图层选择"打开属性表"命令

2）在属性窗口中打开属性表

具体操作步骤如下。

（1）在"编辑器工具条中"单击"属性"窗口按钮，则 ArcMap 右侧出现属性窗口界面。右击目标图层，在弹出的快捷菜单中选择"打开属性表"命令，如图 12.11 所示。

图 12.11　选择"打开属性表"命令

（2）属性表被打开，且显示整个图层的所有要素属性，如图 12.12 所示。

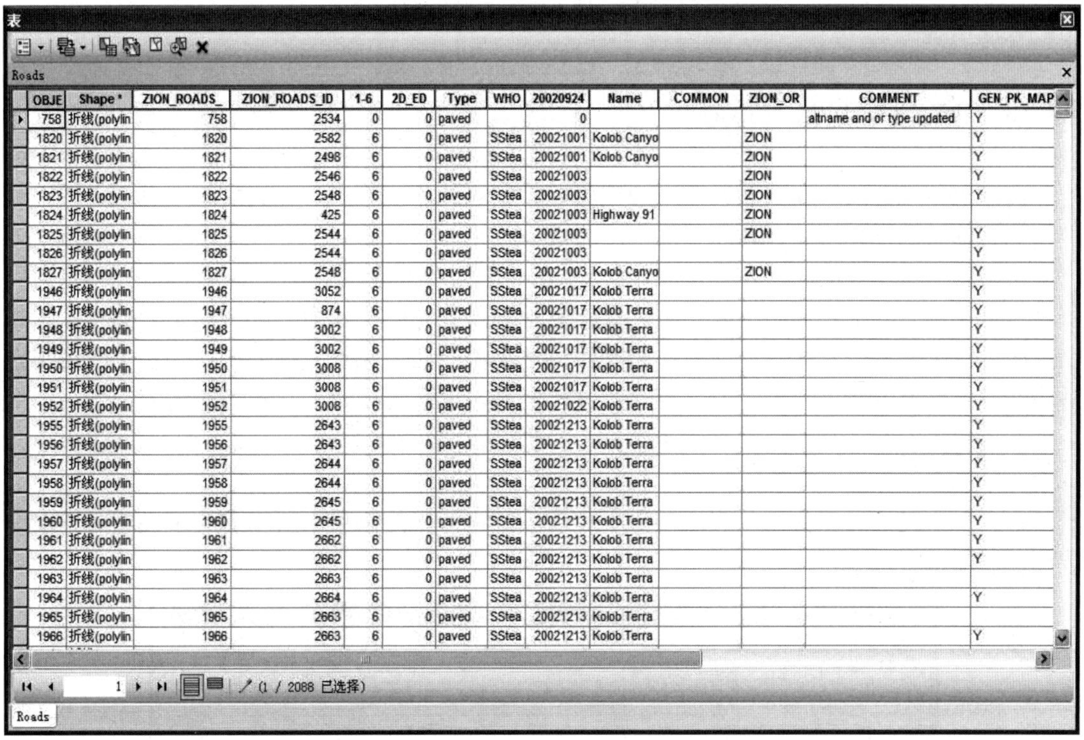

OBJE	Shape *	ZION_ROADS_	ZION_ROADS_ID	1-6	2D_ED	Type	WHO	20020924	Name	COMMON	ZION_OR	COMMENT	GEN_PK_MAP
758	折线(polylin	758	2534	0	0	paved			0				altname and or type updated	Y
1820	折线(polylin	1820	2582	6	0	paved	SStea	20021001	Kolob Canyo		ZION		Y
1821	折线(polylin	1821	2498	6	0	paved	SStea	20021001	Kolob Canyo		ZION		Y
1822	折线(polylin	1822	2546	6	0	paved	SStea	20021003			ZION		Y
1823	折线(polylin	1823	2548	6	0	paved	SStea	20021003			ZION		Y
1824	折线(polylin	1824	425	6	0	paved	SStea	20021003	Highway 91		ZION		
1825	折线(polylin	1825	2544	6	0	paved	SStea	20021003			ZION		Y
1826	折线(polylin	1826	2544	6	0	paved	SStea	20021003					Y
1827	折线(polylin	1827	2548	6	0	paved	SStea	20021003	Kolob Canyo		ZION		Y
1946	折线(polylin	1946	3052	6	0	paved	SStea	20021017	Kolob Terra				Y
1947	折线(polylin	1947	874	6	0	paved	SStea	20021017	Kolob Terra				Y
1948	折线(polylin	1948	3002	6	0	paved	SStea	20021017	Kolob Terra				Y
1949	折线(polylin	1949	3002	6	0	paved	SStea	20021017	Kolob Terra				Y
1950	折线(polylin	1950	3008	6	0	paved	SStea	20021017	Kolob Terra				Y
1951	折线(polylin	1951	3008	6	0	paved	SStea	20021017	Kolob Terra				Y
1952	折线(polylin	1952	3008	6	0	paved	SStea	20021022	Kolob Terra				Y
1955	折线(polylin	1955	2643	6	0	paved	SStea	20021213	Kolob Terra				Y
1956	折线(polylin	1956	2643	6	0	paved	SStea	20021213	Kolob Terra				Y
1957	折线(polylin	1957	2644	6	0	paved	SStea	20021213	Kolob Terra				Y
1958	折线(polylin	1958	2644	6	0	paved	SStea	20021213	Kolob Terra				Y
1959	折线(polylin	1959	2645	6	0	paved	SStea	20021213	Kolob Terra				Y
1960	折线(polylin	1960	2645	6	0	paved	SStea	20021213	Kolob Terra				Y
1961	折线(polylin	1961	2662	6	0	paved	SStea	20021213	Kolob Terra				Y
1962	折线(polylin	1962	2662	6	0	paved	SStea	20021213	Kolob Terra				Y
1963	折线(polylin	1963	2663	6	0	paved	SStea	20021213	Kolob Terra				Y
1964	折线(polylin	1964	2664	6	0	paved	SStea	20021213	Kolob Terra				Y
1965	折线(polylin	1965	2663	6	0	paved	SStea	20021213	Kolob Terra				Y
1966	折线(polylin	1966	2663	6	0	paved	SStea	20021213	Kolob Terra				Y

1　　(1 / 2088 已选择)

Roads

图 12.12　显示目标图层所有要素属性

（3）右击目标图层，在弹出的快捷菜单中选择"打开属性表"命令，如图 12.13 所示。

图 12.13　选择"打开显示所选内容的表"命令

（4）属性表被打开，且只显示被选中要素的属性内容，如图 12.14 所示。

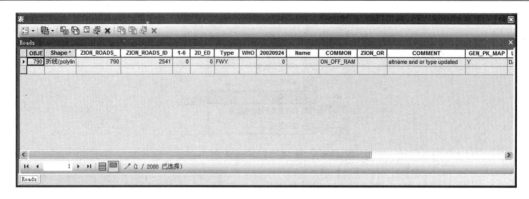

图 12.14　显示被选中要素属性

12.1.3　属性表的基本操作

前面小节中有关属性表的打开发现中可以看到属性表的构成，在属性表中有很多相关操作，下面分别进行介绍。

单击属性表表头的"表选项"下拉箭头，在弹出的菜单选项中有关于属性表中要素选择、字段显示及排列、报表和表关联、图表操作及外观设置等的操作命令。要素选择的相关操作在前面章节中有相关介绍，属性表中的操作方法类似；而表操作、图表操作等相关介绍将在后面的有关章节中介绍。本小节重点介绍字段显示、要素选择及外观设置等内容。

1. 整体表中的字段操作

（1）单击属性表表头的"表选项"下拉箭头，在弹出的菜单中可以看到字段相关的命令选项，如图 12.15 所示。

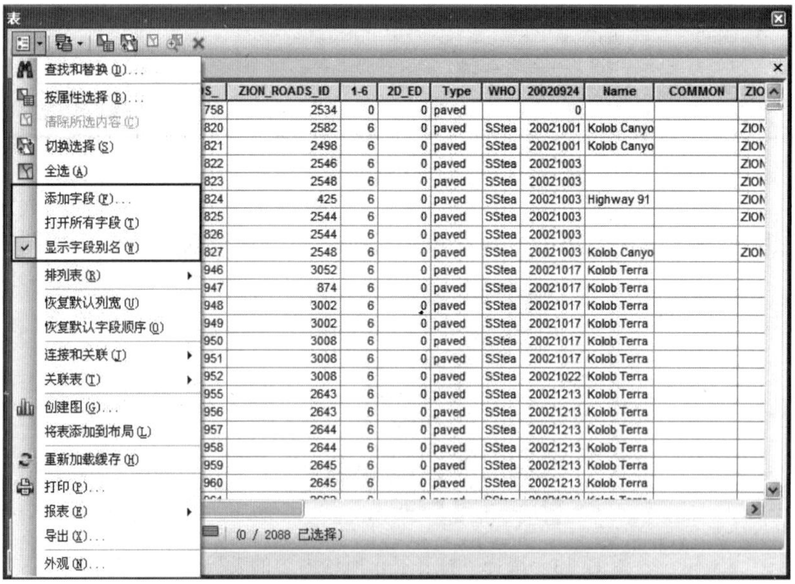

图 12.15　字段相关命令

（2）选择"添加字段"命令，弹出"添加字段"对话框，在"名称"文本框中输入字段名称；在"类型"下拉列表框中选择字段类型；在"字段属性"选项组中输入"别名"、"允许空值"、"默认值"及"属性域"等，如图 12.16 所示。

（3）在弹出的菜单中选择"打开所有字段"命令，则该图层所有字段均被显示出来，如图 12.17 所示。

图 12.16　添加字段　　　　　　　　　　　　图 12.17　打开所有字段

（4）在弹出的菜单中选择"显示字段别名"命令，则该图层字段的别名将显示在字段名称中，显示字段别名与不显示字段别名的对比，如图 12.18 和图 12.19 所示。

OBJE	Shape *	ZION_ROADS_	ZION_ROADS_ID	1-6	2D_ED	Type	WHO	20020924	Name	COMMON	ZION_OR
▶ 1820	折线(polyline)	1820	2582	6	0	paved	SStea	20021001	Kolob Canyons Scenic Driv		ZION

图 12.18　显示字段别名的要素属性

OBJE	Shape *	ZION_ROADS_	ZION_ROADS_ID	SOURCE	SOURCE	TYPE	EDITB	EDITDATE	NAME_NO	ALTNAME	MNTBY
▶ 1820	折线(polyline)	1820	2582	6	0	paved	SStea	20021001	Kolob Canyons Scenic Driv		ZION

图 12.19　不显示字段别名的要素属性

2．单个字段的操作

针对某一单个字段可以进行排序、汇总统计、字段计算、字段关闭控制、冻结/取消冻结列、字段删除及属性相关操作。这里以针对目标字段"Name"为例，分别介绍有关字段的相关操作。

1）升序排列

操作方法为：右击目标字段名称，在弹出的快捷菜单中选择"升序排列"命令，则属性表中的要素将按照该字段的升序进行排列，如图 12.20 所示。

2）降序排列

操作方法为：右击目标字段名称，在弹出的快捷菜单中选择"降序排列"命令，则属性表中的要素将按照该字段的降序进行排列。

3）高级排序

操作方法为：右击目标字段名称，在弹出的快捷菜单中选择"高级排序"命令，弹出高级表排序对话框，在"排序方式"下拉列表框中选择一个字段，并在其后的排序方式选择项中单击选择升序或降序方式；在对话框下面的三个"次排序方式"下拉列表框中选择一个字段，并在其后的排序方式选择项中单击选择升序或降序方式；完成后单击"确定"按钮即可，如图 12.21 所示。

 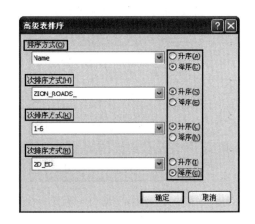

图 12.20　选择升序排列命令　　　　图 12.21　高级表排序

🐭技巧：　在对话框中进行的排序方式字段和三个次排序方式字段的选择完成之后，属性表中要素将按照首先、次要、再次要、再再次要的顺序进行排列，这一字段排序在数据整理、数据核查及数据表导出应用中十分有用。合理设置排序字段的优先顺序将会使属性表中要素记录的整理工作变得快捷有效。

4）汇总统计

具体操作步骤如下。

右击目标字段名称，在弹出的快捷菜单中选择"汇总"命令，弹出"汇总"命令对话框。在"选择要汇总的字段"下拉列表中选择一个字段，在"选择一个或多个要包括在输出表的汇总统计"列表框中选择汇总方式；在"指定输出表"中输入输出表路径；根据需要选择勾选"仅对所选记录进行汇总"，完成后单击"确定"按钮，如图 12.22 所示。

5）字段计算器

字段计算器的使用方法如下。

右击目标字段名称，在弹出的快捷菜单中选择"字段计算器"命令，弹出"字段计算器"对话框。在"解析程序"选项组中单击选择"VB 脚本"或者"Python"；在"字段"列表框中选择字段参与计算；选择"类型"；在"功能"列表框中选择合适的计算函数；勾选"显示代码块"；完成后单击"确定"按钮，如图 12.23 所示。

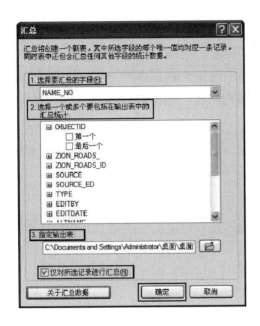

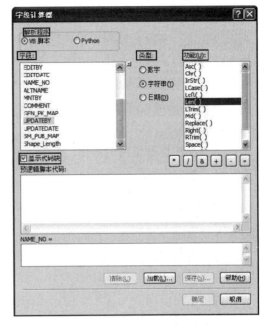

图 12.22　汇总对话框　　　　　　　　图 12.23　字段计算器对话框

6）计算几何

计算几何的操作方法如下。

右击目标字段名称，在弹出的快捷菜单中选择"计算几何"命令，弹出"计算几何"对话框。在"属性"下拉列表框中选择合适选项；在"坐标系"选项组中选择"使用数据源的坐标系"或者"使用数据框的坐标系"；在"单位"下拉列表框中选择合适的单位；勾选"将单位缩写添加到文本字段"或"仅计算所选的记录"复选框，完成后单击"确定"按钮，如图 12.24 所示。

7）关闭字段

关闭字段操作比较简单，可以实现目标字段在属性表中被暂时关闭。操作方法如下。

右击目标字段，在弹出的快捷菜单中选择"关闭字段"命令，如图 12.25 所示。

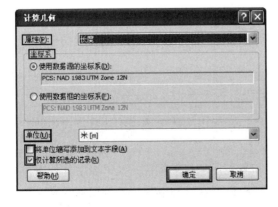

图 12.24　计算几何对话框　　　　　　　图 12.25　关闭字段

8）冻结/取消冻结列

在属性表中，字段是以列的形式进行排列的，对于没有冻结的列，可以根据需要拖曳移动，而冻结的列将被锁定在特定位置不变。冻结和取消冻结列的方法如下。

右击目标字段如"Name"，在弹出的快捷菜单中选择"关闭字段"命令，如图 12.26 所示，而"Name"字段被冻结之后将会自动排列到首列位置，如图 12.27 所示。

9）删除字段

删除字段操作也是常用的应用，具体方法是：右击目标字段如"Name"，在弹出的快捷菜单中选择"删除字段"命令即可。

3．要素选择切换

这里介绍两种要素选择切换的快捷方法：使用切换选择按钮、使用表选项快捷命令。

1）使用切换选择按钮

操作方法如下。

打开目标图层属性表，单击"切换选择按钮"，如图 12.27 所示。

图 12.26　选择"冻结"列命令　　　图 12.27　单击"切换选择"按钮

2）使用表选项快捷命令

操作方法如下。

单击属性表表头的"表选项"下拉箭头，在弹出的菜单选项中选择"切换选择"命令，如图 12.28 所示。

4．外观

单击属性表表头的"表选项"下拉箭头，在弹出的菜单选项中选择"表外观"命令，弹出表外观设置对话框。

在外观选项组中，设置所选记录颜色和高亮显示记录颜色；在"表字体"下拉列表框中选择合适的字体；在"表字号与颜色"选项中设置字号与颜色；设置列标题高度和单元格高度，如图 12.29 所示。

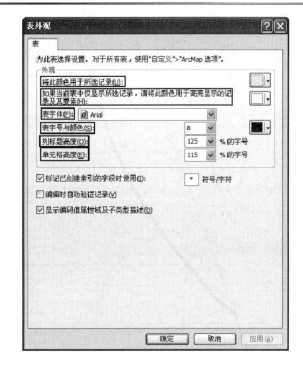

图 12.28　选择"切换选择"命令　　　　图 12.29　表外观设置界面

12.2　数据属性的操作

数据属性的相关操作比较常用，特别是在新建要素的过程中或者补充要素属性描述的时候会经常用到。修改属性的方法有多种，可以在属性表中进行，也可以在 ArcGIS 10 的属性窗口中进行。就数据属性的增删及修改而言，属性表往往在进行要素的批量操作时使用，在后续章节中会涉及相关操作。本节介绍在属性窗口中添加属性、修改属性及复制、粘贴属性的操作方法。

12.2.1　添加属性

下面以为高亮显示要素增添"Name"字段属性为例，介绍增添属性的方法。

（1）在属性窗口列表中，单击目标要素记录，如图 12.30 所示。

图 12.30　单击目标要素记录

（2）在地图区域内，被选中的目标要素将闪烁高亮显示，如图 12.31 所示。

（3）单击需要增加属性的字段"Name"，在属性窗口下侧的"描述"栏中，将显示该字段的描述信息，在增加属性的时候要充分依据此描述信息的要求。如这里要求"Name"字段是长度不超过 50 的文本，允许为空值，如图 12.32 所示。

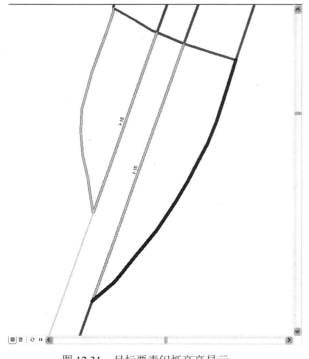

图 12.31　目标要素闪烁高亮显示　　　　图 12.32　字段列表窗口

（4）单击"Name"字段后的文本框，光标闪烁显示时表明可以进行值的输入，根据"Name"字段描述信息的要求设置该记录"Name"字段值为"I-01"，如图 12.33 所示。

图 12.33　增加属性

12.2.2　修改属性

修改属性的操作仍然要遵守描述栏中关于字段定义的要求，这里以将目标要素记录的"Name"字段值"I-01"修改为"I-02"为例，介绍修改属性的操作如下。

（1）在属性窗口列表中，单击目标要素记录，被选中的目标要素将闪烁高亮显示。

（2）单击"Name"字段后的文本框，光标闪烁显示时表明可以进行值的输入。根据"Name"字段描述信息的要求，设置该记录"Name"字段值修改为"I-02"即可。

12.2.3　复制和粘贴属性

在实际操作中，多条记录的某些属性往往是一致的，尤其涉及分类、范围等属性描述信息时。而复制和粘贴属性是最有效快捷地更新属性的方法之一。本小节以将"Name"为"I-01"的"COMMENT"字段信息复制、粘贴到"I-15"为例，介绍其操作方法。

（1）选中要素"I-01"，在属性窗口中将显示该要素的属性信息，双击字段"COMMENT"后的文本框，选中其描述信息，右击弹出快捷菜单，选择"复制"命令。

（2）选中要素"I-15"，在属性窗口中将显示该要素的属性信息，双击字段"COMMENT"后的文本框，选中其描述信息右击弹出快捷菜单，选择"粘贴"命令。则要素"I-01"的"COMMENT"字段信息将被复制、粘贴到要素"I-15"中。

第 13 章　编辑地理数据库属性

地理数据库中的一些要素被设计为带有子类、缺省值和属性域，这些设计往往使得编辑要素属性变得更快捷、更简单，而且有助于避免数据输入错误。在创建地理数据库时掌握这些编辑地理数据库属性的特点，将会为数据库创建和维护带来极大的方便与安全。本章着重介绍地理数据库中的子类、缺省值和属性域的相关内容。

在介绍地理数据库属性编辑之前，将简单介绍如何创建一个简单的个人数据库。

13.1　ArcMap 中地理数据库的操作

ArcMap 的编辑功能与地理数据库的各个方面紧密结合，比如创建几何网络、创建拓扑数据集都需要在 ArcMap 的地理数据库中实现，而校验规则是地理数据库中比较重要的概念。

13.1.1　什么是地理数据库

地理数据库（Geographical Database）是应用计算机数据库技术对地理数据进行科学的组织和管理的硬件与软件系统，自然地理和人文地理诸要素文件的集合，是地理信息系统的核心部分。包括一组独立于应用目的的地理数据的集合、对地理数据集合进行科学管理的数据管理系统软件和支持管理活动的计算机硬件。

广义的地理数据库还包括地理数学模型库、知识库（智能数据库）和专家系统。

地理数据库属于空间数据库，表示地理实体及其特征的数据具有确定的空间坐标，为地理数据提供标准格式、存储方法和有效的管理，能方便、迅速地进行检索、更新和分析，使所组织的数据达到冗余度最小的要求，为多种应用目的服务。

13.1.2　创建一个地理数据库

这里以创建一个简单的个人地理数据库为例，介绍地理数据库的基本创建流程。如要创建一个名为"data"的数据库，其中包含一个线状要素图层为"railway"，别名"铁路"，该图层包含两个字段名"Name"和"Type"。其中"Name"字段别名"名称"为文本类型，最长取值为 50，允许取空值。"Type"别名"类型"为长整型，不允许取空值。接下来介绍执行步骤。

（1）单击菜单"窗口"在弹出的下拉菜单中选择"目录"命令，如图 13.1 所示。

（2）单击"目录"窗口的"连接到文件夹"按钮，弹出"连接到文件夹"对话框，浏览到目标文件夹"数据"单击，则对话框中"文件夹"栏将出现目标文件夹路径，完成后单击"确定"

图 13.1　打开"目录"窗口

按钮，如图 13.2 所示。

（3）右击文件夹"数据"，在弹出的快捷菜单中选择"新建"|"个人地理数据库"命令，如图 13.3 所示。

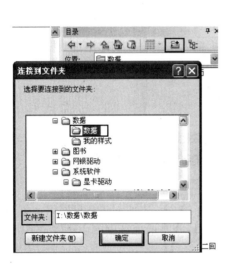

图 13.2　连接到文件夹对话框　　　　　图 13.3　新建个人地理数据库

（4）在目标文件夹中出现"新建个人地理数据库"，且名称高亮显示，如图 13.4 所示。将名称修改为"data"，如图 13.5 所示。

图 13.4　新建数据库　　　　　　　图 13.5　新建数据库更名

（5）右击"data"数据库，在弹出的快捷菜单中选择"新建"|"要素数据集"命令，如图 13.6 所示。

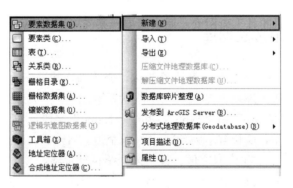

图 13.6　新建要素数据集

（6）弹出"新建要素数据集"创建对话框，在"名称"栏中输入新的名称"data"，完成后单击"下一步"按钮，如图 13.7 所示。

（7）选择坐标系，可以在列表框中选择，也可以采用"导入"和"新建"的方式进行，完成后单击"下一步"按钮，如图 13.8 所示。

图 13.7　新建要素数据集

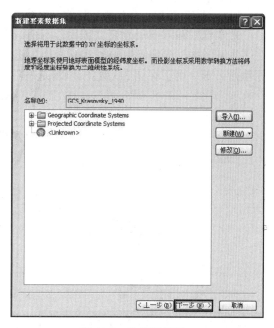

图 13.8　选择坐标系

（8）选择 z 坐标的坐标系，可以在列表框中选择，也可以采用"导入"和"新建"的方式进行，完成后单击"下一步"按钮，如图 13.9 所示。

（9）设置 XY 容差、Z 容差、M 容差等项数值，完成后单击"完成"按钮，如图 13.10 所示。

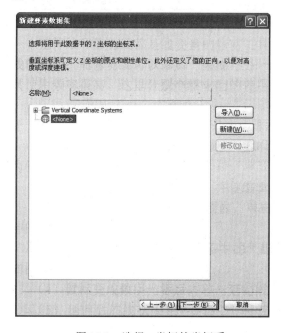

图 13.9　选择 z 坐标的坐标系

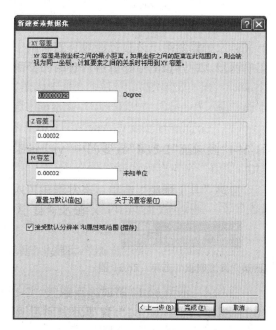

图 13.10　设置容差

（10）右击"data"数据集，在弹出的快捷菜单中选择"新建"|"要素类"命令，如图13.11 所示。

（11）弹出"新建要素类"对话框，在"名称"文本框中输入图层名称"railway"，在"别名"文本框中输入图层别名"铁路"，在"类型"选项组的下拉菜单中选择"线要素"类型，在"几何属性"选项组中根据实际应用勾选 "坐标包括 M 值。用于存储路径数据。"、 "坐标包括 Z 值。用于存储 3D 数据。"复选框等，完成后单击"下一步"按钮，如图 13.12 所示。

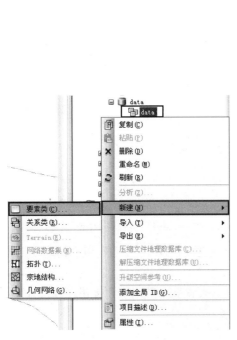

图 13.11　新建要素类

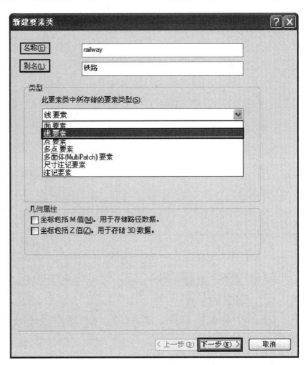

图 13.12　"新建要素类"对话框

（12）进入图层字段设置对话框，首先进行字段"Name"的设置。在"字段"列中输入"Name"，在"数据类型"下拉列表框中选择"文本"类型；在"字段属性"选项组的"别名"文本框中输入"名称"，"允许空值"文本框中选择"是"，"长度"设置为"50"，如图 13.13 所示。

（13）下面进行字段"Type"的设置。在"字段"列中输入"Type"，在"数据类型"下拉列表框中选择"长整型"类型；在"字段属性"选项组的"别名"文本框中输入"铁路"，"允许空值"文本框中选择"否"，设置后单击"完成"按钮，如图 13.14 所示。

13.1.3　地理数据库的校验规则

在 ArcMap 中，地理数据库支持几个广泛类型的校验规则：属性校验规则、网络连通性规则和关系规则。

当对某一特定要素进行校验时，按下面的步骤进行：校验子类、校验属性规则、校验网络连通性规则、自定义校验、校验关系规则。这些规则中最耗时的校验最先进行，一旦发现某个要素是无效的，校验过程将停止。

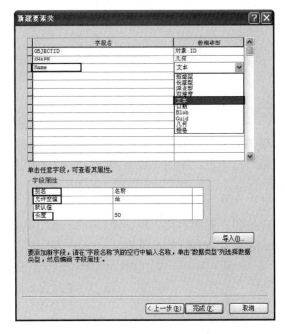 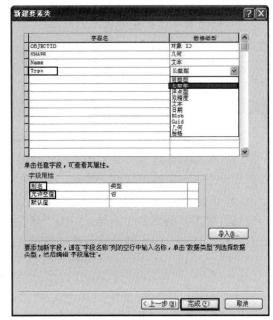

图 13.13　设置 Name 字段属性　　　　　图 13.14　设置 Type 字段属性

当检查连通性规则和关系规则时，所有相关规则都必须有效。对于网络连通性规则，如果要指定一个规则，就必须指定所有规则。因此，如果一类没有相关连通性规则的连通性规则存在，则认为网络要素是无效的。

当然实际上地理数据库也允许无效的对象存在于数据库中，即这些校验规则在 ArcMap 的地理数据库中允许被打破。例如，如果有一个属性规则说明长度取值范围是 0～100 米，地理数据库不会阻止用户存储该范围以外的值。然后，该范围之外的值将会成为地理数据库中的一个无效对象。使用 ArcMap 提供的多种编辑工具可以识别无效要素，纠正无效值。

13.2　操作地理数据库中的要素

本节主要介绍如何操作地理数据库中的要素，包括如何编辑带有子类和缺省值的要素、如何编辑属性域及如何执行校验要素操作。

13.2.1　编辑带有子类和缺省值的要素

地理数据库中的要素类和要素类的单个子类可以有缺省值，缺省值有助于简化属性编辑过程，以及维护数据库中要素属性的真实值。比如河流图层分类中大部分道路是季节河，个别的是常年河，那么就可以把河流类型缺省值设置为"季节河"，而个别的常年河的类型可以单独更改其属性。

本小节介绍创建有子类的新要素的方法及更改要素子类的方法。

1．创建有子类的新要素

下面以将河流图层分类为季节河与常年河子类为例，介绍创建带有子类的新要素的方法。

（1）单击"编辑器"下拉菜单中的"开始编辑"按钮，界面右侧出现"创建要素"窗口。单击目标线图层"Streams"图层。

（2）在右侧界面中找到"构造工具"窗口，单击其中的"线"工具。

（3）鼠标移至地图区域，单击弹出"要素构造"对话框，单击"要素构造"对话框中的要素构造工具，进行线状要素构造。

（4）单击确定该弧段的构造，若此时要素构造完成，则双击结束。

（5）单击"编辑器"工具条中的"属性"窗口按钮，界面右侧出现要素属性窗口，可以看到字段"Type"内已经被输入了缺省值"intermittent"，如图 13.15 所示。

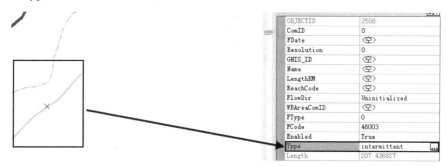

图 13.15　新建要素 Type 字段被赋予缺省值

2．更改要素子类

仍以上例为例子，若该新增要素类型不是缺省子类值，那么就需要修改该要素子类的数值，具体操作方法如下。

（1）单击字段"Type"后的按钮，弹出"选择符号类"对话框，如图 13.16 所示。

图 13.16　选择符号类对话框

（2）在对话框中选择分类为"Perennial"的类型，完成后单击"确定"按钮，则该类型被选定。

（3）则该新建要素的类型被重新修改，如图 13.17 所示。

13.2.2　编辑属性域

地理数据库中的要素类和子类可以有属性域。属性域是控制要素属性的允许值的规则，这些规则有助于维护数据库中数据的质量和要素属性的一致性。有两种类型的属性域：范围域和编码值域。编码值域会加快属性编辑，因为编辑属性时，ArcMap 会给出允许取值的下拉列表，可以从中选择属性值。

接下来仍然以河流图层为例，介绍如何修改编码值字段。

（1）单击"编辑器"工具条中的"编辑工具"，在地图区域选择将要编辑属性域的目标要素。

（2）在"属性"窗口中将出现属性字段列表，单击"Enabled"字段的取值框，出现一个描述域的所有编码值的下拉列表框，如图 13.18 所示。

图 13.17　修改后的类型数值　　　　图 13.18　属性域编码值

（3）单击字段的取值即可。

13.2.3　校验要素

当编辑有编码值或范围域的要素时，要用数据库校验要素来检查属性取值是否合适。校验要素的同时，校验为要素类定义的几何网络连通性规则或关系规则，而校验拓扑规则的方法不同，在下一章的拓扑相关内容中会有详细介绍。

校验要素的方法比较简单，单击"编辑器工具条"中的"编辑器"按钮，在弹出的下拉菜单中选择"验证要素"命令即可，如图 13.19 所示。

下面以校验"Sreams"图层中新建要素为例，简单介绍验证要素的过程。

（1）使用"编辑工具"选择需要验证的要素后，单击"编辑器工具条"中的"编辑器"按钮，在弹出的下拉菜单中选择"验证要素"命令。

（2）弹出验证结果对话框，如图 13.20 所示。

（3）单击"确定"按钮关闭该对话框。回到"属性"窗口中，根据验证结果对话框提示找到相应字段"Resolution"，如图 13.21 所示，可以看到该字段已经设置了编码值属性域，但此时该字段取值"0"，不是编码值属性域的成员"Local、High、Medium"之一，因此，在该属性的下拉列表框中选择取值之一，为该字段赋予新的取值。

图 13.19　验证要素　　　　　　　　　　　　图 13.20　验证要素结果

（4）对于无效取值重复步骤（1）～（3）执行。

（5）当执行步骤（1）后，弹出对话框提示所有要素均有效时，说明所有要素均验证符合规则，如图 13.22 所示。

图 13.21　无效字段取值　　　　　图 13.22　验证要素完成

（6）单击"确定"按钮关闭对话框。

第 14 章   编 辑 拓 扑

ArcMap 除了可以对简单要素进行编辑之外，还可以对拓扑相关的多个要素进行编辑。而遵循拓扑定义的规则，对于维护空间数据的高质量有很重要的意义。在前面地理数据库章节中已经介绍过，拓扑是定义在地理数据库中的，包含了定义要素如何共享空间的规则。本章将详细介绍拓扑的概念及在 ArcMap 中的拓扑操作。

14.1   一起认识拓扑

拓扑的概念和规则相对于简单要素编辑而言是比较新的概念，本节主要介绍拓扑的概念、拓扑规则及常见的拓扑错误和异常。

14.1.1   什么是拓扑

在地理信息系统中，地理数据库支持对不同要素类型的地理问题进行建模，也支持不同类型的主要地理关系。拓扑实际上就是一个规则和关系的集合，结合编辑工具支持地理数据库精确模拟现实世界中的几何关系。

使用拓扑的基本意义是保证数据质量，使地理数据库可以更加真实地反映地理要素。对于地理要素在地理数据库中发生的各种行为，拓扑是针对这些行为的框架的扩展，控制要素间的地理关系并保持它们各自的几何完整性。

14.1.2   拓扑规则

ArcMap 中规定了点要素、线要素和面要素的不同拓扑规则，下面分别介绍各个拓扑规则。

1. 点规则

点规则主要包含以下类别。

❑ 必须被其他要素的边界覆盖：是指一个图层中的点要素必须与另一个图层中面要素的边界重合，如图 14.1 所示。

❑ 必须被其他要素的端点覆盖：是指一个图层中的点要素必须被另一个图层的线要素的端点覆盖，如图 14.2 所示。

❑ 点必须被线覆盖：是指一个图层的点要素必须被另一个图层中的线要素覆盖，如图 14.3 所示。

❑ 必须完全位于内部：是指一个图层的点要素必须完全位于另一个图层的面要素内，如图 14.4 所示。

图 14.1　点必须被其他要素的边界覆盖　　　　图 14.2　点必须被其他要素的端点覆盖

❑ 必须与其他要素重合：一个图层的点要素必须与另一个图层中的点要素重合，如图 14.5 所示。

图 14.3　点必须被线覆盖　　　　图 14.4　点必须完全位于内部

❑ 必须不相交：是指一个图层的点要素不能与同一图层中的点要素重合，如图 14.6 所示。

图 14.5　必须与其他要素重合　　　　图 14.6　必须不相交

2．线规则

线规则主要包含以下类别。

❑ 不能重叠：一个图层中的线不能与同一层中的线重叠，如图 14.7 所示。

❑ 不能相交：同一图层中的线互相之间不能相交或重叠，如图 14.8 所示。

图 14.7　不能重叠　　　　图 14.8　不能相交

❑ **必须被其他要素的要素类覆盖**：一个图层中的线必须与另一个图层中的线重合，如图 14.9 所示。

❑ 不能与其他要素重叠：一个图层中的线不能与另一个图层中的线重叠，如图 14.10 所示。

❑ **必须被其他要素的边界覆盖**：一个图层中的线要素必须与另一个图层面要素的边界重合，如图 14.11 所示。

❑ 不能有悬挂点：一个图层中线必须在两个端点处与同一图层中的其他线接触，如图

14.12 所示。

　　图 14.9　必须被其他要素的要素类覆盖　　　　图 14.10　不能与其他要素重叠

　　图 14.11　必须被其他要素边界覆盖　　　　图 14.12　不能有悬挂点

❑ 不能有伪结点：一个图层中的线必须在其端点处与同一图层中的多条线接触，如图 14.13 所示。

❑ 不能自重叠：一个图层中的线要素不能自相交或自叠置，如图 14.14 所示。

　　图 14.13　不能有伪结点　　　　　　图 14.14　不能自重叠

❑ 不能自相交：一个图层中的线要素不能自相交，如图 14.15 所示。

❑ 必须为单一部分：一个图层中的线要素不能具有一个以上的构成部分，如图 14.16 所示。

　　图 14.15　不能自相交　　　　　　图 14.16　必须为单一部分

❑ 不能相交或内部接触：一个图层中的线必须在其端点处与同一图层中的其他线相接触，如图 14.17 所示。

❑ 端点必须被其他要素覆盖：一个图层中线的端点必须被另一个图层中的点要素覆盖，如图 14.18 所示。

　　图 14.17　不能相交或内部接触　　　　图 14.18　端点必须被其他要素覆盖

- ❏ 不能与其他要素相交：线不能与另一个图层中的其他线相交或叠置，如图 14.19 所示。
- ❏ 不能与其他要素相交或内部接触：一个图层中的线必须与另一条线在其端点处接触，如图 14.20 所示。

图 14.19　不能与其他要素相交　　　　图 14.20　不能与其他要素相交或内部接触

- ❏ 必须位于内部：一个图层中的线必须包含在另一个图层的面要素内，如图 14.21 所示。

3. 多边形规则

- ❏ 不能重叠：一个区域不能与同一图层的另一个区域叠置，如图 14.22 所示。

图 14.21　必须位于内部　　　　　　图 14.22　不能重叠

- ❏ 不能有空隙：同一图层中的区域之间不能存在空隙，如图 14.23 所示。
- ❏ 不能与其他要素重叠：一个图层中的区域不能与另一个图层中的区域重叠，如图 14.24 所示。

图 14.23　不能有空隙　　　　　　图 14.24　不能与其他要素重叠

- ❏ 必须被其他要素的要素类覆盖：一个图层的面要素必须覆盖另一个图层的面要素，如图 14.25 所示。
- ❏ 必须互相覆盖：一个图层的面要素必须与另一个要素的面要素互相覆盖，如图 14.26 所示。

图 14.25　必须被其他要素的要素类覆盖　　　　图 14.26　必须互相覆盖

- ❏ 必须被其他要素覆盖：一个图层中的面要素必须包含在另一个图层的面要素内，如图 14.27 所示。

❑ 边界必须被其他要素覆盖：一个图层中面要素的边界必须被另一个图层的线要素覆盖，如图 14.28 所示。

图 14.27 必须被其他要素覆盖 　　　　图 14.28 边界必须被其他要素覆盖

❑ 面边界必须被其他要素的边界覆盖：一个图层中面要素的边界必须被另一个图层中面要素的边界覆盖，如图 14.29 所示。

❑ 包含点：一个图层中的面要素必须至少包含另一个图层中的一个点要素，如图 14.30 所示。

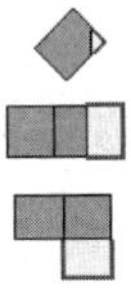

图 14.29 面边界必须被其他要素的边界覆盖  　　　图 14.30 包含点

❑ 包含一个点：一个图层中的面要素必须完全包含另个一图层中的点要素，如图 14.31 所示。

14.1.3 拓扑错误和异常

❑ 拓扑错误：拓扑规则是代表理想状态的，但是地理数据库往往非常灵活，也可以处理现实世界的异常数据。

图 14.31 包含一个点

❑ 拓扑异常：违反拓扑规则的数据最初作为错误存储在拓扑中，但在恰当的地方，可以将其标注为异常，在后续处理中会忽略标注为异常的部分。但当认为它们是错误时，可以将其改回错误状态，然后对其进行修正，使其符合拓扑规则。

14.1.4 拓扑的几何要素

在创建拓扑的时候，可以指定需要应用拓扑的要素类，这些要素类可以包含点、线、多边形要素。在拓扑中，几何关系是指要素的各部分之间的关系，而不是针对要素自身而言的。

在上一节中提到的拓扑规则中涉及一些概念，即与几何要素有关的边、结点和顶点等的定义，这些概念在拓扑规则中经常提到，这里做简单介绍。

❑ 多边形：定义其边界的边、边相交的结点和边的形状的顶点。

❑ 线：在拓扑中由一条边组成，最少有两个结点用于定义边的端点，由一些顶点定义边的形状。

❑ 点：点状要素与拓扑中的其他要素重合时，表现为结点。

14.2　使用 ArcMap 中的拓扑编辑

拓扑编辑与 ArcMap 的要素编辑工具息息相关，在实际操作中可以使用拓扑编辑工具编辑要素，拓扑工具中提供的错误解决方案实际上也是对要素的重新编辑。当然也可以使用编辑工具条中的编辑工具直接对要素进行编辑以符合拓扑规则。这里介绍如何编辑拓扑中的要素、如何纠正拓扑错误，以及如何用拓扑工具生成新要素。

14.2.1　编辑拓扑中的要素

编辑拓扑中的要素有两种方式，一种是使用拓扑工具中的编辑工具，一中是使用编辑工具条中的编辑工具。

如在拓扑"data_Topology2"中拓扑规则为"不能与其他要素重叠"，即"poly1"中的区域不能与"poly2"中的区域重叠。下面以修改拓扑中的重叠部分要素为例，分别对这两种方法进行介绍。

根据拓扑规则，"poly1"中的区域不能与"poly2"中的区域重叠，拓扑"data_Topology2"中有一处拓扑错误违反了规则"不能与其他要素重叠"，如图 14.32 所示。

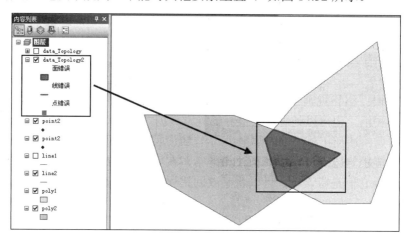

图 14.32　重叠错误

1. 使用编辑工具条

操作方法如下。

（1）单击"编辑器工具条"中的"编辑器"按钮，在下拉菜单中选择"开始编辑"命令，开始数据编辑。

（2）单击"编辑器工具条"中的"编辑工具"按钮，双击出现拓扑错误的要素，使之进入编辑状态。

（3）将"poly1"中要素的折点拖动到"poly2"要素的结点处，如图 14.33 所示。

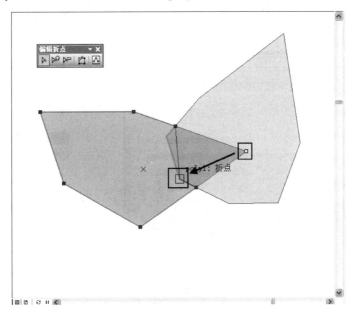

图 14.33 拖动结点

（4）使用同样的方法调整其他结点位置，如图 14.34 所示。

（5）单击"编辑折点"对话框中的"完成草图"按钮，结束编辑，如图 14.35 所示。

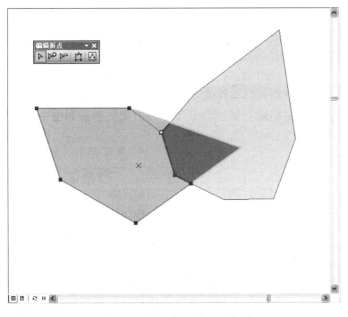

图 14.34 调整其他结点的位置

图 14.35 完成草图

（6）结束编辑后图形形状发生改变，如图 14.36 所示。

（7）单击"拓扑"工具条中的"拓扑"下拉列表，选中需要验证的拓扑"data_Topology2"，并单击"验证当前范围中的拓扑"按钮，进行拓扑规则重新验证，如图 14.37 所示。

（8）图形中违反拓扑规则的问题已经全解决，重新验证后，图层"poly1"和图层"poly2"的要素变化，如图 14.38 所示。

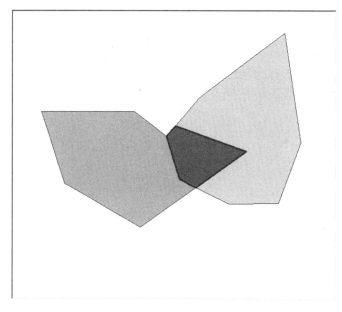

图 14.36　调整后图形形状

图 14.37　验证当前范围中的拓扑　　　　　　　图 14.38　无拓扑错误

2. 使用拓扑工具中的编辑工具

下面仍以上例中出现的违反拓扑规则问题为例，介绍使用拓扑工具中的编辑工具进行要素形状编辑的操作方法。

（1）单击"编辑器工具条"中的"编辑器"按钮，在下拉菜单中选择"开始编辑"命令，开始数据编辑。

（2）单击"拓扑"工具条中的"拓扑编辑工具"按钮，并将鼠标移至"poly2"要素位置，单击使该要素高亮显示，而此时编辑工具条中的"修改边"、"修整边工具"和"显示共享要素"按钮均高亮显示，如图 14.39 所示。

（3）单击"修改边"按钮，弹出"编辑折点"对话框，同时目标要素处于可编辑状态，如图 14.40 所示。

（4）使用"编辑折点"对话框中的工具按钮进行要素形状修改即可。

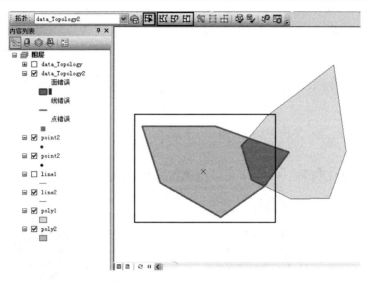

图 14.39 使用拓扑编辑工具

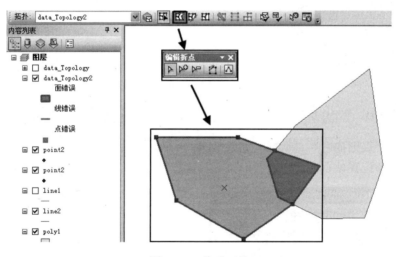

图 14.40 修改工具

14.2.2 纠正拓扑错误

前面提到的使用拓扑工具或者编辑器工具进行要素编辑的过程，实际上是修改要素图形使其符合拓扑规则的过程。

在发现了拓扑错误之后，有多种方式可以对其进行修改，前面提到了，拓扑工具条和拓扑快捷菜单中提供了纠正拓扑错误的快捷方案，而这些方案是针对不同的拓扑错误设计的。对于不同的拓扑错误，修改方法都不相同。

接下来仍以上例中在拓扑"data_Topology2"中拓扑规则为"不能与其他要素重叠"，即"poly1"中的区域不能与"poly2"中的区域重叠为例，介绍使用拓扑工具条和快捷菜单纠正拓扑错误的方法。

1．使用拓扑工具

具体操作方法如下。

（1）单击"编辑器工具条"中的"编辑器"按钮，在下拉菜单中选择"开始编辑"命令，开始数据编辑。

（2）单击"拓扑"工具条中的"修复拓扑错误工具"按钮，并将鼠标移到错误位置，如图 14.41 所示。

（3）右击单击快捷菜单，选择"显示规则描述"命令，如图 14.42 所示。

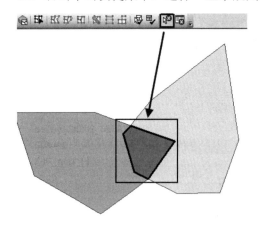

图 14.41　使用修复拓扑错误工具　　　　　图 14.42　选择"显示规则描述"命令

（4）弹出"规则描述"对话框，如图 14.43 所示。

（5）在拓扑位置处右击，弹出快捷菜单，选择"合并"命令，如图 14.44 所示。

图 14.43　"规则描述"对话框　　　　　　图 14.44　选择"合并"命令

△提示：这里可以看到，针对该"不能与其他要素重叠"的拓扑错误，系统提出了不同解决方法，其中可用的是"剪除"和"合并"，根据实际需要选择合适的方法即可。

（6）弹出"合并"设置对话框，选择将与错误合并的要素，这里选择"poly1-1"，完成后单击"确定"按钮，如图 14.45 所示。

（7）选择"合并"命令后，违反拓扑规则的问题被解决，如图 14.46 所示。

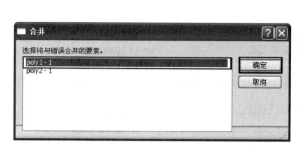

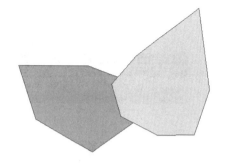

图 14.45　合并错误要素

图 14.46　违反拓扑规则被解决

2．在错误检查器中解决拓扑错误

在错误检查器中解决拓扑错误，是在实际操作中经常使用的方法，可以根据查询条件很明了地查看拓扑错误，操作方法如下。

（1）单击"编辑器工具条"中的"编辑器"按钮，在下拉菜单中选择"开始编辑"命令，开始数据编辑。

（2）单击"拓扑"工具条中的"错误检查器"按钮，则"错误检查器"窗口被自动放置在 ArcMap 界面的下侧位置。单击"显示"下拉列表框，选择显示"所有规则中的错误"或者符合某一拓扑规则的错误。根据操作中的需要勾选"错误"、"异常"或"仅搜索可见范围"复选框，如图 14.47 所示。

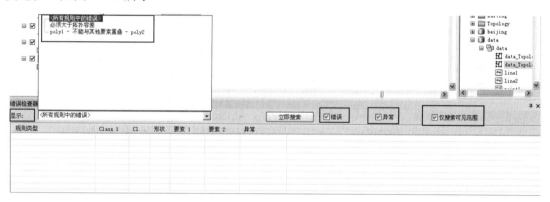

图 14.47　错误检查器

（3）在下面拓扑错误列表中将出现所有拓扑错误的列表，该例中拓扑错误有一处，如图 14.48 所示。

规则类型	Class 1	Cl...	形状	要素 1	要素 2	异常
不能与其他要素重叠	poly1	poly2	面	1	1	False

图 14.48　拓扑错误列表

（4）右击拓扑错误，弹出快捷菜单，在其中选择解决方法，这里仍然选择"合并"命令，如图 14.49 所示。

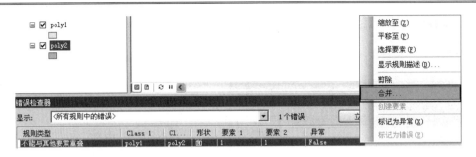

图 14.49　选择"合并"命令

（5）弹出"合并"设置对话框，选择将与错误合并的要素。

（6）违反拓扑规则的问题被解决。

14.2.3　用拓扑工具生成新要素

实际应用中，经常会遇到在现有要素基础上生成新要素的情况，比如，已知道路的轮廓线，需要根据这些轮廓线要素生成道路的面状要素，以方便一些分析等后续操作的进行。

比较常用的工具是大家比较熟悉的 Toolbox 工具中由线构面的工具，这里不予介绍。

而拓扑工具条也提供了生成新要素的途径，下面简单介绍一下操作方法。

（1）单击"编辑器工具条"中的"编辑器"按钮，在下拉菜单中选择"开始编辑"命令，开始数据编辑。

（2）在"创建要素"窗口中单击"line1"线状图层，则该图层被设置为要素创建的目标图层。

（3）单击"构造工具"中的"圆形"工具，鼠标移至地图区域，构造一个圆形线状要素。

（4）在"内容列表"窗口中勾选图层"poly2"，使其可见，在地图区域内可以看到该图层内有一个多边形面状要素。同时使"line1"图层可见，可以看到该图层内有一个圆形线状要素，如图 14.50 所示。

（5）在"创建要素"窗口中单击图层"poly2"，使该图层成为目标图层，如图 14.51 所示。

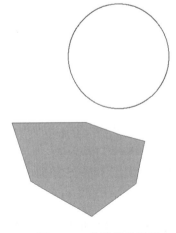

图 14.50　构造线状要素

图 14.51　使面状图层成为目标图层

（6）单击"line1"中的线状要素，使其处于被选中状态，单击"拓扑"工具条中的"构造面"工具，如图 14.52 所示。

（7）弹出"构造面"设置对话框，在其中设置"拓扑容差"，如图 14.53 所示。

（8）单击"模板"按钮，弹出"选择要素模板"对话框，可以看到图层"poly2"被选中。如果需要更改面创建的目标图层如"poly1"，可以单击该图层使之被选，如图 14.54 所示。

（9）仍以图层"poly2"为目标图层，则可以看到在该图层中新建一个由线状要素构成的面，如图 14.55 所示。

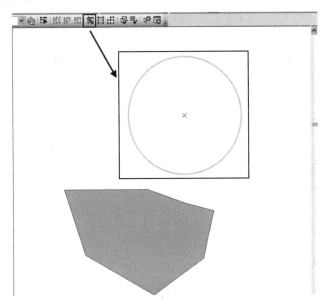

图 14.52　选择"构造面"工具

图 14.53　设置拓扑容差

图 14.54　选择要素模板

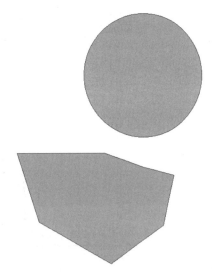

图 14.55　新构面

14.3　在 ArcMap 中创建地图拓扑

本节重点介绍在 ArcMap 中创建地图拓扑的基本流程，包括编辑公共几何图形、重建拓扑缓存、清除选中的拓扑元素、查找共享拓扑元素的要素、通过编辑草图来进行拓扑编辑、编辑拓扑要素时拉伸要素、捕捉拓扑结点及拓扑图层符号相关操作。

14.3.1　创建地图拓扑实例

本小节介绍一个创建地图拓扑的实例，来说明普通创建地图拓扑的方法流程。首先在需要创建地图拓扑之前，需要把准备好的数据加载到地图上。这里以 6 个图层"point1"、"point2"、"line1"、"line2"、"poly1"和"poly2"为例，进行相关介绍。

（1）单击"编辑器工具条"中的"编辑器"按钮，在下拉菜单中选择"开始编辑"命令，开始数据编辑。

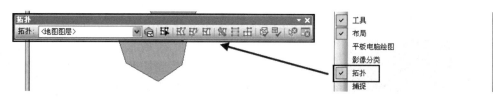

图 14.56　加载拓扑工具条

（2）单击"拓扑"工具条中的"地图拓扑"按钮，弹出地图拓扑设置对话框，在"要素类"选项组中选择要参与到地图拓扑中的数据，并设置"拓扑容差"，完成后单击"确定"按钮，如图 14.57 所示。

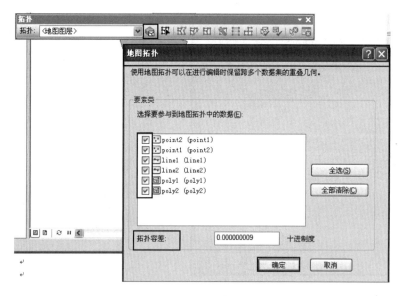

图 14.57　地图拓扑对话框

注意：注记、标注和关系类及几何网络或地理数据库拓扑中的要素类不能被添加到地图拓扑中。而关于地图拓扑簇容限，默认值是最小可能的簇容限值，增大簇容限或许会造成更多的要素捕捉在一起并被视为是重合的，这样设置簇容限值会导致空间数据下降。

14.3.2　编辑公共几何图形

拓扑编辑工具可以用来选择并修改可能被多个要素共用的边和结点，也可以用来选择并移动定义边形状的单个顶点。当使用拓扑编辑工具移动顶点、边和结点时，所有与这些点、边等相关的要素都会被修改。下面介绍编辑公共几何图形的相关内容。

1．选择移动结点、边

具体操作方法如下。

单击拓扑工具条上的"拓扑编辑工具"按钮，移动至地图范围内，并单击想要选择移动的结点或边，移动即可。移动结点或边时，所有共用这些结点或边的要素都会被修改，如图 14.58 和图 14.59 所示。

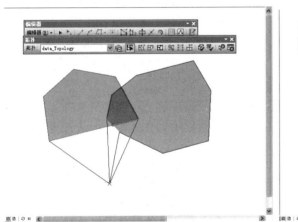
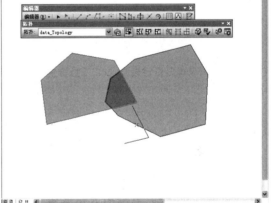

图 14.58　选择移动结点　　　　图 14.59　选择移动边

技巧：在选择结点的时候按住 N 键，可以确保选择的是结点，没有选择边。在选择边的时候按住 E 键即可。

2．通过给定的 X 和 Y 距离移动拓扑元素

具体操作方法如下。

（1）单击拓扑工具条上的"拓扑编辑工具"按钮，移动至地图范围内，并单击想要选择移动的结点或边。

（2）右击目标结点或边，在弹出的快捷菜单中选择"移动"命令，如图 14.60 所示。

（3）弹出"移动增量 x，y"对话框，在其中输入 x，y 值，如图 14.61 所示。

图 14.60　选择"移动"命令

图 14.61　移动增量 x，y

（4）完成后单击键盘上的 Enter 键即可。

3．移动拓扑元素到指定的位置

具体操作方法如下。

（1）单击拓扑工具条上的"拓扑编辑工具"按钮，移动至地图范围内，并单击想要选择移动的结点或边。

（2）右击目标结点或边，在弹出的快捷菜单中选择"移动到 x，y"命令。

（3）弹出"移动到 x，y 对话框"，在其中输入经度、维度值并选择单位，如图 14.62 所示。

4．用选择锚拆分边

具体操作方法如下。

（1）在拓扑工具条上单击"拓扑编辑工具"按钮。

（2）将鼠标移动到需要拆分的边的位置，在需要拆分的目标位置单击，右击弹出快捷菜单，选择"在锚点处分割边"命令，如图 14.63 所示。

图 14.62　"移动到 x，y"对话框

图 14.63　选择"在锚点处分割边"命令

（3）边将在目标点处被分割。

5．以距离端点一定距离拆分边

具体操作方法如下。

（1）在拓扑工具条上单击"拓扑编辑工具"按钮。

（2）将鼠标移动到需要拆分的边的位置，在需要拆分的目标位置右击，弹出快捷菜单，选择"按距离分割边"命令。

（3）弹出"按距离分割边"对话框，此对话框中显示边长度数值；在"分割"选项组中，选择"沿边距离"或者"边长度百分比"方式进行分割，并输入相应数值；在"方向"选项组中选择"从边的起点开始"或者"从边的终点开始"单选按钮。完成后单击"确定"按钮，如图 14.64 所示。

6．移动边上的公共结点端点

具体操作方法如下。

（1）单击"编辑器"工具条中的"编辑器"按钮，在下拉菜单中选择"捕捉"|"捕捉工具条"命令。

（2）弹出"捕捉"设置对话框，单击"捕捉"按钮，在弹出的下拉菜单中选择"捕捉到拓扑结点"命令，如图 14.65 所示。

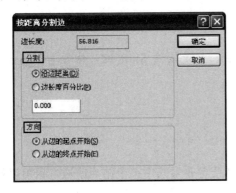

图 14.64　按距离分割边　　　　　　图 14.65　选择"捕捉到拓扑结点"命令

（3）鼠标移动至需要拆分的边的位置右击，在弹出的快捷菜单中选择"在锚点处分割边"命令，该操作生成新的结点，捕捉这条边的端点结点。

（4）单击并移动，则边的端点结点被移动到新位置，并且保持了原来的拓扑关系。

14.3.3　重建拓扑缓存

当用拓扑编辑工具选择拓扑元素的时候，ArcMap 创建了拓扑缓存。拓扑缓存存储了当前显示范围内的要素的边和结点间的拓扑关系。

当执行放大或缩小地图操作之后，新的地图范围内的一些要素可能没有在拓扑缓存中，需要重缓存来包含这些元素。

也可以重建拓扑缓存来删除创建的用于捕捉和编辑的临时拓扑结点。

下面介绍一下重建拓扑缓存的方法。

在拓扑工具条上单击"拓扑编辑工具"按钮，移动到地图上，右击，弹出快捷菜单，选择"构建拓扑缓存"命令，如图 14.66 所示。

14.3.4　清除选中的拓扑元素

清除选中拓扑元素的操作方法如下。

在拓扑工具条上单击"拓扑编辑工具"按钮，移动到地图上右击，弹出快捷菜单，选择"清除所选拓扑元素"命令，如图 14.67 所示。

图 14.66　选择构建拓扑缓存命令　　　　图 14.67　清除所选拓扑元素

技巧：清除选择拓扑元素还有一种简单办法，就是按住 Shift 键，然后单击结点或边，即可清除选中的元素。

14.3.5　查找共享拓扑元素的要素

拓扑元素可以被多个元素共用，可以选择查看要素共用某个结点或边，也可以控制被共享的要素是否受对给定边或结点所做编辑的影响。

下面介绍显示公共要素的操作方法。

（1）在拓扑工具条上单击"拓扑编辑工具"按钮。

（2）单击一条边或结点，使之被选中，右击弹出快捷菜单，选择"显示共享要素"命令，如图 14.68 所示。

（3）弹出"共享要素"对话框，单击高亮显示，如图 14.69 所示。

图 14.68　选择"显示共享要素"命令　　　　图 14.69　"共享要素"对话框

注意：不选择某共享元素，则该要素将不被共享。这种不共享状态是暂时的，当该要素不被选中时就会取消。

14.3.6　编辑拓扑要素时拉伸要素

在移动拓扑边上的结点或顶点时，可以拉伸共用拓扑元素的要素的几何图形。这里介绍一下具体操作方法。

（1）单击"编辑器工具条"上的"编辑器"按钮，在下拉菜单中选择"选项"命令，弹出"编辑选项"对话框。单击"常规"标签，勾选"移动折点时相应拉伸几何"复选框，完成后单击"确定"按钮，如图 14.70 所示。

（2）单击"拓扑工具条"上的"拓扑编辑工具"按钮，双击目标边的结点，使其处于可编辑状态。

（3）捕捉到结点后拖动鼠标，可以看到拓扑几何被按比例拉伸，如图 14.71 所示。

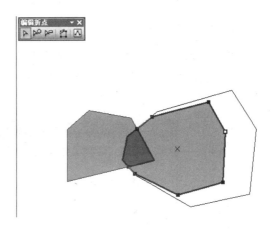

图 14.70　移动折点时相应拉伸几何　　　　　　图 14.71　拉伸几何

14.3.7　捕捉拓扑结点

捕捉拓扑结点的技巧在前面的相关章节中已经使用过，这里总结一下具体的操作方法。

（1）单击"编辑器工具条"上的"编辑器"按钮，在弹出的下拉菜单中选择"捕捉"｜"捕捉工具条"命令，弹出"捕捉"设置对话框，如图 14.72 所示。

（2）单击对话框中的"捕捉"按钮，在弹出的下拉菜单中勾选"捕捉到拓扑结点"选项，如图 14.73 所示。

14.3.8　拓扑元素的符号

拓扑中的错误要素在默认的情况下被以一种特定的颜色绘制成点、线和面状符号，同样地，拓扑元素的结点和边在默认情况下也以一种特定的颜色以点状或线状符号显示。这里介绍一下如何自定义设置选中的错误元素及拓扑元素的符号。

图 14.72 打开捕捉对话框

图 14.73 捕捉到拓扑结点

操作方法如下。

（1）单击"编辑器工具条"上的"编辑器"按钮，在弹出的下拉菜单中选择"选项"命令，弹出"编辑选项"设置对话框，单击"拓扑"标签，进入拓扑相关设置界面，如图 14.74 所示。

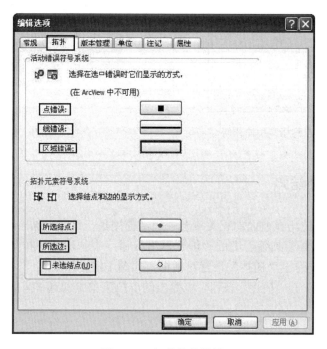

图 14.74 拓扑符号设置

（2）在"活动错误符号系统"选项组中，单击"点错误"后面的符号按钮，将会弹出点符号选择器，在其中进行点的符号选择和设置，如图 14.75 所示。

图 14.75　点错误符号选择

（3）在"活动错误符号系统"选项组中，单击"线错误"或"面状错误"后面的符号按钮，同样将会弹出符号选择器，在其中进行符号选择即可。

（4）在"拓扑元素符号系统"选项组中，单击"所选结点"、"所选边"或"未选结点"后面的符号按钮，同样将会弹出符号选择器，在其中进行符号选择和设置即可。

提示：这里未选结点的可视性可以有所选择地设置。当勾选"未选结点"前面的复选框时，未选结点将在地图上显示，否则不显示。符号同样可以用上述方法进行选择和设置，具体操作不再赘述。

14.3.9　改变拓扑图层的符号

符号系统中，可以选择改变拓扑图层中错误要素、异常、脏区域在地图上的显示方式。错误的点、线、多边形在默认情况下用一种颜色绘制，而异常和脏区域在默认情况下不显示，当然同样可以设置其为可视状态。

符号化拓扑中相关错误或者异常符号更容易理解数据存在的问题。而绘制显示脏区域可以更容易地看出受编辑操作影响的区域及还需要校验的区域。

本小节介绍如何改变拓扑错误、异常及脏区域的符号。

1. 拓扑错误

操作方法如下。

（1）在 ArcMap 主界面的内容列表中右击拓扑图层，在弹出的快捷菜单中选择"属性"命令，弹出"图层属性"设置对话框。

（2）单击"符号系统"标签，出现符号系统设置界面，在界面左侧的显示栏内，列举了拓扑错误、拓扑异常和脏区的复选框。

（3）单击"面错误"可以看到右侧的符号系统设置栏中有"单一符号"选项和"按错误类型符号化"选项，本例中，面错误的类型有两种："必须大于拓扑容差"和"不能与其他要素重叠"。可以根据需要选择，这里选择单一符号，如图14.76所示。

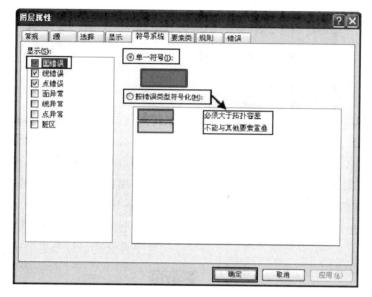

图 14.76　面错误符号化

（4）单击"单一符号"后的符号按钮，弹出符号选择器，进行选择和更改，设置符号的"填充颜色"、"轮廓宽度"和"轮廓颜色"，完成后退出符号选择器，如图14.77所示。

（5）完成后单击"确定"按钮即可。

🔔提示：线错误和点错误的符号化方法类似，这里不再赘述。

2．拓扑异常

下面以"点"异常的设置方法为例，介绍拓扑异常符号设置的具体过程。

（1）在 ArcMap 主界面的内容列表中右击拓扑图层，在弹出的快捷菜单中选择"属性"命令，弹出图层属性设置对话框。

图 14.77　修改符号

（2）单击"符号系统"标签，出现符号系统设置界面，在界面左侧的显示栏内单击"点异常"。可以看到右侧的符号系统设置栏中有"单一符号"选项和"按错误类型符号化"选项，而这里根据拓扑规则，异常类型只有一种或没有时，"按错误类型符号化"选项置灰。

（3）选择单一符号，完成后单击"确定"按钮即可。如图14.78所示。

（4）单击"单一符号"后的符号按钮，弹出符号选择器，进行选择和更改，设置符号的"填充颜色"、"大小"和"角度"，完成后退出符号选择器，如图14.79所示。

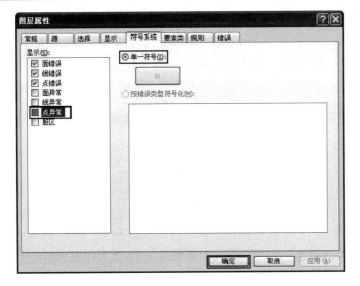

图 14.78　点异常符号设置　　　　　　　　图 14.79　修改符号

3．脏区域

拓扑脏区域符号设置的具体过程如下。

（1）在 ArcMap 主界面的内容列表中右击拓扑图层，在弹出的快捷菜单中选择"属性"命令，弹出"图层属性"设置对话框。

（2）单击"符号系统"标签，出现符号系统设置界面，在界面左侧的显示栏内单击"脏区域"。

（3）选择单一符号，完成后单击"确定"按钮即可。如图 14.80 所示。

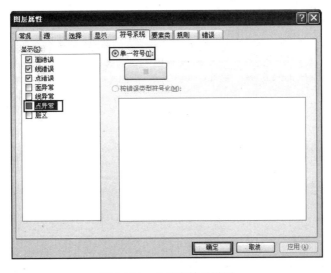

图 14.80　点异常符号设置

（4）单击"单一符号"后的符号按钮，弹出符号选择器，进行选择和更改，设置符号的"填充颜色"、"轮廓宽度"和"轮廓颜色"，完成后退出符号选择器即可。

第 4 篇　地理数据的查询和管理

第 15 章　数据表的使用

从本章开始进行地理数据的查询和管理相关内容和篇幅的介绍。

在 ArcMap 中以属性表的形式来组织和管理要素的属性信息，每一条地理要素的记录都以行的形式记录在表中，而表中的列描述了地理要素的一个特定属性。

表存储在数据库中，如 INFO、Microsoft Access、dBASE、FoxPro、Oracle 和 SQL Server 等，因此 ArcMap 数据表的使用和操作也具有关系数据库表操作的特点。

本章具体介绍 ArcMap 中数据表使用的相关内容。

15.1　数据表的基本知识

在介绍数据表操作的有关内容之前，首先介绍一下数据表的基本知识。本节从数据表的概念、数组成等方面，详细介绍数据表的基本构成和内容。

15.1.1　什么是数据表

广义上讲，数据表是数据库中一个非常重要的对象，是其他对象的基础。没有数据表，关键字、主键、索引等也就无从谈起。在数据库画板中可以显示数据库中的所有数据表。创建数据表，修改表的定义等数据表是数据库中一个非常重要的对象，是其他对象的基础。

数据表（或称表）是数据库最重要的组成部分之一。数据库只是一个框架，数据表才是其实质内容。

为减少数据输入错误，并能使数据库高效工作，表设计应按照一定原则对信息进行分类，同时为确保表结构设计的合理性，通常还要对表进行规范化设计，以消除表中存在的冗余，保证一个表只围绕一个主题，并使表容易维护。

而在 ArcMap 中，数据表的与图层紧密相连，记录了图层中要素记录的属性信息，每一条信息记录都对应了图层中的一个要素，ArcMap 中数据表的创建和结构设计也是在其管理平台 ArcCatalogue 中进行的。

15.1.2　数据表的组成

ArcMap 中数据表的组成包含行、列结构，行中存储的是要素记录，列中存储的是字段属性内容。在数据表中可以进行不同方式数据选择、字段管理、表关联操作、报表操作及表外观设置等相关操作。前面数据编辑等章节的介绍中已经接触过数据表的内容，已有直观印象，如图 15.1 所示。

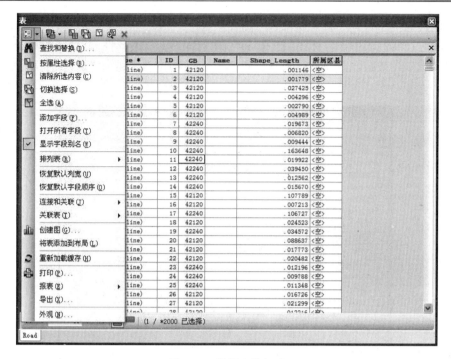

图 15.1　数据表的组成

15.2　ArcMap 中数据表的操作

在本节中将会介绍 ArcMap 中数据表的打开、加载和属性表显示等基本的数据表操作方法。

15.2.1　打开图层的属性表

打开图层的属性表可以查看地图中某个图层的属性，并且可以在属性表中进行选择和查找具有特定属性的操作，这是较为常用的操作之一。可以一次打开多个表，例如在一个.mxd 文档中有多个图层，同时打开多个图层的属性表就可以同时进行这些属性表的浏览查看。

这里以同时打开图层"Road"和"Railway"属性表为例，介绍同时打开多个表的方法及打开效果。具体操作如下。

（1）在内容列表找到目标图层"Road"，右击，在弹出的快捷菜单中选择"打开属性表"命令，如图 15.2 所示。

（2）在内容列表中找到目标图层"Railway"，右击，

图 15.2　打开目标图层属性表

在弹出的快捷菜单中选择"打开属性表"命令。

（3）此时在属性表中，目标图层"Road"和"Railway"的属性表已经同时被打开，在表头单击"表选项"按钮，在其下拉菜单中选择"排列表"|"新建水平选项卡组"命令，如图15.3所示。

图 15.3　选择新建水平选项卡组命令

（4）"Road"和"Railway"的属性表将按水平方式在表中显示，如图 15.4 所示。

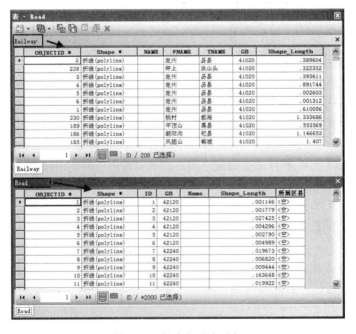

图 15.4　新建水平选项卡

（5）在表头单击"表选项"按钮，在其下拉菜单中选择"排列表"|"新建垂直选项卡组"命令，"Road"和"Railway"的属性表将按垂直方式在表中显示，如图 15.5 所示。

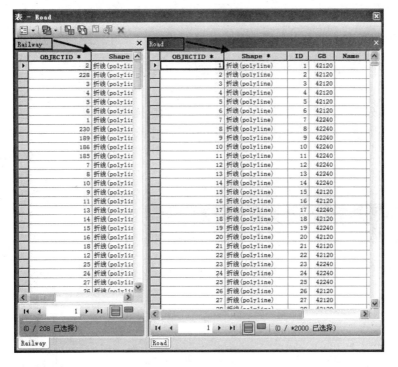

图 15.5　新建垂直选项卡

15.2.2　加载和导出表数据

在 ArcMap 中，数据表除了作为图层的属性表存储之外，还可以单独存放，这些表格数据可以像图层一样被作为表添加到地图中，并和图层连接起来。表连接的操作方法在后续章节中会有介绍。

本小节介绍如何向地图中加载一个现有的表格数据，以及如何将图层的表记录导出成不同格式的表数据的方法。

1．向地图加载已有表数据

具体操作方法如下。

（1）单击"标准工具条"中的"添加数据"按钮，在其弹出的快捷菜单中选择"添加数据"命令，如图 15.6 所示。

图 15.6　添加数据

（2）弹出"添加数据"对话框，在其中浏览找到目标表"road.dbf"，单击后将在"名称"中显示该目标表的名字，完成后单击"添加"按钮，如图 15.7 所示。

（3）目标数据将被添加。

2．导出图层要素记录为表数据

同样，也可以将图层的要素记录导出为单独的表数据而脱离图层存在，其具体操作方法如下。

（1）在内容列表找到目标图层，右击，在弹出的快捷菜单中选择"打开属性表"命令。

（2）在表头单击"表选项"按钮，在其下拉菜单中选择"导出"命令，如图 15.8 所示。

图 15.7　添加表数据

图 15.8　导出表

（3）弹出"导出数据"设置对话框，在"导出"下拉列表框中选择"所选记录"或者"所有记录"，在"输出表"栏中选择输出表的位置，完成后单击"确定"按钮，如图 15.9 所示。

（4）导出过程结束后弹出提示对话框，单击"是"按钮可以将该表直接加载到当前地图，如图 15.10 所示。

图 15.9　导出数据对话框

图 15.10　是否加载对话框

15.2.3　表的显示

单独存放的数据表在内容列表中可以显示，但是地图中无法显示其记录，这里介绍如何显示单独存放的表。

具体操作方法如下。

（1）在 ArcMap 主界面中单击"内容列表"窗口，单击"按源列出"按钮，在可以看到在文件夹中有一个独立于 GeoDatabase 数据库存在的表"road"存在，如图 15.11 所示。

（2）右击表"road"，在弹出的快捷菜单中可以看到该表相关操作的命令选项，包括打开表操作、连接和关联操作命令、移除、数据操作、编辑要素操作、地理编码地址、显示路径时间、显示 XY 数据及属性等。读者可以一一试着练习，这里不再赘述，如图 15.12 所示。

图 15.11　单独存在的表

图 15.12　表相关操作命令

15.3　数据表中的记录

数据表中的记录对应的是地理图层中一个个要素的属性描述信息，在数据表中可以进行记录操作、字段操作等，本节重点介绍这些内容。

15.3.1　记录的定位、显示和选择

下面分别介绍记录的定位、显示分类和选择的操作方法。

1．记录的定位

可以使用表窗口底端的指向按钮来快速移动到表中下一条、上一条、第一条和最后一条记录。如果知道具体的记录编号，可以输入该编号来进行记录的定位和浏览。

这里以查找数据表"Road"中第 187 条记录，并在此查询结果的基础上浏览 186 条和 188 条，浏览第 1 条和最后 1 条记录为例，介绍一下记录浏览的基本操作方法。

（1）右击目标图层"Road"，在弹出的快捷菜单中选择"打开属性表"命令。

（2）单击属性表下端的记录浏览控制窗口，在"转到特定记录"框中输入数值"187"，如图 15.13 所示。

图 15.13　转到特定记录

（3）单击"移动到前一条记录"按钮，记录跳到 186 条，如图 15.14 所示。

（4）单击"移动到后一条记录"按钮，记录跳到 188 条，如图 15.15 所示。

图 15.14　移动到前一条记录

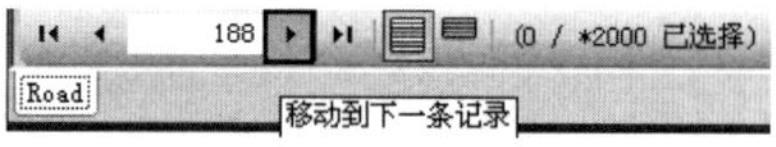

图 15.15　移动到后一条记录

（5）单击"移动到表开始处"按钮，记录跳到第 1 条，如图 15.16 所示。

（6）单击"移动到表开始处"按钮，记录跳到最后一条，可以看到这里总的记录条数显示为 273893，如图 15.17 所示。

图 15.16　移动到第一条记录

图 15.17　移动到表结束处

2．记录的显示

下面介绍显示特定属性的记录的操作方法。

（1）右击目标图层"Road"，在弹出的快捷菜单中选择"打开属性表"命令。

（2）单击包含要搜索属性记录的列的标题。

（3）单击表头的"表选项"按钮，在弹出的下拉菜单中选择"查找和替换"命令，如图 15.18 所示。

（4）弹出"查找和替换"对话框，在"查找内容"中输入需要查找的内容；设置"文本匹配"的方式；设置"搜索"的方式；勾选"仅搜索所选字段"复选框；设置完成后单击"查找下一个"按钮，如图 15.19 所示。

图 15.18　选择查找和替换命令

图 15.19　设置查找内容

3. 记录的选择

在 ArcMap 中有多种选择要素的方法。一种方法是通过属性表选择记录，可以通过直接单击记录或者按条件选择的方式进行。一旦定义了选择，会看到这些要素在地图上高亮显示。下面介绍交互式选择记录、按属性选择记录、选择所有记录和切换选中集的方法。

1）交互式选择记录

具体操作方法为：右击目标图层"Road"，在弹出的快捷菜单中选择"打开属性表"命令；单击表中要选择记录的最左边列，单击或拖动鼠标即可进行单独或连续选择，属性表选中的要素在地图上会被高亮显示，如图 15.20 所示。

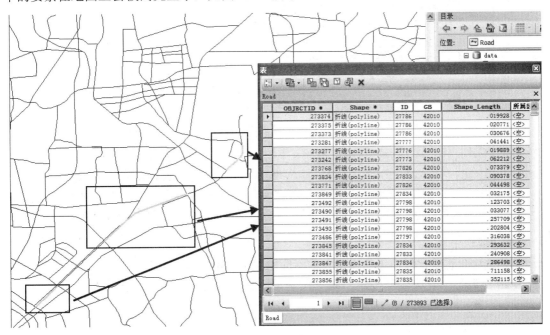

图 15.20　交互式选择记录

2）按属性选择记录

按属性选择记录的方法与主菜单"选择"|"按属性选择"方法类似，但是数据表中的属性选择对话框中设计了创建新选择内容、添加到当前选择内容、从当前选择内容中移除，以及从当前选择内容中选择 4 种不同的选择记录方法，这些方法可以使目标表中要素记录的选择更加灵活。接下来简单介绍在数据表中按属性选择记录的方法。

（1）打开目标属性表，单击表头的"表选项"按钮，在弹出的下拉菜单中选择"按属性选择"命令，如图 15.21 所示。

图 15.21　属性表中按属性选择命令

（2）弹出"按属性选择"对话框，从"方法"下拉列表框中选择属性选择方式；选择字段及不等式选项设置选择条件，这里对具体方法不再赘述。单击"保存"按钮将选择条件保存，同样可以单击"加载"按钮选择已有的条件，如图 15.22 所示。

3）选择所有记录

选择所有记录是比较简单但是经常遇到的操作，这里简单介绍一下该命令。

单击表头的"表选项"按钮，在下拉菜单中选择"全选"命令即可，如图 15.23 所示。

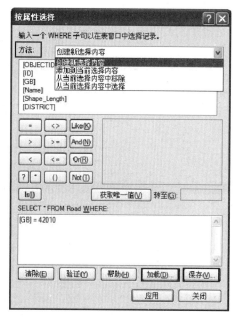

图 15.22 按属性选择对话框

图 15.23 选择所有记录

4）切换选中集

切换选中集也是比较简单的操作，实际应用中经常用到，这里简单介绍一下该命令。

单击表头的"表选项"按钮，在下拉菜单中选择"切换选择"命令即可，如图 15.23 所示。

15.3.2 添加/删除字段

添加/删除字段操作除了可以在创建图层的时候进行之外，属性表中也提供了添加/删除字段的命令，下面分别介绍一下其操作方法。

1．添加字段

（1）文档处于非编辑状态，单击属性表表头的"表选项"按钮。

（2）在下拉菜单中选择"添加字段"命令，弹出"添加字段"对话框，在"名称"文本框中输入字段名称；在"类型"下拉列表框中选择字段类型；在"字段属性"选项组中输入"别名"、"允许空值"、"默认值"及"属性域"等，如图 15.24 所示。

（3）完成后单击"确定"按钮即可。

图 15.24 添加字段

2．删除字段

删除字段操作较为简单，实际上字段对应的是属性表中的列，每一个字段都对应其中的一个列，删除表中的列即可删除代表该属性的字段，具体操作如下。

右击属性表中的目标列，在弹出的快捷菜单中选择"删除字段"命令即可，如图 15.25 所示。

15.3.3　字段计算器的使用

字段计算器的使用方法如下。

右击目标字段名称，在弹出的快捷菜单中选择"字段计算器"命令，弹出"字段计算器"对话框。在"解析程序"选项组中单击选择"VB 脚本"或者"Python"；在"字段"列表框中选择字段参与计算；选择"类型"；在"功能"列表框中选择合适的计算函数；勾选"显示代码块"复选框；完成后单击"确定"按钮，如图 15.26 所示。

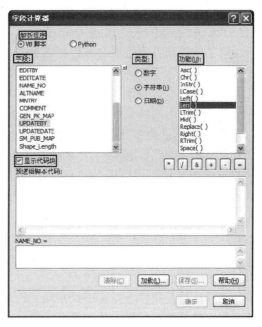

图 15.25　删除字段命令　　　　　　　　　图 15.26　字段计算器

技巧：在使用字段计算器时要注意使文档处于编辑会话状态。当不处于编辑会话状态时，ArcMap 仍然将允许字段计算器执行操作，但此时计算结果将无法撤销。

15.4　连接属性表

属性表连接是比较重要的知识点，本节将重点介绍，请读者关注。

下面介绍在属性表操作的快捷命令选项中连接属性表的一些特点。

❑ 当执行属性连接或关系类连接时，数据将会动态地连接到一起，此时的连接结果不会保存到数据库中，同时在基础连接表中所做的编辑会显示在追加的列中。

❑ 启动编辑会话时，可编辑目标表的列，但不能直接编辑追加列中的数据。如果添加字段，则字段会被添加到目标表或图层中，而不会对连接表造成影响。但在计算目标表列中的值时，可以引用追加的列。

❑ 可将多个表或图层连接到一个表或图层，并且可将关系类连接与属性连接混合使用。移除某个连接表时，同时会移除在该表之后所连接的表中的所有数据，但会保留之前所连接的表中的数据。移除连接后，基于追加列的符号系统或标注会恢复到默认状态。

❑ 属性表操作的快捷命令选项可以将图层或表（连接表）中的数据追加到所选表或图层（目标表）中，并且在该对话框设置中提供了两种连接方式选项，即：既可以基于属性或预定义的地理数据库关系类来定义连接，也可以按位置定义连接（也称作空间连接）。

❑ 支持连接不同数据源的数据。例如，可以将 dBASE 表连接到 coverage，也可以将来自 OLEDB 连接的表连接到 shapefile。

当然，除了使用属性表连接命令进行属性表连接之外，还可以使用 ArcToolbox 中的以下地理处理工具来执行连接。这些工具在执行实际的后台连接处理时与对话框不同，当处理特大数据集时，可使用这些地理处理工具来获得最佳性能，并且可以创建地理处理模型和脚本使这些工具组合使用达到最优和自动化。在 ArcGIS 10 中，这些工具分别是：

❑ "分析工具" | "叠加分析" | "空间连接工具"
❑ "数据管理工具" | "连接" | "添加连接工具"
❑ "数据管理工具" | "连接" | "移除连接工具"

本节分别介绍使用属性表命令选项对话框连接属性表和使用地理处理工具连接属性表的方法。

15.4.1　连接和移除连接

连接和移除连接是属性表操作中经常遇到的操作。连接属性表主要是通过关联字段将不同属性表进行连接从而得到最大化的内容结果。本小节介绍连接属性表和移除连接的方法。

1. 连接属性表

使用属性表的快捷菜单连接属性表的操作方法如下。

（1）右击目标图层，在弹出的快捷菜单中选择"连接和关联" | "连接"命令，如图 15.27 所示。

（2）弹出"连接数据"对话框，在"要将哪些内容连接到该图层"下拉列表框中选择"表的连接属性"选项；在"选择该图层中连接将基于的字段"下拉列表框中选择字段，比如这里选择"Name"字段；在"选择要连接到此图层的表，或者从磁盘加载表"下拉列表框中选择目标属性表，如这里选择"Streams"；勾选"显示此列表中的图层的属性表"复选框；在"选择此表中要作为连接基础的字段"下拉列表框中选择字段，如这里选择"Name"字段。

在连接选项选项组中选择"保留所有记录"单选按钮，如图 15.28 所示。

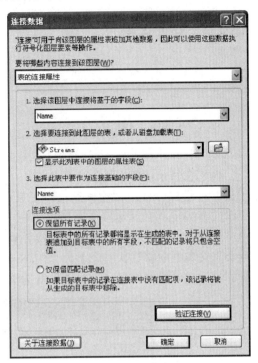

图 15.27　选择连接命令　　　　　　　　　图 15.28　连接数据对话框

（3）设置完成后单击"验证连接"按钮，则系统将进入连接验证的过程，如图 15.29 所示。

（4）验证过程中将会弹出索引创建提示对话框，单击"是"或"否"按钮，如图 15.30 所示。

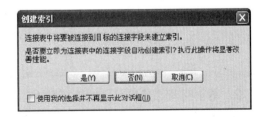

图 15.29　连接验证　　　　　　　　　　图 15.30　创建索引

2．移除连接

使用属性表的快捷菜单移除属性表连接的操作方法如下。

右击目标图层，在弹出的快捷菜单中选择"连接和关联"|"移除连接"|"移除所有连接"

命令即可。

15.4.2　空间连接

本小节分别介绍使用空间连接工具连接数据的方法，以及在属性表连接对话框中完成另一个基于空间位置的图层连接的操作过程。

1．空间连接工具

使用空间连接工具进行属性表连接的方法如下。

（1）在目录窗口中找到"工具箱"|"系统工具箱"|"分析工具"|"叠加分析"|"空间连接"工具，如图 15.31 所示。

图 15.31　选择空间连接工具

（2）弹出"空间连接"对话框，在"目标要素"下拉列表框中选择目标要素图层表，在"连接要素"下拉列表框中选择连接要素图层表，在"输出要素类"文本框中将默认生成名为"* _SpatialJoin"的要素类，路径默认目标要素所在空间数据库。勾选"保留所有目标要素"复选框，完成后单击"确定"按钮，如图 15.32 所示。

图 15.32　"空间连接"对话框

2．基于空间位置的图层的连接数据

使用属性表的快捷菜单连接属性表的操作方法如下。

（1）右击目标图层，在弹出的快捷菜单中选择"连接和关联"|"连接"命令。

（2）弹出连接数据属性表对话框，在"要将哪些内容连接到该图层"下拉列表框中选择"另一个基于空间位置的图层的连接数据"选项；在"选择要连接到此图层的图层，或者从磁盘加载空间数据"下拉列表框中选择图层；为新图层指定输出位置，完成后单击"确定"按钮，如图 15.33 所示。

15.4.3　添加连接工具

添加连接工具的操作方法如下。

（1）在目录窗口中找到"工具箱"|"系统工具箱"|"数据管理工具"|"连接"|"添加连接"工具，如图 15.34 所示。

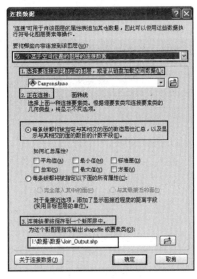

图 15.33　基于空间位置的图层连接

图 15.34　添加连接工具

（2）弹出"添加连接"对话框，在该对话框中输入图层名或表视图；在"输入连接字段"下拉列表框中选择合适的输入连接字段；在"连接表"下拉列表框中选择合适的连接表；在"输出连接字段"下拉列表框中选择合适的字段，如图 15.35 所示。

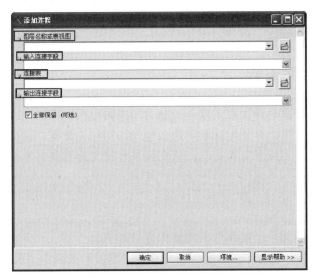

图 15.35　添加连接对话框

（3）完成后单击"确定"按钮即可。

15.4.4　移除连接工具

使用移除连接工具实现连接表的移除的操作方法也比较简单，具体如下。

（1）在目录窗口中找到"工具箱"|"系统工具箱"|"数据管理工具"|"连接"|"移除连接"工具，如图 15.34 所示。

（2）弹出"移除连接"对话框，在其中输入"图层名称或表视图"，在"连接"下拉列表框中输入连接表，如图 15.36 所示。

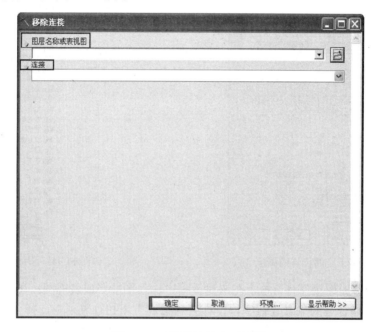

图 15.36　"移除连接"对话框

（3）完成后单击"确定"按钮即可。

15.4.5　关联和移除关联

关联实际上是将数据与该图层关联在一起。与连接操作一样，关联数据不能被追加到该图层的属性表中，但是可以在使用此图层的属性时访问相关数据。值得注意的是，在图层和相关数据之间存在一对多或多对多关联，建立关系显得尤为重要。本小节将分别介绍关联和移除关联的操作方法。

1．关联

使用属性表的快捷菜单连接属性表的操作方法如下。

（1）右击目标图层，在弹出的快捷菜单中选择"连接和关联"|"关联"命令，如图 15.37 所示。

（2）弹出"关联"对话框，在"选择该图层中关联将基于的字段"下拉列表框中选择合适的字段；在"选择要关联到此图层的表或图层，或者从磁盘加载"下拉列表框中选择图层表；在"选择关联表或图层中要作为关联基础的字段"下拉列表框中选择合适的字段；为关联选择一个名称，完成后单击"确定"按钮，如图 15.38 所示。

图 15.37　选择关联命令选项

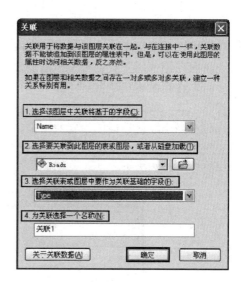

图 15.38　"关联"设置对话框

2．移除关联

移除关联的操作方法如下。

右击目标图层，选择"连接和关联"|"移除关联"|"关联 1"命令，即可移除名称为"关联 1"的表关联。而如需要移除所有的关联，则要右击目标图层，选择"连接和关联"|"移除关联"|"移除所有关联"命令，如图 15.39 所示。

图 15.39　移除关联和移除所有关联

15.4.6　连接字段

连接字段的操作是基于公用属性字段将一个表的内容连接到另一个表。输入表将被更新，从而包含连接表中的字段。可选择将连接表中的哪些字段添加到输入表中。

根据输入连接字段和输出连接字段的值，输入表中的记录将与连接表中的记录进行匹配。还可以从连接表中选择所需的字段，并在连接时将其追加到输入表。

下面介绍使用工具连接字段的操作方法。

（1）在目录窗口中找到"工具箱"|"系统工具箱"|"数据管理工具"|"连接"|"添加连接"工具，如图 15.34 所示。

（2）弹出连接字段的设置对话框，在"输入表"下拉列表框中选择目标表；在"输入连接字段"下拉列表框中输入连接字段；在"连接表"下拉列表框中选择连接表；在"输出连接字段"下拉列表框中选择合适的字段，设置完成后单击"确定"按钮，如图 15.40 所示。

图 15.40　连接字段对话框

> 🔔注意：有关连接、关联的概念与操作，这里需要补充一点，如果既要对数据执行连接又要执行关联，则连接和关联的创建顺序将非常重要。如果图层或表具有关联，则当数据与该图层或表相连接时，关联将被移除。如果在连接的图层或表上执行关联操作，则当移除连接时关联也会被移除。作为一般的经验规则，最好先创建连接，然后再添加关联。连接表所拥有的关联不会受到连接的影响，但是目标表或图层无法访问关联。

第 16 章　以图表的方式展示数据

图表是比较易于理解而直观的传递地图信息及要素之间相互关系的表达方式。图表的展示，既可以是对地理素附加信息的补充，也可以作为直接表达地图数据的方式。

而在 ArcGIS 10 中，图表功能做了较多改进和扩展，本章将对这些方面一一予以介绍。

16.1　图表基本介绍

图表是比较常用的功能之一，在 ArcGIS 10 中，图表功能做了较多改进和扩展，本节重点介绍在新版本的 ArcMap 中图表的新特性及可以创建的图表类型分类。

16.1.1　ArcGIS 10 中图表的新特性

在新版本 ArcGIS 10 中，图表功能除将图表类型做了增加之外，还将该功能打包成为 GeoProcessing 的工具，这样就可以在 GP 工具中使用该功能。另外还支持在 ArcGlobe 和 ArcScene 中创建图表。接下来分别介绍这些新特性。

1. 菜单功能

在以往版本中，图表功能是在主菜单 Tool 下的命令选项，在 ArcGIS 10 的版本中，图表功能在主菜单"视图"下，具体打开方法如下。

选择 ArcMap 主菜单下的"视图" | "图"命令选项，在其中找到有关表的相关命令选项，包括图表的创建、创建散点图矩阵、图表管理和图表加载命令等，如图 16.1 所示。

2. 新增图表类型

图 16.1　图表相关命令

在新版本中新增了两类图表类型：泡状图和极坐标图。其中泡状图是以要素的三个变量为绘图基础，将某图层要素的三个变量绘制在一个直角坐标系上，以其中两个变量 x, y 坐标确定圆心，第三个变量作为半径画圆。而极坐标图在反映方向性数据上比较有优势。

下面分别展示一下这两种不同的图表类型的出图效果，在后面的图表创建方法中还会详细介绍不同类型图表的创建方法。这里以某地区某行业污染指数的图表统计为例进行介绍。

❏ 泡状图：直观明了，在反映三个重要变量的总体效果方面表现突出，比如该例中确定圆心的两个变量 x, y 是污染源的地理坐标位置，而第三个变量是其污染指数，如图 16.2 所示。

❏ 极坐标图：很好地反映了数据的方向性特点，比如该例中半径反映了污染指数，即表示了污染程度，而角度则表示污染源的来源方向，如图 16.3 所示。

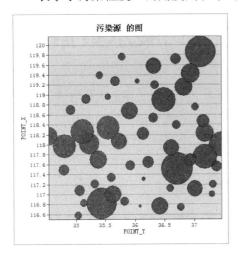

图 16.2　泡状图效果

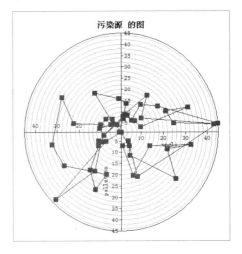

图 16.3　极坐标图效果

3．创建图表工具

使用图表工具的具体操作方法如下。

（1）在"目录"窗口中打开工具箱，选择"工具箱"|"系统工具箱"|"数据管理工具"|"图表"|"生成图表"命令，如图 16.4 所示。

（2）弹出"生成图表"对话框，在"输入图形模板或图形"下拉列表框中选择图形模板；输入系列选项组中将会显示引用模板的设置界面，如本例中引用的模板为"垂直条块"图表类型模板；单击"数据集"后的下拉箭头，选择目标数据集；单击 X（optional）后的下拉箭头，选择合适的字段；单击 Y 后的下拉箭头，选择合适的字段。在"图形常规属性"设置界面中设置合适的标题、副标题和页脚；在"图例属性"设置界面中设置合适的标题；在轴（左）中设置合适的标题；在轴（右）中设置合适的标题；在轴（上）中设置合适的标题；在轴（下）中设置合适的标题；在"输出图形名称"文本框中输入合适的输出图形名称，如图 16.5 所示。

图 16.4　生成图表工具

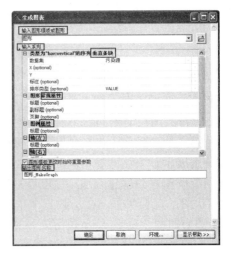

图 16.5　生成图表设置对话框

（3）完成后单击"确定"按钮，生成的图表将会被自动弹出到地图文档界面。

4．支持在ArcScene中和ArcGlobe中创建图表

在 ArcScene 中和 ArcGlobe 中创建图表的方法实际上与在 ArcMap 地图文档中创建图表的方法一致，同样，在 ArcScene 中和 ArcGlobe 创建的图表也支持 3D 文档存储。

这里简单介绍一下命令的启动方法，图表具体创建过程和方法请参考后面的创建图表章节。

1）ArcScene 中的图表功能

操作方法为选择主菜单中"视图"|"图"命令，并根据实际应用需要选择其后的创建、管理或加载等操作，如图 16.6 所示。

2）ArcGlobe 中的图表功能

操作方法为选择主菜单中"视图"|"图"命令，并根据实际应用需要选择其后的创建、管理或加载等操作，如图 16.7 所示。

图 16.6　ArcScene 中的图表功能　　　　图 16.7　ArcGlobe 中的图表功能

16.1.2　可创建的图表类型

在 ArcGIS 10 中支持的图表类型有以下几种：垂直条块、条块最小值和最大值、水平条块和直方图等条块图表；垂直线和水平线等线图表；垂直区域和水平区域等面积图表；以及散点图、箱形图、泡状图、极坐标和饼图等。并支持创建散点图矩阵。

下面分别介绍这些图表类型的特点。

- ❑ 条块图表：由多个平行的柱组成，每一柱代表一定的属性值。其中直方图可以很方便地比较数量并反映变化趋势。
- ❑ 线状图表：垂直线和水平线等线状图表由在 X,Y 格网上的一条或多条系列符号组成，表现值的连续变化趋势。
- ❑ 面积图表：用线与轴线间的阴影部分面积表示，与线段图一样，面积图表示变化趋势。阴影部分则突出了数量上的差异。
- ❑ 散点图：根据属性值绘制 X,Y 点对，可以用来表示网格上各值之间的关系。

- 泡状图：在二维面上表现要素的三个变量，实际上是散点图的变形。
- 极坐标图表：在反映数据的方向性方面比较有特点。
- 饼图图表：由分割为两个或多个部分的圆圈或饼构成，表示部分与整体之间的关系，特别适合表示比率或比例。可以从中间将饼切开，用高亮度显示。

16.2　图表的相关操作

本节重点介绍各个类型图层的创建方法、如何进行图表管理、如何保存和加载图表，以及如何导出图表等内容。

16.2.1　不同类型图表的创建

这里以某地区某项污染源指标的数据为基础，介绍基于该数据的不同类型图表的创建方法。其中图层"污染源"是该例子中需要创建图表的目标数据图层，字段"pollution"中的数值是污染源的污染指数；字段"angle"中的数值是该污染源的主要影响方向；而字段"POINT_X"和"POINT_Y"中分别存储了污染点的坐标位置数据。

接下来分别介绍各种类型图表的创建方法。

1. 垂直条块

垂直条块图表的具体创建过程如下。

（1）选择 ArcMap 主菜单下的"视图"|"图"|"创建"命令选项，如图 16.8 所示。

（2）弹出"创建图向导"对话框，在其中进行相关设置。在"图类型"下拉列表中选择"垂直条块"类型选项；在"图层/表"下拉列表框中选择"污染源"图层；

图 16.8　选择创建图表命令

在"值字段"下拉列表框中选择"pollution"字段作为垂直条块的高度值；在"X 字段（可选）"下拉列表框中选择"POINT_X"字段作为其值；设置 X 标注字段、垂直轴、水平轴；勾选"添加到图例"复选框；勾选"显示标注（注记）"复选框，在对话框右侧的图表预览中将及时出现图表设置效果，如图 16.9 所示。

（3）在"颜色"下拉列表框中有与图层匹配、选项板和自定义三类选项，这里选择"选项板"，并选择该选项中提供的"彩色蜡笔"颜色方案，如图 16.10 所示。

（4）在"条块样式"中有多种样式可供选择：矩形、金字塔、倒金字塔、圆柱、椭圆、箭头、矩形梯度、圆锥、平头斜接、斜立方体、菱形、反向箭头、倒圆锥形等，在表达不同的行业数据时，这些样式各有优势。这里选择常用的"矩形"样式，如图 16.11 所示。

（5）在"多条块类型"下拉列表框中，有不同的类型选项：侧、堆积、100%堆积、所有并排、自堆积或者选择无，这里选择"侧"选项，如图 16.12 所示。

（6）在"条块大小"后的微调框中调整数值，设置条块大小，如图 16.13 所示。

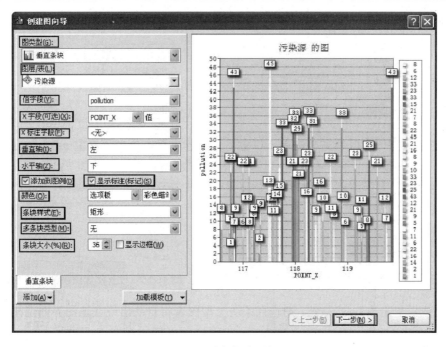

图 16.9　垂直条块图向导

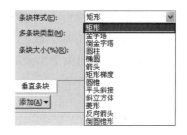

图 16.10　垂直条块配色方案

图 16.11　矩形条块样式

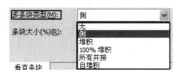

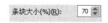

图 16.12　选择多条块类型

图 16.13　设置条块大小

（7）这里还可以根据需要进行新建系列或函数的添加。单击"添加"按钮，在弹出的下拉菜单中选择"新建系列"命令，则设置界面将跳入第二个垂直条块的设置过程，可以在此设置新的图表效果，如图 16.14 所示。

（8）回到第一个垂直条块的设置界面，单击"下一步"按钮，进入下一步设置界面。勾选"在图中显示所有要素/记录"选项，勾选"高亮显示当前选择的要素/记录"复选框；设置"常规图属性"选项组中的"标题"和"页脚"；勾选"以 3D 视图形式显示图"选项，将设置图表效果以 3D 形式出现，本例中该选项不做勾选，即使图表以二维形式出现。勾选"图例"复选框，并输入图例"标题"和图例"位置"；在"轴属性"选项组中设置轴属性，如图

16.15 所示。

图 16.14　添加新系列

图 16.15　设置常规图属性

（9）完成后单击"完成"按钮，则垂直条块类型图表将自动出现在地图界面上，如图 16.16 所示。

2．条块最小值和最大值

条块最小值和最大值类型图表的设置方法与垂直条块类型图表的设置方法类似，这里不再赘述，读者可以参考垂直条块类型图表的创建过程进行练习。

3．水平条块

水平条块图表的创建过程具体如下。

（1）选择 ArcMap 主菜单下的"视图"|"图"|"创建"命令选项。

（2）弹出"创建图向导"对话框，在其中进行相关设置。在"图类型"下拉列表框中选择"水平条块"类型选项；在"图层/表"下拉列表框中选择"污染源"图层；在"值字段"下拉列表

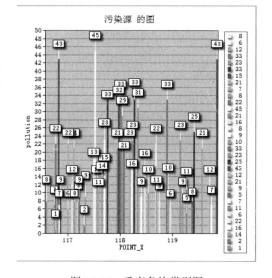

图 16.16　垂直条块类型图

框中选择"pollution"字段作为水平条块的长度值；在"Y 字段（可选）"下拉列表框中选择"POINT_Y"字段作为其值；设置 Y 标注字段、垂直轴、水平轴；勾选"添加到图例"复选框；勾选"显示标注（注记）"复选框，如图 16.17 所示。

（3）在"颜色"下拉列表框中有与图层匹配、选项板和自定义三类选项，这里选择"与图层匹配"，在"条块样式"下拉列表框中选择"箭头"样式，在"多条块类型"下拉列表框中选择"侧"类型；在"条块大小"微调框中调整数值为"70"，如图 16.17 所示。

（4）单击"下一步"按钮，进入下一步设置界面。勾选"在图中显示所有要素/记录"选项，勾选"高亮显示当前选择的要素/记录"复选框；设置"常规图属性"选项组中的"标题"和"页脚"；勾选"以 3D 视图形式显示图"选项，将设置图表效果是否以 3D 形式出现，本

例中该选项不做勾选，即使图表以二维形式出现。勾选"图例"复选框，并输入图例"标题"和图例"位置"；在"轴属性"选项组中设置轴属性，如图 16.18 所示。

图 16.17　水平条块设置界面　　　　　　图 16.18　常规图属性

（5）完成后单击"完成"按钮，则水平条块类型图表将自动出现在地图界面上，如图 16.19 所示。

4．直方图图表

直方图图表的具体创建过程如下。

（1）选择 ArcMap 主菜单下的"视图"|"图"|"创建"命令选项。

（2）弹出"创建图向导"对话框，在其中进行相关设置。在"图类型"下拉列表框中选择"直方图"类型选项；在"图层/表"下拉列表框中选择"污染源"图层；设置垂直轴和水平轴；在"颜色"下拉列表框中选择合适的颜色；在"透明度"微调框中调整数值，这里默认 0，即不设置透明；勾选"显示边框"和"显示线"复选框，如图 16.20 所示。

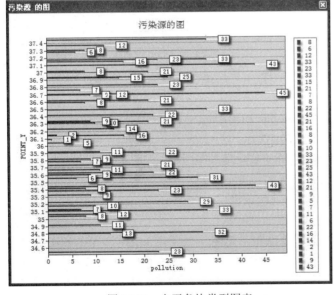

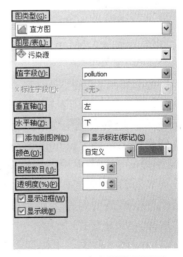

图 16.19　水平条块类型图表　　　　　　图 16.20　直方图设置界面

（3）下面介绍直方图中比较重要的设置参数，即图格数目。在对话框中图格数目以微调框形式设置，这里分别设置 9 和 15 两个数值，生成两个效果的直方图，如图 16.21 和图 16.22 所示。

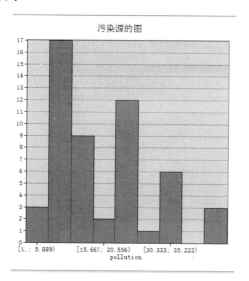

图 16.21　图格数目为 9 的污染源直方图效果

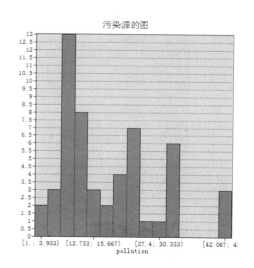

图 16.22　图格数目为 15 的污染源直方图效果

说明：关于直方图的特点前面已经提到过，清晰比较数量并反映变化趋势。该例中污染源污染指数直方图的展示，清楚明了地反映了不同取值空间范围内污染程度的集中状况。其中第一个图表效果将污染指数取值分为 15 个等级，而第二个图表效果将污染指数取值范围分为 9 个等级，以不同的详细等级反映了污染程度。在应用中可以根据需要划分图格数目，以期更加贴近实际应用需要的分析要求。

5．垂直线

垂直线图表的具体创建过程如下。

（1）选择 ArcMap 主菜单下的"视图"|"图"|"创建"命令选项。

（2）弹出"创建图向导"对话框，在其中进行相关设置。在"图类型"下拉列表框中选择"垂直线"类型选项；在"图层/表"下拉列表框中选择"污染源"图层；在"Y 字段"下拉列表框中选择"pollution"字段作为垂直线的长度值；在"X 字段（可选）"下拉列表框中选择字段作为其值或设置无；设置 X 标注字段、垂直轴、水平轴；勾选"添加到图例"复选框；根据需要勾选"显示标注（注记）"复选框，这里不做选择。如图 16.23 所示。

（3）在"颜色"下拉列表框中有与图层匹配、选项板和自定义三类选项，这里选择"选项板"，并选择"彩虹"配色方案，如图 16.24 所示。

图 16.23　垂直线对话框设置

（4）在"阶梯模式"下拉列表框中有关、开和转向三类选项，这里选择"关"。阶梯模式三类选项效果不同，如图 16.25～图 16.27 所示。

图 16.24　垂直线颜色方案

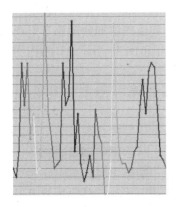

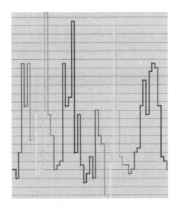

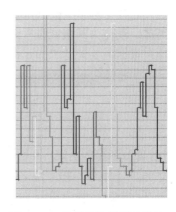

图 16.25　垂直线阶梯模式关　　　　图 16.26　垂直线阶梯模式开　　　　图 16.27　垂直线阶梯模式反转

（5）回到垂直线图表创建设置界面，单击"线"标签，在其中的"宽度"微调框中调整垂直线宽度数值，这里设置为"2"；在"样式"下拉列表框中选择"实线"样式，如图 16.28 所示。

（6）在垂直线图表创建设置界面，单击"符号"标签，在其中的"宽度"微调框中调整垂直符号宽度数值，这里设置为"2"；在"样式"下拉列表框中选择"十字形"样式；在其中的"高度"微调框中调整垂直符号宽度数值，这里设置为"2"；在"颜色"选项中设置合适的选项。如图 16.29 所示。

图 16.28　设置线参数　　　　　　　图 16.29　符号设置界面

（7）同样，这里还可以根据需要进行新建系列或函数的添加。单击"添加"按钮，在弹出的下拉菜单中选择"新建系列"命令，则设置界面将跳入第二个垂直线的设置过程，可以在此设置新的图表效果。

（8）回到第一个垂直线图表创建设置界面，单击"下一步"按钮，进入下一步设置界面。勾选"在图中显示所有要素/记录"选项，勾选"高亮显示当前选择的要素/记录"复选框；设置"常规图属性"选项中的"标题"和"页脚"；勾选"以 3D 视图形式显示图"选项，将设置图表效果以 3D 形式出现，本例中该选项不做勾选，即使图表以二维形式出现；勾选"图例"复选框，并输入图例"标题"和图例"位置"；在"轴属性"选项组中设置轴属性。

（9）完成后单击"完成"按钮，则水平条块类型图表将自动出现在地图界面上，如图 16.30 所示。

6．水平线

水平线操作具体方法如下。

（1）选择 ArcMap 主菜单下的"视图"|"图"|"创建"命令选项。

（2）弹出"创建图向导"对话框，在其中进行相关设置。在"图类型"下拉列表框中选择"水平线"类型选项；在"图层/表"下拉列表框中选择"污染源"图层；在"X 字段"下拉列表框中选择"pollution"字段作为水平线的长度值；在"Y 字段（可选）"下拉列表框中选择字段作为其值或设置无；设置 Y 标注字段、垂直轴、水平轴；勾选"添加到图例"复选框；根据需要勾选"显示标注（注记）"复选框，这里不做选择。如图 16.31 所示。

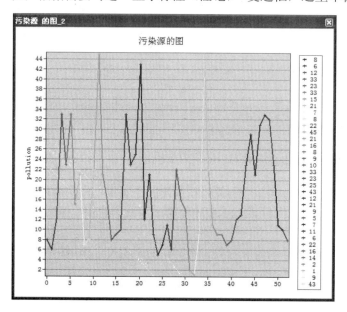

图 16.30　污染源垂直线效果图

图 16.31　垂直线对话框设置

（3）在"颜色"下拉列表框中选择"与图层匹配"配色方案，在"阶梯模式"下拉列表框中选择"关"，单击"线"标签，在其中的"宽度"微调框中调整垂直线宽度数值，这里设置为"2"；在"样式"下拉列表框中选择"实线"样式；单击"符号"标签，在其中的"宽度"微调框中调整垂直符号宽度数值，这里设置为"2"；在"样式"下拉列表框中选择"十字形"样式；在其中的"高度"微调框中调整垂直符号宽度数值，这里设置为"2"；在"颜色"选项中设置合适的选项。

（4）同样，这里还可以根据需要进行新建系列或函数的添加。单击"添加"按钮，在弹出的下拉菜单中选择"新建系列"命令，则设置界面将跳入第二个水平线的设置过程，可以在此设置新的图表效果。

（5）回到第一个水平线线图表创建设置界面，单击"下一步"按钮，进入下一步设置界面。勾选"在图中显示所有要素/记录"选项，勾选"高亮显示当前选择的要素/记录"复选框；设置"常规图属性"选项中的"标题"和"页脚"；勾选"以 3D 视图形式显示图"选项，将设置图表效果是否以 3D 形式出现，本例中该选项不做勾选，即使图表以二维形式出现。勾选"图例"复选框，并输入图例"标题"和图例"位置"；在"轴属性"选项组中设置轴属性。

（6）完成后单击"完成"按钮，则水平线类型图表将自动出现在地图界面上，如图 16.32 所示。

7．垂直区域

垂直区域图表的具体创建过程如下。

（1）选择 ArcMap 主菜单下的"视图"|"图"|"创建"命令选项。

（2）弹出"创建图向导"对话框，在其中进行相关设置。在"图类型"下拉列表框中选择"垂直区域"类型选项；在"图层/表"下拉列表框中选择"污染源"图层；在"值字段"下拉列表框中选择"pollution"字段作为垂直区域的高度值；在"X 字段（可选）"下拉列表框中选择合适的字段作为其值；设置 X 标注字段、垂直轴、水平轴；勾选"添加到图例"复选框；根据需要勾选"显示标注（注记）"复选框，这里不做选择，如图 16.33 所示。

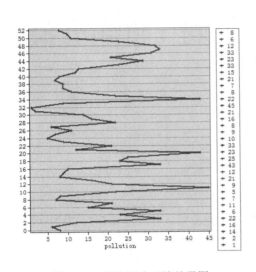

图 16.32　污染源水平线效果图

图 16.33　垂直区域图向导

（3）在"颜色"下拉列表框中有与图层匹配、选项板和自定义三类选项，这里选择"选项板"，并选择该选项中提供的"现代"颜色方案，如图 16.34 所示。

（4）在"多区域类型"下拉列表框中，有不同的类型选项：无、堆积、100%堆积三类选项，这里选择"堆积"选项，如图 16.35 所示。

图 16.34　垂直区域配色方案

图 16.35　选择多区域类型

（5）在"阶梯模式"下拉列表框中有关、开和转向三类选项，这里选择"关"。阶梯模式三类选项效果不同，如图 16.36～图 16.38 所示。

（6）这里还可以根据需要进行新建系列或函数的添加，单击"添加"按钮，在弹出的下拉菜单中选择"新建系列"命令即可。

（7）回到第一个图表的设置界面，单击"下一步"按钮，进入下一步设置界面。勾选"在图中显示所有要素/记录"选项，勾选"高亮显示当前选择的要素/记录"复选框；设置"常规图属性"选项中的"标题"和"页脚"；勾选"以 3D 视图形式显示图"选项，将设置图表效果是否以 3D 形式出现，本例中该选项不做勾选，即使图表以二维形式出现；勾选"图例"复选框，并输入图例"标题"和图例"位置"；在"轴属性"选项组中设置轴属性。

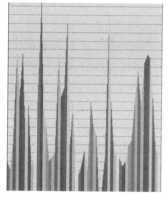
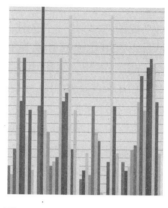
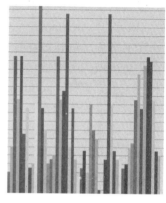

图 16.36　垂直区域阶梯模式关　　图 16.37　垂直区域阶梯模式开　　图 16.38　垂直区域阶梯模式反转

（8）完成后单击"完成"按钮，则垂直区域类型图表将自动出现在地图界面上，如图 16.39 所示。

8. 水平区域

水平区域图表的具体创建过程如下。

（1）选择 ArcMap 主菜单下的"视图"|"图"|"创建"命令选项。

（2）弹出"创建图向导"对话框，在其中进行相关设置。在"图类型"下拉列表框中选择"水平区域"类型选项；在"图层/表"下拉列表框中选择"污染源"图层；在"值字段"下拉列表框中选择"pollution"字段作为垂直区域的高度值；在"Y 字段（可选）"下拉列表框中选择合适字段作为其值；设置 Y 标注字段、垂直轴、水平轴；勾选"添加到图例"复选框；根据需要勾选"显示标注（注记）"复选框，这里不做选择，如图 16.40 所示。

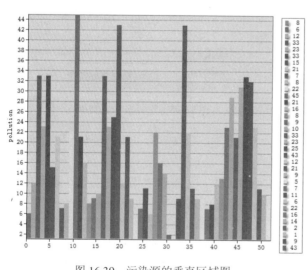

图 16.39　污染源的垂直区域图

图 16.40　水平区域图向导

（3）在"颜色"下拉列表框中有与图层匹配、选项板和自定义三类选项，这里选择"与图层匹配"；在"多区域类型"下拉列表框中，有不同的类型选项：无、堆积、100%堆积三类选项，这里选择"堆积"；在"阶梯模式"下拉列表框中有关、开和转向三类选项，这里选择"关"。

（4）还可以根据需要进行新建系列或函数的添加，单击"添加"按钮，在弹出的下拉菜单中选择"新建系列"命令即可。

（5）回到第一个图表的设置界面，单击"下一步"按钮，进入下一步设置界面。勾选"在图中显示所有要素/记录"选项，勾选"高亮显示当前选择的要素/记录"复选框；设置"常规图属性"选项中的"标题"和"页脚"；勾选"以 3D 视图形式显示图"选项，将设置图表效果以 3D 形式出现，本例中该选项不做勾选，即使图表以二维形式出现。勾选"图例"复选框，并输入图例"标题"和图例"位置"；在"轴属性"选项组中设置轴属性。

（6）完成后单击"完成"按钮，则水平区域类型图表将自动出现在地图界面上，如图 16.41 所示。

9．散点图

垂直区域图表的具体创建过程如下。

（1）选择 ArcMap 主菜单下的"视图"|"图"|"创建"命令选项。

（2）弹出"创建图向导"对话框，在其中进行相关设置。在"图类型"下拉列表框中选择"散点图"类型选项；在"图层/表"下拉列表框中选择"污染源"图层；在"Y 字段"下拉列表框中选择"pollution"字段作为散点的 Y 坐标；在"X 字段（可选）"下拉列表框中选择合适字段作为其值；设置 X 标注字段、垂直轴、水平轴；勾选"添加到图例"复选框；根据需要勾选"显示标注（注记）"复选框，这里不做选择，如图 16.42 所示。

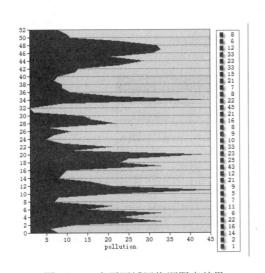

图 16.41　水平区域污染源图表效果

图 16.42　散点图向导

（3）在"颜色"下拉列表框中有与图层匹配、选项板和自定义三类选项，这里选择"与图层匹配"配色方案。

（4）单击符号属性中的"画笔"标签，在"宽度"微调框中调整数值，这里设置为"4"；

在"高度"微调框中调整数值,这里设置为"4";在"样式"下拉列表框中选择"菱形"样式。

(5)单击符号属性中的"边框"标签,在"宽度"微调框中调整数值,这里设置为"1";在"样式"下拉列表框中选择"实线"样式;在"颜色"下拉列表框中选择合适的颜色,如图 16.43 所示。

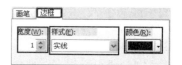

图 16.43　设置边框

(6)这里还可以根据需要进行新建系列或函数的添加。单击"添加"按钮,在弹出的下拉菜单中选择"新建系列"命令即可。

(7)回到第一个图表的设置界面,单击"下一步"按钮,进入下一步设置界面。勾选"在图中显示所有要素/记录"选项,勾选"高亮显示当前选择的要素/记录"复选框;设置"常规图属性"选项中的"标题"和"页脚";勾选"以 3D 视图形式显示图"选项,将设置图表效果以 3D 形式出现,本例中该选项不做勾选,即使图表以二维形式出现。勾选"图例"复选框,并输入图例"标题"和图例"位置";在"轴属性"选项组中设置轴属性。

(8)完成后单击"完成"按钮,则散点类型图表将自动出现在地图界面上,如图 16.44所示。

10. 泡状图

泡状图在本小节中将作为重点类型进行详细介绍,并以污染源例子中的数据为基础,介绍该类型图表的分析效果。

(1)选择 ArcMap 主菜单下的"视图"|"图"|"创建"命令选项。

(2)弹出"创建图向导"对话框,在其中进行相关设置。在"图类型"下拉列表框中选择"泡状图"类型选项;在"图层/表"下拉列表框中选择"污染源"图层;在"半径字段"下拉列表框中选择"pollution"字段作为泡状效果的圆半径;在"Y 字段"下拉列表框中选择合适的字段作为其值;在"X 字段(可选)"下拉列表框中选择合适的字段作为其值;设置 X 标注字段、垂直轴、水平轴;勾选"添加到图例"复选框;根据需要勾选"显示标注(注记)"复选框,这里不做选择,在"颜色"下拉列表框中选择"选项板"类型,并选择"现代"配色方案,如图 16.45 所示。

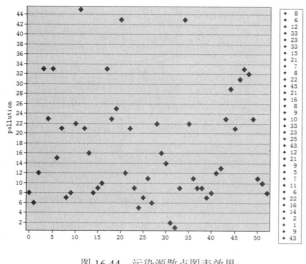

图 16.44　污染源散点图表效果

图 16.45　泡状图创建向导

（3）在对话框中单击"泡状图"标签，设置透明度；勾选"规范化最小值/最大值"复选框，并在其后的微调框中调整其数值大小，如图 16.46 所示。

（4）规范化最小值和最大值的参数设置在实际创建图表中十分有用，特别是合理设置最大值，将直接影响出图效果。下面分别展示两种参数设置效果，一种是合理设置该参数，一种是未合理设置，读者可以对比其效果，并作为实际操作中的参考，如图 16.47 和图 16.48 所示。

图 16.46 规范化最小值/最大值

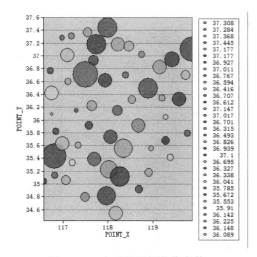

图 16.47 合理设置规范化参数

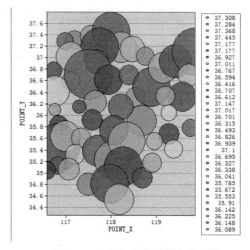

图 16.48 未合理设置规范化参数

（5）回到向导对话框，单击"边框"标签，在其中进行相关设置，如图 16.49 所示。

（6）这里还可以根据需要进行新建系列或函数的添加。单击"添加"按钮，在弹出的下拉菜单中选择"新建系列"命令即可。

图 16.49 边框设置

（7）回到第一个图表的设置界面，单击"下一步"按钮，进入下一步设置界面。勾选"在图中显示所有要素/记录"选项，勾选"高亮显示当前选择的要素/记录"复选框；设置"常规图属性"选项中的"标题"和"页脚"；勾选"以 3D 视图形式显示图"选项，将设置图表效果以 3D 形式出现，本例中该选项不做勾选，即使图表以二维形式出现；勾选"图例"复选框，并输入图例"标题"和图例"位置"；在"轴属性"选项组中设置轴属性。

（8）完成后单击"完成"按钮，则泡状图将自动出现在地图界面上，如图 16.50 所示。

说明：在泡状图效果图中可以看到，大小不一的泡泡代表了不同的污染指数。泡泡半径越大，表明该污染源的污染指数越高，而颜色是由其字段"POINT_Y"决定的。如效果图中蓝色泡泡半径是整个污染源效果图中较大的，表明该处污染源污染指数较高。而颜色是蓝色，在图例中可以找到对应数值。读者可以自行采用个人数据尝试练习，得到所需的图表分析效果。

11. 极坐标

极坐标图在本小节中将作为重点类型进行详细介绍。

（1）选择 ArcMap 主菜单下的"视图"|"图"|"创建"命令选项。

（2）弹出"创建图向导"对话框，在其中进行相关设置。在"图类型"下拉列表框中选择"极坐标"类型选项；在"图层/表"下拉列表框中选择"污染源"图层；在"Radius"中选择"pollution"字段作为泡状效果的圆半径；在"Angle"下拉列表框中选择"angle"字段作为其值；设置 X 标注字段、垂直轴、水平轴；勾选"添加到图例"复选框；根据需要勾选"显示标注（注记）"复选框，这里不做选择；在"颜色"下拉列表框中选择"选项板"类型，并选择"经典"配色方案，如图 16.51 所示。

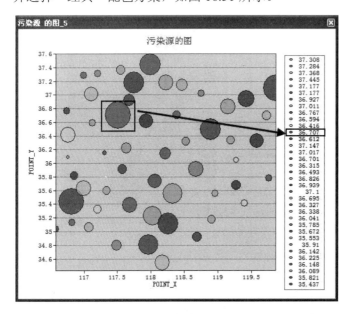

图 16.50　污染源的泡状图效果　　　　　　　　　　图 16.51　极坐标向导

（3）单击符号属性中的"Symbol"标签，在"宽度"微调框中调整数值，这里设置为"4"；在"高度"微调框中调整数值，这里设置为"4"；在"样式"下拉列表框中选择"圆形"样式。

（4）单击符号属性中的"Line"标签，在"宽度"微调框中调整数值，这里设置为"1"；在"样式"下拉列表框中选择"实线"样式；在"颜色"下拉列表框中选择合适的颜色。

（5）这里还可以根据需要进行新建系列或函数的添加。单击"添加"按钮，在弹出的下拉菜单中选择"新建系列"命令即可。

（6）回到第一个图表的设置界面，单击"下一步"按钮，进入下一步设置界面。勾选"在图中显示所有要素/记录"选项，勾选"高亮显示当前选择的要素/记录"复选框；设置"常规图属性"中的"标题"和"页脚"；勾选"以 3D 视图形式显示图"选项，将设置图表效果以 3D 形式出现，本例中该选项不做勾选，即使图表以二维形式出现；勾选"图例"复选框，并输入图例"标题"和图例"位置"；在"轴属性"选项组中设置轴属性。

（7）完成后单击"完成"按钮，则极坐标图将自动出现在地图界面上，如图 16.52 所示。

12.饼图

饼图的创建过程如下。

（1）选择 ArcMap 主菜单下的"视图"｜"图"｜"创建"命令选项。

（2）弹出"创建图向导"对话框，在其中进行相关设置。在"图类型"下拉列表框中选择"饼图"类型选项；在"图层/表"下拉列表框中选择"污染源"图层；在"值字段"下拉列表框中选择"pollution"字段；设置排序字段、标注字段；勾选"添加到图例"复选框；根据需要勾选"显示标注（注记）"复选框，这里不做选择；在"颜色"下拉列表框中选择"选项板"类型，并选择"Victorian"配色方案；设置饼图总角度、旋转饼图、拆分最大的一份，如图 16.53 所示。

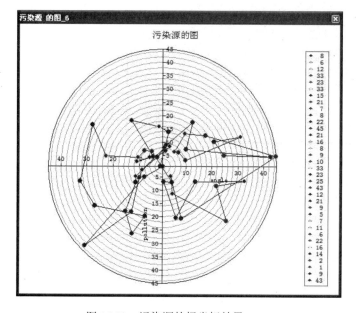

图 16.52　污染源的极坐标效果

图 16.53　饼图向导

（3）这里还可以根据需要进行新建系列或函数的添加。单击"添加"按钮，在弹出的下拉菜单中选择"新建系列"命令即可。

（4）回到第一个图表的设置界面，单击"下一步"按钮，进入下一步设置界面。勾选"在图中显示所有要素/记录"选项；勾选"高亮显示当前选择的要素/记录"复选框；设置"常规图属性"选项中的"标题"和"页脚"。

（5）勾选"以 3D 视图形式显示图"选项，将设置图表效果是否以 3D 形式出现，本例中该选项勾选，即使图表以三维形式出现；勾选"图例"复选框，并输入图例"标题"和图例"位置"；在"轴属性"选项组中设置轴属性。

（6）完成后单击"完成"按钮，则饼图三维效果将出现在地图界面上，如图 16.54 所示。

16.2.2　图表的管理

ArcGIS 10 版本提供了良好的图表管理平台，基于此平台可以方便管理图表、查看图表属性并对其进行修改。另外，图表管理平台中可以进行新建图表操作、加载现有图表操作及图表删除操作。这里将对图表管理的这些功能予以介绍。

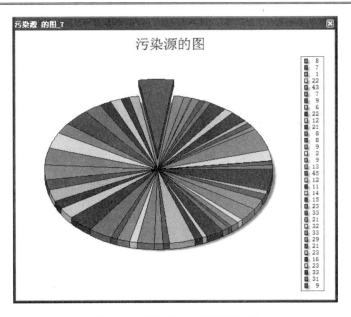

图 16.54　污染源的三维饼图效果

1．新建图表操作

新建图表的操作方法如下。

（1）单击 ArcMap 主菜单"视图"，在弹出的下拉菜单中选择"图"|"管理"命令。

（2）在 ArcMap 主界面中将出现图表管理窗口，在该窗口中包含了图表管理的相关命令按钮，以及现有图表列表。而图表列表中则罗列了图表类型、图表名称及图层/表等，如图 16.55 所示。

（3）单击管理窗口中的"创建新图"按钮，如图 16.56 所示。

图 16.55　图表管理窗口

图 16.56　创建新图

（4）弹出"创建图向导"设置对话框，即可按照前面介绍过的图表创建方法进行所需图表创建。

2．打开现有图表

打开现有图表的操作方法如下：

（1）单击 ArcMap 主菜单"视图"，在弹出的下拉菜单中选择"图"|"管理"命令。

（2）弹出图表管理窗口，单击该窗口中的"加载"按钮，如图 16.57 所示。

图 16.57　加载图表

（3）弹出加载图表对话框，浏览并单击需要加载的图表，在"文件名"文本框中将出现目标图表的名称，如图 16.58 所示。

图 16.58　打开现有图表

（4）单击"打开"按钮即可。

3．删除图表

删除图表的操作方法如下。
（1）单击 ArcMap 主菜单"视图"，在弹出的下拉菜单中选择"图"|"管理"命令。
（2）弹出图表管理窗口，在图表列表中单击需要删除的目标图表，选中后单击该窗口中的"删除"按钮，如图 16.59 所示。

注意：此删除图表的操作不可恢复，并没有是否确认的对话框提示，请注意。

4．查看图表属性

查看图表属性的操作方法如下。
（1）单击 ArcMap 主菜单"视图"，在弹出的下拉菜单中选择"图"|"管理"命令，弹出图表管理窗口。
（2）在图表列表中单击需要查看属性的目标图表，选中后单击该窗口中的"属性"按钮，如图 16.60 所示。

图 16.59　删除选中图表

图 16.60　查看图表属性

（3）将同时弹出目标图表的属性设置对话框和效果图。在"图属性"对话框中可以进行基本属性和外观的相关属性的查看，如图 16.61 所示。

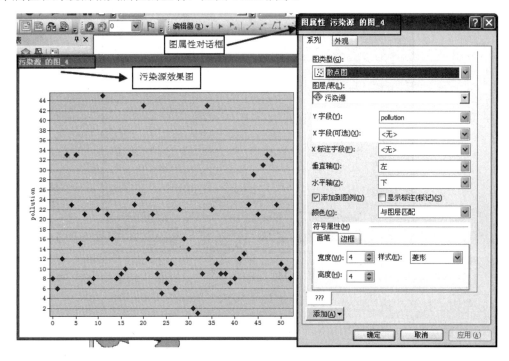

图 16.61　图属性设置

5．修改图表属性

查看图表属性的操作方法如下。

（1）单击 ArcMap 主菜单"视图"，在弹出的下拉菜单中选择"图"|"管理"命令。

（2）弹出图表管理窗口，在图表列表中单击需要查看属性的目标图表，选中后单击该窗口中的"属性"按钮。

（3）将同时弹出目标图表的属性设置对话框和效果图。在"图属性"对话框中可以进行基本属性和外观的相关设置。

（4）修改完成后单击"确定"按钮，即可对修改内容进行保存。

16.2.3　保存和加载图表

针对图表的操作还包括识别、打印、复制、添加到布局及保存导出等，这些都包含在图表右键快捷菜单的命令选项中。本小节介绍保存和加载图表的操作方法。

1．保存图表

保存图表的具体操作步骤如下。

（1）右击目标图表，在弹出的快捷菜单中选择"保存"命令，弹出"另存为"对话框。

（2）这里文件保存格式只能是后缀名为.grf 的文件，而所有保存的文件名默认为图形文件名称，单击文件名高亮显示则可以修改为目标文件名，如图 16.62 所示。

（3）单击"保存"按钮即可。

2．加载图表

除了可以在图表管理平台中进行图表加载之外，还可以在 ArcMap 主菜单中进行该操作，具体执行步骤如下。

（1）单击主菜单中的"视图"命令，在弹出的下拉菜单中选择"图"|"加载"命令，弹出"加载图表"对话框。

（2）浏览并单击需要加载的图表，在"文件名"中将出现目标图表的名称。

（3）单击"打开"按钮，即可完成。

16.2.4　图表的导出

图表可以以多种格式图形进行保存，比如常见的图片格式 Btimap、GIF、JPEG、Metafile、PCX、PDF、PNG、PostScript、SVG 和 XAML(WPF)。而针对不同图表保存格式，可以根据这些文件自身特性进行相关属性设置。

这里分别以 Btimap 和 JPEG 为例，介绍图表的导出过程。

1．导出为Bitmap

导出为 Bitmap 的具体操作步骤如下。

（1）右击目标图表，在弹出的快捷菜单中选择"导出"命令。

（2）弹出导出对话框，单击其中的"Picture"标签，进入图片格式及相关属性设置界面。在"Format"格式选项组中单击"as Bitmap"选项，右侧列表中将出现位图格式设置选项，单击"Options"标签，设置颜色，勾选"Monochrome"复选框设置将图片置为黑白色。单击"Size"标签，设置宽度和高度等参数，如图 16.63 所示。

图 16.62　保存图形对话框

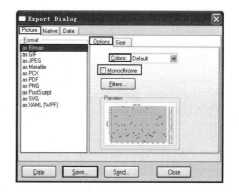

图 16.63　导出为 Bitmap 格式界面

（3）完成后单击"Save"按钮进入保存界面，此时的文件保存格式默认为*.bmp 格式，而文件名则可以自定义输入，完成后单击"保存"按钮即可，如图 16.64 所示。

2．导出为JPEG

导出为 JPEG 的具体操作步骤如下。

（1）右击目标图表，在弹出的快捷菜单中选择"导出"命令。

（2）弹出导出对话框，单击其中的"Picture"标签，进入图片格式及相关属性设置界面。在"Format"格式选项组中单击"as JPEG"选项，右侧列表中将出现 JPEG 格式设置选项，单击"Options"标签，设置相关参数。单击"Size"标签，设置宽度和高度等参数，如图 16.65 所示。

图 16.64　保存为.bmp 图片

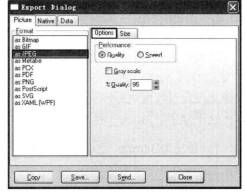

图 16.65　导出为 JPEG 格式界面

（3）完成后单击"Save"按钮进入保存界面，此时的文件保存格式默认为*.JPEG 格式，而文件名则可以自定义输入，完成后单击"保存"按钮即可。

第 17 章　创 建 报 表

本章主要介绍与报表有关的知识，包括报表的基本概念、在地图应用中报表所起到的作用和价值。另外介绍在新版本 ArcGIS 10 中报表功能的新特性及重要改进。除此之外，本章将涉及 ArcGIS 软件之外的软件 Crystal Decision's Reports，即水晶报表的应用。

17.1　什么是报表

在 ArcGIS 10 中，报表以表格的形式有效地显示地图要素的属性信息，是地图应用中极有价值的表现形式之一。当然，报表中的信息还是来源于地理数据中的属性信息。

17.1.1　报表基本概念

简单地说，报表就是用表格、图表等格式来动态显示数据。可以用公式表示为："报表 = 多样的格式 + 动态的数据"。在没有计算机以前，人们利用纸和笔来记录数据，报表数据和报表格式是紧密结合在一起的，都在同一个本子上。数据也只能有一种少数人才能理解的表现形式，且这种形式难以修改。

从广义上讲，报表是企业管理的基本措施和途径，是企业的基本业务要求，也是实施 BI 战略的基础。报表可以帮助企业访问、格式化数据，并把数据信息以可靠和安全的方式呈现给使用者。深入洞察企业运营状况，是企业发展的强大驱动力。

当计算机出现之后，人们利用计算机处理数据和界面设计的功能来生成、展示报表。计算机上的报表的主要特点是数据动态化，格式多样化，并且实现报表数据和报表格式的完全分离，用户可以只修改数据，或者只修改格式。

而报表软件有专门的报表结构来动态地加载数据，同时也能够实现报表格式的多样化。

ArcMap 提供了两种创建报表的方法，一种是使用内置的 ArcMap 报表工具，创建与地图存储在一起的报表。另外，ArcMap 还集成了 Crystal Decision's Reports，即水晶报表，可以快速创建高质量的报表，并把它包含在地图中或分发分享。

17.1.2　ArcGIS 10 中报表新特性

在 ArcGIS 10 中，新的报表功能和以前类似，但是查看功能增强了很多，可以方便地对报表内容进行搜索和导航。此外还可以在对报表进行注释和添加高亮。报表导出功能也新增了很多支持的格式，包括 PDF、HTM、RTF、TIFF、XLS 及 TXT。

报表的另一大改进是报表设计器工具，它允许以所见即所得的方式设计报表的样式。这里分别对 ArcGIS 10 中报表的新特性做相关介绍。

1. 菜单功能

在以往版本中，报表功能是在主菜单工具下的命令选项。在 ArcGIS 10 版本中，报表功能在主菜单"视图"下，具体打开方法如下。

选择 ArcMap 主菜单下的"视图"|"报表"命令选项，在其中找到有关报表的相关命令选项，包括创建报表、加载报表和运行报表等，如图 17.1 所示。

2．内容列表

在新的报表查看界面中，包含了"内容列表"功能，基于该窗口，可以更加方便地对报表内容进行搜索、查看和浏览等操作。

打开内容列表功能方法为：单击报表查看器中的"内容列表"按钮，则在报表查看器中将出现"内容列表"窗口，其中罗列了报表内容和记录，如图 17.2 所示。

图 17.1　报表相关命令

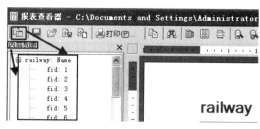

图 17.2　报表内容列表

3．报表设计器

报表设计器功能改进较大，这里采用了类似网页设计软件的所见即所得方式进行报表设计，摒弃了以往版本中一步步进行报表属性设计的方式。所有与报表相关的参数设置，如报表标题字体和标题大小、报表框的基本设置、页面设置、页脚设置及细节设计等都将在该设计器中实现修改与设计。报表设计器界面简洁，功能丰富易懂，如图 17.3 所示。

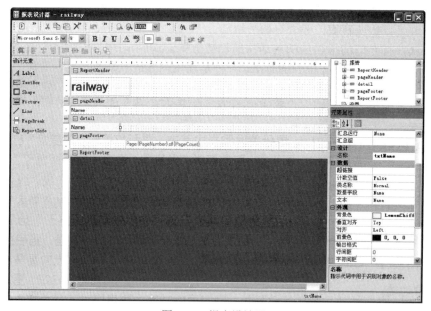

图 17.3　报表设计器

17.2　ArcMap 中报表操作

报表可以组织和显示与地理要素关联的表格数据，在创建报表时可以为其设置很多属性，而一旦报表创建出来之后，还可以在布局视图中将其展示并打印。本节重点介绍如何创建报表，并详细介绍报表创建过程中的注意事项及如何加载和运行报表。

17.2.1　创建报表

在新版本 ArcGIS 10 中，所有报表相关设置都以向导形式进行，本小节介绍创建报表的具体步骤。

（1）选择 ArcMap 主菜单下的"视图"|"报表"|"创建报表"命令选项。

（2）弹出"报表向导"对话框界面，在"图层/表"下拉列表框中选择目标图层，这里选择"point"，从"可用字段"列表中选择字段移动到"报表字段"列表中。在报表视图内容字段中选择字段"pollution"，如图 17.4 所示。

（3）单击"数据集选项"按钮，弹出数据集选择设置对话框，选择在报表中包含的行，完成后单击"确定"按钮保存设置并关闭对话框，如图 17.5 所示。

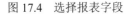
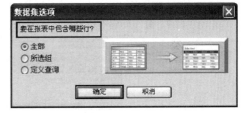

图 17.4　选择报表字段　　　　　　　　　图 17.5　"数据集选项"对话框

（4）系统回到报表向导设置对话框，单击"下一步"按钮，进入分组级别设置界面，选择合适的分组级别字段将使该字段作为单独分组的组名。本例中以字段"name"作为"组级别字段"。操作方法为：在分组级别设置界面中，从"报表字段"列表中选择"name"字段，单击向右选择箭头按钮，则右侧预览图中将出现分组效果，如图 17.6 所示。

（5）单击"分组选项"按钮，弹出"分组间隔"设置对话框，设置"组级别字段"的"分组间隔"，完成后单击"确定"按钮保存设置并关闭对话框，如图 17.7 所示。

（6）系统回到分组级别设置对话框，单击"下一步"按钮，进入报表字段排序界面，在"字段"列表中选择合适的字段及排序方法，如这里选择"pollution"字段"升序"排列方式，如图 17.8 所示。

（7）单击"汇总选项"按钮，弹出"汇总选项"设置对话框，在其中设置需要计算的汇总值，完成后单击"确定"按钮保存设置并关闭对话框，如图 17.9 所示。

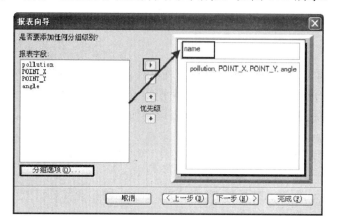

图 17.6　分组级别设置界面

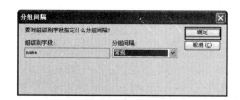

图 17.7　分组间隔对话框

图 17.8　设置排序字段

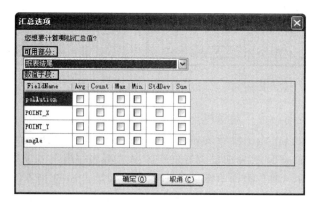

图 17.9　汇总选项对话框

（8）系统回到排序字段设置对话框，单击"下一步"按钮，进入报表布局设置对话框，在"布局"选项组中选择"步进"布局方式，在"方向"选项组中选择"纵向"方向，勾选"调整字段宽度使所有字段都能显示在一页中"复选框，完成后单击"下一步"按钮，如图 17.10 所示。

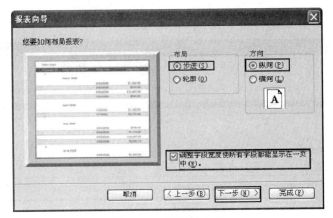

图 17.10 设置表布局

（9）系统进入报表样式选择设置界面，在右侧列表中选择合适样式后，单击进行选择，而在左侧的预览窗口中将出现这些样式的预览效果，完成后单击"下一步"按钮，如图 17.11 所示。

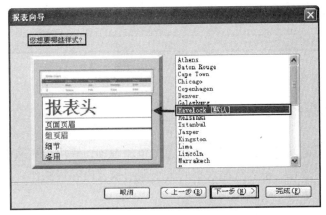

图 17.11 报表样式设置界面

（10）系统进入报表设置最后一步，设置报表标题，单击"预览报表"单选按钮，单击"完成"按钮，如图 17.12 所示。

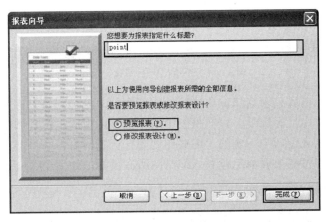

图 17.12 设置报表标题

（11）完成报表生成，系统弹出报表查看器，如图 17.13 所示。

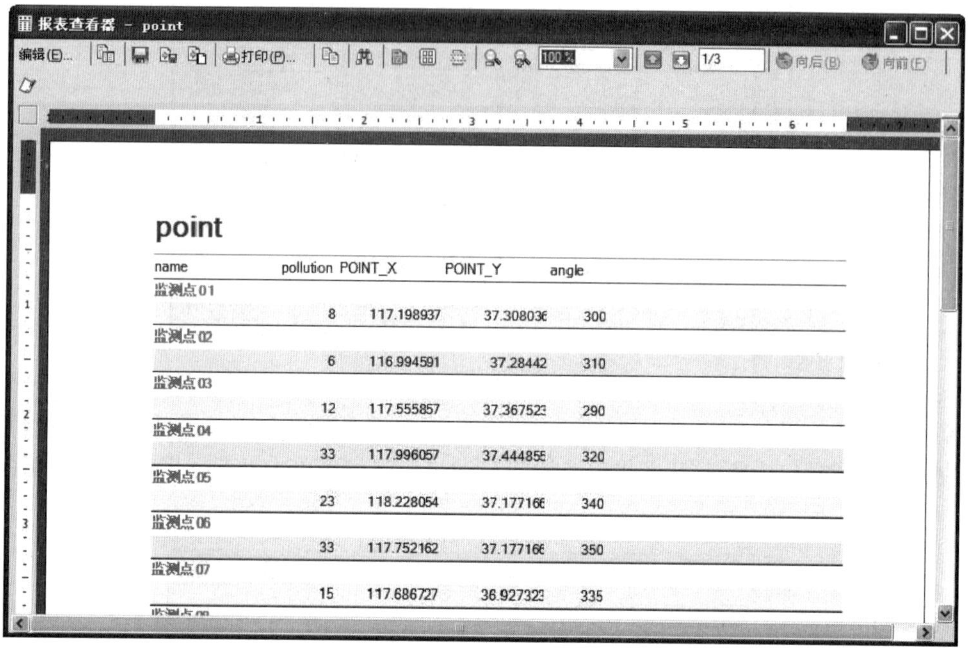

图 17.13　生成报表

17.2.2　报表查看器

在报表查看器中可以进行报表内容的快速浏览和查询、导出报表至文件、添加报表至视图、打印报表、查询报表、多表视图及不同大小显示报表内容等操作。本小节分别介绍这些操作的执行方法。

1．内容列表

内容列表的使用方法如下。

（1）单击报表查看器中的"内容列表"按钮，如图 17.14 所示。

图 17.14　单击"内容列表"按钮

（2）界面中弹出内容列表窗口，单击窗口中下侧的"内容列表"标签，窗口中将展示报表的内容罗列表。单击目标选项，可在报表中定位到该选项所在行，如图 17.15 所示。

（3）单击内容列表窗口中下侧的"缩略图视图"标签，窗口中将展示报表缩略图视图界面，单击目标选项，可在报表中定位到该缩略图所在页面，如图 17.16 所示。

2．保存报表至输出文件

生成的报表可以保存为后缀名为.rdf 的文件，将报表保存至输出文件的操作方法如下。

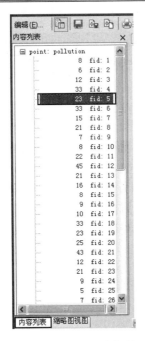

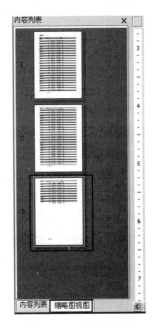

图 17.15　内容列表标签　　　　　　　　　图 17.16　缩略图视图

（1）单击报表查看器中的"保存报表至输出文件"按钮，如图 17.17 所示。

（2）弹出"保存报表文档"设置对话框，在"文件名"
框中输入合适的文件名，"保存类型"默认为后缀名为.rdf 的
文件，完成后单击"保存"按钮，如图 17.18 所示。

图 17.17　保存报表至输出文件

图 17.18　保存报表文档

3．导出报表至文件

ArcMap 中报表导出支持多种文件格式，包括：HTML 格式、便携文档格式、富文本格
式、TIFF 格式、文本格式和 Microsoft Excel 格式等。每种格式的报表导出都涉及相应的文件
设置。这里以便携文档格式（PDF）为例，介绍导出报表至文件的操作方法。

（1）单击报表查看器中的"保存报表至输出文件"按钮，如图 17.19 所示。

图 17.19　保存报表至输出文件

（2）弹出"导出报表"设置对话框，在"导出格式"下拉列表框中选择"以便携文档格式（PDF）"格式，设置文件名及相关属性选项，如图 17.20 所示。

（3）完成后单击"确定"按钮。

4. 添加报表至ArcMap布局

ArcMap 的报表功能可以被添加到布局视图中，作为视图出图的一部分内容进行展示。执行"添加报表至 ArcMap 布局"操作就可以实现这一展示效果，具体步骤方法如下。

（1）单击报表查看器中的"添加报表至 ArcMap 布局"按钮，如图 17.21 所示。

图 17.20　导出报表设置对话框

图 17.21　添加报表至 ArcMap 布局

（2）弹出"添加至地图"设置对话框，在"页面范围"选项组中选择合适的选项，勾选"添加页面边框"复选框，完成后单击"确定"按钮，如图 17.22 所示。

（3）布局视图中将出现报表内容，如图 17.23 所示。

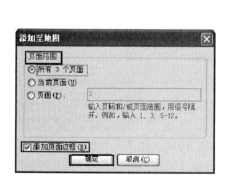

图 17.22　添加至地图

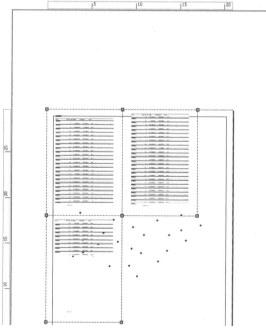

图 17.23　布局视图中报表

5．打印

具体操作方法如下。

（1）单击报表查看器中的"打印"按钮，弹出打印报表设置对话框，如图 17.24 所示。

图 17.24　打印报表

（2）在对话框中设置常规选项，设置页面范围，打印份数等，完成后单击"打印"按钮即可。

6．查找

具体操作方法如下。

（1）单击报表查看器中的"查找"按钮，弹出查找设置对话框，如图 17.25 所示。

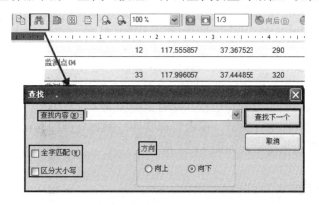

图 17.25　"查找"对话框

（2）在对话框中输入"查找内容"，设置查找方向，并设置是否全字匹配及是否区分大小写等内容。

7．单页、多页视图和连续滚动

报表查看器中的报表浏览支持单页多页视图和连续滚动方式，具体操作方法如下。

（1）单击报表查看器中的"单页视图"、"多页视图"和"连续滚动"按钮，报表视图将分别进入相应视图界面，如图 17.26 所示。

（2）单页视图、多页视图等的展示效果不同，如图 17.27 和图 17.28 所示。

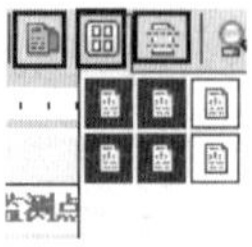

图 17.26　选择视图方式

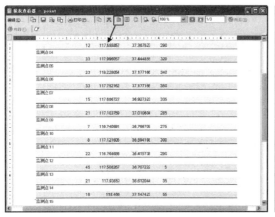

图 17.27　报表单页视图

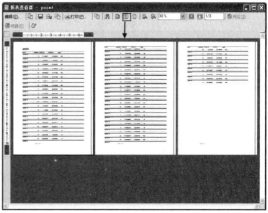

图 17.28　报表多页视图

8．放大缩小

报表浏览同样支持放大、缩小及按比例显示报表视图。单击报表查看器中的"缩小"、"放大"按钮，或者单击按比例显示下拉列表即可实现，如图 17.29 所示。

图 17.29　放大、缩小报表

17.2.3　加载报表

对于已经存在的报表，可以将其加载到 ArcMap 中进行查看，加载的方法如下。

（1）在 ArcMap 主菜单中选择"视图"|"报表"|"加载报表"命令，如图 17.30 所示。

（2）系统弹出报表加载设置对话框，在对话框中的"文件类型"下拉列表框中找到合适的文件类型，浏览到目标文件夹后，单击目标文件，则该文件的名称出现在"文件名"文本框中，单击"打开"按钮即可，如图 17.31 所示。

17.2.4　运行报表

运行报表的操作方法如下。

（1）在 ArcMap 主菜单中选择"视图"|"报表"|"运行报表"命令。

图 17.30　加载报表命令

图 17.31　打开现有报表

（2）系统弹出报表打开运行的对话框，在对话框中的"文件类型"下拉列表框中找到合适的文件类型，浏览到目标文件夹后，单击目标文件，则该文件的名称出现在"文件名"文本框中，单击"打开"按钮，则目标报表将自动运行。

17.3　使用设计器设计报表

使用报表设计器进行报表设计，报表标题字体和标题大小、报表框的基本设置、页面设置、页脚设置及细节设计等都将在该设计器中实现修改与设计。同时，这些设计结果可以作为报表布局文件（*.rlf）进行保存。本节将重点介绍如何使用报表设计器。

17.3.1　启动设计器

这里介绍两种启动设计器的方法。

1．修改报表设计

一种是在创建报表向导的过程中，选择"修改报表设计"选项，然后单击"完成"按钮，此时系统将直接进入报表设计器界面，如图 17.32 所示。

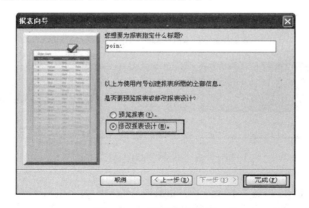

图 17.32　修改报表设计

2．编辑报表设计

另外一种启动报表设计器的方法如下。

（1）在创建报表向导中选择"预览报表"选项，单击"完成"按钮进入报表查看器界面。

（2）单击报表查看器中的"编辑"按钮，如图 17.33 所示。

图 17.33　单击"编辑"按钮

（3）系统进入报表设计器界面。

17.3.2　基本设计方法

本小节介绍报表设计器中元素设计的基本方法。

1．设计元素

这里以新建 TextBox 元素为例，介绍如何创建新的元素。

（1）单击"设计元素"列表中的"TextBox"元素，则该设计样式被选中，在目标位置如"ReportHeader"拉框定位，即可创建新的"TextBox"元素，如图 17.34 所示。

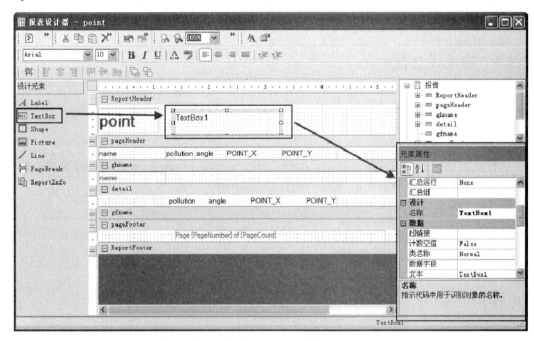

图 17.34　新建"TextBox"元素

（2）在设计器右侧的元素属性窗口中将出现"TextBox"元素的属性设计界面。单击"汇总运行"下拉列表框，选择合适的选项，如图 17.35 所示。

（3）单击"汇总组"下拉列表框，选择合适的选项。

（4）在设计中设置合适的名称；在"数据"列表中设置合适的超链接、计数空值、类名称、数据字段、文本等；在"外观"列表中设置合适的背景色、垂直对齐方式、对齐方式、前景色、输出格式、行间距、字符间距、字体属性等；在"行为"列表中设置合适的属性，如图 17.36 所示。

图 17.35　选择汇总运行

图 17.36　元素属性设置

2．现有元素属性设置

对于现有元素可以重新进行属性设计与修改。这里以修改 gname 中属性为例，介绍对于在向导中生成的报表进行设计修改的方法，如将数据字段由"name"修改为"pollution"字段，并将背景值修改为"DarkRed"。具体操作方法如下。

（1）单击设计器中的"ghname"选项，则元素属性窗口中将出现该元素属性展示，如图 17.37 所示。

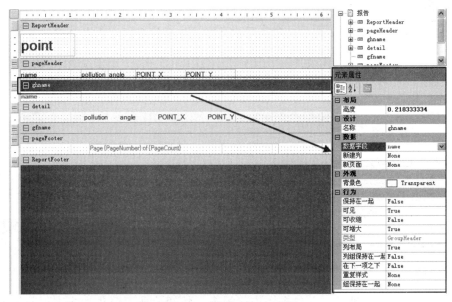

图 17.37　设计 ghname 属性

（2）单击元素属性窗口中的"数据字段"下拉列表，重新选择字段"pollution"作为其值；单击元素属性窗口中的外观"背景色"下拉列表，重新选择 "DarkRed"作为其值，如图 17.38 所示。

（3）完成后单击"运行报表"按钮，可以查看修改设计的效果，与修改前的报表效果有较大不同，如图 17.39 和图 17.40 所示。

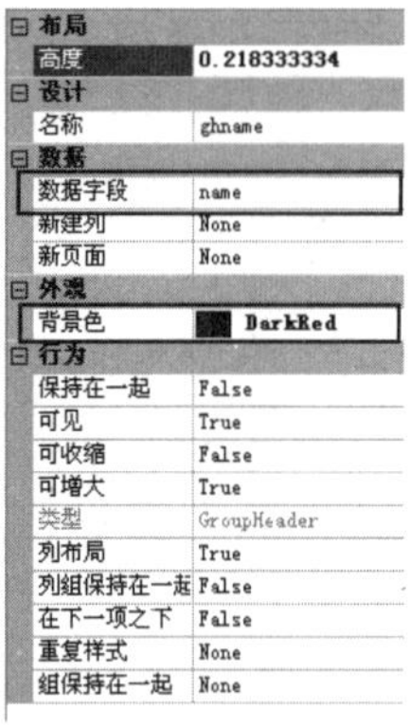

图 17.38　修改数据字段及背景色

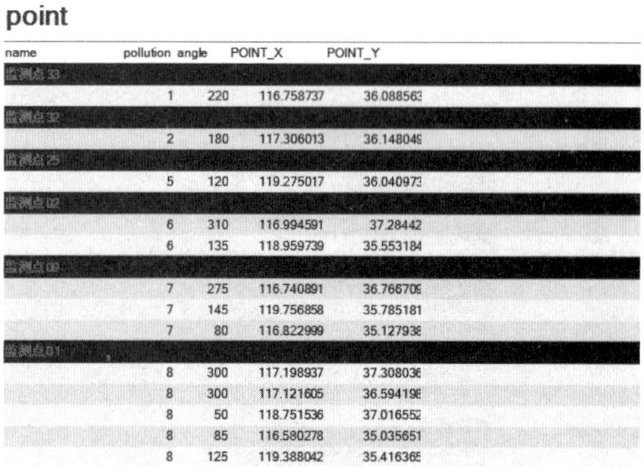

图 17.39　设计修改后的报表效果

17.3.3　设计器基本操作

设计器的基本操作有运行报表、保存布局文件、剪切、复制、粘贴操作、撤销操作、放大缩小以一定比例显示、样式管理器和报表属性查看等，这里重点介绍运行报表、保存布局文件、样式管理器和报表属性查看等基本操作的执行方法。

1. 运行报表

执行运行报表操作，可以在设计器完成设计之后生成报表，并查看其设计效果。操作方法如下。

（1）单击"报表设计器"上的"运行报表"按钮，如图 17.41 所示。

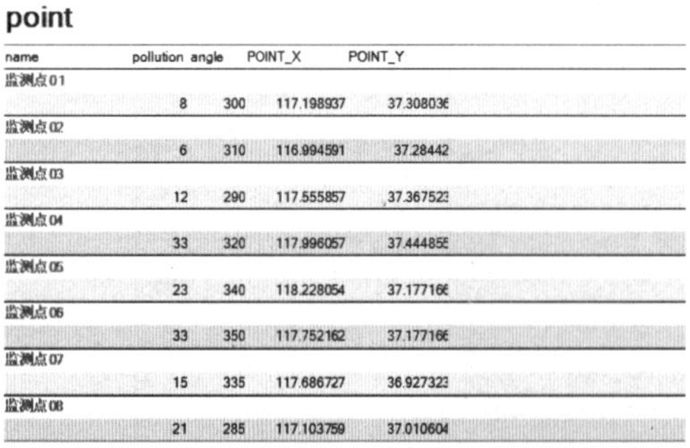

图 17.40　设计修改前报表效果

图 17.41　运行报表按钮

（2）弹出报表运行进程，而单击"停止报表"按钮，即可停止生成进程，如图 17.42

所示。

图 17.42　生成报表进程

2．保存布局文件

保存布局文件，可以将报表设计的布局文件以后缀为.rlf 的格式进行保存，具体操作方法如下。

（1）单击"报表设计器"上的"保存布局文件"按钮，如图 17.43 所示。

（2）弹出"保存报表布局"设置对话框，在该设置界面中浏览到目标文件夹，并在"文件名"文本框中输入合适的文件名称，完成后单击"保存"按钮即可完成保存操作。

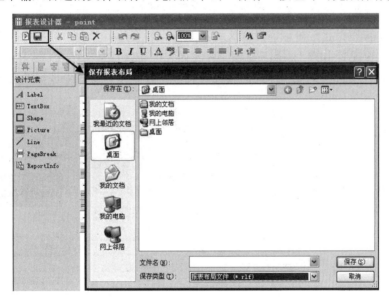

图 17.43　保存报表布局

3．样式管理器

样式管理器中存储了大量的报表样式，并显示样式属性相关内容与样式预览效果。可以在样式管理器中选择需要的样式以应用到报表设计中。

同时样式管理器中还支持自定义的样式设计。

下面对样式管理器的使用方法进行介绍。

（1）单击报表设计器界面中的"样式管理器"按钮，弹出"报表样式管理器"对话框，如图 17.44 所示。

（2）样式管理器中默认的报表样式是"Havelock"，单击该样式，可以看到其属性状况及该样式的报表预览效果。单击"应用"按钮，即可将该样式应用到报表设计中，如图 17.45

所示。

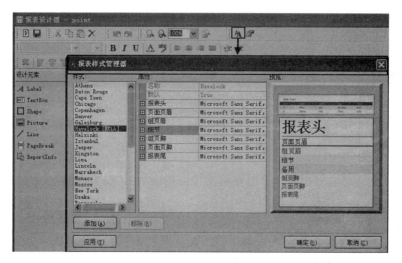

图 17.44　报表样式管理器

（3）自定义报表样式，可以通过样式管理器保存在系统中并应用到相应的报表。操作方法为：单击样式管理其中的"添加"按钮，样式列表中新增自定义样式 Havelock1（自定义），属性表中可以查看及自定义新建样式的属性信息，在右侧预览窗口中进行效果初步预览，如图 17.46 所示。

图 17.45　应用报表样式

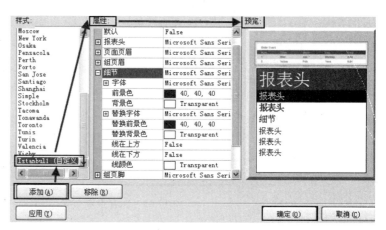

图 17.46　自定义报表样式

（4）单击"确定"按钮完成自定义样式创建。

4．报表属性

报表设计器中还支持报表属性的查看，在此处的报表属性设置界面中可以重新设置报表视图内容字段、数据集选项、排序字段及排序方式设置等。下面介绍报表属性的查看方法，并以修改排序字段"pollution"的排序方式为例，介绍报表属性的修改方法。

（1）单击"报表设计器"中的"报表属性"按钮，弹出"报表属性"设置对话框，如图17.47 所示。

（2）单击"报表属性"对话框中的"数据"标签，在"报表视图内容字段"下拉列表框中可以查看并修改字段选项，如图 17.48 所示。

图 17.47　报表属性

图 17.48　报表视图内容字段

（3）单击"报表属性"对话框中的"数据"标签，在该界面中单击"数据集选项"按钮，弹出数据集选项设置对话框，在其中可以查看并修改在报表中需要包含的行，完成后单击"确定"按钮即可保存设置并关闭对话框，如图 17.49 所示。

（4）单击"报表属性"对话框中的"排序"标签，单击"字段"下拉列表框中的字段选项，并选择其排序方式，如这里单击字段"pollution"下拉列表框，如图 17.50 所示。

（5）单击字段"pollution"后的"排序"方式下拉列表框，将"升序"修改为"降序"排列，完成后单击"确定"保存修改结果并关闭对话框，如图 17.51 所示。

图 17.49　数据集选项设置

图 17.50　选择排序字段

图 17.51　修改排序方式

第 18 章 基于地图的查询

地图中包含了大量的信息，而往往人们关注的信息无法从地图上直观地获得。使用 ArcMap 提供的查询工具可以实现特定查询及鼠标识别、交互式选择、显示要素 Web 页等。基于这些查询，可以显示要素属性，并创建统计值、报表或将其导出为新的要素类。

本章重点介绍这些基于地图的查询识别等操作。

18.1 地理实体识别和显示

地理实体的识别可以轻松实现鼠标停留的地图提示，对于地图信息的展示而言，这一识别十分快捷、方便、有价值。而当实体拥有相关联的网页或文档时，通过超链接工具可以实现其关联内容的显示。本节重点介绍这些内容。

18.1.1 识别实体

本小节主要介绍如何用鼠标在地图上识别要素，以及如何显示地图提示等。

1. 用鼠标识别要素

用鼠标识别要素主要由识别工具来实现，具体操作方法如下。

（1）单击 ArcMap 主菜单"工具"条中的"识别"按钮，如图 18.1 所示。

（2）在地图上单击需要识别的要素，在识别结果对话框中将显示该要素的相关信息。设置识别范围，可以将该范围图层的要素显示在识别结果的对话框中，如图 18.2 所示。

图 18.1 "识别"按钮　　　　图 18.2 识别结果窗口

2．显示地图提示

当图层被打开时，可以对该图层的要素实现显示地图提示功能。而地图提示支持显示表达式高级定义，此处以需要显示地图提示的格式为"监测点名称+污染指数"为例，介绍显示地图提示的操作方法。

（1）在 ArcMap 主界面的内容表窗口中，单击需要显示地图提示的目标图层。

（2）右击图层弹出快捷菜单，选择"属性"命令，弹出属性设置对话框，单击"显示"标签，在其界面中的"显示表达式"选项组中单击"字段"下拉列表框，设置需要显示地图的字段名称；勾选"使用显示表达式显示地图提示"复选框，如图 18.3 所示。

（3）单击该对话框中的"表达式"按钮，弹出"显示表达式"设置对话框，本例需要显示地图提示的格式为：监测点名称+污染指数，则需要在该显示表达式对话框中的"表达式"选项组中输入查询结果表达式，如图 18.4 所示。

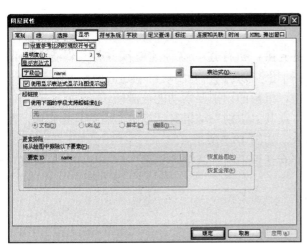

图 18.3　显示表达式　　　　　　　　　图 18.4　输入显示表达式

（4）单击"验证"按钮，当弹出对话框提示验证结果正确无误时，则表明表达式输入有效，并将在"文本字符串实例"中显示查询结果，如图 18.5 所示。

（5）单击"确定"按钮关闭"表达式验证"对话框。

（6）回到图层属性设置对话框中，单击"确定"按钮保存设置结果并关闭对话框。

（7）鼠标移动到地图界面，停留在需要显示地图提示的要素位置，则界面中将出现设置表达式的地图提示，如图 18.6 所示。

（8）移开鼠标则地图提示关闭。

18.1.2　显示实体相关联的网页或文档

与实体相关联的网页或文档可以以"超链接"的形式存储路径与名称或者 Web 页地址。

当使用超链接时，单击地图上的某个要素即可显示其关联的文本文件或图像等文档。

图 18.5　表达式验证有效

图 18.6　自定义地图提示

可以把超链接建立保存在当前的 ArcMap 文档中，也可以将超链接存储到图层的属性表中。本小节将重点介绍这两种创建与实体相关联的网页或文档的方法。

1. 超链接创建在图层文件或文档中

在浏览地图时可以便捷地动态创建超链接，执行建立这种超链接并将其保存在当前 ArcMap 文档中操作比较容易。接下来以文档超链接为例，介绍这种创建的操作方法。

（1）单击"工具"条中的"识别"按钮，鼠标的识别要素功能被激活。

（2）单击需要创建超链接的目标实体，在其"识别"结果对话框中，右击目标实体，在弹出的快捷菜单中选择"添加超链接"命令，如图 18.7 所示。

（3）弹出添加超链接设置对话框，选择对话框中的"链接到文档"单选按钮，单击该项的路径浏览按钮，如图 18.8 所示。

图 18.7　添加超链接命令

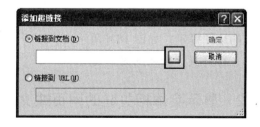

图 18.8　添加超链接对话框

（4）弹出超链接文本浏览对话框界面，找到需要执行的文本文档，单击进行选择。完成后单击"打开"按钮，如图 18.9 所示。

（5）回到"添加超链接"对话框界面，核查目标文本文档路径，无误后单击"确定"按钮，如图 18.10 所示。

图 18.9　浏览目标文本文档　　　　　　　　　图 18.10　核查超链接文本路径

（6）单击"工具"条中的"超链接"按钮，则超链接查看功能被激活，如图 18.11 所示。

图 18.11　单击超链接按钮

（7）移动鼠标至地图上的目标实体，鼠标不做操作，则地图上目标实体附近将出现地图提示，显示文本文档的超链接路径及名称，如图 18.12 所示。

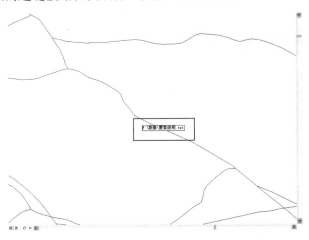

图 18.12　地图显示实体超链接路径

（8）单击目标实体，弹出超链接文本文档，并打开显示其内容，如图 18.13 所示。

🔔提示：显示超链接支持文档、Web 页及服务器访问。当指定一个 Web 地址作为一个超链接时，ArcMap 将启动默认的 Web 浏览器显示这个 Web 页。当指定一个文档作为超链接时，则 ArcMap 将使用该文档对应的程序打开，如本例所示。当超链接的文档在服务器上时，需要拥有允许访问该服务器权限。读者可以自行练习。

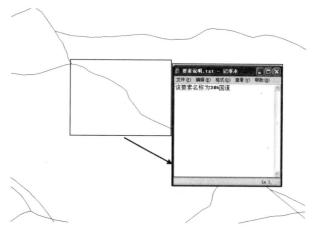

图 18.13　显示目标实体的超链接文本

2. 存储超链接到属性字段

存储超链接到属性字段，操作方法如下。

（1）在 ArcMap 主界面的内容列表窗口中，右击目标图层，在弹出的快捷菜单中选择"属性"命令。

（2）弹出"图层属性"设置对话框，单击"显示"标签，找到"超链接"选项组，勾选"使用下面的字段支持超链接"复选框，则该选项组中的内容被激活，如图 18.14 所示。

（3）在对话框的下拉列表中选择合适的字段，如这里选择"Name"字段作为超链接支持，如图 18.15 所示。

图 18.14　超链接选项组

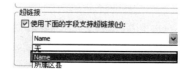

图 18.15　选择超链接字段

（4）完成后单击"确定"按钮即可。

18.2　基于地图的地理实体选择

本节主要介绍实体的交互式选择、通过 SQL 表达式选择实体、通过位置选择实体、设置实体高亮及显示实体具体信息等知识，这些是基于地图所进行的地理实体选择的相关内容。

18.2.1 实体的交互式选择

实体的交互式选择操作是查看地理实体信息的基础操作，可以一次选择一个要素对其属性进行查看，也可以拖动鼠标，一次选择多个要素从而显示其属性。

在选择使用交互式选择之前，指定被选择的图层这一操作十分有意义，可以在实际应用中避免同时选择较为临近的非目标图层的地理实体。

下面对这些交互式选择的内容予以介绍。

1．设置可选图层

在 ArcGIS 10 中可选图层的设置方法有很大改动，需要在内容列表窗口中进行图层的可选与否控制。具体如下。

打开 ArcMap 主菜单的"内容列表"窗口，单击其中的"按选择列出"按钮，列表中将列出可选图层列表与不可选图层列表。单击图层后的"单击切换是否可选"按钮，即可对图层是否可选进行切换，如图 18.16 所示。

2．选择单个要素

具体操作方法如下：

（1）单击目标图层后的"单击切换是否可选"按钮，对图层是否可选进行切换。

（2）在 ArcMap 主界面中选择"选择"|"交互式选择方法"|"创建新选择内容"命令，如图 18.17 所示。

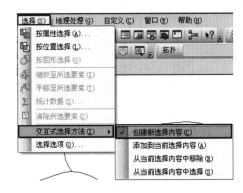

图 18.16 设置可选图层　　　　图 18.17 选择创建新选择内容命令

（3）单击"工具"条中的"选择"按钮，如图 18.18 所示。

图 18.18 选择"选择"按钮

（4）将鼠标移动到地图界面中，单击需要选择的目标图层中的要素即可。

📖技巧：若想同时选择其他要素，在单击每个要素的同时按住 Shift 键即可。

3．移去选择要素集中的要素

若需要移去选择要素集中的要素，可按照以下方法进行操作。

（1）单击目标图层后的"单击切换是否可选"按钮，对图层是否可选进行切换。

（2）在 ArcMap 主界面中选择"选择"|"交互式选择方法"|"从当前选择内容中移除"命令，如图 18.19 所示。

（3）单击"工具"条中的"选择"按钮，将鼠标移动到地图界面中，单击需要移除选择状态的要素即可。

4．选择多个要素

拉框选择多个要素的操作方法如下。

（1）单击目标图层后的"单击切换是否可选"按钮，对图层是否可选进行切换。

（2）在 ArcMap 主界面中选择"选择"|"交互式选择方法"|"创建新选择内容"命令。

（3）单击"工具"条中的"选择"按钮后的下拉箭头，弹出快捷菜单，包含了多种拉框选择要素的方式，如图 18.20 所示。

图 18.19　选择从当前选择内容中移除命令　　　图 18.20　选择拉框选择方式

（4）单击选择合适的拉框选择方式，将鼠标移动到地图界面中，拉框选择即可。

📖提示：同样，当需要去除选择时，依旧要在选择"从当前选择内容中移除"命令后执行拉框选择操作。

5．在属性表中选择要素

要在属性表中选择单个要素，只需要单击属性表左侧的记录即可；而要选择多个要素，需要按住 Ctrl 键进行一一选择；要选择列表中的连续记录，按住鼠标左键并上下拖动鼠标即可实现。这一操作比较简单，读者可以自行练习，这里不再详细介绍。

18.2.2　通过 SQL 表达式进行选择

SQL 是一种访问和管理数据库的标准计算机语言。在 ArcMap 及其扩展模块中，有许多地方要用到 SQL 表达式为用户的操作定义一个数据子集。在整个应用程序中，构建 SQL 表达式的界面都是一样的。在选择地理实体时，可以用 SQL 表达式作为参数。

在 ArcMap 中，只支持用 SQL 来查询数据库，而不能用来插入、更新或删除数据。本节将重点介绍和构建基本的 SQL 查询的相关知识及使用注意事项。主要包括以下内容。

1．构建简单的SQL表达式

一个基本的 SQL 表达式格式大致如下：SELECT*FROM states WHERE [STATE_NAME] = 'Alabama'。简单表达式类似于简单的英语，因而其含义不言自明。上面这个表达式将选出在州图层的 STATE_NAME 字段中包含 Alabama 的要素。

在 ArcMap 中，SQL 只能用来构建查询，用户只需要按照 WHERE 关键字完成表达式即可。

2．查找字符串

在查询表达式中，字符串必须加单引号，例如：[NAME]='污染源 1'。

除个人地理数据库要素类和表之外，查询表达式中的字符串是区分字母大小写的。如果搜索不需要区分大小写，可以使用 SQL 函数将所有的值都转换成大写或者小写。

基于文件的数据源，例如 shape 文件或 coverages，既可以使用 UPPER 函数，也可以使用 LOWER 函数。例如查询类型为 gb 或者 GB 的记录，可以用表达式 UPPER("TYPE") = 'GB'。

另外对于通配符的使用，可以用 LIKE 运算符（不是=运算符）与通配符一起构建部分字符串查询。例如，表达式 [STATE_NAME] LIKE 'Miss*'将在美国州名中选择 Mississippi 和 Missouri。

🔔注意：通配符中的*表示多个字符；？则表示单个字符；通配符的使用依赖于不同的数据库。

在 ArcMap 相关模块的对话框中，这些通配符字母以按钮的形式出现。单击某个通配符按钮可以将该通配符输入到表达式中光标所在的位置。只有与查询的图层或属性表的数据源相适应的通配符才会显示。

在一个字符串中使用通配符字母进行=运算时，该字母将被认为是字符串的一部分，而不是一个通配符。

可以使用运算符大于（>）和小于等于（<=）按排序的方式选择字符串的值。例如，查询 coverage 层中，名称起始字母在 M 到 Z 之间的所有城市，可以使用表达式查询表达式 "CITY_NAME">='M'来实现。基于多字母通配符及排序的查询在 ArcSDE 数据集中无法执行。

运算符不等于（<>）也可以用于字符串查询中。这里不再详细介绍。

3．NULL关键字

可以使用 NULL 关键字来选择指定字段中值为 NULL 地理实体。例如，要查询还没有输入 1996 年人口的城市，可以使用表达式 [POPULATION96] IS NULL 或 [POPULATION] IS NOT NULL 来实现。通常，NULL 关键字的前面总有 IS 或 IS NOT。

4．查找数值

要查找指定的数值，可以使用等于（=）、不等于（<>）、大于（>）、小于（<）、大

于等于（>=）和小于等于（<=）等运算符。

表达式中的数值以点号作为小数点分隔符。在查询表达式中，逗号是不能作为小数点或千位分隔符的。

5．计算

使用数学运算符（+ - * /）可以在查询中包含计算，可以在字段和数值间进行计算。

例如："AREA">="PERIMETER"*100。

也可以在字段间进行计算。

例如，要查找人口密度小于等于 25 人/平方英里的国家，可以使用下面这样的查询：[POP1990]/[AREA]<=25。

不能在一个 coverage 或 shape 文件的字段间进行计算，但可以在一个字段和一个数值之间进行计算。

6．括号内优先运算

查询表达式通常是从左至右进行运算的，但是包含在括号内的表达式最先执行。既可以通过点击在表达式中加入括号，然后在其中输入表达式，也可以先高亮显示一个现存的表达式，然后点击 Parentheses 按钮，将表达式括进去。

例如：表达式 [HOUSEHOLDS] > [MALES] * [POP90_SQMI] + [AREA]和[HOUSEHOLDS] > [MALES] * ([POP90_SQMI] + [AREA])的运算顺序不同。

7．组合表达式

使用 AND 或 OR 运算符，可以将多个表达式组合在一起以构建复杂的查询。

例如，查询条件为"所有面积大于 1 500 平方英尺并且有一个能容纳不少于三辆汽车的车库的房子"的地理实体查询表达式。可以使用这样的组合来实现查询：[AREA] > 1500 AND [GARAGE] > 3。

当使用 OR 运算符时，表达式对于所选的记录为真。

例如：[RAINFALL] < 20 OR [SLOPE] > 35。

在一个表达式的开头使用 NOT 运算符可以查询与指定表达式不匹配的地理实体。

例如：NOT "STATE_NAME" = 'Colorado'。

NOT 表达式可以和 AND 或 OR 结合使用。

例如：查询除 Maine 州以外的所有新英格兰州，可以用下面表达式来实现，[SUB_REGION] ='New England'AND NOT [STATE_NAME]= 'Maine'。

18.2.3　通过位置进行选择

在前面章节的 ArcMap 基础内容介绍中，已经介绍过按照位置进行选择的初步内容，了解到在地理实体的选择中可以按照相对空间位置进行查找。

ArcMap 支持多种空间选择的计算方法。

❑ 目标图层要素与源图层要素相交、目标图层要素与源图层要素相交（3D）。

❑ 目标图层要素在源图层要素的某一距离范围内。

- ❑ 目标图层要素在源图层要素的某一距离范围内（3D）。
- ❑ 目标图层要素包含源图层要素。
- ❑ 目标图层要素完全包含源图层要素。
- ❑ 目标图层要素完全包含（Clementiini）源图层要素。
- ❑ 目标图层要素在源图层要素范围内。
- ❑ 目标图层要素完全位于源图层要素范围内。
- ❑ 目标图层要素在（Clementiini）源图层要素范围内。
- ❑ 目标图层要素与源图层要素相同。
- ❑ 目标图层要素接触源图层要素的边界。
- ❑ 目标图层要素与源图层要素共线。
- ❑ 目标图层要素与源图层要素的轮廓交叉。
- ❑ 目标图层要素的质心在源图层要素内。

本小节分别以"目标图层要素在源图层要素的某一距离范围内"及"目标图层要素在源图层要素范围内"为例，介绍按照位置进行属性选择的相关操作方法。

1. 目标图层要素在源图层要素的某一距离范围内

本例中将选择目标图层"point1"在源图层"poly1"的某一距离范围内的地理实体。

具体操作方法如下。

（1）选择"选择"|"按位置选择"命令，进入"按位置选择"对话框，在"选择方法"下拉列表框中选择"从以下图层中选择要素"；在"目标图层"中勾选"point1"；在"源图层"下拉列表框中选择"poly1"图层；在"空间选择方法"下拉列表框中选择"目标图层要素在源图层要素的某一距离范围内"；勾选"应用搜索距离"复选框，并在其后的距离数值框内输入"50"，单位下拉列表框中选择"十进度制"，完成后单击"确定"按钮，如图18.21 所示。

（2）在地图界面中可以看到，目标图层"point1"中符合条件的地理实体均被高亮显示，如图 18.22 所示。

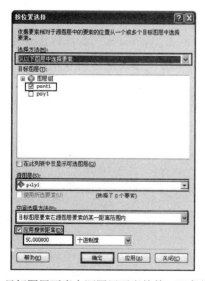 

图 18.21　目标图层要素在源图层要素的某一距离范围内　图 18.22　目标图层符合条件的地理实体高亮显示

（3）右击目标图层"point1"，在弹出的快捷菜单中选择"打开属性表"命令，可以看到该图层属性表中符合条件的地理实体记录被高亮显示，如图 18.23 所示。

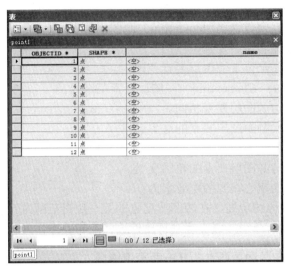

图 18.23　目标图层属性表

2. 目标图层要素在源图层要素范围内

本例中将选择目标图层"point1"在源图层"poly1"的范围内的地理实体。

具体操作方法如下。

（1）选择"选择"|"按位置选择"命令，进入"按位置选择"对话框，在"选择方法"下拉列表框中选择"从以下图层中选择要素"；在"目标图层"中勾选"point1"；在"源图层"下拉列表框中选择"poly1"图层；在"空间选择方法"下拉列表框中选择"目标图层要素完全位于源图层要素范围内"；完成后单击"确定"按钮，如图 18.24 所示。

（2）在地图界面中可以看到，目标图层"point1"中符合条件的地理实体均被高亮显示，如图 18.25 所示。

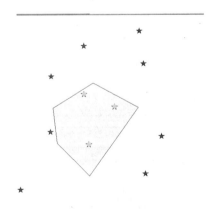

图 18.24　目标图层要素在源图层要素范围内　图 18.25　目标图层符合条件的地理实体高亮显示

（3）右击目标图层"point1"，在弹出的快捷菜单中选择"打开属性表"命令，可以看到该图层属性表中符合条件的地理实体记录被高亮显示，如图 18.26 所示。

图 18.26　目标图层属性表

18.2.4　对选择实体设置高亮

对于选中实体可以设置高亮显示，可以用任何颜色或符号来显示选中的实体，可以一次改变所有图层的设置，也可以只改变某个特定图层的设置。在 ArcMap 中，有两处可以修改选中实体高亮设置的位置，一处是在"选择"选项中进行，一处是在"图层属性"设置中进行。

1．在"选择"选项中设置选中实体高亮

操作方法如下。

（1）选择 ArcMap 主菜单中的"选择"|"选择选项"命令，如图 18.27 所示。

（2）弹出"选择选项"设置对话框，在"选择工具设置"选项组中，设置"选择默认情况下显示所选要素使用的颜色"，如图 18.28 所示。

图 18.27　选择选项

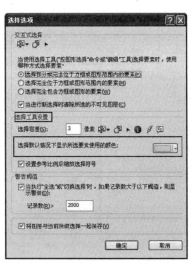

图 18.28　选择默认所选要素颜色

2. 在"图层属性"中设置选中实体高亮

在"图层属性"中设置选择实体高亮的操作方法如下。

（1）右击目标图层，在弹出的快捷菜单中选择"属性"命令。

（2）在弹出的"图层属性"设置对话框中，单击"选择"标签，进入选择相关设置界面，在此进行显示所选要素的设置。其中有三个选项：使用"选择选项"中所指定的选择颜色；使用指定符号；使用指定颜色，如图 18.29 所示。

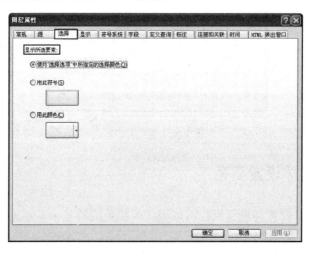

图 18.29　图层属性

（3）选择使用"选择选项"中所指定的选择颜色，将默认选择选项中的设置内容；单击"用此符号"选项，并单击其后的符号按钮，将弹出符号选择器，在其中可以选择相关符号并进行设置，如图 18.30 所示。

（4）选择使用"选择选项"中所指定的选择颜色，将默认选择选项中的设置内容；单击"用此颜色"选项，并单击其后的颜色按钮，将弹出颜色选择器，在其中可以进行颜色选择，如图 18.31 所示。

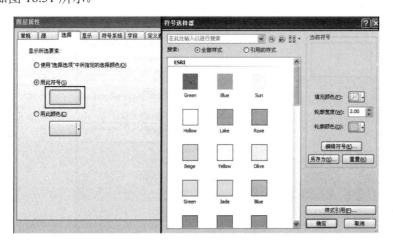

图 18.30　使用符号

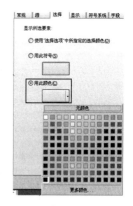

图 18.31　使用颜色

18.2.5　显示选择实体的具体信息

选定了实体之后，可以将其放大至整个窗口，也可以指定选中地理实体显示属性，还可以创建选定地理实体的报表及统计图等。下面介绍这些操作的相关内容。

1. 将选中实体放大至整个窗口

有两种方式可以实现该操作。

- ❑ 一种是在 ArcMap 主菜单中选择"选择"|"缩放至所选要素"命令，如图 18.32 所示。
- ❑ 另外一种是右击目标图层属性表，在弹出的快捷菜单中选择"缩放至所选项"命令，如图 18.33 所示。

图 18.32　缩放至所选要素　　　　图 18.33　缩放至所选项

2. 指定选中地理实体属性

指定显示选中地理实体的属性可以更加清楚明了地查看目标实体的属性信息，具体操作方法如下。

单击属性表中的"显示所选记录"按钮，则在属性表中将只显示选中实体的属性记录，如图 18.34 所示。

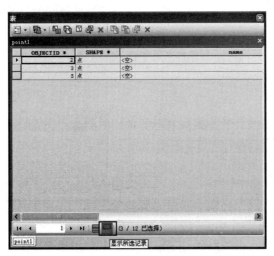

图 18.34　指定显示选中实体

18.3　地图中地理实体操作

本节主要介绍地图中地理实体的相关操作,包括导出选择实体、在实体周围创建缓冲区、使用地理向导进行地图综合及通过实体的位置连接属性等。

18.3.1　导出选择的实体

对于已经选中的符合条件的地理实体,往往需要将其在一个新的图层中操作使用,这时可以执行导出选中实体的操作,把已经选中的符合要求的地理实体导出为一个新的地理数据库要素类或者新的 shape 文件等。另外还可以简单地创建新的图层,而不用去创建新的数据源,该图层只包含选中的地理实体。

下面分别介绍将选中地理实体导出为一个新数据源和用选中地理实体创建新图层的操作方法。

1．将选中地理实体导出为一个新数据源

将选中地理实体导出为一个新数据源的具体方法如下。

（1）右击目标图层,在弹出的快捷菜单中选中“数据”|“导出数据”命令,如图 18.35 所示。

（2）弹出“导出数据”设置对话框,在“导出”下拉列表框中选中“所选要素”选项,在“使用与以下选项相同的坐标系”选项组中选中合适的选项,这里选中“此图层的数据源”单选按钮;在“输出要素类”文本框中将默认导出数据的路径及文件名称,如图 18.36 所示。

图 18.35　导出数据命令

图 18.36　导出数据设置界面

（3）单击“导出数据”对话框中“输出要素类”选项的浏览按钮,弹出“保存数据”设

置对话框，在该对话框设置界面中可以对名称进行重新定义；单击"保存类型"下拉列表，可以选择导出数据的保存类型；完成后单击"保存"按钮，如图 18.37 所示。

（4）数据导出进程结束之后将弹出提示对话框，提示是否将导出的数据添加到地图图层中。单击"是"按钮，导出数据将添加到地图图层中，单击"否"按钮则不添加，如图 18.38 所示。

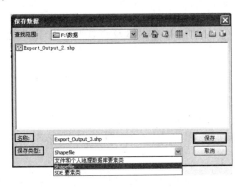

图 18.37　保存数据

图 18.38　是否添加到图层

2．用选中地理实体创建新图层

用选中地理实体创建新图层的操作方法如下。

（1）右击目标图层，在弹出的快捷菜单中选择"选择"|"根据所选要素创建图层"命令，如图 18.39 所示。

（2）新建图层将直接被添加到地图文档中，并以"原图层名+选择"命名，如图 18.40 所示。

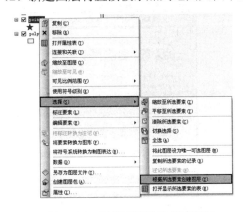

图 18.39　根据所选要素创建图层

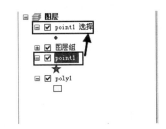

图 18.40　新建图层被添加到文档

注意：执行此操作时系统将不做任何提示，直接执行添加到地图文档操作。

18.3.2　通过实体的位置连接属性

实际应用中，地图上的单个图层往往不能反映出地理实体之间的位置关系，而不同图层之间的空间关系可以通过空间连接实现属性关联。

空间连接根据图层上地理实体的位置来连接两个图层的属性，使用空间连接，可以实现以下操作。

- ❑ 查找相对于某一地理实体最近的实体。
- ❑ 查找在某一地理实体内部的实体。
- ❑ 查找与某一地理实体相交的实体。

下面分别举例介绍查找最邻近实体、查找落在多边形内的实体及查找与一个地理实体相交的实体的操作方法。

1. 查找相对于某一地理实体最近的实体

以点图层"point1"与面图层"poly1"为例，具体操作方法如下。

（1）右击图层"point1"，在弹出的快捷菜单中选择"连接和关联"|"连接"命令，如图 18.41 所示。

（2）弹出"连接数据"对话框，在其中的"要将哪些内容连接到该图层"下拉列表框中选择"另一个基于空间位置的图层的连接数据"选项；在"选择要连接到此图层的图层"下拉列表框中选择"poly1"；在"每个点都将被指定以下面的所有属性"选项中选择"与其最接近的面"选项；在"为这个新图层指定输出 shapefile 或要素类"文本框中输入指定路径，并将新图层命名为"point1poly1"。完成后单击"确定"按钮，如图 18.42 所示。

图 18.41　选择连接命令

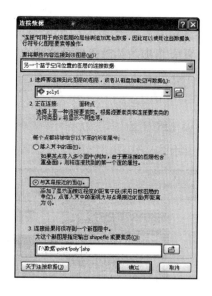

图 18.42　连接数据对话框

（3）连接进程结束之后，系统将自动添加图层"point1poly1"到地图文档，右击图层"point1poly1"，在弹出的快捷菜单中选择"打开属性表"命令，可以看到在图层"point1poly1"的属性表中有"point1"与"poly1"图层连接后的属性内容，另外新增了"距离"字段，如图 18.43 所示。

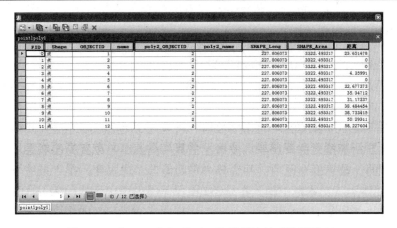

图 18.43　"point1"与"poly1"图层连接后的属性表

2. 查找在某一地理实体内部的实体

以点图层"point1"与面图层"poly1"为例，具体操作方法如下。

（1）右击图层"point1"，在弹出的快捷菜单中选择"连接和关联"|"连接"命令。

（2）弹出"连接数据"对话框，在其中的"要将哪些内容连接到该图层"下拉列表框中选择"另一个基于空间位置的图层的连接数据"选项；在"选择要连接到此图层的图层"下拉列表框中选择"poly1"；在"每个点都将被指定以下面的所有属性"选项中选择"落入其中的面"选项；在"为这个新图层指定输出 shapefile 或要素类"文本框中输入指定路径，并将新图层命名为"point1poly12"。完成后单击"确定"按钮，如图 18.44 所示。

（3）连接进程结束之后，系统将自动添加图层"point1poly12"到地图文档，右击图层"point1poly12"，在弹出的快捷菜单中选择"打开属性表"命令，可以看到在图层"point1poly12"的属性表中有"point1"与"poly1"图层连接后的属性内容，另外新增了"距离"字段，如图 18.45 所示。

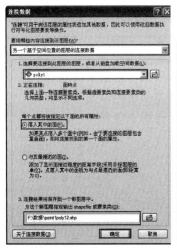

图 18.44　"连接数据"对话框

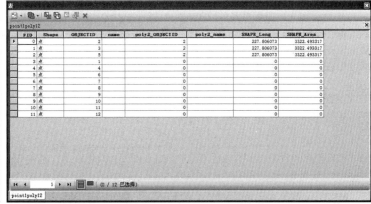

图 18.45　连接后图层"point1poly12"的属性表

3．查找与某一地理实体相交的实体

以点图层"point1"与线图层"line1"为例，具体操作方法如下。

（1）右击图层"point1"，在弹出的快捷菜单中选择"连接和关联"|"连接"命令。

（2）弹出"连接数据"对话框，在其中的"要将哪些内容连接到该图层"下拉列表框中选择"另一个基于空间位置的图层的连接数据"选项；在"选择要连接到此图层"下拉列表框中选择"line1"；选择"每个点都将被指定与其相交的线的数值属性汇总，以及显示与其相交的线的数目的计数字段"选项；并选择"平均值"汇总属性；在"为这个新图层指定输出 shapefile 或要素类"文本框中输入指定路径，并将新图层命名为"point1line1"。完成后单击"确定"按钮，如图 18.46 所示。

（3）连接进程结束之后，系统将自动添加图层"point1line1"到地图文档，右击图层"point1line1"，在弹出的快捷菜单中选择"打开属性表"命令，可以看到在图层"point1poly1"的属性表中有"point1"与"line1"图层连接后的属性内容，并按设置新增字段"count_"和"Avg_SHAPE_"等，如图 18.47 所示。

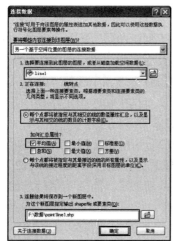

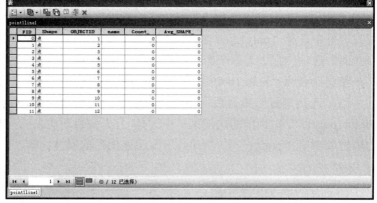

图 18.46　连接数据对话框　　　　图 18.47　"point1"与"line1"图层连接后的属性表

第 19 章　栅格数据的操作

栅格数据可表示专题地图（如土地利用或土壤）、连续的数据（如温度、高程）、 光谱数据（如卫星图像和航片）或者图片（如扫描的地图、扫描的图片或建筑物照片）。可以把专题图、连续的栅格数据和其他地理数据一样作为数据图层显示在地图上。图片栅格数据在和地理数据一起显示时，能够表达关于地图要素的额外信息，也可以显示表示栅格数据集的集合（称为栅格目录）的数据图层。本章将对这些有关栅格数据的操作进行讲解和详细阐述。

19.1　地理数据分类

本节将介绍地理数据的基本概念，其中主要包括地理数据的分类、栅格数据的概念及其特点和栅格数据的编码方法等。

19.1.1　地理数据的分类

地理数据分为矢量数据和栅格数据两种类型。

❑ 矢量数据（如 coverage 和 shape 文件）采用线、点和多边形来表示地理要素。
❑ 栅格数据（如图像和格网）通过把现实世界分为离散格网单元（称为像素）的规则图案来表示地理要素。

栅格数据的每个像素（图像单元的简称）代表一个区域，它通常包含地理位置和表示被观测要素的数值。例如，航片中的像素值表示地球表面反射光的数量，可判读为树木、房屋和街道等，而 DEM 中的像素值表示高程。

19.1.2　栅格数据概念

栅格数据是按网格单元的行与列排列、具有不同灰度或颜色的阵列数据。栅格结构是用大小相等、分布均匀、紧密相连的像元（网格单元）阵列来表示空间地物或现象分布的数据组织，是最简单、最直观的空间数据结构，它将地球表面划分为大小、均匀、紧密相邻的网格阵列。

每一个单元（象素）的位置由它的行列号定义，所表示的实体位置隐含在栅格行列位置中，数据组织中的每个数据表示地物或现象的非几何属性或指向其属性的指针。

对于栅格结构，

❑ 点实体由一个栅格像元来表示。
❑ 线实体由一定方向上连接成串的相邻栅格像元表示。

❑　面实体（区域）由具有相同属性的相邻栅格像元的块集合来表示。

19.1.3　栅格数据的特点

栅格数据具有以下特点：数据直接记录属性的指针或属性本身，其所在位置则根据行列号转换成相应的坐标给出。也就是说，定位是根据数据在数据集合中的位置得到的。

在栅格文件中，每个栅格只能赋予一个唯一的属性值，所以属性个数的总数是栅格文件的行数乘以列数的积，而为了保证精度，栅格单元分得一般都很小，这样需要存储的数据量就相当大了。通常一个栅格文件的栅格单元数以万计。但许多栅格单元与相邻的栅格单元都具有相同的值，因此使用了各式各样的数据编码技术与压缩编码技术。

下面将主要的编码技术介绍如下。

1. 直接栅格编码

直接栅格编码是将栅格数据看作一个数据短阵，逐行或逐列逐个记录代码。可每行从左到右逐个记录，也可奇数行从左到右，偶数行从右到左记录，为特定目的，也可采用其他特殊顺序。通常称这种编码的图像文件为栅格文件，这种网格文件直观性强，但无法采用任何一种压缩编码方法。

2. 链式编码

链式编码又称弗里曼链码或世界链码。它由某一原始点和一系列在基本方向上数字确定的单位矢量链组成。基本方向有东、东南、南、西南、西、西北、北、东北8个，每个后继点位于其前继点可能的8个基本方位之一。8个基本方向的代码可分别用0，1，2，3，4，5，6，7表示，既可按顺时针也可按逆时针表示。

链式编码有效地压缩了栅格数据，尤其对多边形的表示最为显著，链式编码还有一定的运算能力，对计算长度、面积或转折方向的凸凹度更为方便。比较适合存储图形数据。但对边界做合并和插入等修改编辑工作很难实施，而且对局部修改要改变整体结构，效率较低。

3. 游程编码

游程编码是栅格数据压缩的重要且比较简单的编码方法。它的基本思路是：对于一幅栅格图像，常有行或列方向相邻的若干点具有相同的属性代码，因而可采用某种方法压缩重复的记录内容。方法之一是在栅格数据阵列的各行或列像元的特征数据的代码发生变化时，逐个记录该代码及相同代码重复的个数，从而可在二维平面内实现数据的大量压缩。另一种编码方案是在逐行逐列记录属性代码时，仅记录下发生变化的位置和相应的代码。用游程编码方法压缩数据是十分有效的。

游程编码的编码和解码的算法都比较简单，占用的计算机资源少，游程编码还易于进行检索、叠加、合并等操作，在栅格单元分得更细时，数据的相关性越强，压缩效率越高，数据量并没有明显增加。因此，该编码适合微型计算机的中央处理器处理速度慢、存储容量小的设备进行图像处理。

4．块式编码

块式编码是游程编码扩展到二维空间的情况，游程编码是在一维状态记录栅格单元的位置和属性。如果采用正方形区域作为记录单元，每个记录单元包括相邻的若干栅格，数据结构由记录单元中左上角的栅格单元的行、列号（初始位置）和记录单元的边长（半径）与记录单元的属性代码三部分组成，这便是块式编码。因此可以说，游程编码是块式编码的特殊情况，块式编码是游程编码的一般形式。

从以上论述的块式编码的编码原理可知，一个记录单元所表示的地理数据相关性越强，即记录单元包含的正方形边长越长，压缩效率越高。而地理数据相关性差时，即多边形边界碎杂时，块式编码的效果较差。

块式编码的运算能力弱，必要时其编码的栅格数据需通过解码转换成栅格矩阵编码的数据形式才能顺利进行。块式编码在图像合并、插入、面积计算等功能方面较强。

5．四叉树编码结构

四叉树编码又名四元树编码，可以通俗理解为一个具有 4 个分支结构的树，它具有栅格数据二维空间分布的特征，这是一种更为有效的编码方法。四叉树编码将整个图形区域按照 4 个象限递归分割成 $2n \times 2n$ 像元阵列，形成过程是：将一个 2×2 图像分解成大小相等的 4 部分，每一部分又分解成大小相等的 4 部分，就这样一直分解下去，一直分解到正方形的大小正好与像元的大小相等为止。即逐步分解为包含单一类型的方形区域（均值块），最小的方形区域为一个栅格单元。

通过对四叉树结构的分析可发现它有以下特点。

- ❑ 存储空间小：因为记录的基本单位是块，不是像素点，因此大大地节省了存储空间。
- ❑ 运算速度快：因为四叉树结构的图形操作是在数上进行的，所以比直接在图上运算要快得多。
- ❑ 栅格阵列各部分的分辨率可变：不需要表示许多细节的地方，分级较少，因而分辨率低；边界复杂的地方分级较多，分辨率高，因而在减少数据量的基础上满足了数据精度。
- ❑ 容易有效地计算多边形的数量特征。
- ❑ 与栅格结构之间的转换比其他压缩方法容易。
- ❑ 四叉树编码表示多边形中嵌套其他属性的多边形时比较方便：它允许多边形嵌套多边形的结构，是非常实用的、重要的特点，这一点深深得到地理信息系统数据编码设计者的青睐。
- ❑ 四叉树编码的不足之处是：转换具有不确定性，对大小相等、形状相同的多边形，不同人可能分解为不同的四叉树结构，因而不利于形状分析和模式识别。四叉树编码处理结构单调的图形区域比较适合，压缩效果好，但对具有复杂结构的图形区域，压缩效率会受到很大影响。

6．八叉树与十六叉树结构

前面的数据结构都是基于二维的，在相当多的情况下，如对于地下资源埋藏、地下溶洞的空间分布，二维的坐标体系根本无法表达。因此需要有三维数据结构。如果考虑空间目标随时间变化，还需要四维数据结构。现在较好地表达三维与四维结构的是在四叉树基础上发展起来的八叉树（三维）和十六叉树（四维）。

比较以上各种编码，可得出如下主要结论。

❑ 直接栅格编码直观简单，但数据出现大量冗余。

❑ 链式编码对边界的运算方便，压缩效果好，但区域运算较困难。

❑ 游程编码既较大幅度地保留了原始栅格结构，又有较高的压缩效率，而且编码解码也较容易，但仅局限在一维空间上处理数据。

❑ 块式编码在图像合并、插入、面积计算等功能方面较强，当所表示的地理数据相关性强时，压缩效率相当高；当地理数据相关性差时，块式编码的效果较差，而且块式编码的运算能力较弱。

❑ 四叉树编码运算速度快，存储空间小，分辨率可变，压缩效率高，但其转换具有不确定性，难以形成统一算法。

19.2　在 ArcMap 中操作栅格数据

本节主要介绍在 ArcMap 中如何操作栅格数据，包括添加和显示栅格数据的基本操作方法、如何创建影像金字塔、如何为栅格数据集着色，以及如何使用效果工具条调整栅格数据效果等。

19.2.1　如何添加、显示栅格数据

可以添加所有类型的栅格数据到 ArcMap 中，包括栅格数据集、基于文件的栅格目录、地理数据库的栅格目录。

如果添加的栅格数据覆盖与地图一样的地理区域，但坐标系不同，ArcMap 采用第一个添加的数据集的坐标系，并进行动态坐标转换。如果栅格数据集的坐标系没有定义，可使用 ArcCatalog 来添加或定义坐标系信息。

下面分别介绍添加栅格数据集和添加图片栅格数据的方法。

1．添加栅格数据集

添加栅格数据集的方法在 ArcMap 中的操作过程与添加其他数据使用同样的操作按钮。

（1）单击“标准”工具条上的“添加数据”按钮，如图 19.1 所示。

图 19.1　添加数据

（2）弹出“添加数据”对话框，浏览找到目标栅格数据集，单击选中后单击“添加”按钮即可，如图 19.2 所示。

2．添加图片栅格数据

这里介绍两种添加图片栅格数据的方法，一种是使用"添加数据"按钮，一种是使用插入图片命令。下面分别介绍这种方法的操作过程。

1）使用"添加数据"按钮

（1）单击"标准"工具条上的"添加数据"按钮。

（2）弹出"添加数据"对话框，浏览找到目标栅格图片，单击选中后单击"添加"按钮即可，如图 19.3 所示。

图 19.2　添加栅格数据集　　　　　　　　　图 19.3　添加栅格图片数据

注意：此时的栅格数据在内容列表中以栅格图层的形式存在。

2）使用插入图片命令

（1）选择主菜单的"插入"|"图片"命令，如图 19.4 所示。

（2）弹出"添加数据"对话框，浏览找到目标栅格图片，单击选中后单击"添加"按钮即可。

注意：如果当前为布局视图，则图片插入该布局中。如果为数据视图，则图片插入到数据框中，此时栅格数据作为地理元素存在。

图 19.4　插入图片命令

19.2.2　影像金字塔

ArcMap 使用适当的分辨率层次来快速绘制整个数据栅格集。通过创建金字塔索引可减少显示较大栅格数据集的时间。

金字塔索引按分辨率层次递减保存原始数据的文件。随着图层放大，ArcMap 将会连续绘制更小区域，以更好的分辨率显示图层。

当没有金字塔索引时，ArcMap 必须查询整个栅格数据集，确定需要显示的栅格像元子集，将花费较长时间绘制。

当操作中第一次添加多于 1024 个栅格像元的无金字塔索引的栅格数据集时，ArcMap 会自动提示创建金字塔索引。而所创建的金字塔索引是一个与数据集同名的降低分辨率的数据集（.rrd）。

对没有压缩处理的栅格数据集，最小的.rrd 文件的大小大约是原始栅格数据大小的 8%。但是不压缩的.rrd 文件可能比原始文件大，这取决于原始文件中采用的压缩技术。

下面介绍在 ArcMap 中改变创建金字塔索引的设置及如何在 ArcMap 中使用工具构建金字塔。

1. 改变创建金字塔索引的设置

在 ArcGIS 10 中改变创建金字塔索引的设置选项稍有改动，需要在自定义菜单中进行操作，具体方法如下。

（1）选择主菜单下的"自定义"|"ArcMap 选项"命令，如图 19.5 所示。

（2）弹出"ArcMap 选项"设置对话框，单击"栅格"标签进入栅格设置界面。在该界面中单击"栅格数据集"选项卡，打开构建金字塔对话框设置界面，如图 19.6 所示。

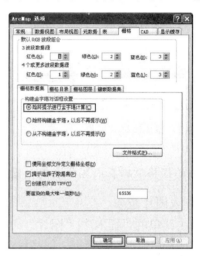

图 19.5　选择 ArcMap 选项　　　　图 19.6　构建金字塔设置界面

（3）完成后单击"确定"按钮即可保存设置。

2. 使用工具构建金字塔

在 ArcMap 的 GP（GeoProcessing）工具中提供了栅格数据的相关操作工具，包括栅格属性的设置、栅格数据的处理、栅格目录操作、镶嵌栅格数据集操作等内容。可以在"数据管理工具"工具集中找到相关工具，本章节对有关栅格数据的内容不予一一介绍，读者可自行练习。

下面介绍构建金字塔工具的操作方法。

（1）打开"目录"窗口，选择"工具箱"|"系统工具箱"|"数据管理工具"|"栅格"|"栅格属性"|"构建金字塔（Pyramid）"工具，如图 19.7 所示。

（2）双击该工具后弹出"构建金字塔"对话框，在"输入栅格数据集"选项中单击路径浏览按钮，弹出"输入栅格数据集"对话框，浏览到目标栅格数据集，单击"添加"按钮，如图 19.8 所示。

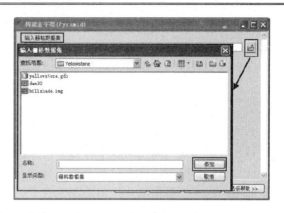

图 19.7　构建金字塔工具　　　　　　　　　图 19.8　输入栅格数据集

19.2.3　栅格数据集的着色

对栅格数据进行着色是栅格数据处理在实际应用中经常要用到的操作之一，ArcMap 提供了多种对栅格数据集的着色方式，包括唯一值方式绘制栅格、将栅格分组值绘制为各个类别、沿色带的拉伸值绘制，以及用固定颜色渲染数据等。

本小节将重点介绍如何运用不同的着色方法对栅格数据集进行着色。

1．唯一值

具体操作方法如下。

（1）右击内容列表中的目标栅格数据集图层，弹出"图层属性"设置对话框，单击其中的"符号系统"标签，进入符号系统设置界面，在设置界面的左侧"显示"列表中单击"唯一值"选项，进入指定颜色绘制栅格数据集的设置界面，如图 19.9 所示。

（2）在唯一值设置界面中，单击"值字段"下拉列表框，选择合适的选项；单击"配色方案"下拉列表框，选择配色方案；并在符号设置框中设置与符号相关的标题、标注等内容。

（3）单击"色彩映射表"按钮，在弹出的下拉列表框中选择"导入色彩映射表"命令，可以将已存在的色彩映射方案导入配色设置中，如图 19.10 所示。

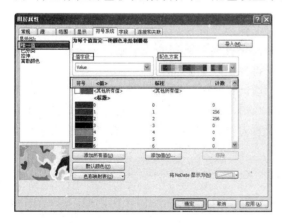

图 19.9　唯一值着色方案　　　　　　　　　图 19.10　导入色彩映射表

（4）单击"色彩映射表"按钮，在弹出的下拉列表中选择"导出色彩映射表"命令，可以将配置好的色彩映射方案保存。

（5）回到着色方案配置界面，单击"确定"按钮保存着色方案设置。

2．分类

具体操作方法如下。

（1）右击内容列表中的目标栅格数据集图层，弹出"图层属性"设置对话框，单击其中的"符号系统"标签，进入符号系统设置界面，在设置界面的左侧"显示"列表中单击"分类"选项，进入"将栅格分组值绘制为各个类别"设置界面，如图 19.11 所示。

图 19.11　以分类着色方法

（2）在设置界面中"字段"选项组内，单击"值"下拉列表框，选择合适的选项；单击"归一化"下拉列表框，选择合适的选项；在"分类"选项组中，设置自然间断点分级法的类别数目；在"色带"下拉列表框中选择合适的色带方案；根据应用需要，勾选"用像元值显示分类间隔"复选框，勾选"使用山体阴影效果"复选框等，完成后单击"确定"按钮。

3．拉伸

这里以为某栅格数据集着色为例，介绍拉伸着色方案的操作方法。

（1）右击内容列表中的目标栅格数据集图层，弹出"图层属性"设置对话框，单击其中的"符号系统"标签，进入符号系统设置界面，在设置界面的左侧"显示"列表中单击"拉伸"选项，进入"沿色带的拉伸值"着色方案设置界面，如图 19.12 所示。

（2）在设置界面中的"色带"下拉列表框中选择合适的色带设置方案；设置合适的值及标注；在"拉伸"选项组中单击"类型"下拉列表框，选择合适的拉伸类型，这里默认选择"无"。

（3）完成后单击"确定"按钮，即可保存设置方案，使用该着色方案配图的效果较好，如图 19.13 所示。

4．离散颜色

具体操作方法如下。

（1）右击内容列表中的目标栅格数据集图层，弹出"图层属性"设置对话框，单击其中的"符号系统"标签，进入符号系统设置界面，在设置界面的左侧"显示"列表中单击"离散颜色"选项，进入用一组固定颜色渲染数据设置界面，如图 19.14 所示。

图 19.12　拉伸着色方案

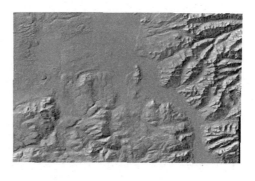

图 19.13　拉伸着色方案

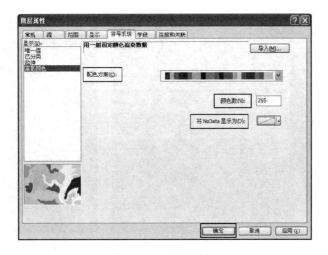

图 19.14　离散颜色

（2）在设置界面中单击"配色方案"下拉列表框，选择合适的配色方案；在"颜色数"文本框中输入合适的颜色数目；设置 NoData 的显示符号，完成后单击"确定"按钮即可。

19.2.4　效果工具条的使用

效果工具条中的工具可以交互式地增强图像的显示。使用滑动条调整的效果包括亮度、对比度和透明度。其中亮度调整可以增加整个图像的亮感；对比度调整最深色和最浅色之间的差异；而对透明度的调整可以让栅格图层下的其他数据图层显现出来。

接下来介绍效果工具条的使用方法。

（1）右击 ArcMap 主菜单，弹出快捷菜单，选择"效果"命令，则"效果"工具条将会出现在 ArcMap 界面中，如图 19.15 所示。

（2）在"图层"下拉列表框中选择目标图层"090163.tif"，则接下来的操作将对该目标图层有效，如图 19.16 所示。

图 19.15　选择"效果"工具条　　　　　　　　　　图 19.16　选择目标图层

（3）单击工具条上的"调节对比度"按钮，弹出对比度调节器，拖动滑块调整数值，如图 19.17 所示。

本例中目标图层"090163.tif"调整对比度前后的效果对比明显，如图 19.18 和图 19.19 所示。

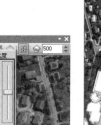

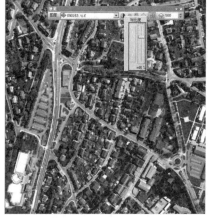

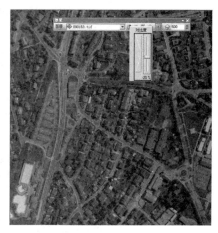

图 19.17　调节对比度　　　　　图 19.18　调整对比度之一　　　　　　图 19.19　调整对比度之二

（4）单击工具条上的"调节亮度"按钮，弹出亮度调节器，拖动滑块调整数值，如图 19.20 所示。

本例中目标图层"090163.tif"调整亮度前后的效果对比明显，如图 19.21 和图 19.22 所示。

（5）单击工具条上的"调节透明度"按钮，弹出透明度调节器，拖动滑块调整数值，如图 19.23 所示。

（6）单击工具条上的"卷帘图层"按钮，可以对目标图层执行卷帘操作，如图 19.24 所示。

（7）单击"效果"工具条上的"闪烁图层"按钮，并调整微调框中的数值，可以设置图层闪烁频率，如图 19.25 所示。

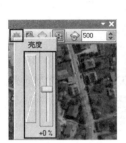

图 19.20　调节亮度　　　　　图 19.21　调整亮度之一　　　　　图 19.22　调整亮度之二

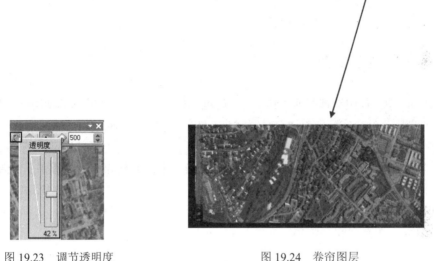

图 19.23　调节透明度　　　　　　　　　图 19.24　卷帘图层

图 19.25　闪烁图层

19.3　栅格地图的配准

栅格数据通常通过地图扫描、搜集航片和卫片来获取。扫描的地图数据集一般不包含空间参考信息。本节将介绍地理参照的相关内容和配准栅格数据集的方法。

19.3.1　地理参照

为了使栅格数据集和其他的空间数据结合应用，需要将采集来的地图数据采用地图投影定义到地图坐标系中。

实际操作中，建立栅格数据集的地理参照时，采用地图坐标定义位置并指定坐标系，栅格数据的地理参照使其可以连同其他空间数据一起执行浏览、查询和分析等操作，更便于应用操作。

19.3.2　配准栅格数据集

简单而言，配准栅格数据集实际上就是将地理坐标系中一些可见的矢量要素类作为地理参照，使用地面控制点将栅格数据集的位置与被参照数据之间创建一个链接。使目标栅格数据集产生一系列多边形变换，从而实现栅格数据集和目标数据之间的配准。

因此在配准中地理参照的数据准确度取决于与其所配准的数据。

创建足够的链接后，最重要的配准过程是栅格数据集转换（或变形）到永久匹配的目标数据的地图坐标。变形采用多边形变换来确定每个栅格像元的正确地图坐标位置。

采用一阶（或仿射）变换来移动、按比例缩放和旋转栅格数据集。这样做的一般结果为栅格数据集中的直线映射为变形的栅格数据集中的直线。

19.3.3　地理配准工具条

在 ArcMap 中，使用地理配准工具条进行配准操作，这里对该工具条的使用做一些简单介绍。在下一小节中将结合实际应用详细介绍配准工具条中重要工具的使用方法，请读者关注。

在地理配准工具条中，主要包含"地理配准"下拉菜单，其中可以实现：栅格数据集的翻转和旋转、变换、校正常见扫描变形等操作；栅格数据的旋转、平移、缩放；控制点的增添；连接表的查看和管理等内容，如图 19.26 所示。

其中地理配准的变换方式包括一阶多项式（仿射）变化、二阶多项式、三阶多项式、校正和样条函数等，如图 19.27 所示。

图 19.26　地理配准工具条　　　　　　　　图 19.27　变换方式

19.3.4　建立栅格数据集地理参照

前面部分章节已经介绍过，建立栅格数据集地理参照的基本流程为：添加要与已投影的数据对齐的栅格数据，然后添加控制点，链接已知的栅格数据位置到地理坐标中的已知位置。

接下来以矢量图层"road"为参照，将影像数据"Raster.tif"配准为例子，介绍建立栅格数据集地理参照的过程。

（1）在 ArcMap 中新建一个空的文档，添加数据 road 和 Raster。

（2）在内容列表中右击目标图层"road"，在弹出的快捷菜单中选择"缩放至图层"命令，使整个目标图层完整呈现在地图视图中，如图 19.28 所示。

图 19.28　缩放目标图层

（3）右击 ArcMap 主菜单，在弹出的快捷菜单中勾选"地理配准"命令，如图 19.29 所示。

（4）界面中出现"地理配准"工具条，单击"图层"下拉列表框，选择"Raster.tif"为地理配准图层，如图 19.30 所示。

图 19.29　打开地理配准工具条

图 19.30　选择将要地理配准的栅格图层

（5）单击地理配准工具条中的"地理配准"按钮，在弹出的下拉菜单中选择"适应显示范围"命令，如图 19.31 所示。

（6）数据视图中将会将显示与目标图层区域相同的栅格数据。或者使用其他工具移动栅格数据来实现数据视图中栅格数据和目标图层数据的合理显示，并在栅格数据中观察与矢量数据图层数据内容相匹配的地图区域，如图 19.32 所示。

🔔提示：在图 19.32 中可以看到，红色的矢量图层与栅格图层中黑框标识部分内容较为匹配，可以在栅格数据集的该区域创建合适的控制点。

（7）单击"配准"工具条中的"添加控制点"按钮，如图 19.33 所示。

（8）在栅格图层中找到第一组控制点的位置，单击后移动鼠标，在矢量图层中找到第一组控制点的对应点，单击鼠标后完成第一组控制点的确定，如图 19.34 所示。

（9）用同样的方法确定多组控制点。

图 19.31　适应显示范围

图 19.32　调整数据

技巧：在数据视图中寻找合适的控制点是整个配准过程中比较重要的步骤，也是实际应用中工作量较大的一个环节，该步骤中控制点的合理

分布是影响配准结果的一个重要因素。这里在选择　图层：Raster.tif　⊙ ⊙ ✿ 田 ▾

控制点时应选择街道拐角、特征地标等比较明显的　图 19.33　选择"添加控制点"按钮

位置，当然如果能在实际操作中确定几组已知地理坐标的点，将会大大提高该项步骤的准确率。

（10）单击"配准"工具条中的"查看连接表"按钮，弹出连接表的管理界面，在该管理界面中可以进行控制点的管理等操作，如图 19.35 所示。

图 19.34　选择第一组控制点

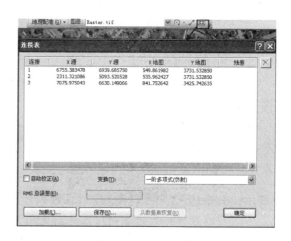

图 19.35　查看连接表

注意：为转换阶数添加足够的链接。一阶转换最少需要 3 个链接，二阶需要 6 个链接，三阶需要 10 个链接。

（11）单击地理配准按钮，并在弹出的下拉菜单中选择"更新地理配准"命令，保存栅格数据集的转换信息。这样就创建了与栅格数据集同名的新文件,其扩展名为.aux。也创建了一个用于.tif 和.img 的 world 文件。

(12)完成配准后栅格图层将与目标矢量图层空间数据对齐,如图 19.36 所示。

图 19.36　配准后地图

第 20 章　数据总管——ArcCatalog

ArcCatalog 作为 ArcGIS 桌面的重要组成部分，担任着数据总管的重要角色。在建好的 ArcCatalog 平台下可以用不同视图查找所需要的数据及浏览查找的结果。该平台下提供的相关工具在组织和维护数据方面表现优秀。无论是分析管理个人数据，还是大量的复杂数据，ArcCatalog 都可以使工作简化并使效率得以提高。

20.1　ArcGIS 的另外一个重要组成部分

作为 ArcGIS 的另外一个重要组成部分，ArcCatalog 承担了浏览地图和数据、查看和创建元数据、查找地图和数据、管理数据源的重要功能。本节主要介绍 ArcCatalog 的基础知识和基本管理功能。

20.1.1　ArcCatalog 简介

ArcCatalog 的主要功能是浏览地图和数据、查看和创建元数据、查找地图和数据及管理数据源等。

在前面章节的内容介绍中也涉及很多 ArcCatalog 的基本操作，在本小节的内容介绍中，将对 ArcCatalog 的这些基本功能进行简单介绍。

1．浏览地图和数据

在 ArcCatalog 目录树中选择一个文件夹、数据库或 GIS 服务器，然后在"内容"窗口中查看它所包含的地理数据列表。

例如可以在目录树中选择一个已连接的文件地理数据库，单击后可以在内容窗口中查看其所包含的所有要素类图层列表，如图 20.1 所示。

另外可以选择大图标、列表、详细信息和缩略图等不同的浏览方式，如图 20.2～图 20.5 所示。

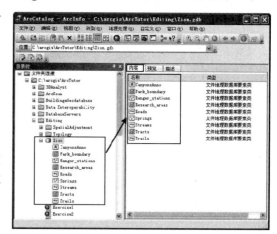

图 20.1　浏览地图和数据

图 20.2　大图标

名称	类型
A CanyonsAnno	文件地理数据库要素类
Park_boundary	文件地理数据库要素类
Ranger_stations	文件地理数据库要素类
Research_areas	文件地理数据库要素类
Roads	文件地理数据库要素类
Springs	文件地理数据库要素类
Streams	文件地理数据库要素类
Tracts	文件地理数据库要素类
Trails	文件地理数据库要素类

图 20.3　列表　　　　　　　　　图 20.4　详细信息

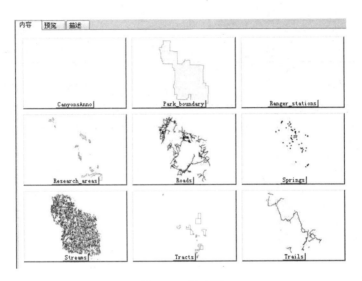

图 20.5　缩略图

2．预览功能

实际操作中往往需要将需要添加到 ArcMap 文档中的数据在 ArcCatalog 中进行预览，预览选项卡可以检查其数据内容。而且 ArcCatalog 提供了"地理工具条"，用其中的按钮和工具可以对数据地图进行缩放漫游等基本的浏览操作。

ArcCatalog 提供了两种预览方式，一种是地理预览，另一种是表预览，分别针对不同的预览预期目标，即针对空间地理位置的预览和针对数据属性的预览操作。

- ❑ 地理预览：地理预览中可以缩放漫游地图，预览不同格式的地理要素，以及栅格图形的像源等。并且可以使用"识别"工具栏单击查看具体属性，如图 20.6 所示。
- ❑ 表预览：使用表预览可以查看地理数据源的属性或数据库中任何数据表的内容，并且支持不同排序的预览，如图 20.7 所示。

3．查看和创建元数据

元数据提供了数据的使用范围、数据的精度报告、属性名称的含义等信息，当在应用中需要了解这些内容时，可以查看元数据信息，如图 20.8 所示。

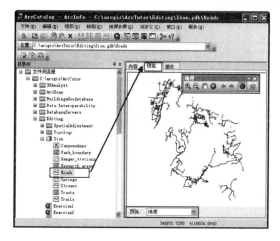

图 20.6　地理预览

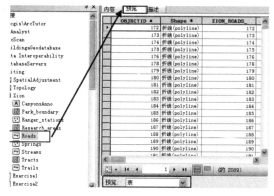

图 20.7　表预览

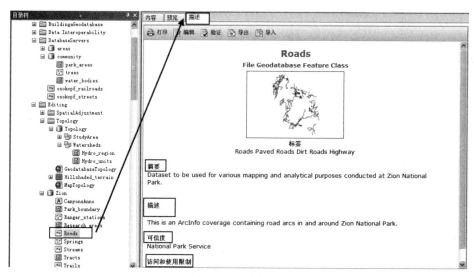

图 20.8　元数据

4．在ArcMap和ArcToolbox中使用数据

在应用中，经常以 ArcMap 作为数据操作的平台，而 ArcToolbox 中也经常会遇到需要将 ArcCatalog 中的数据添加进来的情况。

将 ArcCatalog 中的数据添加到 ArcMap 中可以直接用拖动操作来实现，值得提出的是，ArcGIS 10 版本中将 ArcCatalog 集成到 ArcMap 界面中，而不再需要像 9 系列及更早版本中那样，需要同时打开 ArcMap 和 ArcCatalog 两个应用程序，如图 20.9 所示。

当然，在 ArcGIS 10 中仍然支持这种数据拖动方式，更为简单的操作方法是在 ArcMap 的界面中直接打开"目录"窗口拖动数据，如图 20.10 所示。

5．管理数据源

管理数据源是 ArcCatalog 的一项重要功能，定义数据的坐标系统、创建数据库结构、向属性表中添加属性、创建关系类、创建拓扑等各种数据源的管理操作都需要在 ArcCatalog 中进行，如图 20.11 所示。

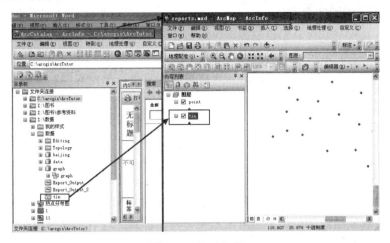

图 20.9 拖动数据

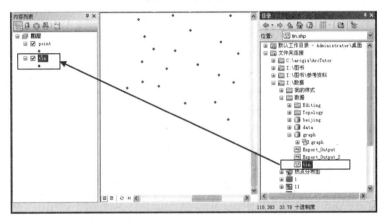

图 20.10 在目录窗口中拖动数据至 ArcMap

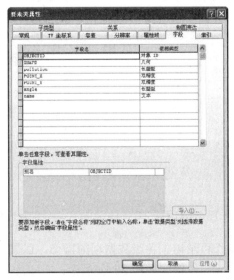

图 20.11 修改属性

20.1.2　ArcCatalog 基础

在之前的学习过程中已经较多地接触过 ArcCatalog 的应用，本小节将系统地介绍 ArcCatalog 的基础内容和知识点。包括 ArcCatalog 的启动方法、ArcCatalog 树操作、ArcCatalog 树的重新配置等基本操作方法。

1．ArcCatalog的启动方法

ArcCatalog 的启动方法很多。

其一，选择"开始"|"程序"|"ArcGIS"|"ArcCatalog 10"的方法启动 ArcCatalog 应用程序端。

其二，在 ArcMap 应用程序端单击"目录窗口"按钮，打开目录窗口，在该窗口中将会有集成到 ArcMap 应用程序的 ArcCatalog，如图 20.12 所示。

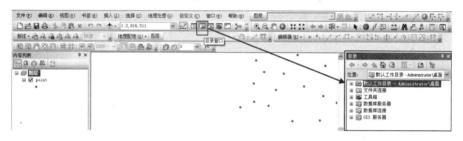

图 20.12　单击"目录窗口"按钮

其三，在 ArcMap 应用程序端选择"窗口"|"目录"命令，同样可以打开目录窗口，如图 20.13 所示。

图 20.13　选择窗口目录命令

2．在ArcCatalog树中选择数据项

下面主要介绍用鼠标操作目录树中各级数据项的操作，以展开"Pollution"图层为例。

（1）单击"连接到文件夹"按钮，如图 20.14 所示。

（2）浏览到目标图层所在文件夹，将其添加到 ArcCatalog 的连接文件夹中。

（3）双击目标图层所在地理数据库"graph"所包含数据集被展开，双击数据集"graph"，则该数据集中所包含的图层将被展开，如图 20.15 所示。

图 20.14　单击"连接到文件夹"按钮　　　　　　图 20.15　展开目标图层

3．通过输入路径选择数据项

ArcCatalog 支持输入路径选择数据项，这里仍以打开"Pollution"图层为例，介绍具体操作方法。

（1）右击 ArcCatalog 主界面，在弹出的快捷菜单中勾选"位置"选项，如图 20.16 所示。

（2）在"位置"文本框中输入路径"I:\数据\数据\graph.gdb\graph\Pollution"，如图 20.17 所示。

图 20.16　打开位置工具条　　　　　　　　　图 20.17　输入路径

（3）完成后按键盘上的 Enter 键即可。

4．ArcCatalog树的重新配置

这里介绍 ArcCatalog 树的悬浮显示、停靠、隐藏和显示操作等。

（1）单击目录树拖动到任意位置，即可实现树的悬浮显示，如图 20.18 所示。

（2）双击目录树实现停靠，如图 20.19 所示。

（3）单击目录树右上角的"自动隐藏"按钮，则目录树将被隐藏到界面左侧，如图 20.20 所示。

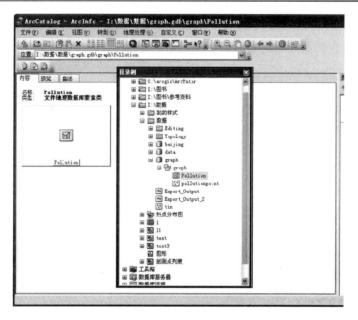

图 20.18　悬浮窗口显示目录树

图 20.19　目录树停靠

图 20.20　自动隐藏

20.2　ArcCatalog 中的应用

前面介绍过 ArcCatalog 的重要作用是管理数据，而针对不同数据的特点，ArcCatalog 支持这些不同格式数据的不同操作。同时，可以在 ArcCatalog 的操作平台上查看数据的各种详细信息。本节重点介绍这些内容。

20.2.1　ArcCatalog 中的各种数据格式

本小节重点介绍三种常见数据格式的操作：个人地理数据库、Shapefile 和 Excel 表格数据。

1．个人地理数据库

在个人地理数据库中，支持单个和多个要素的导入、单个和多个表的导入、栅格数据集的 XML 工作空间文档的导入操作，以及转换为 CAD 格式、Coverage 格式、批量转出至 GeoDatabase、批量转为 Shapefile、批量转为 dBase 格式、导出为 XML 工作空间文档等操作。

同时，支持数据库的碎片整理以及支持发布到 ArcGIS Server 操作等。

这里仅以批量转为 Shapefile 格式数据为例，介绍个人地理数据库的应用操作，其他操作请读者自行练习。

具体操作方法如下。

（1）右击目标个人地理数据库，在弹出的快捷菜单中选择"导出" | "转为 Shapefile（批量）"命令，如图 20.21 所示。

（2）弹出要素类转为 Shapefile（批量）的设置对话框，在"Input　Features"输入框中将默认所有个人地理数据库中的所有要素类输入进去，如图 20.22 所示。

图 20.21　转为 Shapefile（批量）　　　　图 20.22　要素类至 Shapefile 对话框

（3）单击 Output Folder 输出框的文件夹浏览按钮，弹出输出位置选择对话框，在其中浏览选择输出位置，如图 20.23 所示。

2．Shapefile格式

Shapefile 格式数据支持转为 CAD、转为 Coverage、转出至地理数据库（Geodatabase）（单个）和转出至地理数据库（Geodatabase）（批量）等重要操作。

这里以转出至地理数据库（Geodatabase）（单个）为例介绍 Shapefile 格式数据的应用，具体方法如下。

（1）右击目标 Shapefile 数据，在弹出的快捷菜单中选择"导出"|"转出至地理数据库（Geodatabase）（单个）"命令，如图 20.24 所示。

图 20.23　输出文件　　　　　　　　　　图 20.24　shp 转出至地理数据库

（2）弹出"要素类至要素类"转换工具对话框，在"输入要素"文本框中将默认把目标.shp 数据作为输入数据；在"输出位置"文本框中输入目标输出位置；在"输出要素类"文本框中输入名称，如图 20.25 所示。

（3）单击设置对话框中的"表达式"文本框后的按钮，弹出表达式查询构建器，如图 20.26 所示。

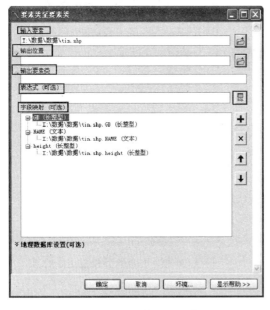

图 20.25　输出要素类　　　　　　　　　　图 20.26　设置表达式

（4）回到对话框设置界面中，在"字段映射框"中进行合适的字段选项设置。

（5）完成后单击"确定"按钮即可开始转换。

3．Excel表格

ArcCatalog 应用程序支持 Excel 表格的数据操作，包括转为单个 dBase（单个）、转为

dBase（批量）、转出至地理数据库（Geodatabase）（单个）和转出至地理数据库（Geodatabase）（批量）等。同时，对于 Excel 表格数据，还支持 GIS 数据要素类的创建、地理编码等操作的实现。

下面介绍如何使用 Excel 表格数据创建地理要素类。

（1）右击目标 Excel 表格，在弹出的快捷菜单中选择"创建要素类"|"从 XY 表"命令，如图 20.27 所示。

（2）弹出"从 XY 表创建要素类"对话框，在其中进行相关设置。在"输入字段"选项组中，单击"X 字段"下拉列表框选择作为 X 字段的字段；单击"Y 字段"下拉列表框选择作为 Y 字段的字段；在"输出"选项组中设置合适的输出位置，如图 20.28 所示。

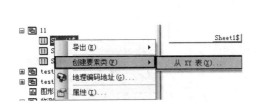

图 20.27　创建要素类　　　　　　　　图 20.28　设置从 XY 表创建要素类

（3）单击"输入坐标的坐标系"按钮，弹出"空间参考属性"设置对话框，单击其中的"选择"按钮，弹出"浏览坐标系"对话框，从中选择坐标系，如图 20.29 所示。

图 20.29　选择坐标系

（4）单击"添加"按钮完成操作，回到转换设置对话框中，单击"确定"按钮执行转换操作。

20.2.2　用 ArcCatalog 查看数据的各种信息

在 ArcCatalog 中可以搜索查看数据的各种信息，并指定要查找的数据的名称及类型等。在 ArcGIS 10 中，搜索窗口有较大改动，具体介绍如下。

1．支持多来源内容搜索

包括支持本地搜索、企业级搜索、ArcGIS Online 搜索等，如图 20.30 所示。

2．支持索引/搜索项设置

单击"索引/搜索"按钮，弹出"索引/搜索选项"设置对话框，如图 20.31 所示。

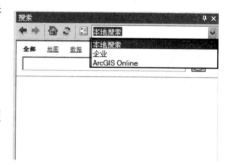

图 20.30　支持多种来源搜索

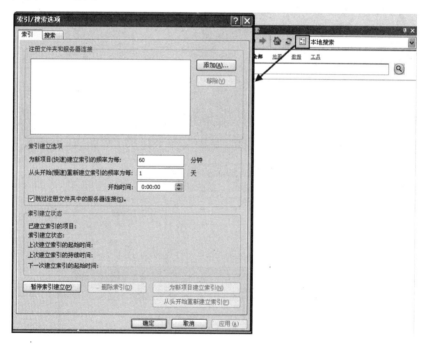

图 20.31　索引/搜索选项

3．支持地图、数据、工具等不同类别内容的针对搜索

在 ArcGIS 10 中，搜索窗口支持分类进行地图、数据、工具的不同搜索，分别单击窗口中各自选项按钮，即可进入该类别的搜索界面，如图 20.32～图 20.34 所示。

这里以工具搜索为例，简单介绍一下该搜索工具的使用方法。如搜索"创建要素"工具，具体方法如下。

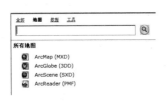

图 20.32　地图搜索　　　　　　　　　　图 20.33　数据搜索

（1）单击搜索窗口中的"工具"选项，进入工具搜索界面，在搜索框中输入"创建要素"，单击其后的搜索按钮，如图 20.35 所示。

图 20.34　工具搜索　　　　　　　　　　图 20.35　搜索指定工具

（2）系统返回所有包含"创建要素"关键字的相关工具，这里返回三个搜索结果，找到目标工具即可。

20.3　ArcCatalog 的定制

ArcCatalog 支持自定义定制，可以根据需要隐藏不用的工具条、修改工具条及其内容甚至创建自定义工具条。

本节主要介绍 ArcCatalog 的自定义定制方法。

20.3.1　工具条定制

本小节介绍如何创建新的工具条、对工具条重命名、大图标显示工具条及在工具条上显示工具提示等内容。

1．创建新的工具条

（1）选择"自定义"|"工具条"|"自定义"命令，在弹出的对话框中单击"工具条"标签，单击"新建"按钮，如图 20.36 所示。

（2）在弹出的命名对话框中输入需要自定义的工具条名称，如："新建 Arc Catalog"工具条。完成后单击"确定"按钮，如图 20.37 所示。

图 20.36　新建工具条　　　　　　　　　　图 20.37　工具栏命名对话框

（3）"工具条"标签下的列表中将出现新的工具条"新建 ArcCatalog 工具条"，如图 20.38 所示。

（4）同时在 ArcCatalog 主菜单下也将出现一个空的新建工具条，如图 20.39 所示。

图 20.38　菜单栏中新增工具条　　　　　　　图 20.39　空的新建工具条

2. 重命名工具条

以将上例中新建的"新建 ArcCatalog 工具条"名称进行重新修改为例，介绍如何对工具条进行重命名操作。具体操作如下。

（1）选择"自定义"|"工具条"|"自定义"命令，在弹出的对话框中单击"工具条"标签，单击需要修改名称的工具条"新建 ArcCatalog 工具条"，并单击"重命名"按钮，弹出"重命名工具栏"对话框，如图 20.40 所示。

（2）在对话框中"工具栏名称"文本框中的名称高亮显示，表明名称可以被修改，输入新的名称后单击"确定"按钮即可。

3. 大图标显示工具条

具体操作方法如下。

（1）选择"自定义"|"工具条"|"自定义"命令，在弹出的对话框中单击"选项"标签。

（2）在该设置界面中勾选"大图标"复选框，如图 20.41 所示。

图 20.40 重命名工具栏

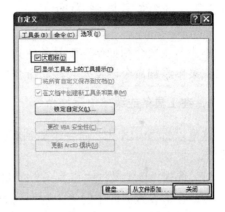

图 20.41 选择大图标显示

（3）工具条将以大图标显示，如图 20.42 所示。

图 20.42 大图标显示

4．工具条上显示工具提示

具体操作方法如下。

（1）选择"自定义"|"工具条"|"自定义"命令，在弹出的对话框中单击"选项"标签。

（2）在该设置界面中勾选"显示工具条上的工具提示"复选框，如图 20.43 所示。

（3）工具条上将显示工具提示，如在详细信息按钮旁将显示工具提示"详细信息"，如图 20.44 所示。

图 20.43 选择显示工具提示

图 20.44 显示工具提示

20.3.2 修改工具条内容

本小节主要介绍如何在工具条或菜单中添加命令、如何在工具条中添加新的空菜单、为弹出式菜单添加命令以及如何移动命令、重新设置内置工具条等内容。

1. 在工具条或菜单中添加命令

这里以将"VBA 宏"命令添加到新建工具条中为例，介绍如何在工具条中添加命令，方法如下。

（1）选择"自定义"|"工具条"|"自定义"命令，在弹出的对话框中单击"命令"标签。

（2）在该设置界面中的"类别"列表框中找到"工具"选项，单击右侧对应的命令选项"VBA 宏"，如图 20.45 所示。

（3）单击该命令，拖动鼠标至目标工具条"新建 ArcCatalog 工具条"，添加命令即可完成，如图 20.46 所示。

图 20.45 选择 VBA 宏命令

图 20.46 添加命令至工具条

2. 在工具条中添加新的空菜单

具体操作方法如下。

（1）选择"自定义"|"工具条"|"自定义"命令，在弹出的对话框中单击"命令"标签。

（2）在该设置界面中的"类别"列表框中找到"新建菜单"选项，单击右侧对应的命令选项"新建菜单"。

（3）拖动鼠标将该命令移动至工具条中，如图 20.47 所示。

3. 为弹出式菜单添加命令

具体操作方法如下。

（1）选择"自定义"|"工具条"|"自定义"命令，在弹出的对话框中单击"工具条"标签。

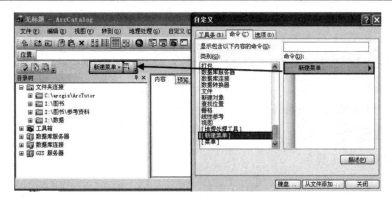

图 20.47　添加新建菜单

（2）勾选"工具条"列表中的"快捷菜单"复选框，则在 ArcCatalog 主菜单中将出现快捷菜单工具条，如图 20.48 所示。

（3）单击"快捷菜单"按钮，弹出 ArcCatalog 中所有弹出式菜单列表，可以在该列表中查找相应菜单，如将"图层快捷菜单"中的"创建图层"快捷命令添加到新建菜单弹出式菜单中，单击拖动鼠标即可实现，如图 20.49 所示。

图 20.48　勾选快捷菜单工具条

图 20.49　添加快捷菜单

（4）快捷命令"创建图层"被添加到"新建菜单"的下拉菜单中，如图 20.50 所示。

图 20.50　添加快捷名称效果

4．移动命令

这里以将"地理工具条"中的"识别"按钮拖动到新建工具条中为例，介绍如何移动命令，具体方法如下。

（1）选择"自定义"|"工具条"|"自定义"命令，在弹出的对话框中单击"命令"标签。

（2）直接将工具条"地理"中的"识别"按钮拖动到新建工具条中，即可完成命令移动，如图 20.51 所示。

5. 移除命令

具体方法如下。

（1）选择"自定义"|"工具条"|"自定义"命令，在弹出的对话框中单击"命令"标签。

（2）单击将要移除的命令，直接拖动即可移除。

6. 重新设置内置工具条

具体方法如下。

（1）选择"自定义"|"工具条"|"自定义"命令，在弹出的对话框中单击"工具条"标签。

（2）单击选择目标工具条，单击"重置"按钮即可，如图 20.52 所示。

图 20.51 移动命令

图 20.52 重置内置工具条

20.3.3 命令定制

本小节主要介绍如何操作分组命令、改变显示类型、改变图表及标题和重新设置内置命令等内容，并介绍这些操作的具体方法。

1. 分组命令

下面举例介绍分组命令的操作过程，比如需要对工具条中的"ArcCatalog 选项"、"运行 VBA 宏"和"显示编辑器"三个命令进行分组，其中"ArcCatalog 选项"为一组，"运行 VBA 宏"和"显示编辑器"两个命令为一组，具体方法如下。

（1）选择"自定义"|"工具条"|"自定义"命令，在弹出的对话框中单击"工具条"标签。

（2）选择目标工具条需要将其分组的命令按钮，在"ArcCatalog 选项"的右侧位置右击，在弹出的快捷菜单中选择"开始一组"命令，如图 20.53 所示。

（3）关闭"自定义"对话框窗口，在目标工具条中可以看到分组效果，如图 20.54 所示。

图 20.53　"开始一组"命令　　　　　　　图 20.54　分组效果

提示：取消分组时可以用类似方法，使"开始分组"命令不被勾选即可。

2．改变显示类型

以将"运行 VBA 宏"命令按钮的显示类型由"默认样式"修改为"图像与文本"为例，介绍如何改变显示类型，具体方法如下。

（1）选择"自定义"|"工具条"|"自定义"命令，在弹出的对话框中单击"工具条"标签。

（2）右击目标工具条的命令"运行 VBA 宏"的按钮，在弹出的快捷菜单中选择"图像与文本"命令，如图 20.55 所示。

图 20.55　选择"图像与文本"

（3）命令"运行 VBA 宏"的按钮将以图像与文本显示，显示类型修改前后对比效果明显，如图 20.56 和图 20.57 所示。

图 20.56　默认样式显示图标　　　　　　图 20.57　图像文本样式显示图标

3．改变图标

改变命令图标的具体方法如下。

（1）选择"自定义"|"工具条"|"自定义"命令，在弹出的对话框中单击"工具条"标签。

（2）右击目标工具条的命令"运行 VBA 宏"的按钮，在弹出的快捷菜单中选择"更改按钮图像"命令，如图 20.58 所示。

（3）修改后的命令"运行 VBA 宏"的图标，如图 20.59 所示。

图 20.58　更改图标　　　　　　　　　　图 20.59　修改后的图标

4．改变标题

改变标题的具体方法如下。

（1）选择"自定义"｜"工具条"｜"自定义"命令，在弹出的对话框中单击"工具条"标签。

（2）右击目标工具条的命令"运行 VBA 宏"的按钮，在弹出的快捷菜单中选择"名称"命令，单击其后的文本框，高亮显示后进行修改，如图 20.60 所示。

5．重新设置内置命令

重新设置内置命令的具体方法如下。

（1）选择"自定义"｜"工具条"｜"自定义"命令，在弹出的对话框中单击"工具条"标签。

（2）右击目标工具条的命令"运行 VBA 宏"的按钮，在弹出的快捷菜单中选择"重置"命令，如图 20.61 所示。

图 20.60　改变标题

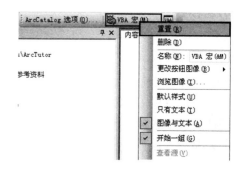

图 20.61　重置内置命令

20.3.4　快捷键定制

本小节主要介绍快捷键定制、移除快捷键、重新定制内置快捷键等操作。

1．快捷键分配

下面介绍快捷键的分配方法，具体操作如下。

（1）选择"自定义"｜"工具条"｜"自定义"命令，在弹出的对话框中单击"工具条"标签。

（2）在该设置界面中单击"键盘"按钮，如图 20.62 所示。

（3）弹出"自定义键盘"设置对话框，在"类别"列表中找到目标类别，单击选中之后，在右侧的命令列表中单击需要自定义键盘快捷键的命令"ArcCatalog 选项"，在"按新建快捷键"文本框中输入需要自定义的快捷键，这里以 F3 键为例，如图 20.63 所示。

（4）完成后单击"分配"按钮即可完成设置。

2．移除快捷键

下面介绍快捷键的移除方法。

（1）选择"自定义"｜"工具条"｜"自定义"命令，在弹出的对话框中单击"工具条"标签。

（2）在该设置界面中单击"键盘"按钮，弹出"自定义键盘"设置对话框，选中其中需要移除快捷键的命令，单击"移除"按钮，如图 20.64 所示。

图 20.62 单击"键盘"按钮

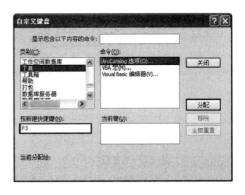

图 20.63 设置键盘快捷键

3．重新定制内置快捷键

下面介绍重新定制内置快捷键的方法。

（1）选择"自定义"|"工具条"|"自定义"命令，在弹出的对话框中单击"工具条"标签。

（2）在该设置界面中单击"键盘"按钮，弹出"自定义键盘"设置对话框，单击其中的"全部重置"按钮，弹出提示对话框，如图 20.65 所示。

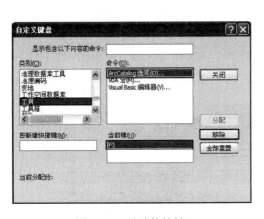

图 20.64 移除快捷键

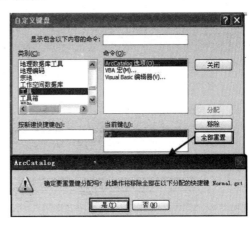

图 20.65 重置快捷键

第 5 篇　地理处理

第21章 地理处理——我的 Geoprocessing

地理处理指的是对已有数据进行操作的处理过程，是地理信息系统的重要功能之一。在 ArcGIS 中地理处理既可以是单个的地理操作，也可以依次执行多个地理任务。本章重点介绍如何使用地理处理工具来实现这一重要功能。

21.1 地理处理的概念

本节主要介绍在 ArcGIS 10 中地理处理所包含的执行功能，以及新版本 ArcGIS 10 中地理处理的新变化。

21.1.1 什么是地理处理

地理处理——Geoprocessing，顾名思义，指的是在地理现象中的处理过程。在 ArcGIS 应用平台中，地理处理不仅可以实现多种方式的数据操作，基于操作生成新的数据，还可以在平台中将多种操作流程融为一个执行过程，实现一定意义上的自动化地理处理。

21.1.2 ArcGIS 10 中地理处理新变化

在 ArcGIS 10 中，地理处理功能做了较多的改动，新版本更加注重 Geoprocessing 工具的开发和应用。除新增部分工具之外，在多处增添了 Geoprocessing 工具的使用接口。下面总结一下 ArcGIS 10 中地理处理的新变化。

1．后台执行

在 ArcGIS 10 中，地理处理工具在后台执行，不影响 ArcMap 应用程序端的同时使用。

2．窗口增加ArcToolbox功能

ArcToolbox 功能已被"搜索"窗口、"目录"窗口和"结果"窗口取代。同时，在新版本 ArcGIS 10 中仍然有 ArcToolbox 程序端，但应用过程不再拘泥于该程序端。

3．新增地理处理主菜单

在"标准"工具条中新增了一个"地理处理"主菜单，包含用于配置地理处理的所有选项及 6 个地理处理常用工具，包括缓冲区、裁剪、相交、联合、合并、融合，如图 21.1 所示。

图 21.1 地理处理主菜单

4．支持任何菜单和工具条添加

支持向任何菜单和工具条中添加工具。

21.2　ArcGIS 的神奇工具箱

ArcToolbox 是 ArcGIS 的重要工具箱，基于该工具箱可以实现多种复杂的地理数据处理功能。本节主要介绍 ArcToolbox 的主要工具集组成及其作用和功能。

21.2.1　ArcToolbox 简介

ArcToolbox 工具箱提供了极其丰富的地理信息数据处理工具，使用这些工具能够在 GIS 数据库中建立并集成多种数据格式，实现地理信息系统高级分析、处理等；可以将所有常用的空间数据格式与 Coverage、Grids、TIN 等之间相互转化；甚至可以使用这些工具进行拓扑处理、实现图幅的合并、剪贴、分割等操作；提供了各种高级的空间分析工具。

具体而言，在 ArcGIS 10 版本中，ArcToolbox 工具箱包含了 3D 分析工具、数据互操作工具、地统计工具、网络数据集工具、逻辑拓扑图工具、空间分析工具、追踪分析工具、分析工具、制图工具、地理编码工具、多维工具、宗地结构工具、数据管理工具、服务器工具、空间统计工具、线性参考工具、编辑工具和转换工具。

每一个工具集都包含了众多工具，并可以分类实现不同功能的地理任务。每一个工具集都可以作为一个单独的章节进行学习和研究。这里不再一一详细介绍，请读者参阅相关章节自行学习。

21.2.2　ArcToolbox 中各种工具的作用及用法

本小节主要介绍 ArcToolbox 中各种工具集的作用及特点，并对其可以实现的操作及地理任务做分类介绍，简单介绍工具用法。

❑　3D 分析工具

概括而言，3D 分析工具主要可以实现 3D 数据的相关分析等操作，主要包括 3D 要素的操作、Terrain 和 TIN 表面应用、Terrain 管理、TIN 管理、功能性表面实现，以及栅格数据的差值、计算、表面、重分类等操作。

同时，在 3D 分析工具集中还包含各种不同数据如 Terrain、TIN 和要素类之间的格式转换等。

❑　数据互操作工具

数据互操作工具支持多种数据格式的快速转换，在 ArcGIS 10 版本中，该数据集包含了快速导入和快速导出两个工具，可以实现几十种空间数据格式的直接读取和访问，包括 GML、DWG/DXF 文件、MicroStation Design 文件、MapInfo MID/MIF 文件和 TAB 文件类型等。用户可以通过拖放方式让这些数据和其他数据源在 ArcGIS 中直接用于制图、空间处理、元数据管理和 3D Globe 制作。数据互操作还包含 FME Workbench，提供了一些数据转换工具来构造复杂矢量数据格式的转换器。

❑ 地统计工具

地统计工具集中提供的工具可以用于分析、显示连续数据和生成表面。统计分析工具包括交叉验证、半变异函数灵敏度、子集要素、邻域选择等，而插值方法也有很多，包括全局多项式插值法、反距离权重法、含障碍的扩散插值法、含障碍的核插值法、局部多项式插值法、径向基函数插值法及移动窗口克立金法等。

❑ 网络数据集工具

在网络数据集工具集中可以实现网络数据集的升级、构建和融合等针对网络数据集的相关操作。同时提供了转弯要素类的创建、备用 ID 字段填充、转弯表至转弯要素类转换等工具，实现网络数据集中重要的转弯要素类的多种处理方法。

同时可以实现多种基于网络数据集的分析操作，比如创建 OD 成本矩阵图层、位置分配图层的创建、多路径配送图层的创建、最近设置点分析图层的创建、服务区图层的创建、路径分析图层的创建等。

并支持向各分析图层添加字段、更新分析图层属性、添加位置、计算位置等操作。

❑ 逻辑拓扑图工具

逻辑拓扑图实际上就是用一种简化的符号，在有限的幅面上尽可能完整地展现系统中大量设备、路线，并展现系统中各个对象之间连接关系和运行关系的一种示意图。相对于地理图而言，逻辑拓扑图不具备地理上的空间位置、距离和比例尺等因子。

使用逻辑拓扑图工具集中的相关工具可以帮助实现逻辑拓扑图和地理图一体化的管理。

该工具集中的工具包括创建逻辑示意图及其文件夹、将逻辑示意图转换为要素、单个和批量更新逻辑示意图等。

❑ 空间分析工具

空间分析工具集中包含了众多的空间分析工具，包括：区域分析、叠加分析、地下水分析、地图代数、多元分析、太阳辐射、密度分析、局部、提取分析、差值、条件分析、栅格创建和综合，以及水文分析、表面分析、距离分析、邻域分析和重分类等。

❑ 追踪分析工具

追踪分析工具集中主要包含创建追踪图层、连接日期和时间字段两个工具。基于此可以显示分析时间数据，包括随着时间变化追踪要素的移动轨迹，以及某个时间段特定位置的追踪系统值的变化。

❑ 分析工具

分析工具集中包括叠加分析、提取分析、统计分析、邻域分析等分析工具。

❑ 制图工具

制图工具集中提供了与高级制图相关的多种辅助工具，包括制图优化和综合、制图表达管理、图形冲突处理工具、掩膜工具、数据驱动页面工具、格网和经纬网创建与删除工具、注记工具等。

基于这些工具可以实现实际应用中的多种制图效果。

❑ 地理编码工具

地理编码工具集中包括创建地址定位器和复合地址定位器工具、反向地理编码工具、对地址进行地理编码工具、标准化地址工具、重新匹配地址及重新构建地址定位器等工具。

❏　多维工具

多维工具集中可以实现 NetCDF 栅格图层、NetCDF 表视图、NetCDF 要素图层等的创建，并可以实现栅格、表、要素向 NetCDF 的转换。

❏　宗地结构工具

基于宗地结构工具集可以实现宗地结构图层和表视图的创建、宗地结构管理、数据迁移等操作。

❏　数据管理工具

数据管理工具集中所包含的内容比较多，所有与数据管理有关的工具都被归类到该工具集中，包括图层和表视图的操作、关系类操作、要素及要素类操作、工作空间操作，以及数据投影与变换、数据库操作、字段、属性域操作甚至版本操作等。

❏　服务器工具

服务器工具集中提供了数据提取和缓存相关操作工具，其中缓存操作工具可以实现地图服务器缓存的创建、删除、导入、导出等，可以实现服务器缓存切片方案的生成及地图服务器缓存切片管理、缓存比例管理等，并可以实现缓存存储格式的转换等操作。

❏　空间统计工具

空间统计统计工具集中包括几个工具子集分类，包括：分析模式、度量地理分布工具集、渲染工具集、空间关系建模工具集、聚类分布制图工具集等。

❏　线性参考工具

使用线性参考工具中的工具可以实现路径及路径事件图层的创建、路径事件的叠加、路径校准，并可以沿路径定位要素，融合路径事件和转换路径事件。

❏　编辑工具

编辑工具集中主要提供了修剪线工具、增密工具、延伸线工具、捕捉工具、擦出点工具、概化工具及翻转线工具。

❏　转换工具

转换工具主要可以实现元数据的转换与导入/导出，以及目标为 CAD、Collada、Coverage、dBase、KML、Shapefile 和栅格格式的转换，并支持转出至地理数据库。

21.3　模型构建器

模型构建器是地理处理框架中的另外一个重要组成部分，上一节中已经介绍过，ArcToolbox 是构成地理处理框架的主要工具集合，而模型构建器则提供了一个建立空间处理流程和脚本的可视化建模环境。

21.3.1　什么是模型构建器

模型构建器为设计和实现空间处理模型（包括工具，脚本和数据）提供了一个图形化的建模框架。

模型是数据流图示，将一系列的工具和数据串起来以创建高级的功能和流程。可以将工具和数据集拖动到一个模型中，然后按照有序的步骤连接起来以实现复杂的 GIS 任务。

模型构建器的交互机制可以实现复杂地理处理流程的建立和执行，另外也是一个与他人共享 GIS 处理过程的理想方法。

简单地说，模型构建器窗口实际上就是在 ArcGIS 应用平台中用来创建模型的界面。该窗口由一个用来构建模型图表的显示窗口、主菜单和一个用来与模型图表中的元素进行交互的工具条组成。

在 ArcGIS 10 中，模型窗口有 6 个主菜单，包括模型、编辑、插入、视图、窗口和帮助。其中，模型菜单中包含了模型运行和验证、模型打印、模型与图属性设置及导入/导出命令，而插入菜单中除了有添加数据和工具命令外，还包括模型工具及迭代器，如图 21.2 所示。

21.3.2　模型构建器的保存

在使用模型构建器之前需要先确定模型存放路径，这里保存新建模型构建器有两种方式。

1. 使用模型构建器的保存命令

具体操作方法如下。

（1）单击 ArcMap 主界面下的"地理处理"菜单，在弹出的下拉菜单中选择"模型构建器"命令，如图 21.3 所示。

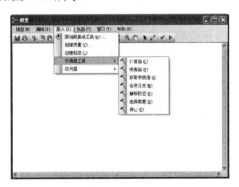

图 21.2　插入菜单中的模型工具　　　　图 21.3　选择模型构建器命令

（2）弹出模型构建器窗口，在该窗口中进行模型构建操作。

（3）模型构建完成之后，选择"模型"|"保存"命令，弹出模型保存设置对话框，在该对话框中浏览保存路径，选择到目标文件夹后单击"保存"按钮即可，如图 21.4 所示。

2. 在目标路径的文件夹中新建模型构建器

该方法需要首先确定目标文件夹，然后在指定文件夹位置指定新建模型，具体方法如下。

（1）确定新建模型的保存路径，如这里以"工具箱"中的"我的工具箱"为目标路径，右击"我的工具箱"，在弹出的快捷菜单中选择"新建"|"工具箱"命令，如图 21.5 所示。

图 21.4　保存模型

（2）右击新建的工具箱，在弹出的快捷菜单中选择"新建"|"模型"命令，如图 21.6 所示。

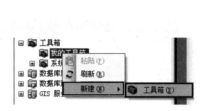

图 21.5　新建工具箱　　　　　　　　　图 21.6　新建模型命令

（3）弹出模型构建器窗口，在该窗口中进行模型构建操作。

（4）模型构建完成之后，选择"模型"|"保存"命令，系统将不再弹出保存路径设置对话框，而自动将模型保存在目标文件夹中。

21.3.3　使用模型构建器

本小节举例介绍模型构建器的使用方法，如以线状图层铁路为基础，生成缓冲半径为 2 米的铁路面图层。基础图层为"railway"，生成图层命名为"railway_poly"。模型名称命名为"铁路面"。这里介绍两种方法。

1．使用模型构建器命令

具体操作步骤如下。

（1）确定新建模型的保存路径，如这里以"工具箱"中的"我的工具箱"为目标路径，右击"我的工具箱"，在弹出的快捷菜单中选择"新建"|"工具箱"命令，右击新建的工具箱，在弹出的快捷菜单中选择"新建"|"模型"命令，弹出模型构建器窗口。

（2）单击"插入"菜单，在弹出的快捷菜单中选择"添加数据或工具"命令，如图 21.7 所示。

（3）弹出"添加数据或工具"对话框，在其中浏览到基础图层"railway"所在的目标文件夹，单击选中图层之后，单击"添加"按钮，如图 21.8 所示。

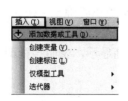

图 21.7　选择"添加数据或工具"命令　　　　图 21.8　添加数据

（4）线状图层"railway"被添加到模型构建器的窗口中，如图 21.9 所示。

（5）单击"插入"菜单，在弹出的快捷菜单中选择"添加数据或工具"命令，弹出"添加数据或工具"对话框，在其中浏览到缓冲工具"缓冲区"所在的工具箱子集"邻域分析"，单击选中"缓冲区"工具，完成后单击"添加"按钮，如图 21.10 所示。

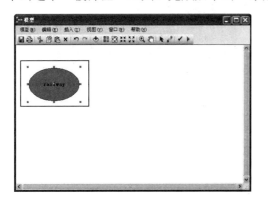

图 21.9　窗口中的图层数据

图 21.10　选择缓冲区工具

（6）缓冲区工具被添加到模型窗口中，而此时与图层模型"railway"比较可以发现，缓冲区工具及其生成图层均未高亮显示，表明此时的"缓冲区"工具未被运行，如图 21.11 所示。

（7）单击"连接"按钮，移动鼠标至模型构建器窗口中，在"railway"与"缓冲区"工具之间建立连接，如图 21.12 所示。

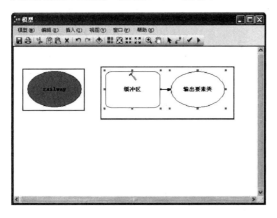

图 21.11　添加缓冲区工具至窗口

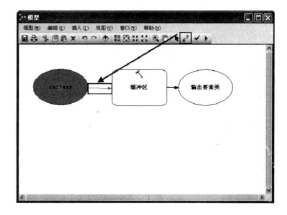

图 21.12　创建连接

（8）双击"缓冲区"模型工具，弹出该工具的设置对话框。该对话框中的"输入要素类"中图层已经设置完成，是连接步骤中设置的"railway"图层，而"输出要素类"文本框中需要设置输出要素类的保存路径及其名称"railway_poly"，在"线性单位"文本框中设置缓冲距离为"10"，距离单位为"米"，并设置其他参数，完成后单击"确定"按钮，如图 21.13 所示。

（9）模型被运行，此时的缓冲区工具及生成图层均被高亮显示，表明该模型已经被运行过，如图 21.14 所示。

（10）单击"保存"按钮，保存该模型。

图 21.13 设置缓冲区工具

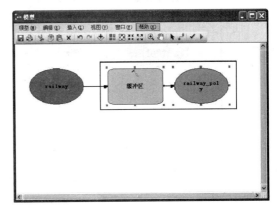

图 21.14 模型运行完成

（11）在"目录"窗口中右击模型名称，待高亮显示后修改其名称为"铁路面"即可。

2．拖拽ArcMap文档中的图层和工具

该方法操作简单，也是实际应用中常用的方法，这里仍以线状图层铁路为基础，生成缓冲半径为 2 米的铁路面图层为例，介绍其操作方法如下。

（1）新建 ArcMap 文档，添加图层"railway"到该文档中，如图 21.15 所示。

（2）确定新建模型的保存路径，如这里以"工具箱"中的"我的工具箱"为目标路径，右击"我的工具箱"，在弹出的快捷菜单中选择"新建"|"工具箱"命令，右击新建的工具箱，在弹出的快捷菜单中选择"新建"|"模型"命令，弹出模型构建器窗口。

（3）单击选中"内容列表"中的"railway"图层，拖曳至模型构建器窗口中，即可实现输入数据的添加，如图 21.16 所示。

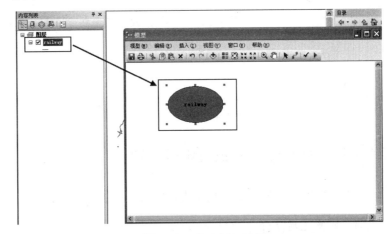

图 21.15 添加图层至 mxd 文档

图 21.16 拖曳添加图层

（4）在"目录"窗口中查找"缓冲区"工具，拖曳至窗口中，即可实现"缓冲区"工具的添加，如图 21.17 所示。

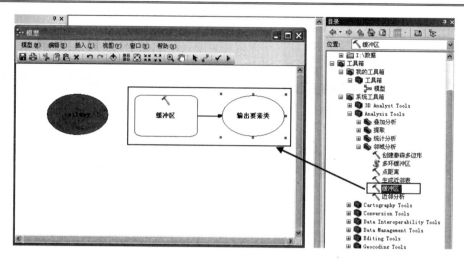

图 21.17　添加缓冲区工具

（5）双击窗口中的"缓冲区"工具，弹出该工具的设置对话框。单击"输入要素类"下拉列表框，在其中选择"railway"，即可将该图层设置为缓冲区工具的输入图层，如图 21.18 所示。

（6）在"输出要素类"文本框中需要设置输出要素类的保存路径及其名称"railway_poly"，在"线性单位"文本框中设置缓冲距离为"10"，距离单位为"米"，并设置其他参数，完成后单击"确定"按钮。

（7）模型运行完成以后，单击"保存"按钮，保存该模型。

（8）在"目录"窗口中右击模型名称，待高亮显示后修改其名称为"铁路面"即可。

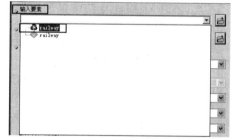

图 21.18　设置输入图层

21.4　有关脚本语言 Python

Python 是一种面向对象、直译式计算机程序设计语言，语法简捷而清晰，具有丰富和强大的类库，能够很轻松地把用其他语言制作的各种模块（尤其是 C/C++）轻松地联结在一起。在 ArcGIS 中常常使用 Python 脚本语言执行地理处理。

21.4.1　使用 Python 执行地理处理

本小节主要介绍使用 Python 执行地理处理的相关知识。

1. 脚本工具简介

在 ArcToolbox 中有相当数量的工具实际上都是脚本，在这些脚本前面都有一个脚本图标，比如空间统计工具集中的多数工具都是脚本语言，如图 21.19 所示。

2．ArcPy替代arcgisscripting module

在 ArcGIS 10 中，ArcPy site-package 完全替代了 arcgisscripting module，在完全向下兼容的基础上，ArcPy 提供了更加快速高效的途径来利用 Python 完成地理数据分析、数据转换、数据管理及地图自动化工作。

图 21.19　脚本工具

通过 ArcPy 可以访问大量的 Geoprocessing Tools，实现 cursors、geometry、原生 classes 等的改进，并且可以实现 NumPy 如 NumPyArrayToRaster、RasterToNumPyArray 的利用。下面是 arcgisscripting 与 arcpy 的比较：

```
#9.3
import arcgisscripting
gp = arcgisscripting.create (9.3)
array1 = gp.createobject ("ay")

#10.0
import arcpy
array2 = arcpy.Array ()
```

3．Python窗口新改进

在 ArcGIS 10 中引入了全新的 Python Window 来增强内嵌的 Python 体验，作为 Python 的解释器，替代了先前版本中的 Command Line Window，在 Python 窗口中键入的内容可以是单独的 Python 命令，也可以是完整的代码内容。通过 Python Window 可以访问 ArcPy 提供的功能，包括 tools 和 environments，还可以使用其他的 Python 内置功能。

同时 Python 窗口提供比其他同类 IDE 更好的智能感知和代码自动完成功能。但是 Python 窗口并不是为了取代其他的 Python IDE，当需要完成大量代码工作时还是需要用到。

下面以为指定点图层生成 5 千米缓冲区为例，介绍如何调用 Geoprocessing tools。

（1）单击主菜单中的"地理处理"，在弹出的下拉菜单中选择　图 21.20　选择 Python 命令 "Python"命令，如图 21.20 所示。

（2）Python 窗口被打开，在提示符后输入以下代码，即可实现。

```
>>> import arcpy
>>>arcpy.env.workspace='C:\Users\esrichina\Desktop\demo_arcgis10python\da
ta\USA_Data.gdb'
>>>arcpy.Buffer_analisis("Cities","Cities_buffer","5Kilometer")
<Result'C:\\Users\\esrichina\\Desktop\\demo_arcgis10python\\data\\USA_Dat
a.gdb'\\Cities_buffer'>
>>>
```

4．Python 窗口使用技巧

这里主要介绍两种技巧，一种是使用 ArcPy 的智能感知和完善文档，一种是快速简单的路径输入。

1）智能感知

在 Arcpy 中随时都会有智能的输入提示，如图 21.21 所示。

2）路径快速输入

而对于路径的快速输入，在 ArcGIS 10 中的 Python Window 中变得十分容易，比如上例中的'C:\Users\esrichina\Desktop\demo_arcgis10python\data\USA_Data.gdb'这个路径，可以直接在"目录"窗口中浏览到对应的要素，直接拖曳到 Python Window 中即可。

5.　使用Python脚本建立ArcGIS 工具的方法

下面介绍使用 Python 脚本建立 ArcGIS 工具的方法。

（1）在 ArcMap 主界面的"目录"窗口中找到目标工具集，右击目标工具箱，在弹出的快捷菜单中选择"添加"|"脚本"命令，如图 21.22 所示。

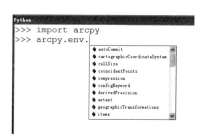

图 21.21　Arcpy 的智能输入　　　　　　　图 21.22　新建脚本

（2）弹出脚本添加设置向导，在"添加脚本"对话框中输入脚本"名称"、"标签"、"描述"、"样式表"等信息，完成后单击"下一步"按钮，如图 21.23 所示。

（3）进入下一步设置对话框，浏览到目标脚本文件位置，完成后单击"下一步"按钮，如图 21.24 所示。

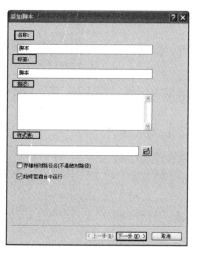

图 21.23　添加脚本

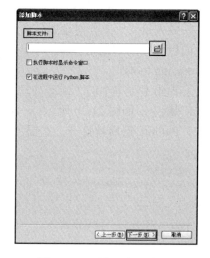

图 21.24　浏览目标脚本文件

（4）进入脚本参数设置界面，在"显示名称"中输入名称，如"输入"；单击"数据类型"下拉列表框，选择目标输入内容的数据类型；在"参数属性"选项组中设置"类型"、

"方向"、"多值"、"默认"、"环境"、"过滤器"、"获取自"、"符号系统"等属性，完成后单击"完成"按钮，如图 21.25 所示。

（5）完成脚本创建后右击新建脚本，在弹出的快捷菜单中选择"属性"命令，如图 21.26 所示。

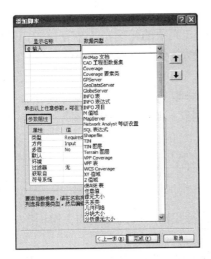

图 21.25 设置参数

图 21.26 脚本属性命令

（6）弹出属性设置对话框，在该属性对话框中除了包括"常规"、"源"、"参数"和"帮助"等标签项以外，还有"验证"标签，单击"验证"标签进入其设置界面，如图 21.27 所示。

21.4.2 其他 AO 地理处理

ArcGIS 的组件集合组成了 ArcObjects，提供大量独立的 COM 组件。既可以通过内嵌的 Microsoft Visual Basic for Application 进行二次开发，也可以通过任何一个支持 COM 的编程语言，如 Visual Basic，Visual C++或 Delphi 来开发。由于依靠了工业标准，因此 ArcGIS 是一个适应 IT 的开放系统，很容易与其他系统结合。

对于 ArcGIS 产品的不同应用程序端，AO 可以实现不同程度扩展。

对于 ArcGIS Desktop，可以扩展现有的桌面功能，包括

图 21.27 验证界面

ArcMap、ArcCatalog、ArcGlobe、ArcScene 和 ArcReader；对于 ArcGIS Eengine，可以开发或部署自定义的 GIS 应用程序；对于 ArcGIS Server，可以开发 Web 应用程序或者 Web Services；同时还可以实现 AO 组件的开发与扩展。

从对象模型图获取帮助是使用 ArcObject 的一种基本手段，该模型图交待了大部分对象之间的逻辑关系和内在联系。而 AO 对象模型图使用的各种图示都是基于 UML 的图示，对象模型图是对 Visual Basic 对象浏览器或者其他集成开发环境的对象浏览器。对象浏览器可以列出各种类和成员，但不能显示所有类的整体结构及相互关系，而对象模型在对 AO 组件

的理解方面，提供了宏观的理解，可以弥补对象浏览器的不足。

ArcObjects 库是一个复杂的 COM 组件集，可以为开发者提供扩展和定制 ArcGIS 的能力。有了丰富的组件就可以定制或开发多种独立运行的程序。使用对象模型图解决编程问题是重要的实现方法，下面介绍这一方法的一般步骤。

（1）使用 AO 术语描述需要解决的问题。

当定义一个编程任务的时候，使用术语来描述其大致的轮廓是十分有益的。需要尽可能详细地列出涉及的操作，这样将有助于通过开发帮助找到有关专题和 AO 组件。

（2）分清子任务。

在这一步中将要不断回顾最初的编程任务描述，以便确定是否能够将其分为更小、更可操作的子任务。目的是可以更加专注细节，即在编写代码时可以集中对象模型图的某一部分。

（3）确定编码的起始点。

在代码编写和测试阶段，推荐使用 VBA 宏的方式进行。

（4）搜索相关示例代码或推荐的方法。

（5）提取关键词。

通常情况下，使用的 AO 术语越贴切，就越容易找出准确的结果和关键词。

（6）搜索正确的对象模型图并查看对象模型图的结构。

主要依据关键词来找到正确的对象模型图，查找对象图的常用方法是使用 PDF 文件，通过查找全部文件发现与对象模型图相关的某些关键词和类。

在 AO 组件库中，除了 SystemUI 库外，其他以 UI 结尾的库都是 Desktop 版本专用的，它们负责实现 ArcGIS Desktop 程序的用户界面，只能用于基于 Desktop 版本的开发之中。下面简单介绍一下组件库。

❑　ArcMapUI 库

该库中的对象为 ArcMap 程序提供了某些可视化的用户界面，但不支持在 ArcMap 程序之外使用，我们可以扩展这个库的内容，为 ArcMap 程序产生自定义的命令或工具。

❑　Framework 库

ArcGIS 程序存在一个内在的框架，所有的 AO 组件对象都在这个框架中扮演了不同的角色，各自之间协作完成 ArcGIS 平台所有实现的 GIS 功能。这个框架中的某些核心对象被放置在 Framework 库中。该库提供了 ArcGIS 程序的某些核心对象和可视化组件对象，可以让 ArcGIS 程序扩展定制环境，改变程序外观。同时还提供了诸如 ComPropertySheet、ModelessFrame 和 MouseCursor 等对象，这些是可以实现交互的对话框。

Application 对象是 ArcGIS 的核心，掌握着 ArcGIS 的生命周期和管理扩展对象；DockableWindows 是可停靠窗体；CommandBars 和 Commands 对象也在这个库中定义，可以用于定制某些命令。

Framework 库不能扩展，但是可以通过实现在库中定义的某些接口，使用 UI 组件来扩展 ArcGIS。

❑　Carto 库

包含了为数据显示服务的各种组件对象，如：MapElements（包含 Map 对象的框架容器）；Map 和 PageLayout（地理数据和图形元素显示的两个主要对象）；MapSurrouds（一个与 Map 对象相关联的用于修饰地图的对象集）；Map Grids（地图网格对象，用于设置地图的经纬网格或数字网格，起到修饰地图的作用）；Renderers（着色对象，用于制作专题地图），Labeling、

Annotation、Dimensions（标注对象，用于修饰在地图上产生文字标记以显示信息），Layers（图层对象，用于传递地理数据到 Map 或 PageLayout 对象中去显示），MapServer，ArcIMS Layers，Sysmbols 和 Renderers，GPS Support 等。

CartUI 库中的对象也是为数据显示服务的，在 AO 中，所有以 UI 结尾的库中的对象都具有可视化的界面。

CartoUI 库中包含注入 IdentifyDiaLog、SQLQueryDialog、QueryWizard 等对象，这些对象都以一个对话框的形式出现。

❑　GeoDatabase 库

该库中包含的 COM 对象是用于操作地理数据库的。地理数据库是一种在关系型数据库和面对对象型数据库基础上发展起来的全新地理数据库模型。该库中的对象包括核心地理数据对象，如 Workspace（工作空间）、DataSet（数据集）等；也包含几何网络、拓扑、TIN 数据、版本对象、数据转换等多方面的丰富内容。

❑　DataSourcesFile 库

地理数据保存在不同形式的文件中，DataSourceFile 库中的对象起到了打开文件格式地理数据的作用。

❑　DataSourcesGDB 库

该库中的 COM 对象用于打开数据源为 Access 的数据或任何 ArcSDE 支持的大型关系数据库的地理数据。这个库的对象不能被扩展。该库中的主要对象是工作空间工厂，一个工作空间工厂可以让用户在设置了正确的连接属性后打开一个工作空间，而工作空间就代表了一个数据库，其中保存着一个或多个数据集对象。这些数据集包括表、要素类、关系类等。AccessWorkspaceFactory 用于打开基于 Access 数据库的 Personal GeoDatabase。

❑　DataSourcesOleDB 库

该库中的对象具有专门的 API 函数，用于操作任何一种支持 Oie DB 的数据库。

❑　DataSourcesRaster 库

该库中的 COM 对象用于获取保存在多种数据源中的栅格数据，这些数据源包括文件系统、个人数据库或企业地理数据库（SDE 数据库）。该库还提供了用于栅格数据转换等功能的对象。

❑　Output 库

该库包含了 AO 所有的输出对象，包括两个大类，即打印输出对象 Printer 和转换对象 Export。

（7）追踪类之间的流程组织代码。

第22章 三 维 分 析

ArcGIS 10 是一套完整的集协同 GIS、三维 GIS、时空 GIS、一体化 GIS 和云计算为一体的 GIS 应用平台。而三维 GIS 功能的建模、编辑及分析能力的飞跃是 ArcGIS 10 中三维分析的显著特点。

三维分析的新功能，实现了海量三维数据模型的创建、编辑和管理，轻松搭建"虚拟城市"；简单易用的三维可视化操作，获得流畅出众的浏览效果；功能强大的三维空间分析，让三维 GIS 应用无所不在。

本章重点介绍 ArcGIS 三维分析的用途及新版本平台中三维分析的新特点，并举实例介绍三维分析的重点应用。

22.1 ArcGIS 三维分析简介

本节主要介绍三维分析的特点及用途，以及 ArcGIS10 版本中三维分析功能所具有的新特性。

22.1.1 什么是三维分析

由于 GIS 从地形图演进而来的历史原因，现有的绝大多数 GIS 都使用二维数据描述地理对象，即所有的对象都通过二维坐标（*X,Y* 或经纬度）进行表示。这样的 GIS 因此又被认为是二维 GIS。

众所周知，地球空间信息区别于其他类型信息的最显著标志是其地域性（Territorial）、多维结构特性（Multidimensional Structure）和动态变化特性（Dynamic Changes）。随着计算机技术和数据获取技术的迅速发展，具有处理真三维数据能力的三维 GIS 的发展受到了极大的关注。

抽象地说，任何需要在第三维空间体现地理特征的具体信息并模拟现实世界的应用，都需要 GIS 相关的三维分析。常见的应用领域包括地质监测、水资源分布、机场模拟、城市线路模拟及监控等。

首先，诸如城市、海洋、大气、地下工程和军事等重大领域问题的完整解决和空间信息的社会化应用服务迫切需要三维 GIS 的支持；其次，三维空间数据获取技术的发展极大地方便了各种规模、不同细节程度三维空间数据的可得性；而信息与通信技术的进步为更有效地处理和利用海量三维空间数据提供了强有力的支撑。

从二维 GIS 到三维 GIS，虽然空间维数只增加了一维，但基于此既可以包容几乎所有丰富的空间信息，也可以突破常规二维表示对形式的束缚，为更好地洞察和理解现实世界提供了多种多样的选择。但由此也面临大量更加复杂的问题，如数据量急剧增加、空间关系错综复杂、真实感实时可视化等。实际上，三维 GIS 与二维 GIS 一样，都要提供最基本的空间数据处理功能如数据获取、数据组织、数据操纵、数据分析和数据表现等。

22.1.2　三维分析用途

由前面对三维分析基本概念的介绍中可以了解到，三维分析的应用领域非常广泛，应用角度也是丰富多彩的。

世界著名 GIS 专家 David Rhind 教授提出了三维 GIS 可能包括的功能有以下几项。

- ❑ 数据采集和检验有效性。
- ❑ 数据结构化和转换为新的结构：包括创建拓扑关系和从一种拓扑关系转换为另一种拓扑关系）。
- ❑ 各种变化：平移、旋转、比例、剪切（shear）。
- ❑ 选择。
- ❑ 布尔操作：交、并差、切割断面、开隧道（tunneling）、建筑 building）。
- ❑ 计算：计算体积、表面积、中心、距离、方向。
- ❑ 分析。
- ❑ 可视化。
- ❑ 系统管理等。

具体到 ArcGIS 应用平台，三维分析模块可以实现的功能和用途主要体现在三维数据分析和可视化工具的提供。除了 ArcScene 和 ArcGlobe 两个应用程序端之外，三维分析还扩展了 ArcCatalog 和 ArcMap 的三维功能，可以更加方便快捷地管理其三维数据，并在 ArcMap 桌面应用程序中进行三维分析与三维要素编辑。

下面分别介绍 ArcScene 和 ArcGlobe 三维应用程序端的用途，以及 ArcMap 和 ArcCatalog 在三维分析方面的作用。

1．ArcScene的用途

ArcScene 提供了可供查看具有多个图层的三维数据、数据可视化、创建表面并分析表面的接口。

（1）数据可视化

ArcScene 的三维分析允许在表面上叠加影像或矢量数据，从表面上提取矢量要素，并支持不同浏览器的多个角度浏览特定场景，如图 22.1 所示。

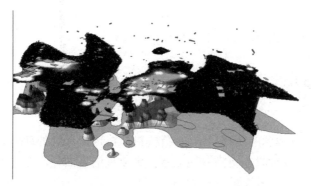

图 22.1　ArcScene 中的三维可视化污染场景

（2）创建表面

ArcScene 和 ArcMap 中的三维分析工具允许使用 GIS 数据创建表面模型，可以对栅格表面进行差值，以及在 TIN 表面中创建或者添加要素。

（3）分析表面

三维分析允许交互查询栅格表面的值及 TIN 的高度、坡度和坡向。即可以从表面模型中生成坡度和坡向的新栅格数据，创建等值线并计算表面上的最陡路径。可以分析表面上不同位置之间的可视性，创建表示表面照明程度的栅格图形，对栅格数据重新分类以进行显示、分析，或者根据不同目的提取相应的要素。

2．ArcGlobe的用途

设计用于展示大数据量的场景，支持对栅格和矢量数据的无缝显示。ArcGlobe 支持全球视野，所有数据均投影到全球立方投影（World Cube Projection）下，并对数据进行分级分块显示。为提高显示效率，ArcGlobe 按需将数据缓存到本地，矢量数据可以进行栅格化。

ArcGlobe 将所有数据投影到球体表面上，使场景显示更接近现实世界。适合于全市、全省、全国甚至全球大范围内的数据展示。

由于 ArcGlobe 适合于海量数据量大范围场景的展示，尤其是大数据量的栅格数据展示，因此很适合关注大范围的项目，在军事、林业、水利、交通、测绘、石油等很多行业均有明显优势。

3．ArcMap的用途

可以在 ArcMap 中添加三维分析工具条，这样就可以在 ArcMap 中实现所有 ArcScene 中的表面创建和分析任务。同时，也添加了许多只能在 ArcMap 中操作的工具：如在表面上寻找通视线的工具、利用表面 Z 值数字化三维要素和图形的工具及沿三维线创建剖面图的工具等。

4．ArcCatalog的用途

ArcCatalog 是 ArcGIS 中用来管理 GIS 数据的应用程序，同样，三维分析功能可以实现三维数据的预览和漫游，创建 GIS 数据图层并定义三维视图的属性。

ArcCatalog 的主要用途是支持三维预览，即识别要素、栅格单元及 TIN 三角形。在 ArcCatalog 中可以预览 ArcScene 中创建的场景，也可以创建三维数据的元数据，包括场景和数据的三维缩略图等。

22.1.3　三维分析在 ArcGIS 10 中的新特点

在新版本 ArcGIS 10 中，三维分析新特性主要有以下几个方面。

1．三维显示增强

在 ArcGlobe 中二维地图的缓存显示效率得以提升，内置冲突处理机制提升了三维注记显示效果，自动化的纹理管理机制更高效地显示了带纹理的多面体，贴合表面的三维矢量提高了三维矢量的显示效率，另外新增了视频图层。

2．三维数据管理能力增强

三维数据管理能力的增强主要体现在除支持标准编辑操作如要素删除、属性编辑、关系类等之外，还支持三维几何体如垂直线、捕捉三维、移动、旋转、缩放等操作。另外在 ArcGIS 10 中提供了全新的三维编辑环境。

在 Terrain 和 TIN 管理方面，新增了雷达数据纠错工具、TIN 编辑工具条等数据管理工具，支持直接利用 Terrain 进行分析，新增 Terrain/TIN 的等值线和顶点渲染选项等。

3．三维分析能力增强

新增了三维空间关系工具如 Union 3D、Intersecr 3D、Difference 3D 和 Inside 3D 等；新增了虚拟城市分析工具 Skyline 和 Skyline Barrier。且原有地理处理工具增强，支持多面体通视分析，支持三维环境下根据空间位置进行选择，支持 3D Line 与 Multipatch 相交，支持构建视线等。

4．三维实用性增强

在实用性方面，支持动画帧输出和视频文件输出；点要素的大小和旋转角度可以根据属性进行设置；改进了漫游模式。

22.2　实例一 创建 TIN 表示地形

从本节开始举实例介绍三维分析的应用。本节重点介绍三维分析的基本操作，以及如何从已有要素创建 TIN 表示地形。

22.2.1　三维分析的基本操作

本小节主要介绍在 ArcCatalog 中浏览三维数据的方法，以及运行 ArcScene 并在其中添加数据的操作方法。

1．在ArcCatalog中浏览三维数据

在 ArcCatalog 中浏览三维数据，需要启动 ArcCatalog 应用程序端，具体操作方法如下。

（1）选择"开始"|"程序"|"ArcGIS"|"ArcCatalog 10"命令，启动 ArcCatalog 应用程序端。

（2）在 ArcCataolog 主菜单中，选择"自定义"|"扩展模块"命令，如图 22.2 所示，弹出"扩展模块"设置界面。

（3）勾选"3D Analyst"复选框，单击对话框的"关闭"按钮，如图 22.3 所示。

（4）回到 ArcCatalog 主界面，在界面左侧的"目录树"窗口中浏览到目标文件并单击选中。

（5）单击主界面右侧的"预览"标签，进入数据预览界面，单击预览界面下方的"预览"下拉列表框，选择"3D 视图"选项，则目标数据将会以 3D 方式显示，如图 22.4 所示。

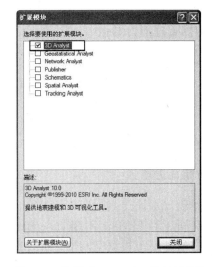

图 22.2　选择"扩展模块"　　　　图 22.3　选择"3D Analyst"扩展模块

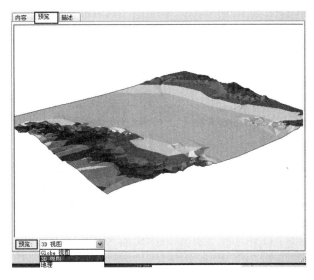

图 22.4　选择 3D 视图显示方式

（6）右击 ArcCatalog 界面主菜单，在弹出的快捷菜单中选择"3D 视图工具"命令，如图 22.5 所示。

（7）3D 视图工具条被激活，并且可以在其中进行导航、放大缩小、目标处居中、缩放至目标、设置观察点、缩小视域、扩展视域、平移、全图、识别等基本的三维数据操作，如图 22.6 所示。

图 22.5　选择 3D 视图工具命令　　　　图 22.6　3D 视图工具条

（8）单击"导航"按钮，拖曳预览中的数据，数据将围绕其中心旋转调整，满足不同视角的视觉需要，如图 22.7 所示。

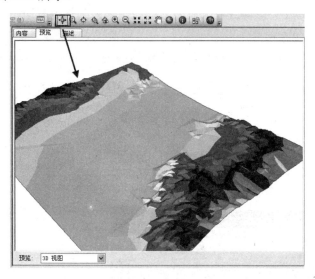

图 22.7 导航数据

（9）单击"识别"按钮，激活识别功能后移动鼠标至地图，单击将显示目标位置的高程、坡度、坡向等属性数据，如图 22.8 所示。

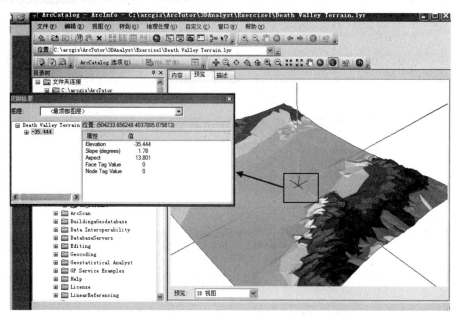

图 22.8 识别 3D 数据属性

2. 在 ArcScene 中添加数据

前面介绍了在 ArcCatalog 中如何预览和操作 3D 数据，下面介绍在 ArcScene 中添加影像数据的方法。

影像中的表面纹理信息是地形的主要信息来源，当用户将影像叠加到地形表面的时候，一些表面纹理和地形形状之间的关系就会很明显。在 ArcScene 中，可以从表面获得图层的基准高度，将一个含有 Grid、影像或者二维要素的图层叠加到一个表面上。下面介绍具体的操作步骤。

（1）选择"开始" | "程序" | "ArcGIS" | "ArcScene 10"命令，启动 ArcScene 应用程序端。

🗑提示：这里还有一种方法启动 ArcScene，即单击 3D 工具条中的 ArcScene 按钮。

（2）在界面右侧的"目录"窗口中浏览到目标数据，拖曳到左侧"内容列表"窗口中，即可实现影像数据添加，如图 22.9 所示。

（3）右击"内容列表"中的影像数据，在弹出的快捷菜单中选择"属性"命令，如图 22.10 所示。

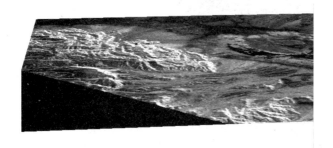

图 22.9　添加影像数据　　　　　　　　　　图 22.10　选择属性命令

（4）在弹出的"图层属性"设置界面中单击"基本高度"标签，进入其设置界面，在"从表面获取的高程"选项组中选择"浮动在自定义表面上"选项，完成后单击"确定"按钮，如图 22.11 所示。

图 22.11　设置浮动在自定义表面

（5）观察影像颜色所反映的表面纹理和地形形状之间的关系，如图 22.12 所示。

图 22.12　浮动在表面的影像数据

22.2.2　创建 TIN 表示地形

本小节将举例介绍如何从已有要素创建 TIN 表示地形。以点状图层 vipoints point 为例，具体操作方法如下。

（1）打开一个空的 ArcScene 文档，将矢量数据加载到.sxd 文档中，如图 22.13 所示。

（2）在 ArcScene 主菜单中右击，弹出快捷菜单，勾选"3D Analyst"选项，打开 3D Analyst 工具条，如图 22.14 所示。

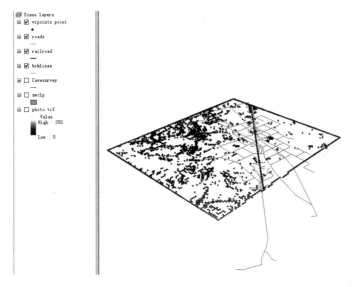

图 22.13　加载矢量数据至文档

图 22.14　选择 3D Analyst 工具条

（3）在 3D Analyst 工具条中选择"从要素创建 TIN"命令，弹出"从要素创建 TIN"设置对话框，在"输入"选项组中的图层列表中选中将用于创建 TIN 的图层，勾选"vipoints point"。在"所选图层的设置"选项组中设置"高度源"、"三角形化为"及"标签值字段"。在"输出 TIN"位置浏览到合适的 TIN 保存位置，完成后单击"确定"按钮，如图 22.15 所示。

（4）输出位置文件夹中将被新建一个 TIN 数据，并被自动添加到文档中。系统默认生成的 TIN 数据符号系统是相同颜色的表面，颜色随机生成，如图 22.16 所示。

图 22.15　从要素创建 TIN

（5）在"内容列表"窗口中右击该 TIN 图层，弹出图层属性设置对话框，单击"符号系统"标签，进入符号系统设置界面，在左侧"显示"列表下侧单击"添加"按钮，弹出"添加渲染器"对话框，选择"具有分级色带的表面高程"，如图 22.17 所示。

图 22.16　系统生成 TIN 数据

图 22.17　添加渲染

（6）在符号系统设置界面左侧的"显示"列表中将新增"高程"项，右侧为该项设置界面，单击"色带"下拉列表框，选择合适的色带。在"分类"选项组中，设置"类"的数目，完成后单击"确定"按钮，如图 22.18 所示。

（7）完成后的 TIN 图层将以分级色带的形式显示，如图 22.19 所示。

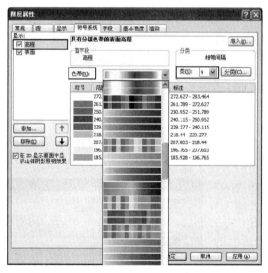

图 22.18　分级色带表面高程

图 22.19　TIN 图层效果

22.3　实例二　在 ArcScene 中操作动画

动画是对一个对象（如一个图层）或一组对象（如多个图层）的属性变化的可视化展现。通过对动作进行存储，并在需要时重新播放，动画使文档变得更加生动。同时，借助动画可以对视角的变化、文档属性的变更和地理移动进行可视化处理。使用动画可以了解数据随时间而变化的情况，并且可自动完成只能通过视觉动态效果查看的点的运动演示。

本节将以实例介绍在 ArcScene 中动画的简单操作。

22.3.1　ArcGIS 10 中动画功能

在 ArcGIS 10 中，允许在 ArcMap、ArcScene 和 ArcGlobe 中创建不同类型的动画。可以执行以下操作。

- ❑ 在显示画面中导航。支持在 ArcMap 中缩放和平移，或者在 ArcGlobe 和 ArcScene 中导航。
- ❑ 支持以动画形式呈现图层的透明度或可见性。
- ❑ 支持沿路径移动照相机或地图视图。
- ❑ 支持在 ArcScene 中沿路径移动图层。
- ❑ 支持在移动照相机的同时以动画形式呈现随时间变化的数据。
- ❑ 支持在 ArcScene 中更改场景的背景颜色、光照、垂直夸大。

22.3.2　在 ArcScene 中操作动画

本小节从以下几个方面进行介绍：播放场景动画、制作动画的关键帧及清除动画和记录浏览等基本操作。

1. 播放场景动画

下面介绍如何播放一个已有动画的具体方法。

（1）打开一个已有动画的.sxd 文档。

（2）右击 ArcScene 主界面菜单，在弹出的对话框中勾选"动画"选项，激活"动画"工具条，如图 22.20 所示。

（3）单击"动画"工具条中的"动画控制器"按钮，弹出"动画控制器"对话框，单击"动画控制器"中的"播放"按钮，如图 22.21 所示。

图 22.20　选择动画工具条

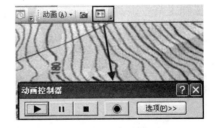

图 22.21　弹出"动画控制器"

（4）动画开始播放，如图 22.22 所示。

2. 制作动画关键帧

通过捕捉透视图并将其存储为关键帧的方式制作动画是一种最为简单的方式。被捕捉的视图是场景中某个特定时间的摄影透视图的快照。可以在动画轨迹上作为快照插入这些关键帧。因此在实际应用中，往往创建一系列的关键帧，制作摄影轨迹，用于显示在研究区域范围内感兴趣的点之间的动画。

本例中选择三个兴趣点作为关键帧的场景，分别为 UFO.ly 图层的全景视界、Gross Height 附近视图及 Littleville Lake 视图位置。下面介绍具体的操作方法。

（1）启动 ArcScene，将数据加载到文档的"内容列表"中。

（2）单击主菜单"基础工具"工具条中的"全图"按钮，地图范围内将数据全景显示，如图 22.23 所示。

图 22.22　播放动画　　　　　　　　　　　图 22.23　全图显示

（3）完成后单击"动画"工具条中的"捕捉视图"按钮，
如图 22.24 所示。

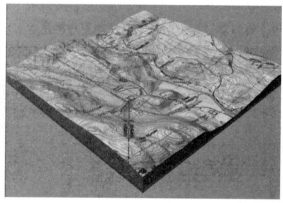

（4）系统将全图视图作为一个动画的关键帧。完成后单击　图 22.24　单击"捕捉视图"按钮
"基础工具"条中的"全图"按钮。

（5）单击"基础工具"工具条中的"放大"按钮，鼠标移动到地图范围的"Gross Height"附近，执行拉框放大操作，如图 22.25 所示。

（6）完成后单击"动画"工具条中的"捕捉视图"按钮，系统拉框放大范围作为一个动画的关键帧。完成后单击"基础工具"条中的"全图"按钮。

（7）单击"基础工具"工具条中的"放大"按钮，鼠标移动到地图范围的"Littleville Lake"附近，执行拉框放大操作，如图 22.26 所示。

（8）完成后单击"动画"工具条中的"捕捉视图"按钮，系统拉框放大范围作为一个动画的关键帧。完成后单击"工具"条中的"全图"按钮。

（9）在此前的（1）～（8）步操作共完成了三幅关键帧的捕捉操作。此时单击"动画"工具条中的"动画控制器"按钮，弹出"动画控制器"对话框，单击"动画控制器"中的"播放"按钮，由三幅关键帧制作的动画将开始播放。

图 22.25　拉框放大某视图附近范围

图 22.26　拉框放大指定范围视图

3．保存、导出、清除动画

下面介绍保存、导出、清除动画的操作方法。

1）保存动画

保存动画文件的操作方法如下。

（1）单击"动画"工具条中的"动画"按钮，在弹出的下拉菜单中选择"保存动画文件"命令，如图 22.27 所示。

（2）弹出动画保存对话框，在"文件名"文本框中输入文件名称，"保存类型"同时支持"ArcScene 动画文件（*.asa）"和"ArcScene 9.0 动画文件（*.asa）"两种类型，此处在下拉列表框中选择"ArcScene 动画文件（*.asa）"，如图 22.28 所示。

图 22.27　保存动画文件

图 22.28　"保存动画"对话框

2）导出动画文件

导出动画文件的操作方法如下。

（1）单击"动画"工具条中的"动画"按钮，在弹出的下拉菜单中选择"导出动画文件"命令。

（2）弹出"导出动画"设置对话框，导出格式支持"AVI"和"Sequential Images"两种类型，选择完成后单击"导出"按钮即可，如图 22.29 所示。

3）清除动画

根据实际应用的要求，可以删除创建的所有轨迹，主要作用是提高动画质量。下面介绍如何删除上例中创建的路径，具体方法如下。

单击"动画"工具条中的"动画"按钮，在弹出的下拉菜单中选择"清除动画"命令即可，如图 22.30 所示。

图 22.29　导出动画

图 22.30　清除动画

4．录制动画

实时记录浏览场景是创建动画的摄影轨迹的另外一个重要途径。下面介绍使用"飞行"工具按钮结合制作动画记录的方法。

（1）单击"基础工具"工具条中的"飞行"按钮，如图 22.31 所示。

（2）系统将开始在三维场景中以飞行视角浏览地图。

（3）单击"动画"工具条中的"动画控制器"按钮，弹出"动画控制器"对话框，单击"动画控制器"中的"录制"按钮，如图 22.32 所示。

图 22.31　选择"飞行"按钮

图 22.32　录制场景

提示：录制动画操作比较容易掌握，读者可以自行练习，此处不再赘述。

22.4　实例三　ArcGlobe 基本操作

前面已经介绍过，ArcGlobe 支持全球视野，所有数据均投影到全球立方投影（World Cube Projection）下，并对数据进行分级分块显示。本节主要介绍 ArcGlobe 的两种数据查看方式：Globe 浏览模式和 Surface 查看模式。

22.4.1　Globe 浏览模式

Globe 模式允许在整个球体中浏览数据，并将球体中心设为摄影目标。

本小节主要介绍如何旋转球体及如何在球体上查找位置。

1．旋转球体

下面主要介绍如何在 ArcGlobe 中使用"快速旋转"工具条选择球体，具体操作方法如下。

（1）选择"启动"|"程序"|"ArcGIS"|"ArcGlobe 10"命令，启动 ArcGlobe 应用程序端。

（2）在 ArcGlobe 界面主菜单中右击弹出快捷菜单，勾选"快速旋转"选项，激活"快速旋转"工具条，如图 22.33 所示。

（3）在"快速旋转"工具条中设置合适的"速度"，并单击"顺时针快速旋转"按钮，球体将以设定速度顺时针旋转，如图 22.34 所示。

图 22.33　激活"快速旋转"工具条　　　图 22.34　顺时针旋转

（4）在"快速旋转"工具条中设置合适的"速度"，并单击"逆时针快速旋转"按钮，球体将以设定速度逆时针旋转。

（5）在"快速旋转"工具条中设置合适的"速度"，并单击"停止快速旋转"按钮，球体将停止旋转。

2．在球体上查找位置

这里以在球体上查找地址天津为例，搜索名为"Tianjin"的地址，具体操作方法如下。

（1）单击 ArcGlobe 主界面中"基础工具"工具条中的"查找"按钮，如图 22.35 所示。

图 22.35　选择"查找"工具

（2）弹出"查找"设置对话框，单击对话框中的"位置"标签，进入查找位置设置界面，单击"选择定位器"下拉列表框中的选项，选择"9.3.1 World Places（ArcGIS Online）"选项，如图 22.36 所示。

（3）在"Single Line Input"输入框中输入"Tianjin"，如图 22.37 所示。

（4）单击对话框中的"查找"按钮，则在对话框下侧将列出所有搜索结果，如图 22.38

所示。

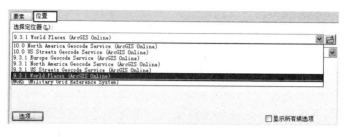

图 22.36　设置选择定位

图 22.37　设置输入内容

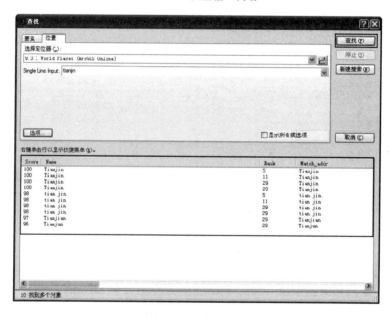

图 22.38　搜索结果

（5）单击其中一条搜索结果，在球体中将定位该结果位置。可以看到球体中的搜索结果是我国天津市的位置，如图 22.39 所示。

3．使用书签保存兴趣点

使用书签保存兴趣点位置的操作方法如下。

（1）在球体中定位到兴趣点位置。

（2）单击 ArcGlobe 主菜单的"书签"菜单，在弹出的下拉列表中选择"创建"命令，如图 22.40 所示。

（3）弹出"3D 书签"对话框，在"书签名称"文本框中输入合适的名称，完成后单击"确定"按钮，如图 22.41 所示。

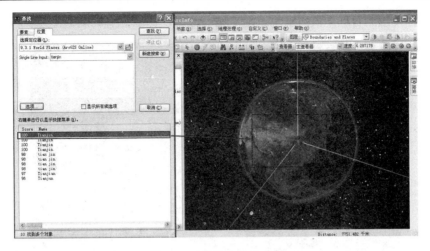

图 22.39 球体中指定位置

图 22.40 选择新建书签命令　　　图 22.41 创建书签

（4）在主菜单中选择"书签"|"管理"命令，弹出"书签管理器"对话框，在其中进行书签管理。如单击"全部移除"按钮，将移除所有书签内容，如图 22.42 所示。

22.4.2 Surface 查看模式

Surface 模式允许用户在一个较低的高程操作其数据，允许附加的透视查看特性，并且将摄影目标设置在球表面。

本小节介绍 Surface 查看模式的操作过程。

（1）在 ArcGlobe 的内容列表中右击目标图层"las_vegas_strip.img"，在弹出的快捷菜单中选择"缩放至图层"命令，如图 22.43 所示。

图 22.42 管理书签　　　　　图 22.43 缩放至图层

（2）地图缩放到目标图层"las_vegas_strip.img"，如图 22.44 所示。

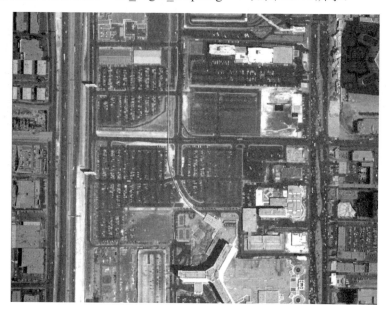

图 22.44　地图缩放

（3）单击"基础工具"工具条中的"导航模式"按钮，如图 22.45 所示。

图 22.45　单击"导航模式"按钮

（4）ArcGlobe 进行导航模式的切换，地图切换至 Surface 查看模式，如图 22.46 所示。

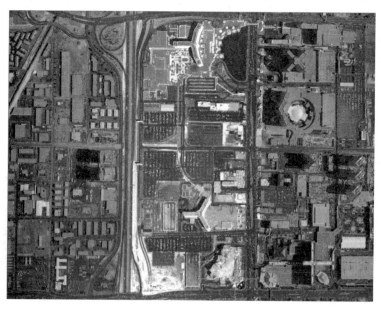

图 22.46　切换模式

（5）单击"基础工具"工具条上的"设置观察点"按钮，如图 22.47 所示。

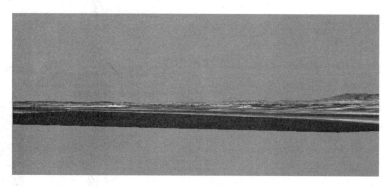

图 22.47　设置观察点

（6）鼠标移动到地图，在观察点位置处单击，球体发生旋转，在背景上出现可见地平线，如图 22.48 所示。

图 22.48　可见地平线

（7）单击"基础工具"工具条中的"导航"按钮，如图 22.49 所示。

图 22.49　选择"导航"按钮

（8）向下拖动鼠标，移动地图调整球体观察角度，如图 22.50 所示。

图 22.50　使用"导航"按钮

22.5　实例四　ArcGlobe 图层分类

ArcGlobe 将图层分为三类：高程图层、叠加图层和浮动图层，以便更好地进行图层管理。本节重点介绍三类图层加载方法及如何使图层提供正确的文档信息。

22.5.1　加载高程图层

本小节主要介绍如何添加高程图层，具体操作方法如下。

（1）在内容列表中右击"Globe"图层，弹出快捷菜单，选择"添加数据"|"添加高程数据"命令，如图 22.51 所示。

（2）弹出"添加高程数据"对话框，浏览到目标文件夹路径，单击选择"sw_usa_grid"文件，如图 22.52 所示。

（3）目标图层将被添加到内容列表中，并自动划分到"高程图层"分组中，如图 22.53 所示。

图 22.51　选择添加高程数据命令

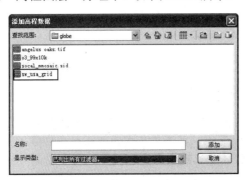

图 22.52　选择高程数据

图 22.53　自动划分图层分组

22.5.2　加载叠加图层

加载叠加图层的操作方法与加载高程图层操作方法类似。本小节简单介绍如何加载叠加图层，具体操作步骤如下。

（1）在内容列表中右击"Globe"图层，弹出快捷菜单，选择"添加数据"|"添加叠加数据"命令，如图 22.54 示。

（2）弹出"添加叠加数据"对话框，浏览到目标文件夹路径，按住键盘上的 Ctrl 键，单击选择"angelus oaks.tif"和"socal_mmosaic.sid"文件，完成后单击"添加"按钮，如图 22.55

图 22.54　选择添加叠加数据命令

所示。

（3）目标数据将被加载到内容列表中，并自动归类到"叠加图层"分组中，如图 22.56 所示。

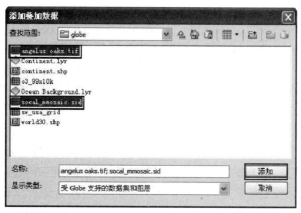

图 22.55　选择叠加数据

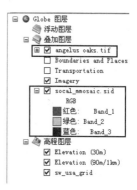

图 22.56　自动分层为叠加图层

22.5.3　浮动图层

本小节主要介绍加载浮动图层的方法，以及如何设置浮动图层的高程属性、如何设置浮动图层的垂直拉伸系数。

1．加载浮动图层

加载浮动图层的操作方法具体如下。

（1）在内容列表中右击"Globe"图层，弹出快捷菜单，选择"添加数据"|"添加浮动数据"命令，如图 22.57 示。

图 22.57　选择添加浮动数据命令

（2）弹出"添加叠加数据"对话框，浏览到目标文件夹路径，单击选择"o3_99x10k"文件，完成后单击"添加"按钮，如图 22.58 所示。

（3）目标数据将被加载到内容列表中，并自动归类为"浮动图层"分组中，如图 22.59 所示。

图 22.58　添加浮动数据

图 22.59　自动分组到浮动图层

2．设置浮动图层的高程属性

下面以上例中添加的浮动图层为基础，介绍设置浮动图层高程属性的方法，具体操作步骤如下。

（1）在"内容列表"中右击目标图层"o3_99x10k"，在弹出的快捷菜单中选择"属性"命令，弹出"图层属性"设置对话框，单击"高程"标签，进入高程设置界面。

（2）在高程设置界面中，在"从表面获取的高程"选项组中选择"在自定义表面上浮动"选项，并在下拉列表框中选择"此图层所提供的高程值"。在"图层偏移"选项组中，输入以米为单位添加常量高程偏移数值5000，如图22.60所示。

（3）完成后单击"确定"按钮即可完成对高程的设置。

（4）单击"符号系统"标签，进入符号设置界面。在显示列表中选择"拉伸"显示方式，在"色带"下拉列表框中选择合适的色带方案。勾选"反向"复选框，则颜色方案将被反转，取值高的区域将显示为红色，反之为蓝色。如图22.61所示。

图 22.60　设置高程界面中参数　　　　　　　图 22.61　设置符号系统

（5）完成后单击"确定"按钮，设置前后的浮动图层显示效果对比明显，如图 22.62 和图 22.63 所示。

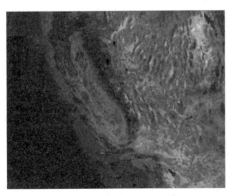

图 22.62　设置前　　　　　　　　　　　图 22.63　设置后

3．设置浮动图层垂直拉伸系数

下面介绍垂直拉伸系数的设置。一般情况下该设置是为了强调高程，具体操作方法和步骤如下。

（1）单击"基础工具"工具条中的"导航模式"按钮，将查看模式调整到 Surface 模式。

（2）单击"基础工具"工具条中的"导航"按钮，移动到地图位置拖动地图，调整至利于观察垂直拉伸效果的方位。

（3）右击内容列表中的"Globe"图层，在弹出的快捷菜单中选择"属性"命令，弹出"Globe 属性"设置对话框，单击"常规"标签进入常规设置界面，在"垂直夸大"选项组中单击"浮动图层"下拉列表框，选择"10"倍拉伸，完成后单击"确定"按钮，如图 22.64 所示。

（4）完成后可以看到拉伸效果，拉伸前与拉伸后对比明显，如图 22.65 和图 22.66 所示。

图 22.64　设置垂直夸大数值

图 22.65　垂直拉伸前

图 22.66　垂直拉伸后

第 23 章　地　统　计

本章主要介绍地统计的相关基础知识、地统计与地理信息系统相结合的应用，以及在 ArcGIS 10 中地统计扩展模块的应用等内容。

23.1　地统计概念

本小节主要地介绍统计的概念，以及地统计学与地理信息系统软件平台相结合的应用。

23.1.1　什么是地统计

地统计学以区域化变量理论为基础，通常用来描述空间结构，为空间差值提供参数，并评估未采样点的不确定性。地统计学空间差值方法称为克里格，由于相对于他方法的空间差值具有公正的特点和优势，克里格已被广泛应用于许多科学学科。

23.1.2　地统计的应用

地统计学与 GIS 应用软件的发展相辅相成、相互促进，ArcGIS 平台的地统计学扩展模块可供不同领域研究人员使用。

从这个意义上讲，ArcGIS 的地统计分析扩展模块的应用实现了地统计学与 GIS 学之间的结合，使得复杂的地统计方法可以在地理信息系统软件平台中实现。

在 ArcGIS 的地统计分析扩展模块中可以实现的地统计学功能如下。

❑　ESDA：探索性空间数据分析。

❑　表面预测（模拟）和误差建模。

❑　模型检验与对比。

23.2　ArcGIS 10 中地统计扩展模块的应用

本节介绍 ArcGIS 10 中地统计扩展模块的三个主要功能模块，以及各自的应用方法：探索性数据分析、地统计分析向导、生成数据子集等。使用这些基本功能模块，可以方便地完成多种地统计分析，创建完善的专题地图。

23.2.1　探索数据

本小节主要介绍探索数据功能模块的使用方法。探索数据功能模块可以让用户更全面地了解所使用的数据，以更好地确定合适的参数及方法，如数据是否服从正态分布、是否存在某种趋势等。

在 ArcGIS 的地统计分析模块中包含了以下空间数据分析工具。

- ❑ 直方图。
- ❑ 正态 QQ 图。
- ❑ 趋势分析。
- ❑ Voronoi 图。
- ❑ 半变异函数/协方差云。
- ❑ 常规 QQ 图。
- ❑ 交叉协方差云。

下面将简单介绍地统计扩展模块的激活方法。

1．激活地统计扩展模块

激活地统计扩展模块的操作方法如下。

（1）单击主菜单下"自定义"菜单，在弹出的下拉菜单中选择"扩展模块"命令，弹出"扩展模块"对话框，勾选"Geostatistical Analyst"复选框，如图 23.1 所示。

（2）在主界面菜单中右击，弹出快捷菜单，选择"Geostatistical Analyst"命令，则 ArcMap 主界面中将出现"Geostatistical Analyst"工具条，如图 23.2 所示。

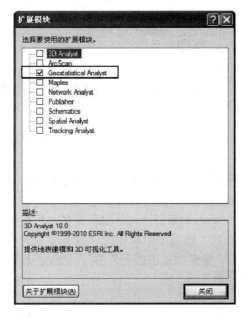

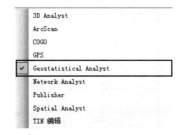

图 23.1　勾选"Geostatistical Analyst"复选框　　　图 23.2　选择地统计分析工具条

2．直方图

直方图的优点体现在显示数据的概率分布特征及概括性的统计指标上。

具体操作方法如下。

（1）选择地统计扩展模块工具条，在其中选择"Geostatistical Analyst"｜"探索数据"｜

"直方图"命令，弹出"直方图"对话框。

（2）在"数据源"选项组的图层下拉列表中选择图层，单击"属性"下拉列表框选择合适的属性，如图 23.3 所示。

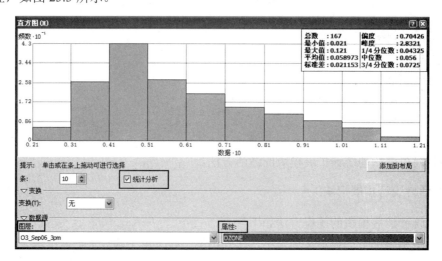

图 23.3　直方图

3．正态QQ图

正态 QQ 图的特点是可以检查数据的正态分布情况，其成图原理是用分位图思想，图中的直线表示正态分布。

在 ArcGIS 中其操作方法如下。

（1）选择地统计扩展模块工具条，在其中选择"Geostatistical Analyst"|"探索数据"|"正态 QQ 图"命令，弹出"正态 QQ 图"对话框。

（2）在"数据源"选项组的图层下拉列表框中选择图层，单击"属性"下拉列表框选择合适的属性，如图 23.4 所示。

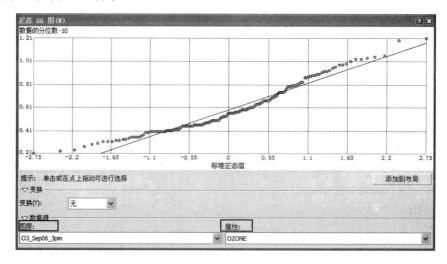

图 23.4　正态 QQ 图

4．趋势分析

趋势分析可以反映不同方向趋势。具体使用方法如下。

（1）选择地统计扩展模块工具条，在其中选择"Geostatistical Analyst"|"探索数据"|"趋势分析"命令，弹出"趋势分析"对话框。

（2）在"数据源"选项组的"图层"下拉列表框中选择图层，单击"属性"下拉列表框选择合适的属性。单击选择"旋转"的方式"位置"，调整其后的方向旋转箭头，调整图形的观察视角，如图 23.5 所示。

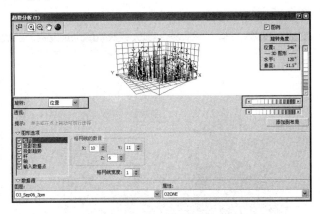

图 23.5　趋势分析图

5．Voronoi图

Voronoi 图在实际的数据分析过程中，主要用来发现离群值。在 ArcGIS 中该类型分析图的生成方法如下。

（1）选择地统计扩展模块工具条，在其中选择"Geostatistical Analyst"|"探索数据"|"Voronoi 图"命令，弹出"Voronoi 图"对话框。

（2）在"属性"选项组的"类型"下拉列表框中选择"简单"选项；在"色带"下拉列表框中选择合适的色带。在"数据源"选项组的"图层"下拉列表框中选择图层；单击"属性"下拉列表框，选择合适的属性，如图 23.6 所示。

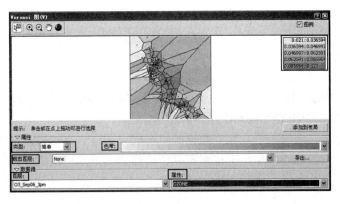

图 23.6　Voronoi 图

6. 半变异函数/协方差云

半变异函数/协方差云图主要反映数据的空间相关程度，当数据存在空间相关关系时进行空间插值。图中的横坐标表示任意两点的空间距离，纵坐标表示该两点的半变异函数值。

在 ArcGIS 中该图成图过程如下。

（1）选择地统计扩展模块工具条，在其中选择"Geostatistical Analyst"|"探索数据"|"半变异函数/协方差云"命令，弹出"半变异函数/协方差云"对话框。

（2）在"数据源"选项组的"图层"下拉列表框中选择图层；单击"属性"下拉列表框，选择合适的属性，如图 23.7 所示。

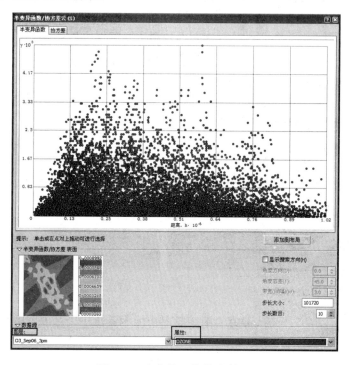

图 23.7　半变异函数/协方差云

7. 常规QQ图

常规 QQ 图主要用来评估数据集分布的相似程度，使用两个数据集中具有相同累积分布值的数据值来作图。

成图方法如下。

（1）选择地统计扩展模块工具条，在其中选择"Geostatistical Analyst"|"探索数据"|"常规 QQ 图"命令，弹出"常规 QQ 图"对话框。

（2）在"数据源"选项组中，在"数据源#1"的"图层"下拉列表框中选择一组数据组图层；在"数据源#2"的"图层"下拉列表框中选择第二组数据组图层，如图 23.8 所示。

8. 交叉协方差云

交叉协方差云的横坐标表示两点间的距离；纵坐标表示两点间的距离所对应的样点对的

理论正交协方差。

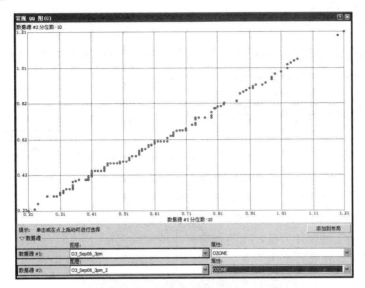

图 23.8　常规 QQ 图

其成图过程如下。

（1）选择地统计扩展模块工具条，在其中选择"Geostatistical Analyst"|"探索数据"|"交叉协方差云"命令，弹出"交叉协方差云"对话框。

（2）在"数据源"选项组中，在"数据源#1"的"图层"下拉列表框中选择一组数据组图层；在"数据源#2"的"图层"下拉列表框中选择第二组数据组图层，如图 23.9 所示。

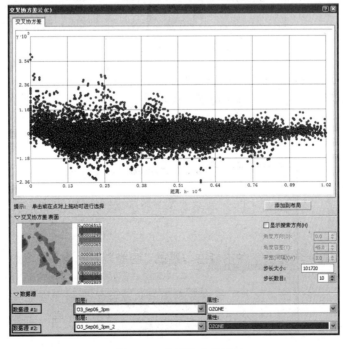

图 23.9　交叉协方差云

23.2.2　地统计向导

地统计分析模块提供了一系列利用已知样点进行内插，生成研究对象表面图的内插技术。在 ArcGIS 的地统计分析扩展模块中，地统计向导命令从了解数据、选择内插模型、评估内插精度到最后完成表面预测和误差建模。

本小节介绍地统计分析的操作步骤，这里使用普通克里格方法进行分析，具体的操作步骤和方法如下。

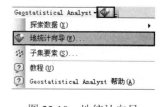

（1）单击地统计分析工具条中的"Geostatistical Analyst"按钮，在弹出的下拉菜单中选择"地统计向导"命令，或者直接单击工具条中的"地统计向导"按钮，如图 23.10 所示。

图 23.10　地统计向导

（2）弹出"地统计向导"对话框，在方法列表中单击选择"Kriging/CoKriging"地统计方法，在右侧数据集的源数据框中选择目标数据集，在数据字段中选择合适的字段。完成后单击"下一步"按钮，如图 23.11 所示。

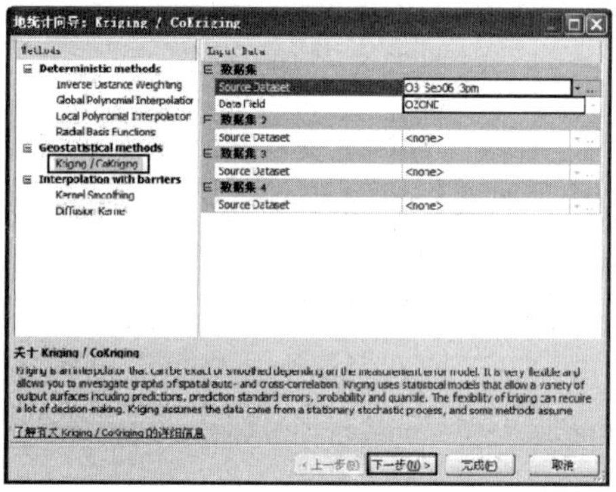

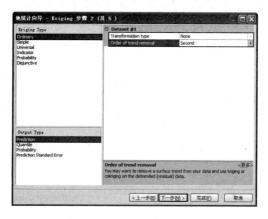

图 23.11　选择地统计分析方法

（3）进入第二步设置，在左侧"Kriging Type"中选择"Ordinary"选项，在"Output Type"中选择"Prediction"选项。在对话框右侧的"Dataset#1"选项组中设置转换类型。单击"Order of trend removal"下拉列表，选择"Second"。完成后单击"下一步"按钮，如图 23.12 所示。

图 23.12　普通 Kriging 方法

（4）进入趋势剔除设置界面，单击"下一步"按钮，如图 23.13 所示。

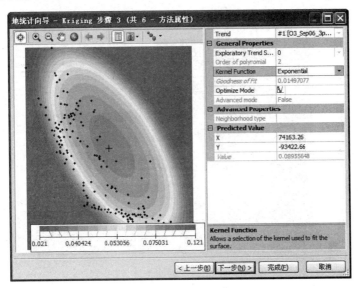

图 23.13　趋势剔除

（5）进入半变异函数/协方差建模设置界面，在 Model#1 选项中，单击"Type"下拉列表框选择"Spherical"类型，完成后单击"下一步"按钮，如图 23.14 所示。

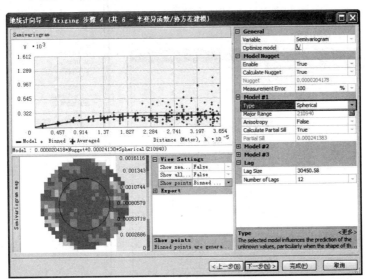

图 23.14　半变异函数/协方差建模

（6）进入搜索邻域设置界面，在"Neighborhood type"下拉列表框中选择"standard"选项，设置"Maximum neighbors"为"5"，设置"Minimum neighbors"为"2"，并进行其他选项设置。完成后单击"下一步"按钮，如图 23.15 所示。

（7）进入交叉验证面板，可以看到预测精度。该面板中有不同的说明图表，单击"完成"按钮，如图 23.16 所示。

（8）得出方法报告，并可保存该方法报告，如图 23.17 所示。

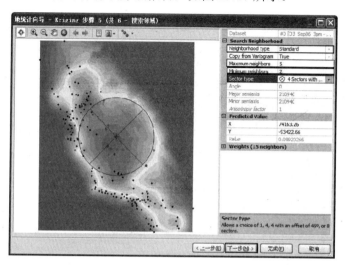

图 23.15　搜索邻域

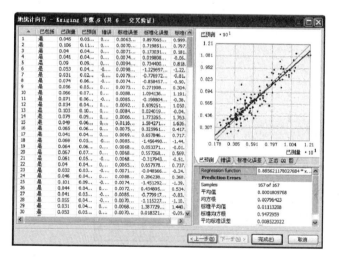

图 23.16　交叉验证面板

图 23.17　方法报告

（9）ArcMap 内容列表中将自动添加"Kriging"预测图，如图 23.18 所示。

23.2.3　子集要素

通常，对输出表面进行质量评价的最严格方法是将观测值与预测值进行比较。在实际应用中，这种方法的优点是不需要到研究区采集独立的验证数据集。

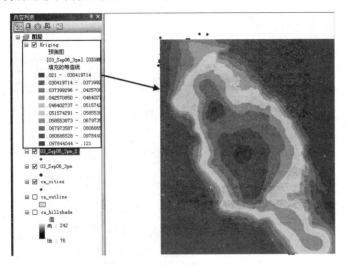

图 23.18　"Kriging"预测图

ArcGIS 的地统计分析扩展模块可以生成测试和训练数据集。

本小节主要介绍子集要素功能模块的操作方法，具体步骤如下。

（1）在 ArcMap 主菜单的"地统计分析"工具中选择"Geostatistical Analyst"按钮，在弹出的下拉菜单中选择"子集要素"命令，弹出"子集要素"对话框。

（2）在"输入要素"下拉列表框中选择目标图层数据，则"输出训练要素类"中将自动生成输出训练要素类的路径及名称，可进行自定义，完成后单击"确定"按钮，如图 23.19所示。

图 23.19　子集要素

（3）工具执行完成之后，新生成的图层将被自动添加到文档的内容列表中，如图 23.20

所示。

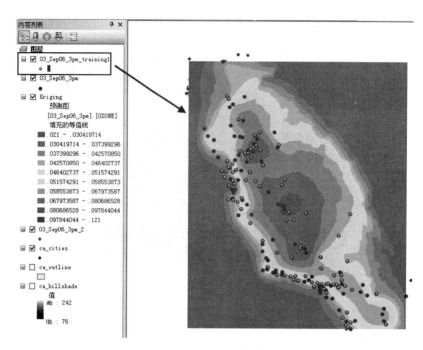

图 23.20 要素子集生成

23.2.4 使用帮助学习地统计扩展模块

由于地统计扩展模块在行业应用中与其他扩展模块相比不够广泛，因此建议读者在需要的时候参考 ArcGIS 平台的自动帮助系统。

该帮助系统分为两大部分，一部分是地统计扩展模块的教程，另一部分是帮助文档。在地统计分析扩展模块的工具条中都有相应的命令按钮。

下面介绍一下地统计分析扩展模块的教程和帮助文档的主要内容，希望可以对读者的学习起到一定的帮助作用。

1. 教程

使用教程要求安装 ArcTutor，其快捷定位方法为：在工具条中直接选择"教程"命令的方法，如图 23.21 所示。进入教程帮助界面，如图 23.22 所示。

该教程主要介绍了 ArcGIS 地统计分析扩展模块的辅导内容，包括以下方面。

❑ 地统计分析扩展模块的功能简介。

❑ 辅导练习的场景介绍：包括数据组成及数据源描述等信息。

❑ 练习一：该练习属于入门级教学训练，练习数据的路径为：C:\ArcGIS\ArcTutorial\
Geostatistical Analyst 中。

练习中介绍了如何进行地统计分析扩展模块的功能激活；如何添加地统计分析工具条；如何向地图文档中添加数据；使用默认设置进行表面创建的方法等内容，如图 23.23 所示。

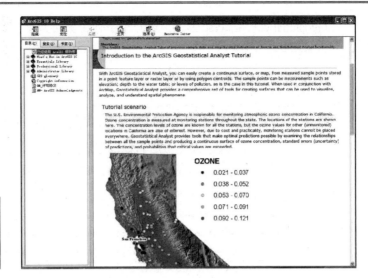

图 23.21　教程　　　　　　　　　　　　　图 23.22　教程界面

Exercise 1: Creating a surface using default parameters

This exercise introduces you to the Geostatistical Analyst extension. It takes you through the process of creating a model using default parameter values to generate a surface of ozone concentration.

复杂性：
入门级
数据要求：
ArcGIS 教程数据安装程序
数据路径：
C:\ArcGIS\ArcTutor\Geostatistical Analyst
目标：
The goal of this exercise is to introduce you to the process of creating surfaces from sample data.

Start ArcMap and enable Geostatistical Analyst

To begin, you will start ArcMap and enable the Geostatistical Analyst extension.

步骤：
1. 单击 **开始** > **所有程序** > **ArcGIS** > **ArcMap 10 启动** ArcMap。
2. 在 **ArcMap - 启动** 对话框中单击**取消**。
　　如果您先前已选择不显示此对话框，则此对话框可能不会打开。
3. On the main menu, click **Customize** > **Extensions**.
4. Check the **Geostatistical Analyst** check box.
5. Click **Close**.

Add the Geostatistical Analyst toolbar

步骤：
1. On the main menu, click **Customize** > **Toolbars** > **Geostatistical Analyst**.
　　The *Geostatistical Analyst* toolbar is added to your ArcMap session.
　　The extension and toolbar only need to be enabled and added once; they will be active and present the next time you one ArcMap.

Add data to your ArcMap session

You will add your data to ArcMap and alter its symbology.

步骤：
1. Click the **Add Data** button ⊕ on the *Standard* toolbar.
2. Navigate to the folder where you installed the tutorial data (the default installation path is C:\ArcGIS\ArcTutor\Geostatistical Analyst).

图 23.23　练习一

❑ 练习二：该练习属于入门级教学训练，练习数据的路径为：C:\ArcGIS\ArcTutorial\ Geostatistical Analyst 中。主要介绍了探索数据功能模块中不同类型分析图的生成方法：包括直方图、正态 QQ 图、趋势分析、Voronoi 图、半变异函数/协方差云、常规 QQ 图和交叉协方差云，如图 23.24 所示。

❑ 练习三：该练习属于入门级教学训练，练习数据的路径为：C:\ArcGIS\ArcTutorial\

Geostatistical Analyst 中。主要介绍了使用矢量数据生成臭氧浓度分析图的方法，如图 23.25 所示。

Exercise 2: Exploring your data

Before you start this exercise, you should have completed exercise 1.

In this exercise, you will explore your data. As the structured process shown at the end of exercise 1 suggests, to make better decisions when creating a surface, you should first explore your dataset to gain a better understanding of it. When exploring your data, look for obvious errors in the values that may drastically affect the output prediction surface, examine how the data is distributed, look for global trends, directional influences, and so forth.

Geostatistical Analyst provides many data exploration tools. In this exercise, you will explore your data in three ways:

- Examine the distribution of your data.
- Identify the trends in your data, if any.
- Understand the spatial autocorrelation and directional influences.

复杂性:
入门级
数据要求:
ArcGIS 教程数据安装程序
数据路径:
C:\ArcGIS\ArcTutor\Geostatistical Analyst
目标:
Use the ESDA tools to explore data and gather information to build good interpolation models.

Examine the distribution of your data using the Histogram tool

The interpolation methods that are used to generate a surface give the best results if the data is normally distributed (a bell-shaped curve). If your data is skewed (lopsided), you might choose to transform the data to make it normal. Thus, it is important to understand the distribution of your data before creating a surface. The Histogram tool plots frequency histograms for the attributes in the dataset, enabling you to examine the univariate (one-variable) distribution for each attribute in the dataset. Next, you will explore the distribution of ozone for the O3_Sep06_3pm layer.

步骤:

1. If you closed your previous ArcMap session, start the program again and open Ozone Prediction Map.mxd.
2. Click the ca_outline layer and drag it under the O3_Sep06_3pm layer in the table of contents.

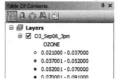

图 23.24 练习二

Exercise 3: Mapping ozone concentration

Before you start this exercise, you should have completed exercise 2.

In exercise 1, you used the default parameters to map ozone concentration. However, you did not examine the statistical properties of the sample data. For example, from exploring the data in exercise 2, it appeared that the data exhibited a trend and a directional influence. These can be incorporated into the interpolation model.

In this exercise, you will

- Improve on the map of ozone concentration created in exercise 1.
- Be introduced to some basic geostatistical concepts.

You will again use the ordinary kriging interpolation method, but this time incorporate trend and anisotropy in your model to create better predictions. Ordinary kriging is the simplest geostatistical model because the number of assumptions behind it is the lowest.

复杂性:
入门级
数据要求:
ArcGIS 教程数据安装程序
数据路径:
C:\ArcGIS\ArcTutor\Geostatistical Analyst
目标:
Create a more refined model using ordinary kriging, trend removal, and adjustments for anisotropy in the data.

步骤:

1. If you closed your previous ArcMap session, start the program again and open Ozone Prediction Map.mxd.
2. Make sure that none of the points representing ozone measurements are selected. If some are, clear the selection by clicking the **Clear Selected Features** button on the **Tools** toolbar.
3. On the Geostatistical Analyst toolbar, click **Geostatistical Analyst > Geostatistical Wizard**.
4. Click **Kriging/Cokriging** in the Methods list box.
5. Click the **Input data** drop-down arrow and click O3_Sep06_3pm.
6. Click the **Attribute** drop-down arrow and click the OZONE attribute.

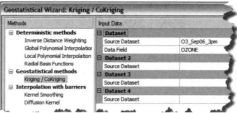

图 23.25 练习三

❑ 练习四：该练习属于入门级教学训练，练习数据的路径为：C:\ArcGIS\ArcTutorial\ Geostatistical Analyst 中。主要介绍了如何进行不同模型的比较，以得出分析效果较好的模型，如图 23.26 所示。

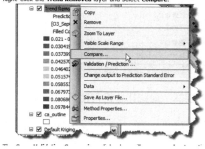

图 23.26　练习四

❑ 练习五：该练习属于入门级教学训练，练习数据的路径为：C:\ArcGIS\ArcTutorial\ Geostatistical Analyst 中。主要介绍绘制超过临界值臭氧的概率的分析图方法。

图 23.27　练习五

辅导教程中的练习同时提供了相应的练习数据，读者可以比较方便地进行演练。而通过以上这 5 个方面的操作练习，一般应掌握以下基本技能。

- ❑ 熟悉地统计分析扩展模块的功能与作用；掌握该扩展模块的基本工具的操作方法。
- ❑ 掌握使用探索数据功能的不同分析方法得到相应的分析图表的方法。
- ❑ 掌握预测模型及分析表面的基本方法。

2．帮助文档

帮助文档是另外一个学习地统计分析扩展模块的主要途径，单击地统计分析工具中的"帮助"按钮可以直接进入对应的帮助文档内容，如图 23.28 所示。

图 23.28　地统计分析帮助

关于帮助文档的使用方法这里不再赘述，请读者参考其他帮助文档的使用方法查阅相应资料和内容。

第 24 章　高级智能标注

在 ArcGIS 应用平台中，高级智能标注模块是高质量绘图的一个必备扩展模块。因此，从应用角度方面来讲，高级智能标注模块是地理信息系统制图的一个重要工具，提供了很好的文字渲染和具有打印质量的文字布局方式，而在高级标注布局和冲突检测方面的优势也奠定了其绘制高质量地图的基础。

本章主要介绍高级智能标注模块的主要功能、ArcGIS 10 中该模块的主要特点，以及如何使用高级智能标注扩展模块。

24.1　高级智能标注扩展模块简介

本节主要介绍 ArcGIS 平台中高级智能标注扩展模块的主要功能和作用，以及 ArcGIS 10 版本中该扩展模块的新特点。

24.1.1　高级智能标注模块主要作用

高级智能标注模块从其功能上来讲，主要是通过设置点、线、面要素的不同标注放置属性和布局，制定相应的自适应策略和冲突解决方案，来实现标注的智能化与合理化。

其次，通过设置不同图层的标注优先级别设定标注在地图中的绘制顺序。从而解决在实际应用中的标注绘制需求，管理与控制不同图层在地图成图过程中的先后关系。

另外，ArcGIS 的高级智能标注扩展模块提供了在 ArcMap 中进行标注管理的基本工具，如标注暂停、标注锁定及查看未放置标注等。

同时提供了快速标注与最佳标注的不同机制，以实现在绘制地图中图层标注对于绘制速度与标注绘制质量的不同要求。

24.1.2　ArcGIS 10 中高级智能标注模块新特点

在新版本 ArcGIS 10 中，Maplex 高级智能标注增加了对 MSD 文档的支持。MSD 是经过性能优化后的地图文档，相比 MXD，MSD 具有更好的平滑线设置效果，能够提高地图服务浏览的效率，而且使用 MSD 的地图预览功能，可以快速地查看地图效果，与创建地图缓存后的效果相同。

因此，在基于海量数据的地图服务进行切图时，可以预先查看效果来进行文档的调整，而无需长时间地等待切图完成，极大地减少了时间成本，具有很好的实用价值。

24.2　Maplex 高级智能标注引擎应用

在本节中将介绍 Maplex 高级智能标注的核心功能，即标注管理器的使用及如何设置标注优先级。这两部分内容在实际应用中经常遇到并将涉及许多使用技巧，在本节的内容讲解中将会进行简单介绍。

24.2.1　启动 Maplex 标注引擎

本小节主要介绍如何启动 Maplex 标注引擎，具体操作方法如下。

（1）在 ArcMap 主界面右击菜单，在弹出的快捷菜单中选择"标注"选项，标注工具条将被加载到菜单栏中，如图 24.1 所示。

（2）在主菜单界面中选择"自定义"|"扩展模块"命令，在弹出的"扩展模块"对话框中勾选"Maplex"选项，激活该扩展模块的使用权限，如图 24.2 所示。

图 24.1　加载工具条

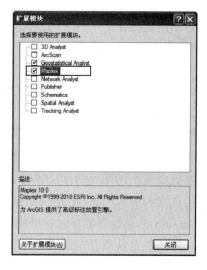

图 24.2　激活 Maplex

（3）在"标注"工具条中单击"标注"按钮，在弹出的下拉菜单中选择"使用 Maplex 标注引擎"选项，如图 24.3 所示。

🔔注意：这里需要介绍的是，不使用高级智能标注扩展模块的情况下，ArcGIS 系统仍然支持要素标注，但将不再支持高级智能标注扩展模块的冲突检测和自动避让等优点，这里不再详细介绍具体区别，如图 24.4 和图 24.5 所示。

图 24.3　勾选"使用 Maplex 标注引擎"选项

不使用高级智能标注扩展模块时，在权重等级的设置上也不再支持面边界权重，这里也不再详细介绍不同标注模式下权重等级的详细区别，请读者自己练习，如图 24.6 和图 24.7

所示。

图 24.4　不使用 Maplex 标注引擎的标注放置方式

图 24.5　使用 Maplex 标注引擎的标注放置方式

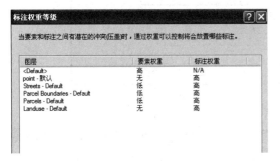

图 24.6　不使用 Maplex 标注引擎的权重等级

图 24.7　使用 Maplex 标注引擎的权重等级

24.2.2　标注管理器

标注管理器是管理图层标注的主要工具，使用该工具可以设置标注文本字符串设置、文本符号设置、放置属性设置，以及标注的比例范围设置、SQL 查询和标注样式选择等。

对于点、线、面状要素标注设置，在标注管理器中进行管理时，各自具有不同的特点。本小节主要介绍标注管理器中点、线、面要素标注设置的不同特点和方法。

1. 点状要素标注

这里以点状要素图层"point"为例，介绍点状要素图层的标注设置方法，具体操作方法如下。

（1）启动 Maplex 标注引擎，单击"标注"工具条中的"标注管理器"按钮，如图 24.8 所示。

图 24.8　单击"标注管理器"按钮

（2）弹出"标注管理器"设置对话框，在对话框左侧的"标注分类"列表中单击选择"point"图层，进入该点状图层的标注设置界面。在"文本字符串"选项组中，选择"标注字段"；在"文本符号"选项组中设置文本符号；在"放置属性"选项组中设置"位置"、"偏移"等属性，如图 24.9 所示。

（3）单击"放置属性"选项组中的"属性"按钮，弹出放置属性设置对话框，单击"标注位置"标签，进入标注位置设置界面，如图 24.10 所示。

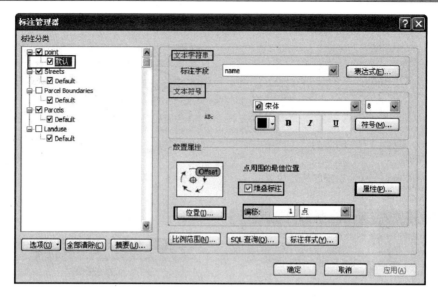

图 24.9　设置点要素标注

（4）单击"标注位置"设置界面中的"位置"按钮，弹出"位置选项"设置对话框，Maplex 提供了西北、北、东北、西、居中、东、西南、南、东南和最佳位置共 10 种标注放置方式。在应用中，对标注位置有既定要求的，如西北，可以按照既定位置设置。但一般情况下，实际应用中"最佳位置"放置方式的选用情况较多，完成选择后单击"确定"按钮，如图 24.11 所示。

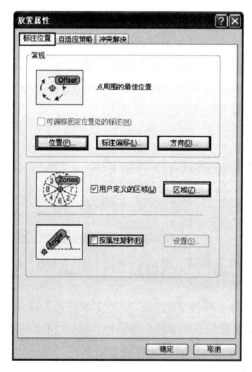

24.10　标注位置设置界面

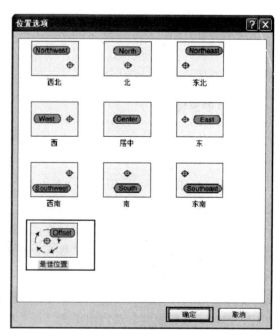

图 24.11　选择标注位置

（5）回到标注位置设置界面，单击"标注偏移"按钮，进入"标注偏移"设置对话框，在"首选偏移"选项中设置偏移数值和单位，设置"最大偏移"，完成后单击"确定"按钮，如图 24.12 所示。

（6）回到标注位置设置界面，单击"方向"按钮，进入"标注方向"设置对话框。根据实际需要选择是否将水平标注对齐到经纬网，完成后单击"确定"按钮，如图 24.13 所示。

图 24.12　设置标注偏移图 24.13　设置标注方向

（7）回到标注位置设置界面，单击"方向"按钮，进入标注方向设置对话框。在点周围的首选区域设置不同数值以设定标注在点周围的最佳位置，其中数字"0"表示阻止该位置放置，"1"表示最高，"8"表示最低，完成后单击"确定"按钮，如图 24.14 所示。

（8）回到标注位置设置界面，勾选"按属性旋转"选项，并单击"设置"按钮，如图 24.15 所示。

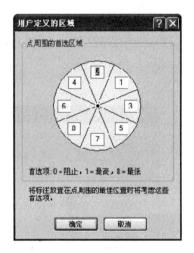

图 24.14　设置点周围首选区域图 24.15　选择按属性旋转

（9）弹出"标注旋转"设置对话框，在该对话框中设置"旋转字段"和"附加旋转"选项；在"旋转类型"选项组中选择"地理"或者"算术"；在"对齐类型"选项组中设置平直、水平或垂直，如图 24.16 所示。

（10）回到"放置属性"设置对话框，单击"自适应策略"标签，进入该选项设置界面。勾选"堆叠标注"选项，单击其后的"选项"按钮，如图 24.17 所示。

（11）弹出"标注堆叠选项"设置对话框，在"标注对齐"下拉列表框中选择标注对齐方式；设置"堆叠分隔符"；在"限制"选项组中设置最大行数、每行最少字符数及每行最多字符数，如图 24.18 所示。

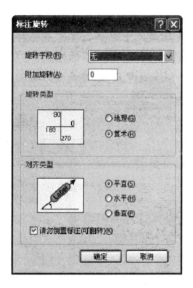

图 24.16　设置标注旋转

图 24.17　堆叠标注

（12）回到自适应策略设置界面，勾选"减少字号"选项，单击其后的"限制"按钮，弹出"标注缩小"设置对话框界面。在"字号减小"选项组中设置字号、下限和步长间隔；在"字体宽度压缩"选项组中设置下限和步长间隔，完成后单击"确定"按钮，如图 24.19 所示。

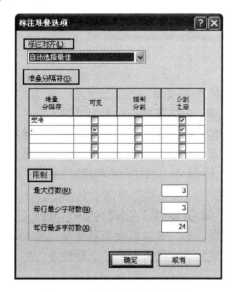

图 24.18　标注堆叠选项设置

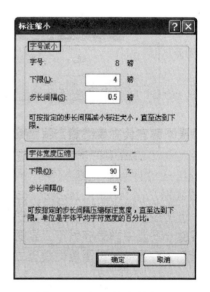

图 24.19　标注缩小设置

（13）回到自适应策略设置界面，勾选"缩写标注"选项，单击其后的"选项"按钮，弹出"缩写"设置对话框界面。设置缩写字典名称，设置是否截断标注。完成后单击"确定"按钮，如图 24.20 所示。

（14）回到自适应策略设置界面，单击"策略顺序"按钮，弹出"策略顺序"设置对话框，设置堆叠标注、压缩标注宽度、减小标注大小及缩写标注等不同自适应策略的优先级顺序，如图 24.21 所示。

图 24.20　设置缩写标注

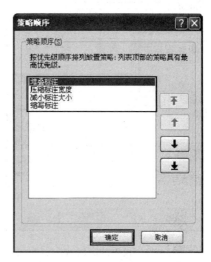

图 24.21　设置策略顺序

（15）回到"放置属性"设置界面，单击"冲突解决"标签进入该项设置界面，调整"要素权重"后微调框中的数值进行要素权重的设置；勾选"背景标注"；勾选"移除同名标注"；在"标注缓冲区"微调框中调整目标数值；勾选 "从不移除"，完成后单击"确定"按钮，如图 24.22 所示。

2．线状要素标注

下面介绍线状要素的标注设置方法。

（1）启动 Maplex 标注引擎，单击"标注"工具条中的"标注管理器"按钮。

（2）弹出标注管理器设置对话框，在对话框左侧的"标注分类"列表中单击选择目标线状图层，进入该图层的标注设置界面。在"文本字符串"选项组中选择标注字段；在"文本符号"选项组中设置文本符号；在"放置属性"选项组中设置放置方式及位置等属性，如图 24.23 所示。

（3）单击"属性"按钮，进入"放置属性"设置对话框。单击"标注位置"标签，进入标注位置设置界面，单击"位置"按钮，如图 24.24 所示。

（4）系统弹出"位置选项"设置界面，其中包含了水平居中、平直居中、弯曲居中、垂直居中、水平偏移、平直偏移、弯曲偏移及垂直偏移等放置方式，选择目标放置方式后单击"确定"按钮，如图 24.25 所示。

（5）回到标注位置设置界面，单击"标注偏移"按钮，进入标注偏移设置界面。在"定位标注"下拉列表框中选择定位标注的方式，当选择"沿线最佳位置"时，系统将自动计算最佳沿线偏移位置定位标注，如图 24.26 所示。

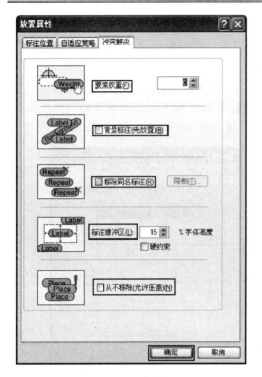

图 24.22　设置冲突解决

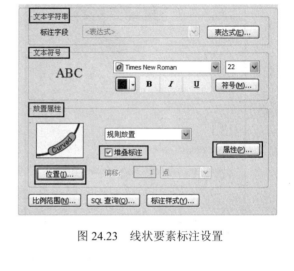

图 24.23　线状要素标注设置

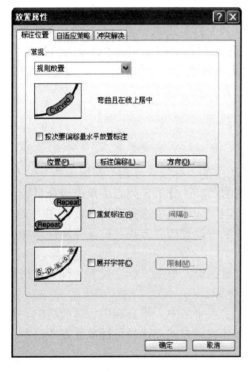

图 24.24　标注位置设置界面

图 24.25　设置放置位置

当选择其他方式，如线起点之前、从起点开始沿线、从终点开始沿线及线终点之后时，需要设置距离、容差等内容，如图 24.27 所示。

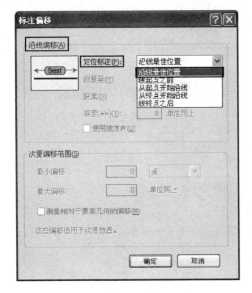

图 24.26　沿线最佳位置偏移　　　　图 24.27　不同方式定位标注

（6）回到"标注位置"设置界面，单击"方向"按钮，进入"标注方向"设置界面，设置标注对齐方式，如图 24.28 所示。

（7）回到"标注位置"设置界面，勾选"重复标注"选项，单击其后的"间隔"按钮，弹出"标注重复"设置对话框，设置最小重复间隔的数值与单位，完成后单击"确定"按钮，如图 24.29 所示。

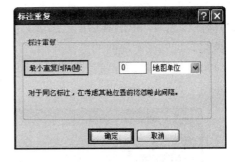

图 24.28　设置标注对齐方式　　　　图 24.29　标注重复设置

（8）回到"标注位置"设置界面，勾选"展开字符"选项，单击其后的"限制"按钮，弹出"字符间距"设置对话框，设置最大字符间距的数值与单位等内容，完成后单击"确定"按钮，如图 24.30 所示。

（9）回到"放置属性"设置对话框，单击其中的"自适应策略"标签，进入自适应策略设置界面，勾选"堆叠标注"选项，单击其后的"选项"按钮，如图 24.31 所示。

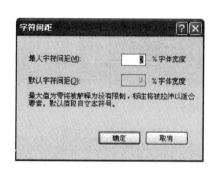

图 24.30　字符间距设置　　　　图 24.31　自适应策略设置界面

（10）弹出"标注堆叠选项"设置对话框，这里的设置方法与点要素的标注设置类似，可以参考前面的方法介绍。

（11）回到"自适应策略"设置界面，勾选"超限要素"选项，单击其后的"选项"按钮，弹出"标注超限"设置对话框界面，在其中设置最大标注超限数值和单位，完成后单击"确定"按钮，如图 24.32 所示。

（12）回到"自适应策略"设置界面，勾选"减小字号"选项，单击其后"限制"按钮进行相关设置，这里的设置方法与点要素的标注设置类似，可以参考前面的方法介绍。勾选"缩写标注"选项，单击其后的"选项"按钮进行相关设置，这里的设置方法与点要素的标注设置类似，可以参考前面的方法介绍。

（13）回到"自适应策略"设置界面，设置标注的最小要素大小数值及单位，如图 24.33 所示。

图 24.32　标注超限设置　　　　图 24.33　设置标注的最小要素大小

（14）回到"自适应策略"设置界面，单击"策略顺序"按钮，弹出"策略顺序"设置界面。在其中调整堆叠标注、超限要素、压缩标注宽度、缩小标注大小及缩写标注的优先顺序，如图 24.34 所示。

（15）回到"放置属性"设置界面，单击"冲突解决"标签进入该属性设置界面，该设置界面与方法均与点要素的标注设置类似，可以参考前面的方法介绍。

3.　面状要素标注

下面介绍面状要素的标注设置方法。

（1）启动 Maplex 标注引擎，单击"标注"工具条中的"标注管理器"按钮。

（2）弹出"标注管理器"设置对话框，在对话框左侧的"标注分类"列表中单击选择目标面状图层，进入该图层的标注设置界面。在"文本字符串"选项组中选择标注字段；在"文本符号"选项组中设置文本符号；在"放置属性"选项组中设置放置方式及位置等属性，如图 24.35 所示。

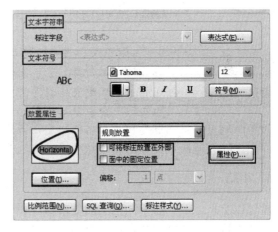

图 24.34　设置线标注策略顺序　　　　图 24.35　面状要素标注设置界面

（3）单击"属性"按钮，进入"放置属性"设置对话框。单击"标注位置"标签，进入标注位置设置界面，单击"位置"按钮，如图 24.36 所示。

（4）进入位置选择设置对话框界面，这里提供了水平居中、平直居中、弯曲居中、垂直居中、水平偏移、平直偏移、弯曲偏移、垂直偏移等不同的位置设置方式，如图 24.37 所示。

（5）回到标注位置设置界面，单击"标注偏移"按钮，进入"标注偏移"设置界面。设置方法与线要素的标注设置类似，可以参考前面的方法介绍。

（6）回到"标注位置"设置界面，单击"方向"按钮，进入"标注方向"设置界面，设置标注对齐方式方法与线要素的标注设置类似，可以参考前面的方法介绍。

（7）回到"标注位置"设置界面，勾选"重复标注"选项，单击其后的"间隔"按钮，弹出"标注重复"设置对话框，设置最小重复间隔的数值与单位，完成后单击"确定"按钮。界面参考线状要素设置界面。

（8）回到"放置属性"设置对话框，单击其中的"自适应策略"标签，进入"自适应策略"设置界面。自适应策略的设置方式与线状要素的方法类似，可以参考前面的内容介绍。

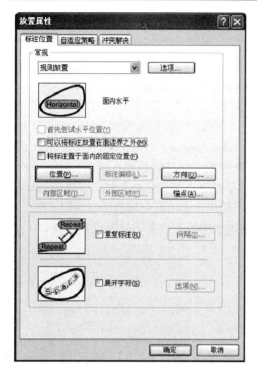

图 24.36　标注位置设置界面

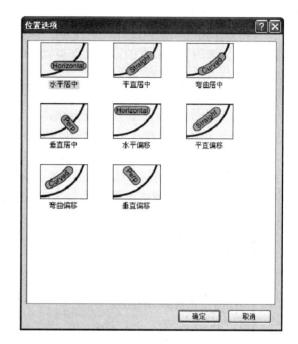

图 24.37　选择合适的位置设置

（9）回到"放置属性"设置对话框，单击其中的"冲突解决"标签，进入"冲突解决"设置界面。冲突解决设置方法与线状要素的方法类似，可以参考前面的内容介绍。

4．小结

通过以上点、线、面不同图层的要素标注设置方法介绍，读者可以大概掌握基本的标注设置方法。这里需要补充几点注意事项。

- ❏ 面状要素的标注设置方式中提供了规则、地块、河流和边界几种不同类型的标注设置，每种类型中都提供了几种可用的标注设置方式。在实际应用中可以根据不同的应用需求方便地选择相应类型，并设置对应的标注设置方法。
- ❏ 线状要素的标注放置方式中则提供了规则、街道、街道地址、等值线和河流等类型。
- ❏ 每种要素标注设置都支持比例范围设置、SQL 查询及标注样式的设置，具体操作方法可以参照 ArcMap 基本操作的相关内容自行学习，这里不再详细介绍。

24.2.3　设置标注优先级

设置标注优先级的操作方法如下。

（1）启动 Maplex 标注引擎，单击"标注"工具条中的"设置标注优先级"按钮，如图24.38 所示。

图 24.38　选择设置标注优先级按钮

（2）弹出"设置标注优先级"对话框，在对话框中调整不同图层的优先级顺序，以确定在进行标注时优先选择哪些图层进行标注。完成后单击"确定"按钮，如图 24.39 所示。

24.2.4　标注权重等级

标注权重等级的设置在应用中比较常见，在具体制图操作中经常会遇到要素和标注互相冲突压盖的情况发生，而通过标注权重等级设置将可以控制这些标注的放置。实际上，对于不同的标注放置方式，系统的解决方式不尽相同。

这里举例简单介绍标注权重等级的设置方法及其控制效果。

准备两个点状图层 point 和 point2 作为示例数据，其中 point 点状图层的名称以标注形式展示在地图中。下面具体介绍操作过程和方法。

（1）将 point 和 point2 点状图层加载到 ArcMap 文档中，右击内容列表中的 point 图层，在弹出的快捷菜单中选择"标注要素"命令，如图 24.40 示。

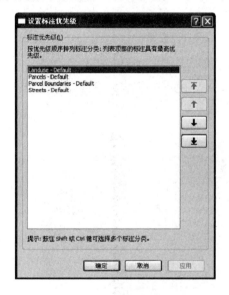

图 24.39　设置标注优先级　　　　图 24.40　选择"标注要素"命令

（2）打开标注管理器，设置 point 图层标注的位置属性。单击"位置"按钮，在"位置选项"对话框中设置其方式为"最佳位置"，如图 24.41 所示。

注意：该例子中所展示的标注压盖问题展示效果，是在设置点状要素标注为最佳位置的方式下得出的结果，在设置为其他方式时，系统对于标注压盖问题的解决方法有所不同。读者可以自行尝试，这里仅以此为例进行简单介绍。

（3）符号化 point 和 point2 两个图层，其中 point 以棕红色原点符号表示，point2 以绿色三角表示，设置完成后，在地图视图中可以看到这两个图层的展示效果。可以看到，在图中标识出来的要素位置中，point 图层的标注压盖了 point2 图层的要素，出现了一定程度上的位置冲突，如图 24.42 所示。

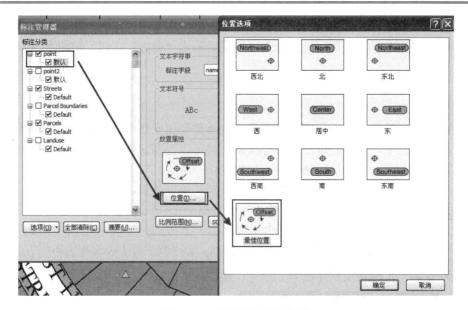

图 24.41 设置标注最佳位置

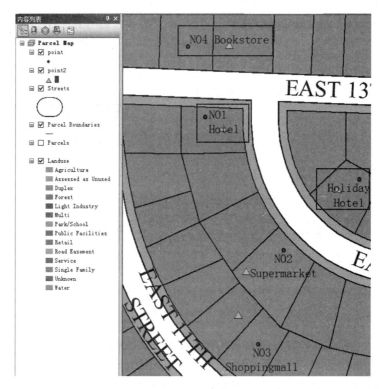

图 24.42 符号化示例数据

（4）单击"标注"工具条中的"标注权重等级"按钮，如图 24.43 所示。

图 24.43 标注权重等级

（5）弹出"权重等级"设置对话框，比较对话框中要素图层 point 和 point2 的要素权重，可以看到 point 权重为 11，而 point2 要素为 0，如图 24.44 所示。

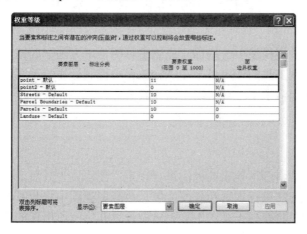

图 24.44　查看权重等级

（6）在"权重等级"对话框中，将 point2 的权重等级设置为较高数字，如设置为"12"，如图 24.45 所示。

图 24.45　重新设置权重

（7）回到地图文档的数据视图中，可以看到 point 图层的标注位置发生了变化，point2 图层的要素不再被压盖，如图 24.46 所示。

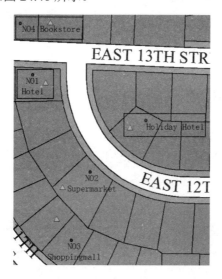

图 24.46　重新设置权重后效果图

24.3　标注的有关操作

本节将介绍标注扩展模块中一些标注控制工具的使用方法，如锁定标注、暂停标注和查看未放置标注等。这些工具的使用对于在 ArcMap 中控制标注绘制速度、提高浏览质量及进行数据检查等实际应用需求十分有帮助，请读者关注。

24.3.1　锁定标注

锁定标注可以暂时将图层要素的标注进行锁定。使用该工具后，在标注管理器和权重等级设置中仍然可以对标注进行设置和修改，但是在数据视图中将暂时看不到标注变化。

取消锁定标注后，将在数据视图中看到所做设置和修改所出现的效果。

锁定标注工具的使用比较简单，下面介绍一下其方法。

（1）启动 Maplex 标注引擎，单击"标注"工具条中的"锁定标注"按钮，如图 24.47 所示。

（2）当需要取消标注锁定时，再次单击该"锁定标注"按钮，即可实现功能取消。

24.3.2　暂停标注

暂停标注工具的使用将暂时取消标注在地图数据视图中的显示，具体操作方法如下。

（1）启动 Maplex 标注引擎，单击"标注"工具条中的"暂停标注"按钮，如图 24.48 所示。

图 24.47　单击锁定标注按钮　　　　　　图 24.48　暂停标注

（2）当需要取消标注时，再次单击该"暂停标注"按钮，即可实现功能取消。

24.3.3　查看未放置的标注

查看未放置标注功能的使用方法如下。

（1）启动 Maplex 标注引擎，单击"标注"工具条中的"查看未放置的标注"按钮，如图 24.49 所示。

图 24.49　查看未放置标注

（2）在 ArcMap 的地图文档中，可以看到地图视图中未放置的标注，红色文本标注显示的即是未放置标注，如图 24.50 所示。

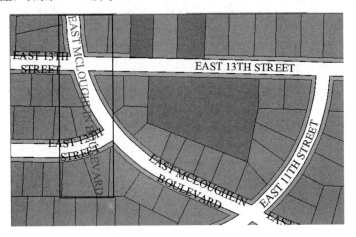

图 24.50　未放置标注查看

第 25 章　网 络 分 析

　　本章主要介绍网络分析扩展模块的应用，包括网络分析扩展模块的介绍、网络数据集的相关基本概念等，并结合例子介绍如何创建网络数据集及相关应用。

25.1　网络分析扩展模块介绍

　　本节将主要介绍 ArcGIS 应用平台中的网络数据结构，其中将对网络分析扩展模块的特点进行详细介绍，并对该扩展模块工具进行讲述。

25.1.1　几何网络和网络数据集

　　几何网络（Geometric Network）和网络数据集是 ArcGIS 应用平台的两种网络数据结构。本小节主要介绍两者的特点。

1．几何网络

　　几何网络是一种特殊的特征要素类，由一系列不同类别的点要素和线要素组成，这些要素可以度量并能用图形进行表达。

　　几何网络包括流向分析和追踪分析两大功能，在应用中常常用于基础设置网络，如综合管网、电缆线等，用于研究网络的状态及模拟和分析资源在网络上的流动和分配状况。

　　几何网络的相关应用工具条包括几何网络分析和几何网络编辑，如图 25.1 所示。

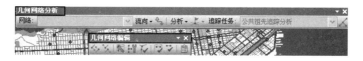

图 25.1　几何网络工具条

　　几何网络允许在要素集下进行创建并支持图形与属性的编辑，需要在目标数据集中右击，在弹出的快捷菜单中选择"新建"|"几何网络"命令，并在弹出的几何网络创建向导中进行操作即可，如图 25.2 所示。

图 25.2　新建几何网络

🔔**提示**：*几何网络的具体创建方法和应用在本章中不予详细介绍，读者可以自行结合实际数据进行练习掌握。*

2．网络数据集

网络数据集也是由点要素和线要素组成的集合，但除此之外还拥有节点、转弯要素等特殊的组成网络源。网络数据集的主要作用可以概括为记录这些组成要素的拓扑关系。

在网络数据集中不支持编辑其中的图形要素。

网络数据集在实际应用中常用于地理网络相关的行业，如交通网络、路径分析、服务范围与资源分配分析等。

25.1.2　网络分析扩展模块介绍

网络分析扩展模块主要由以下基本内容组成：创建网络数据集的向导、网络分析应用窗口、网络分析工具条及 GP 工具等。本小节将对其基本组成部分进行介绍。

1．创建网络数据集的向导

网络数据集的创建依赖于 ArcGIS 应用平台提供的向导，在创建过程中，需要对网络数据集进行命名、选择将要参与到网络数据集中的要素类、设定高程、指定网络数据集属性等，具体方法将在后面的章节中结合实例进行介绍。

网络数据集的创建在 ArcCatalog 的指定数据集中进行，如图 25.3 所示。

2．网络分析应用窗口

在 ArcGIS 10 中，网络分析应用窗口可以被停靠在 ArcMap 主界面。打开方法为：单击"网络分析"工具条中的"显示/隐藏网络分析窗口"即可，如图 25.4 所示。

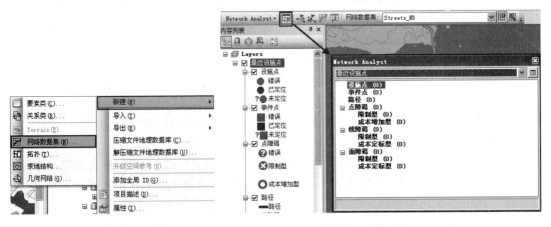

图 25.3　创建网络数据集　　　　　图 25.4　网络分析应用窗口

3．网络分析工具条

网络分析工具条包括了网络分析的主要工具，这里简单介绍其激活方法。

（1）在 ArcMap 主界面中单击"自定义"菜单，并在弹出的下拉菜单中选择"扩展模块"命令。

（2）弹出"扩展模块"设置对话框，勾选"Network Analyst"复选框，如图 25.5 所示。

（3）右击 ArcMap 主界面的菜单，在弹出的快捷菜单中选择"Network Analyst"命令，网络分析扩展模块工具条将被添加到主菜单界面中，如图 25.6 所示。

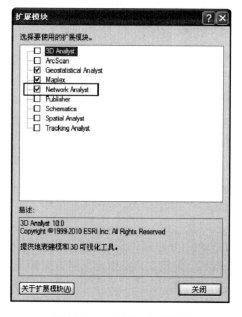

图 25.5　勾选网络分析扩展

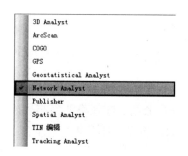

图 25.6　网络分析工具条

4．相关GP工具

在 ArcGIS 10 中，Geoprocessing 工具集里的网络分析工具仍然作为一个单独的子集存在，在该子集中包括了全部的网络分析工具，支持网络数据集的升级、构建融合等，并提供了一些转弯要素类的操作工具。

下面介绍一下 GP 工具与网络分析相关的工具。

❑ 分析工具：包括创建 OD 成本矩阵图层、创建位置分配图层、创建多路径配送（VRP）图层、创建最近设施点分析图层、创建服务区图层、创建路径分析图层、向分析图层添加字段、方向分析、更新分析图层属性参数工具、添加位置工具等。

❑ 网络数据集：包括网络数据集创建、升级和融合工具。

❑ 转弯要素类：包括创建转弯要素类工具、填充备用 ID 字段、增加最大边数、几何更新工具、按备用 ID 字段更新工具、由转弯表向转弯要素类转换的工具等。

25.2　网络数据集的基本概念

在网络数据集中涉及边线、交汇点、转弯等网络元素，而由这些元素组成的网络之间又将发生连通等行为，涉及连通性和连通组的概念。另外，转弯要素也是网络数据集中比较重要的概念之一。本节将重点介绍这些网络数据集的基本内容。

25.2.1　网络元素和数据源

在网络数据集的创建过程中，一共有 3 种数据源：边线数据源、交汇点数据源和转弯数据源。其中，边线数据源由线状要素创建，交汇点数据源由点状要素创建，转弯数据源是网络数据集中的一种特定数据源。

同样，网络数据集中的网络元素也可以总结为以下 3 种。

- □ 边线：是网络数据集中的流通途径，是网络的基本结构和构架。
- □ 交汇点：是网络数据集流通路径的交汇节点。
- □ 转弯：其意义在于记录两个或多个边线运动时的方向信息。

25.2.2　连通性和连通组

网络数据集的连通性是基于线的端点、节点和交汇点的几何重叠及作为网络数据集属性之一的连通规则。

ArcGIS 网络分析中的连通性与连通组息息相关，下面介绍连通组和连通性的一些规则。

- □ 每一个边线数据源只能指定到一个连通组中。
- □ 交汇点可以属于一个或多个连通组。
- □ 在不同连通组中的边线，只能通过被指定到两个或多个连通组的交汇点来连接。
- □ 同一连通组内边线连接可以有两种连通策略进行，即端点连通和节点连通。端点连通的设置将会把端点重合的线要素融合成一条边线；而节点连通的策略将会把相交的线在交点处打断。
- □ 不同连通组内的边线连接，只能够通过在不同的连通组共用的交汇点来连接。而交汇点在端点处还是节点处与边线连通，要根据目标边线的连通策略来决定。

在实际应用中创建网络数据集时，应该着重考虑边线、交汇点和转弯等网络要素，确定合适的边线和交汇点作为数据源，这对于保证连通性及得出正确分析结果很有必要。

25.2.3　转弯要素

转弯要素是 ArcGIS 中的一种特殊的线要素类，描述了两到多个边线元素的转向特征。可以由线要素加入到网络数据集中生成，同时也只有在网络数据集中，转弯要素才可以发挥其作用。

转弯构成了从某一边元素到另一边元素的移动方式，通常用于模拟网络中流动资源的通行成本或者限制。通过使用转弯元素，可以更加真实地进行网络模拟。下面介绍转弯要素的一些特点。

- □ 转弯可在相连边的任何交汇点处创建，在每个网络交汇点处均可能有 $n*n$ 中转弯，其中 n 表示连到该交汇点的边数。即使在只有一条边的交汇点处，仍然可以创建转弯，如 U 型转弯等。
- □ 允许多边形转弯在网络数据集中创建。

- 转弯要素类不参与连通组建设，没有高程字段。
- 创建转弯要素类时可以指定支持的最大边数量，一个转弯至少要有两个边线，最多可支持 20 条边线，默认最大边线的数量为 5。

25.2.4 网络数据集属性

网络数据集属性都有相应的名称、用途、单位和数据类型，可以通过数据集的属性控制网络走向，如网络中路径阻止、障碍设置等。在实际应用中，可以根据需要添加、删除这些属性。

从应用角度出发，网络主要可以分为 4 种类型：成本、限制、等级和描述符。下面对这 4 种类型进行简单介绍。

1．成本属性（Cost）

成本属性是通过边线元素时所累积的数值，例如行车时间、步行时间和距离等。在网络数据集中，往往通过边线的长度来体现。成本单位在网络数据集属性中包括：分米、分钟、十进制度、千米、厘米、天、小时、毫米、海里、码、秒、米、英寸、英尺、英里等。

2．限制（Restriction）

限制属性在网络数据集属性中以布尔表达式来表示，即 Restricted（true）或者 Traversable（false）。

3．等级（Hierarchy）

等级属性通常用于在网络数据集中查找路径，通过整型值对边线元素进行等级划分。默认支持 3 个等级，如道路类型中：1 表示 highway，2 表示 major road，3 表示 local street。

4．描述符（Descriptor）

描述符用于描述网络元素的整体特征，在网络数据集中不参与分配。

25.3 网络分析实例

本节以介绍实例为主，简单介绍如何使用网络分析工具条中的网络分析窗口；介绍如何创建一个简单的网络数据集，并在其中设置单行线进行路径分析；最后简单介绍三维网络分析相关内容。

25.3.1 使用网络分析窗口

在网络分析扩展模块中，有一项重要的组成部分，即网络分析工具条中的网络分析窗口。简单概括，网络分析窗口的主要作用是帮助管理网络分析的输入和分析结果，如障碍、站点、路线等。当然，ArcGIS 的网络分析窗口还提供了多角度的分析结果提示，如路径导航和阶段地图显示等，并支持分析结果的打印输出等。

本节将从上面的角度，分别介绍网络分析窗口的主要功能和作用。这里以在目标起点与目标终点之间增加障碍点为例，对比无障碍点时的路径分析结果，简单介绍网络分析窗口工具的基本分析功能，具体如下。

图 25.7　选择增加停靠点

1. 创建无点障碍的路径分析

具体操作方法如下。

（1）打开网络分析工具条，并启动网络分析扩展模块功能。

（2）单击网络分析工具条中的"显示/隐藏网络分析窗口"按钮，打开网络分析窗口，并将其停靠在 ArcMap 界面窗口中合适的位置。

（3）在网络分析窗口中单击"停靠点"选项，如图 25.7 所示。

（4）单击"网络分析"工具条中的"创建网络位置工具"按钮，如图 25.8 所示。

图 25.8　创建网络位置工具

（5）鼠标移动到地图视图位置，在地图中单击确定目标起始点位置，如起点为"1"，终点为"2"，如图 25.9 所示。

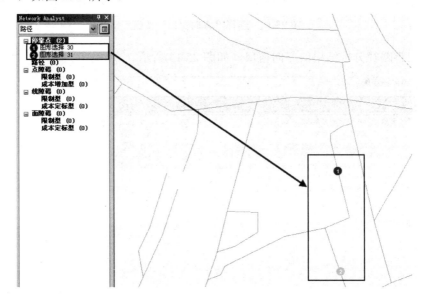

图 25.9　设置起始点停靠位置

（6）单击"网络分析"工具条中的"求解"按钮，如图 25.10 所示。

图 25.10　选择求解功能

（7）数据视图中得出路径分析结果，如图 25.11 所示。

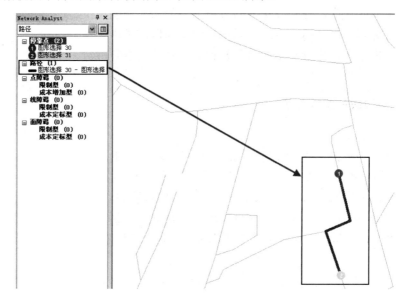

图 25.11　路径分析结果

（8）单击"网络分析"工具条中的"方向窗口"按钮，如图 25.12 所示。

图 25.12　选择"方向窗口"按钮

（9）弹出该路径分析结果的方向窗口，如图 25.13 所示。

图 25.13　路径方向窗口

（10）单击分析窗口中的"另存为"按钮，弹出文件保存窗口，支持纯文本、HTML 文档、带地图的 HTML 文档及 XML 4 种格式的保存类型。完成后单击"保存"按钮即可，如图 25.14 所示。

图 25.14　保存文档

（11）回到路径方向窗口，单击"打印"按钮，进入打印设置界面，支持普通打印模式。

（12）回到路径方向窗口，单击路径分析窗口中路径分步提示后的"地图"超链接，进入对应路径指向的地图提示界面，且支持视图放大/缩小操作，如图 25.15 所示。

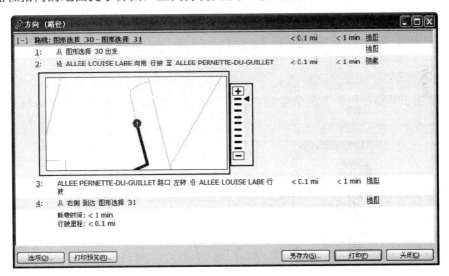

图 25.15　分步地图提示

2. 创建有障碍点的路径分析

具体操作方法如下。

（1）打开网络分析工具条，并启动网络分析扩展模块功能。

（2）单击网络分析工具条中的"显示/隐藏网络分析窗口"按钮，打开网络分析窗口，并将其停靠在 ArcMap 界面窗口中合适的位置。

（3）在网络分析窗口中单击"停靠点"选项，单击"网络分析"工具条中的"创建网络位置工具"按钮，将鼠标光标移动到地图视图位置，在地图中单击确定目标起始点位置，如起点为"1"，终点为"2"。

（4）单击"网络分析"窗口中的"点障碍"类型中的"限制型"选项，如图 25.16 所示。

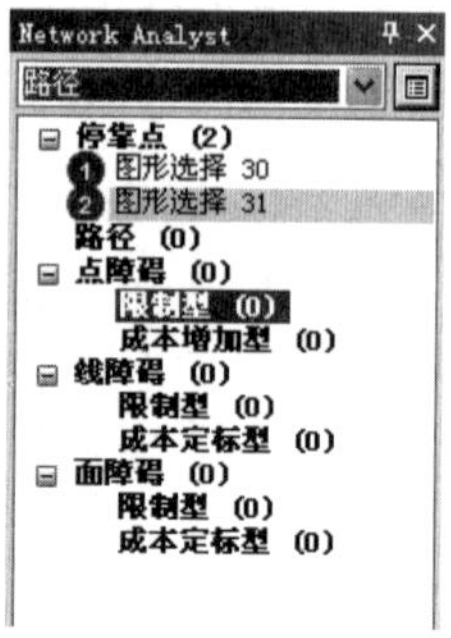

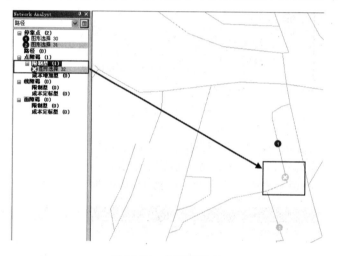

图 25.16　选择"限制型"选项

（5）单击"网络分析"工具条中的"创建网络位置工具"按钮，将鼠标光标移动到地图视图位置，在地图中单击确定点障碍位置，如图 25.17 所示。

图 25.17　创建障碍点

（6）单击"网络分析"工具条中的"求解"按钮，数据视图中得出路径分析结果，如图 25.18 所示。

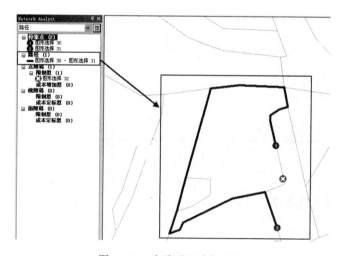

图 25.18　点障碍下路径分析

（7）单击"网络分析"工具条中的"方向窗口"按钮，弹出该路径分析结果的方向窗口，如图 25.19 所示。

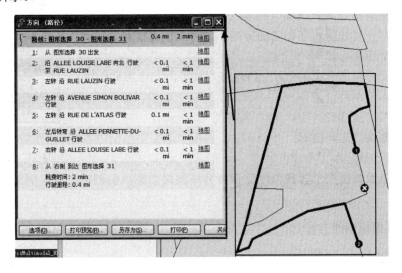

图 25.19　路径方向窗口

（8）单击路径分析窗口中路径分步提示后的"地图"超链接，进入对应路径指向的地图提示界面，同样支持视图放大/缩小操作，如图 25.20 所示。

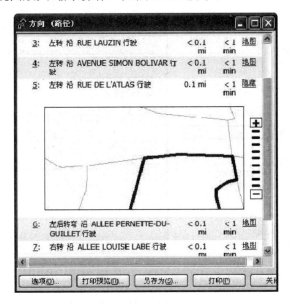

图 25.20　路径地图提示

3．分析结果对比小结

上面两种方式的路径分析结果对比明显（参见图 25.11 和图 25.18），路径由于障碍点的存在发生较大改变。

从起点"1"到终点"2"的通过方案里，若最短路径的行程中没有障碍点存在，则系统分析结果推荐距离最短的通过方案为最佳路径；而当最短路径出现障碍点，影响路径正常通过时，起点"1"到终点"2"的分析结果中，系统分析结果将得出距离次短的通过方案。

同时，当存在"线障碍"和"面障碍"时，如图 25.21 所示，同样对路径分析结果有影响。

读者可以参考前面介绍的方法，自己练习线障碍与面障碍的路径分析情况，本节不再赘述。

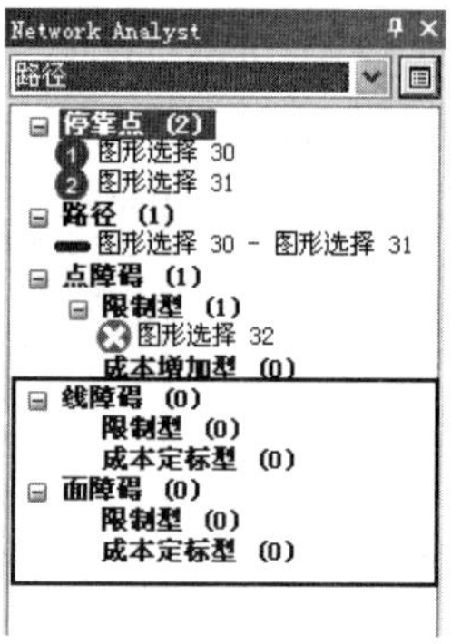

图 25.21　线障碍与面障碍

25.3.2　设置路径单行线

本小节将以设置道路单行线为例，详细介绍网络数据集的创建过程。例子中将使用软件自带的数据。

1．网络数据集创建方法

具体操作方法如下。

（1）在 ArcMap 的目录窗口中浏览到目标数据集位置，右击需要创建网络数据集的数据集，在弹出的快捷菜单中选择"新建"|"网络数据集"命令，如图 25.22 所示。

（2）弹出"新建网络数据集"对话框，输入网络数据集的名称，完成后单击"下一步"按钮，如图 25.23 所示。

图 25.22　新建网络数据集

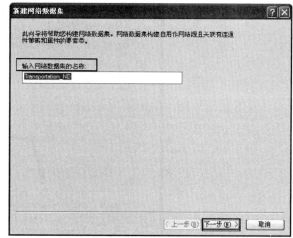

图 25.23　输入网络数据集名称

（3）选择将要参与到网络数据集中的要素类，这里选择线状图层"Streets"，完成后单击"下一步"按钮，如图 25.24 所示。

（4）进入转弯模型构建设置对话框，选择"是"单选按钮并选择相应的转弯源，完成后单击"下一步"按钮，如图 25.25 所示。

（5）弹出连通性设置对话框，在默认情况下，网络数据集的连通策略是在重合端点处建立连通性，当要使用不同的连通性设置时，单击对话框中的"连通性"按钮，如图 25.26 所示。

图 25.24　选择参与网络数据集中的要素类

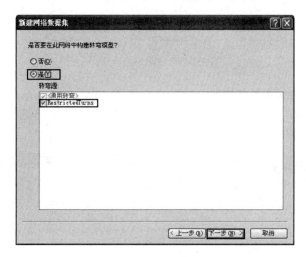

图 25.25　选择转弯模型

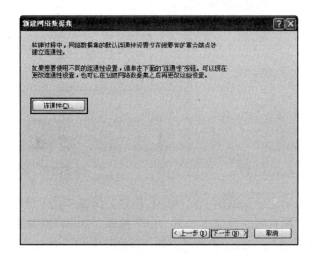

图 25.26　选择设置连通性

（6）弹出连通性策略设置对话框，在"Streets"的连通性策略中单击下拉列表框，选择"端点"选项作为连通策略，完成后单击"确定"按钮，如图 25.27 所示。

图 25.27　设置连通性策略

（7）回到"连通性设置"对话框，单击"下一步"按钮。

（8）进行网络要素高程建模的设置。选择"使用高程字段"单选按钮，并选择相应的字段，如图 25.28 和图 25.29 所示。

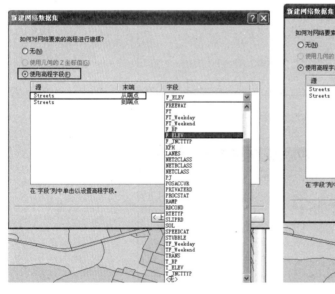

图 25.28　设置高程字段

图 25.29　设置高程字段

（9）选择是否将历史流量数据用于此网络数据集。选择"是"选项，系统将把历史流量数据用于网络数据集，设置完成后单击"下一步"按钮，如图 25.30 所示。

（10）为网络数据集指定属性。单击"添加"按钮，弹出"添加新属性"对话框。在"名称"文本框中输入数据属性名称，如"Meters"作为属性名称，单击"使用类型"下拉列表框选择类型选项，单击"单位"下拉列表框选择目标选项，单击"数据类型"下拉列表框选择数据类型，完成后单击"下一步"按钮，如图 25.31 所示。

图 25.30　设置历史流量数据

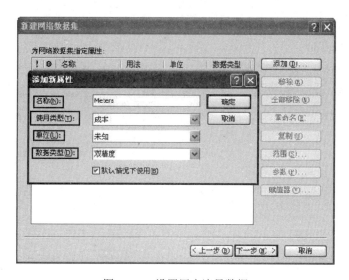

图 25.31　设置历史流量数据

（11）本例中进行了距离、单行线、道路等级和旅行时间等的数据集属性设置，这里不再一一描述各自的创建方法，请参照第（10）步中介绍的方法执行操作，如图 25.32 所示。

（12）使用赋值器设置属性值，这里以"Oneway"为例介绍操作方法。选择"Oneway"属性类型，单击图 25.32 中的"赋值器"按钮，弹出"赋值器"对话框。设置"Streets"类型为"字段"，在"值"列表中选择"表达式"方式，如图 25.33 所示。

（13）单击图 25.33 中的"赋值器属性"设置按钮，弹出"字段赋值器"对话框。在"预逻辑 VB 脚本代码"文本框中输入如下代码：

图 25.32　指定属性

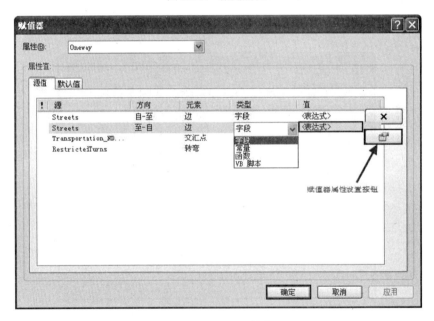

图 25.33　设置属性值

```
restricted = False
Select Case UCase([ONEWAY])
Case "N","TF","T":restricted = True
End Select
```

在"值="文本框中输入"restricted",完成后单击"确定"按钮,如图 25.34 所示。

(14)进入网络数据集行驶方向设置,选择"是"单选按钮,设置完成后单击"下一步"按钮,如图 25.35 所示。

(15)至此,完成网络数据集设置,结果如图 25.36 所示。

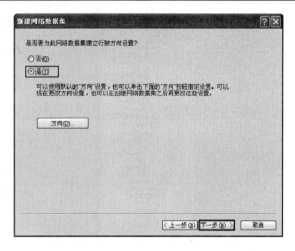

图 25.34　字段赋值　　　　　　　　　图 25.35　设置网络数据集行驶方向

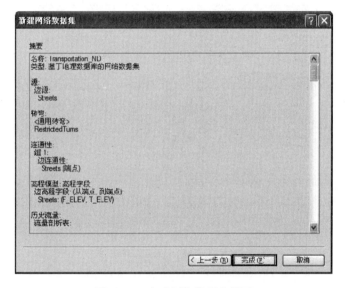

图 25.36　完成网络数据集设置

2. 网络数据集单行线限制效果演示

下面演示网络数据集单行线限制效果，仍然使用网络分析工具进行介绍。具体操作方法如下。

（1）打开网络分析工具条，并启动网络分析扩展模块功能，打开网络分析窗口，并将其停靠在 ArcMap 界面窗口中的合适位置。

（2）单击"网络分析"工具条中的"创建网络位置工具"按钮，将鼠标光标移动到地图视图位置，在地图中单击确定目标起始点位置，如起点为"1"，终点为"2"。由图中起始点标识位置可以判断，理论上默认道路均可行的状况下，由"1"到"2"应该通过黑色框标识出的道路，如图 25.37 所示。

（3）单击网络分析工具条中的"求解"按钮，得出路径分析结果，如图 25.38 所示。

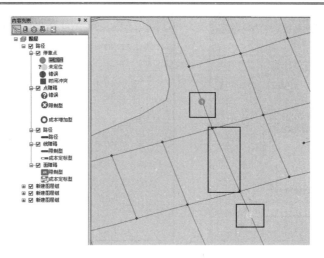

图 25.37 确定实验起始点

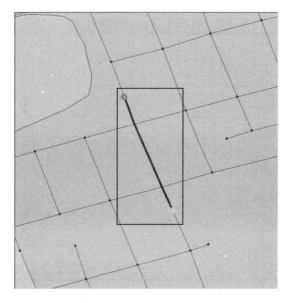

图 25.38 路径分析结果

（4）单击"网络分析"工具条中的"网络识别工具"按钮，如图 25.39 所示。

图 25.39 使用网络识别工具

（5）单击起始点通过的路径要素，得出其在网络数据集中的属性，如图 25.40 所示。

注意：该步骤中"Oneway"设置中均为"可穿越"，即沿要素数字化方向与逆方向均可通过，这一设置在实际的路径分析中十分有用。

（6）接下来修改该道路的"Oneway"字段属性值。启动要素编辑器，在"Oneway"字段中为该要素设置值为"TF"。

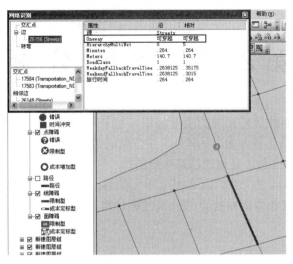

图 25.40　查看属性

（7）下面重新构建网络数据集。单击"网络分析"工具条中的"构建网络数据集"按钮，如图 25.41 所示。

图 25.41　重新构建网络数据集

🔔提示：在实际应用中，创建完成网络数据集之后，当需要修改网络数据集中的某些属性内容时，完成后都要执行重新构建网络数据集操作，这一操作的目的是将修改的属性内容重新参与到网络数据集之中。

（8）单击网络分析工具条中的"求解"按钮，再次得出路径分析结果。由于修改了目标要素的字段属性，使之不符合网络数据集的单行线通过规则，因此路径通过选择次优执行方案，如图 25.42 所示。

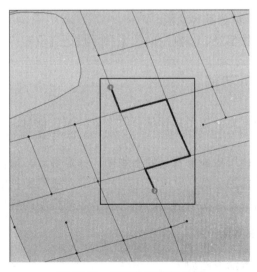

图 25.42　重新执行路径分析

第 26 章　空 间 分 析

空间分析功能是地理信息系统的主要特征，也是地理信息系统区别于其他信息系统、CAD 或电子地图系统的主要方面。空间分析结合空间数据的属性信息，对地理信息数据进行空间运算并派生出新的信息，是地理信息系统的核心和灵魂。

ArcGIS 的空间分析支持全面广泛的基于单元的 GIS 运算。本章将对空间分析扩展模块的应用进行介绍，阐述栅格数据结构下的强大建模环境与空间运算，并介绍空间分析的常用方法。

26.1　ArcGIS 空间分析扩展模块

ArcGIS 的空间分析扩展模块提供了众多强大的栅格建模和分析功能，使用这些功能可以创建、查询、制图和分析基于网格的栅格数据。

在 ArcGIS 10 中，空间分析扩展模块主要可以实现如下功能。

- ❑ 距离分析、密度分析。
- ❑ 查询适宜位置、位置间最佳路径。
- ❑ 距离和路径成本分析。
- ❑ 基于本地环境、邻域或待定区域的统计分析。
- ❑ 应用简单的影像处理工具生成新数据。
- ❑ 对研究区进行预计采样点的插值。
- ❑ 进行数据整理以方便进一步的数据分析和显示。
- ❑ 栅格矢量数据的转换。
- ❑ 栅格计算、统计、重分类等功能。

本节主要介绍获取派生信息、识别空间关系和寻找适宜位置等方面的应用特点。

26.1.1　常用空间分析功能

空间分析扩展模块最常见的应用目标是获取大量的派生信息，识别空间关系、寻找适宜位置、计算通行成本等。

常见的应用包括：创建用作地形背景的山影图，计算坡度、坡向、等值线等，以及应用中用得较多的缓冲分析、叠加分析。这些应用有的是针对栅格数据的，有的是针对矢量数据模型的。本小节简单介绍一下这几个常见的针对栅格数据模型的应用。

1. 空间分析扩展模块激活

空间分析扩展模块的激活方法如下。

（1）右击 ArcMap 主界面菜单，在弹出的快捷菜单中选择 "Spatial Analyst"（空间分析扩展模块）选项，如图 26.1 所示。

（2）在 ArcMap 主菜单中，选择"自定义"|"扩展模块"命令，弹出"扩展模块"对话框。勾选"Spatial Analyst"（空间分析扩展模块）选项，完成后单击"关闭"按钮关闭对话框，如图 26.2 所示。

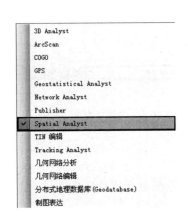

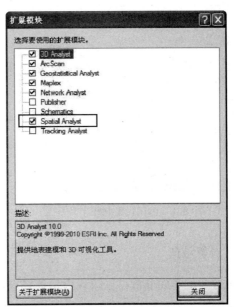

图 26.1 选择空间分析扩展模块　　　　　图 26.2 选择空间分析扩展模块

2．山体阴影

在空间分析扩展模块中，提供了制作山体阴影的工具。这里简单介绍一下使用方法，执行操作的过程具体如下。

（1）在空间分析工具条中选择"山体阴影"按钮，如图 26.3 所示，弹出"山体阴影"对话框。

（2）在"输入栅格"下拉列表框中选择需要执行操作的数据，则"输出栅格"框中将默认定义输出结果的路径和前缀为"HillSha_"的名称，可以根据需要自定义。设置"方位角"和"高度"，完成后单击"确定"按钮，如图 26.4 所示。

图 26.3 选择山体阴影命令按钮

（3）制作山影图需要一定的时间，当系统弹出提示窗口时，表明山体阴影制作成功，并将自动加载到当前地图文档中。

3．计算坡度

ArcGIS 的空间分析扩展模块也提供了计算坡度的工具，下面简单介绍其操作方法。具体执行过程如下。

（1）在空间分析工具条中选择"坡度"按钮，如图 26.5 所示。

（2）弹出"坡度"对话框。在"输入栅格"下拉列表框中输入需要计算坡度的栅格数据，则"输出栅格"框中将默认定义输出结果的路径和名称。可以根据需要自定义，完成后单击

"确定"按钮即可执行坡度计算，如图 26.6 所示。

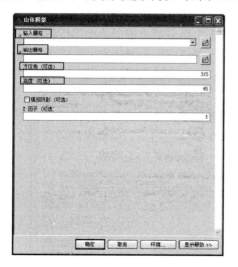

图 26.4　山体阴影制作工具

图 26.5　选择坡度命令按钮

4．计算坡向

ArcGIS 的空间分析扩展模块提供计算坡向的工具，下面简单介绍其操作方法。具体执行过程如下。

（1）在空间分析工具条中选择"坡向"按钮，如图 26.7 所示。

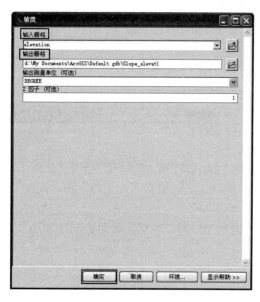

图 26.6　计算坡度

图 26.7　选择"坡向"按钮

（2）弹出"坡向"对话框。在"输入栅格"下拉列表框中输入需要计算坡向的栅格数据，则"输出栅格"框中将默认定义输出结果的路径和名称。可以根据需要自定义，完成后单击"确定"按钮即可执行坡向计算，如图 26.8 所示。

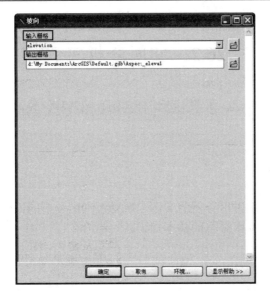

图 26.8　计算坡向

26.1.2　ArcGIS 10 中新增的功能

在 ArcGIS 10 中，空间分析扩展模块有较多改动，主要表现在以下几个方面。

- □ 新增了 5 个地理处理工具：多值提取至点、Iso 聚类非监督分类、模糊分类、模糊叠加和区域直方图。
- □ 地图代数被集成到 Python 环境中，取代了"栅格计算器"。
- □ 引入了新的"影像分类"工具条，如图 26.9 所示。

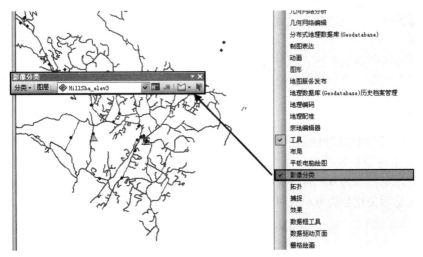

图 26.9　影像分类工具条

- □ 实现了训练样本的交互式创建和编辑、直方图评估窗口、散点图评估窗口和统计数据窗口、访问多元分析工具等。

26.2　空间分析实例

空间分析的应用非常广泛，本节主要结合实例介绍两种比较常见的应用：缓冲区和空间插值分析。

26.2.1　缓冲区分析

本小节主要阐述一个缓冲区分析的实例，解释缓冲区分析的主要用途与作用。在介绍实例之前，首先介绍一下缓冲区分析的基本知识。

1. 缓冲区分析

缓冲区分析属于矢量数据空间分析方法的一种，与栅格数据分析处理方法相比，矢量数据一般不存在模式化的分析处理方法，而主要表现为处理方法的多样性与复杂性。

作为地理信息系统基本的空间操作功能之一，缓冲区分析从本质上讲，是研究根据数据库的点、线、面实体，自动建立其周围一定宽度范围内的缓冲区多边形实体，从而实现其空间数据在水平方向得以扩展的信息分析方法。

缓冲区分析的基本思想就是给定一个空间实体或集合，确定一个邻域半径从而得到邻域。缓冲区分析的过程是对一组或一类地物按照缓冲的距离条件，建立缓冲区多边形图，然后将这个图层与需要进行缓冲分析的图层进行叠加分析，得到所需要的结果。

在 ArcGIS 中，缓冲区分析是将多边形、线、点或结点为输入数据生成缓冲区，得出的结果是 ArcGIS 中的面状要素。

下面简单总结一下几类缓冲区建立的原理。

- ❑ 点缓冲区：点缓冲的原理是以点状地物为圆心，以缓冲区距离为半径绘制圆形面状要素。
- ❑ 线缓冲区和面缓冲区：线状与面状要素缓冲是以边线为参考线绘制平行线，然后考虑端点圆弧，绘制缓冲区面状要素。

2. 实例

下面介绍一个线状缓冲区的应用实例。分析某区域范围内河流污染对周边土壤的影响范围，缓冲半径由污染指数确定，即：缓冲半径为 1 米的是污染指数为 0.9 的河流，缓冲半径为 0.5 米的是污染指数为 0.8 的河流，缓冲半径为 0.2 米的是污染指数为 0.7 的河流，缓冲半径为 0.1 米的是污染指数为 0.6 的河流。该例子中的污染区域分为以上 4 个等级，如图 26.10 所示。

污染指数	缓冲区半径（单位：米）
0.9	1
0.8	0.5
0.7	0.2
0.6	0.1

图 26.10　缓冲区污染指数对照表

河流图层是名称为 river 的线状图层，由该图层得到缓冲区结果的基本思路是：首先按照属性进行条件选择，将 4 个等级的线状要素分别选中，执行缓冲操作后，将得到的面状图层做叠加分析。该例中分别设计矢量数据的处理、缓冲区分析和叠加分析等内容，下面将按照执行步骤进行详细介绍。

（1）在 ArcMap 主菜单中，选择"选择"|"按属性选择"命令，弹出"按属性选择"对话框。

（2）设置选择条件，选择污染指数为 0.9 的线状要素，完成后单击"确定"按钮，如图 26.11 所示。

（3）在 ArcMap 主菜单中，选择"地理处理"|"缓冲区"命令，弹出"缓冲区"对话框。

（4）在"输入要素"下拉列表框中选择"river"图层，在"输出要素类"文本框中浏览到目标路径，为输出要素命名"buffer1"，在"距离"选项组中设置"线性单位"为"米"，数值为"1"。在"侧类型"下拉列表框中选择"FULL"，在"末端类型"下拉列表框中选择"ROUND"，在"融合类型"下拉列表框中选择"NONE"，完成后单击"确定"按钮，如图 26.12 所示。

图 26.11　选择条件要素

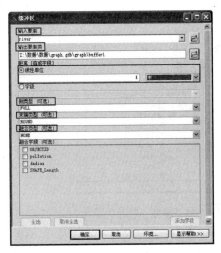

图 26.12　缓冲区设置

（5）系统弹出对话框提示时，表面缓冲区操作执行完成，如图 26.13 所示。

（6）生成的面状图层"buffer1"将被自动添加到地图文档中，在数据视图界面中漫游到任一位置，可以看到，每一目标线状要素都对应了一个缓冲区的面状要素生成，而交接处的融合问题将在叠加分析中进行处理，如图 26.14 所示。

图 26.13　提示完成

图 26.14　生成缓冲区

（7）重复步骤（1）～（5）的操作，生成缓冲半径分别为 0.5、0.2 和 0.1 的缓冲区区域面状图层，分别命名为 buffer2、buffer3 和 buffer4。

（8）接下来执行叠加分析，将前面生成的面状缓冲区图层叠加到一个图层中，命名为 buffer_union。单击主界面中的"目录"窗口，选择"工具箱"|"系统工具箱"|"Analysis Tools"|"叠加分析"|"联合"工具，如图 26.15 所示。

（9）弹出联合操作对话框，在"输入要素"下拉列表框中分别选择 buffer1、buffer2、buffer3 和 buffer4 作为输入要素，并添加到下面的要素列表中。在"输出要素类"框中输入目标要素路径，命名为"buffer_union"。设置"连接属性"和"XY 容差"，完成后单击"确定"按钮，如图 26.16 所示。

（10）由此将得到目标影响区域的面状图层。

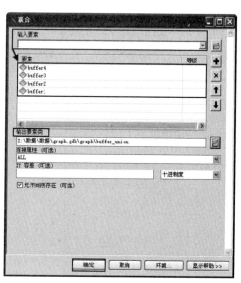

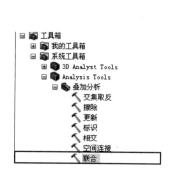

图 26.15　选择"联合"工具　　　　图 26.16　设置联合操作内容

26.2.2　插值方法应用

本小节将主要介绍空间差值分析的概念和基本知识，另外将以一个插值方法应用的实例作为应用来介绍。在介绍实例之前，首先介绍一下空间插值分析的概念和原理。

1．空间插值分析

空间插值分析是地理信息系统中数据处理的常用方法之一，基本原理是从存在的观测数据中找到一个函数关系式，使该关系式最好地逼近这些已知的空间数据，并能根据函数关系式推求出区域范围内其他任意点或任意分区的值。从概念上讲，这种根据已知的点或分区的数据，推求任意点或任意分区的值的方法称为空间数据内插。

空间数据往往是受一定条件或要求限制下采样得到的观测值，诸如土地类型、地面高程等。采样点的分布特点是：在感兴趣的区域或者模型复杂区域分布较多，而其他地区分布较少，在其他地区则采样点少，由此导致所形成的多边形的内部变化不可能表达得更精确、更具体，而只能达到一般的平均水平。但在某些时候却欲获知未观测点的某种感兴趣特征的更精确值，于是导致出现空间内插技术。

现实世界的空间可以分为具有渐变特征的连续空间和具有跳跃特征的离散空间，比如连续的地形表面分布属于连续空间，而土地类型分别属于离散空间。

对于离散空间，假定任何重要变化发生在边界上，则在边界内的变化是均匀的、同质的，即在各个方面都是相同的。对于这种空间的最佳内插方法是邻近元法，即以最邻近图元的特征值表征未知图元的特征值。这种方法在边界会产生一定的误差，但在处理大面积多边形时，却十分方便。

连续表面的内插技术必须采用连续的空间渐变模型实现这些连续变化，可用一种平滑的数学表面加以描述，分为整体插值方法和部分（局部）插值方法两类。

- ❑ 整体插值：用研究区域所有采样点的数据进行全区域特征拟合，如边界内插法、趋势面分析等。这种内插技术的特点是不能提供内插区域的局部特性，因此，该模型一般用于模拟大范围内的变化。

- ❑ 部分（局部）插值：仅仅用邻近的数据点来估计未知点的值，如最邻近点法（泰森多边形方法）、移动平均插值方法（距离倒数插值法）、样条函数插值方法、空间自协方差最佳插值方法（克里金插值）等。局部拟合技术则是仅仅用邻近的数据点来估计未知点的，因此可以提供局部区域的内插值，而不致受局部范围外其他点的影响。

2．空间分析扩展模块的插值方法

在 ArcGIS 10 中，空间分析扩展模块提供的插值方法主要有克里金法、反距离权重法、含障碍的样条函数、样条函数法、自然邻域法、趋势面法，另外还提供了地形转栅格的工具，以及通过文件实现地形转栅格的工具。下面分别介绍这几种插值方法。

1）克里金法

基于一般最小二乘算法的随机插值技术，用方差图作为权重函数，常常应用于需要用点数据估计地表分布的现象。

其原理是首先考虑测量点属性及相互间的空间位置等几何特征和空间结构，分别赋予系数从而进行加权平均，以达到线性、无偏和最小估计方差的估计。

克里金方法考虑了观测点和被估计点的位置关系，并且也考虑各观测点之间的相对位置关系，在点稀少时插值效果比反距离权重等方法要好。使用克里金方法进行空间数据插值，往往可以取得理想的效果。克里金算法提供的半变异函数模型有高斯、线形、球形、阻尼正弦和指数模型等，在对气象要素场插值时球形模拟比较好。

2）反距离权重法

反距离权重插值方法又称距离权重倒数插值（Inverse Distance Weighting，缩写为 IDW），是基于 Tobler 定理提出的一种简单的插值方法。其原理是通过计算未测量点附近各个点的测量值的加权平均来进行插值。

根据空间相关性原理，在空间上越靠近的事物或现象就越相似，则其在最近点处取得的权值最大。因此，IDW 在邻域范围内插值误差与空间位置有很强的依赖关系。

该方法在已知点分布均匀的情况下插值效果好，插值结果介于插值数据的最大值和最小值之间，但缺点是易受极值的影响。

3）样条函数法

样条插值是使用一种数学函数，对一些限定的点值，通过控制估计方差，利用一些特征节点，用多项式拟合的方法来产生平滑的插值曲线。这种方法适用于逐渐变化的曲面，如温度、高程、地下水位高度或污染浓度等。

该方法的优点是易操作，计算量不大，缺点是难以对误差进行估计，采样点稀少时效果不好。

4）自然邻域法

可以找到距查询点最近的输入样本子集，并基于区域大小按比例对这些样本应用权重来进行插值。

5）趋势面法

是一种可将由数学函数（多项式）定义的平滑表面与输入样本点进行拟合的全局多项式插值法。趋势表面会逐渐变化，并捕捉数据中的粗尺度模式。

3. 反距离权重插值

本小节介绍 ArcGIS 空间分析扩展模块中的反距离权重插值（IDW）生成表面的例子。如已知某污染源的测量采样点的点状图层"pollutionpoint"，应用 IDW 生成表面。

具体操作方法如下。

（1）激活空间分析扩展模块，选择"反距离权重法"命令按钮。

（2）打开"反距离权重法"工具对话框，在"输入点要素"文本框中输入目标点要素数据，在"Z 值字段"下拉列表框中选择 Z 值字段，在"输出栅格"文本框中选择输出栅格的路径和文件名。设置"幂"、"搜索半径"等参数属性，完成后单击"确定"按钮即可，如图 26.17 所示。

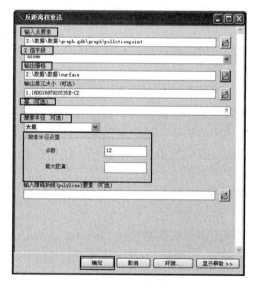

图 26.17　反距离权重法

（3）生成表面数据将被加载到当前文档中，测量点与生成表面对比如图 26.18 和图 26.19 所示。

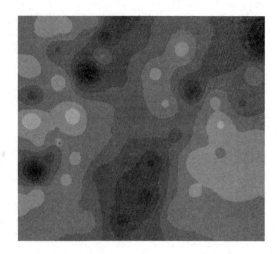

图 26.18 反距离权重测量点　　　　　图 26.19 反距离权重生成表面

4．克里金插值法

下面介绍一个应用克里金插值法生成表面的例子。仍然以已知某污染源的测量采样点的点状图层"pollutionpoint"为例生成表面。具体方法如下。

（1）激活空间分析扩展模块，选择"克里金法"命令按钮。

（2）打开"克里金法"工具对话框，在"输入点要素"文本框中输入目标点要素数据，在"Z 值字段"下拉列表框中选择 Z 值字段，在"输出栅格"文本框中选择输出栅格的路径和文件名。设置"半变异函数属性"、"搜索半径"等参数属性，完成后单击"确定"按钮即可，如图 26.20 所示。

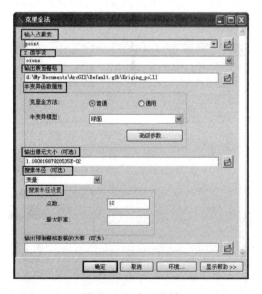

图 26.20 克里金法

（3）生成表面数据将被加载到当前文档中，测量点与生成表面对比如图 26.21 和图 26.22

所示。

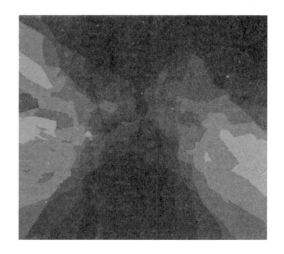

图 26.21　测量点　　　　　　　　图 26.22　克里金法生成的表面

5. 自然邻域法

接下来介绍自然邻域法插值。仍然以已知某污染源的测量采样点的点状图层"pollutionpoint"为例生成表面。具体方法如下。

（1）激活空间分析扩展模块，选择"自然邻域法"命令按钮。

（2）打开"自然邻域法"工具对话框，在"输入点要素"文本框中输入目标点要素数据，在"Z 值字段"下拉列表框中选择 Z 值字段，在"输出栅格"文本框中选择输出栅格的路径和文件名。设置"输出像元大小"参数属性，完成后单击"确定"按钮即可，如图 26.23 所示。

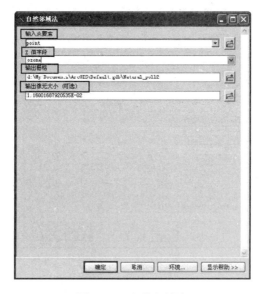

图 26.23　自然邻域法

（3）生成表面数据将被加载到当前文档中，测量点与生成表面对比如图 26.24 和图 26.25 所示。

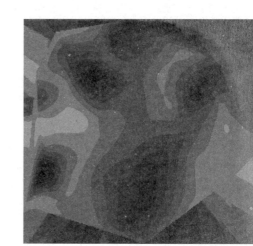

图 26.24　测量点　　　　　　　　　　　图 26.25　自然邻域法生成表面

第 6 篇　综合应用案例

▶▶　第 27 章　高级制图综合案例

第 27 章　高级制图综合案例

本章是一个综合案例，主要介绍 ArcGIS 平台下高级制图的主要方法和过程，包括数据质量的控制、制图综合框架设计、符号管理、智能标注的方法，以及地图发布的基本方法。

综合案例将以某地区"银行网点分布专题图"制作为例，其中业务数据包括银行点的点图层（其重要属性包括网点名称），底图数据包括道路、轨道交通、绿地、街区、居民地等图层。案例中所有数据均为虚拟的实验数据，因此银行点分布合理性与现实环境存在不符合情况，仅作为方法讲述的例子参考。

本案例将以该专题图为例，详细介绍数据质量控制流程、图层框架分层设计、符号的基本制作方法及管理、智能标注的若干技巧，最后介绍地图发布的基本流程，并于案例末展示该实例的效果图，供读者学习参考。

27.1　数据质量控制

本节主要介绍 GIS 数据质量控制的一般流程及在 ArcGIS 平台下综合制图的数据准备工作。

27.1.1　GIS 数据质量控制流程

在 GIS 项目中，数据作为最基本、最重要的组成内容之一，是项目中投资比重最大的部分，而数据质量控制对于 GIS 建库及制图效果的成功与否具有十分重要的意义。

GIS 数据具有空间位置、专题特性及时间信息这三个基本要素，数据质量控制保证了空间数据在表达这些基本要素时所能达到的准确性、一致性和完整性。

在现实世界中，由于人们认识和表达能力的局限及现实世界的复杂性、模糊性特点，导致 GIS 数据在采集、存储、处理、分析、表达、显示、传播等过程中不可避免地存在质量问题。

1. 数据质量的特点

GIS 数据质量特点主要有抽象性、完备性、隐蔽性。
- ❏ 抽象性主要指空间几何数据的位置不确定性。
- ❏ 完备性主要指几何数据和属性数据对客观实体特征反映的真实度。
- ❏ 隐蔽性则是从数据使用的方便性和安全性出发，对不同的使用目的展示不同的数据属性组合。

因此数据质量的控制不仅体现在空间数据的几何数据和属性数据表达方面，更要兼备抽象性、概括性、有效性和完备性。

2．GIS数据质量控制方法

在数据生产过程中往往有手工方法、元数据方法和地理相关法来检验数据质量，而在数据库建立过程中，数据质量控制有以下方法。

- ❑ 人工检查：将原始数据与入库数据对比。
- ❑ 统计方法：利用统计分析方法将录入数据生成相关图表，查找异常点。
- ❑ 图形生产法：将录入数据生成对应的图件，利用地理相关法检查图件的异常点。

3．空间数据质量评价

空间数据质量评价可以借助一定的质量评价模型，充分考虑影响因素之后确立质量元素。按照数据质量评价方法的不同，空间数据质量评价可以分为直接质量评价和间接质量评价。

- ❑ 直接质量评价是通过对数据集全面检测或抽样检测的方式进行质量评价，又称验收度量。
- ❑ 间接评价是通过对数据源、生产方法、数据处理等间接信息的检查方式进行数据质量评价，又称预估度量。

为了度量和描述方便，空间数据的质量按其元素又可分为一级质量元素和二级质量元素。由于直接评价方法使用广泛，往往选用直接评价元素作为数据质量度量的元素，并建立空间数据质量度量模型，如表 27.1 所示。

表 27.1　空间数据质量度量模型示例

一级质量元素	二级质量元素	质　量　度　量	评　　价
基本要求	文件名称、数据格式、数据组织	正确/错误	合格/不合格
数学精度	数学基础	正确/错误	合格/不合格
	平面精度、接边精度	平面中误差	分值
	套合精度、高程精度	高程中误差	分值
	格网间距	正确/错误	合格/不合格
图像或影像质量（DOM/、DRG）	分辨率　反差	较差/均差（同类地物在相同光照下的色彩值、光亮值、对比度差值的平均值）	分值
	清晰度　灰度		
	色彩一致性　外观质量		
属性精度（DLG）	要素分类与代码的正确性	正确、完整/错、漏	分值
	要素属性的正确性		
	属性项类型的完备性		
	数据分层的正确及完整性		
	注记的正确性		
逻辑一致性（DLG）	拓扑关系的正确性、多边形闭合、结点匹配	正确/错误	分值
完备性	要素的完备性（DLG）	完整/遗漏	分值
	注记完整性（DLG）		
现势性	数据获取或更新时间	现势状况	合格/不合格
附件质量	文档资料的正确、完整性	正确、完整/错、漏	分值
	元数据的正确、完整性		

4．矢量数据检查的一般流程

基于以上空间数据质量控制标准的参考，矢量数据检查的一般流程可以归纳为位置精度、属性精度、逻辑一致性、完整性和现势性的检查过程，如图 27.1 所示。

27.1.2　ArcGIS 平台下综合制图的数据准备

在 ArcGIS 平台下，综合制图前的数据准备工作同其他 GIS 项目一样，也是十分耗时的一项工作。主要工作流程遵循前面章节中提到的数据质量控制过程，优点是 ArcGIS 提供了十分完善和优秀的质量控制工具如 GP 工具来协助进行数据质量检查。

本小节依据一般的数据控制流程，介绍在 ArcGIS 平台下如何进行数据准备工作，以某数据集图层为例介绍操作步骤和方法。该图层中包含了 river（河流）、road（道路）、railway（铁路）等图层。

图 27.1　矢量数据检查流程

1．位置精度——坐标系的确定

位置精度的核查主要涉及坐标系的确定、图廓线坐标、控制点的正确性检查、平面位置精度、高程精度、图幅边界的接边精度等。这里主要介绍坐标系的确定及投影的变换方法。

前面的章节中已经提到过坐标系和投影的概念，在 ArcGIS 中提供了投影坐标定义和投影转换的 GP 工具。

在 ArcGIS 中预定义了两套坐标系：地理坐标系（Geographic Coordinate System）和投影坐标系（Projected Coordinate System）。

首先理解地理坐标系，它是以经纬度为地图的存储单位的。地理坐标系是球面坐标系统。地球是一个不规则的椭球，若将数据信息以科学的方法存放到椭球上，则要求找到这样的一个可以量化计算的椭球体，具有长半轴、短半轴、偏心率。以下几行便是 Krasovsky_1940 椭球及其相应参数。

```
Spheroid: Krasovsky_1940
Semimajor Axis: 6378245.000000000000000000
Semiminor Axis: 6356863.018773047300000000
Inverse Flattening（扁率）: 298.300000000000010000
```

除了椭球体之外，还需要一个大地基准面将这个椭球定位。在坐标系统描述中，可以看到有这么一行：Datum: D_Beijing_1954，表示大地基准面是 D_Beijing_1954。

有了 Spheroid 和 Datum 两个基本条件，地理坐标系统便可以使用了。

完整参数是：

```
Alias:
Abbreviation:
Remarks:
Angular Unit: Degree (0.017453292519943299)
Prime Meridian（起始经度）: Greenwich (0.000000000000000000)
```

```
Datum（大地基准面）: D_Beijing_1954
Spheroid（参考椭球体）: Krasovsky_1940
Semimajor Axis: 6378245.000000000000000000
Semiminor Axis: 6356863.018773047300000000
Inverse Flattening: 298.300000000000010000 。
```

接下来介绍投影坐标系，首先看看投影坐标系中的一些参数。

```
Projection: Gauss_Kruger
Parameters:
False_Easting: 500000.000000
False_Northing: 0.000000
Central_Meridian: 117.000000
Scale_Factor: 1.000000
Latitude_Of_Origin: 0.000000
Linear Unit: Meter (1.000000)
Geographic Coordinate System:
Name: GCS_Beijing_1954
Alias:
Abbreviation:
Remarks:
Angular Unit: Degree (0.017453292519943299)
Prime Meridian: Greenwich (0.000000000000000000)
Datum: D_Beijing_1954
Spheroid: Krasovsky_1940
Semimajor Axis: 6378245.000000000000000000
Semiminor Axis: 6356863.018773047300000000
Inverse Flattening: 298.300000000000010000
```

从参数中可以看出，每一个投影坐标系都必定会有 Geographic Coordinate System。投影坐标系实质上便是平面坐标系统，其地图单位通常为米。

将球面坐标转换为平面坐标的过程称为投影，因此投影的条件就是首先定义球面坐标，其次定义算法即转换过程，即每一个投影坐标系都必须要求有 Geographic Coordinate System 参数。

比如为示例数据 river（河流）图层定义投影，可以采用工具箱中的定义投影工具。

操作方法如下。

（1）在系统工具箱中选择"投影和变换"|"要素"|"定义投影"工具，如图 27.2 所示。

图 27.2　选择定义投影工具

（2）弹出"定义投影"对话框，选择要输入的数据集或要素类，单击"坐标系"文本框后面的"空间参考"按钮，如图 27.3 所示。

（3）弹出"空间参考属性"设置对话框，在"XY 坐标系"标签下进行空间参考属性的设置，除可以选择预定义的坐标系外，还可以从现有地理数据库中导入坐标系，或者完全自定义一个新的坐标系。本例从预定义的坐标系中选择，单击"选择"按钮，如图 27.4 所示。

（4）弹出"浏览坐标系"对话框，双击"Project Coordinate Systems"文件夹，如图 27.5 所示。

（5）进入投影坐标系选择设置界面，双击"Gauss Kruger"文件夹进行选择，如图 27.6 所示。

（6）进入"Gauss Kruger"投影坐标系选择界面，双击选择"Beijing 1954"文件夹进行选择，如图 27.7 所示。

图 27.3 "定义投影"对话框

图 27.4 "空间参考属性"设置对话框

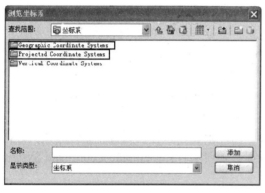

图 27.5 "浏览坐标系"设置对话框

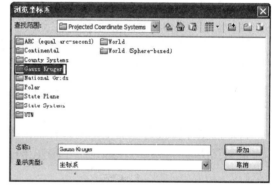

图 27.6 投影坐标系选择界面

（7）进入北京 54 坐标系选择界面，本例中选择"Beijing 1954 GK Zone 13.prj"投影，完成后单击"添加"按钮，如图 27.8 所示。

图 27.7 高斯投影选择界面

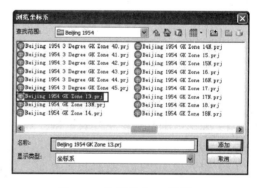

图 27.8 选择北京 54 投影

至此即可完成指定数据坐标系的确定，即位置精度的确定。

2. 位置精度——投影变换

值得注意的是，在实际操作中往往要涉及投影转换的工作，这里需要使用工具箱中的投影转换工具进行。而往往在操作中我们通过重新定义投影或者数据框下修改投影坐标也可以进行投影的修改，但是这样的操作无法对数据集进行修改，不能做到真正意义上的投影变换。

下面介绍投影变换的方法。

（1）进入工具箱，选择系统工具箱中的"投影和变换"|"要素"|"投影"工具，如图27.9 所示。

（2）双击"投影"工具，弹出"投影"对话框设置界面，在"输入数据集或要素类"文本框中选择需要进行投影转换的要素类，则输出结果中将自动生成保存路径。单击"输出坐标系"文本框后的坐标系浏览按钮，如图 27.10 所示。

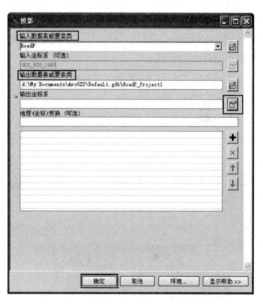

图 27.9　投影工具选择　　　　　　　　图 27.10　投影转换设置界面

（3）弹出"浏览坐标系"对话框，双击"Project Coordinate Systems"文件夹，进入投影坐标系选择设置界面，双击"Gauss Kruger"文件夹进行选择，进入"Gauss Kruger"投影坐标系选择界面，双击选择"Beijing 1954"文件夹进行选择，进入北京 54 坐标系选择界面，本例中选择"Beijing 1954 GK Zone 13.prj"投影，完成后单击"添加"按钮。

（4）完成后即可完成投影变换设置。

3. 属性精度——数据库创建

属性精度的核查主要包括要素分类与代码的正确性、要素属性值的正确性、属性项类型的完备性、数据分层的正确及完整性、注记的正确性等内容，这些内容的检查大部分需要在数据入库后的基础上，通过属性表的检查对比进行。下面介绍数据入库的方法。

首先，在数据入库之前，针对原始数据，需要选定一个合理的数据存储模型——地理数据库（Geodatabase）。前面相关章节中已经介绍过，Geodatabase 数据模型是建立在 DBMS

之上的统一的、智能化的空间数据库。Geodatabase 定义了所有在 ArcGIS 中可以被使用的数据类型，在 Geodatabase 模型中，引入了地理空间要素的行为、规则和拓扑关系，较之以往的模型更接近于人们对现实事物对象的认识和表述方式。

地理数据库的类型主要分为三种：文件地理数据库（File Geodatabase，后简写为 FGDB）、个人地理数据库（Personal Geodatabase）及 ArcSDE 地理数据库。一般来说，SHP 格式的数据在针对大数据量显示速度和渲染速度上效率低；Personal GDB 存储在 Access 里，因此大小不超过 2GB，一般 250～500MB 有效，仅支持 Windows 操作系统；ArcSDE 比较适合存储大型海量分布式地理数据库，在权限管理方面比较有优势。

数据入库的方法比较多，这里以创建一个简单的个人地理数据库为例，介绍地理数据库的基本创建流程。如创建一个名为"data"的数据库，其中包含一个线状要素图层为"railway"别名"铁路"，该图层包含两个字段名为"Name"和"Type"。其中"Name"字段别名"名称"为文本类型，最长取值为 50，允许取空值。"Type"别名"类型"字段为长整型，不允许取空值。接下来介绍执行步骤。

（1）单击"窗口"菜单，在弹出的下拉菜单中选择"目录"命令，如图 27.11 所示。

（2）单击"目录"窗口的"连接到文件夹"按钮，弹出"连接到文件夹"对话框，浏览到目标文件夹"数据"单击，则对话框中"文件夹"栏将出现目标文件夹路径，完成后单击"确定"按钮，如图 27.12 所示。

图 27.11 打开"目录"窗口

（3）右击文件夹"数据"，在弹出的快捷菜单中选择"新建"|"个人地理数据库"命令，如图 27.13 所示。

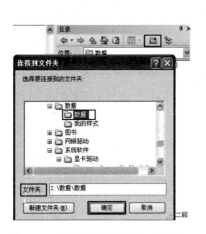

图 27.12 "连接到文件夹"对话框

图 27.13 新建个人地理数据库

（4）在目标文件夹中出现新建个人地理数据库，且名称高亮显示，如图 27.14 所示。将名称修改为"data"，如图 27.15 所示。

图 27.14 新建数据库

图 27.15 新建数据库更名

（5）右击 "data" 数据库，在弹出的快捷菜单中选择 "新建" | "要素数据集" 命令，如图 27.16 所示。

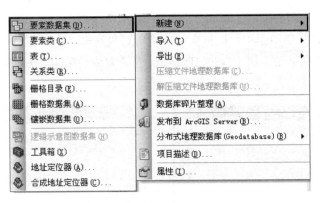

图 27.16　新建要素数据集

（6）弹出 "新建要素数据集" 创建对话框，在 "名称" 文本框中输入新的名称 "data"，完成后单击 "下一步" 按钮，如图 27.17 所示。

（7）选择坐标系。可以在列表框中选择，也可以采用 "导入" 和 "新建" 的方式进行，完成后单击 "下一步" 按钮，如图 27.18 所示。

图 27.17　新建要素数据集

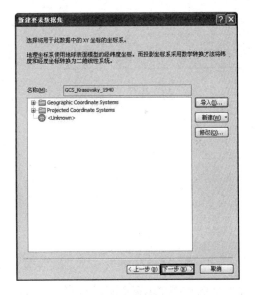

图 27.18　选择坐标系

（8）选择 Z 坐标的坐标系。可以在列表框中选择，也可以采用 "导入" 和 "新建" 的方式进行，完成后单击 "下一步" 按钮，如图 27.19 所示。

（9）设置 XY 容差、Z 容差、M 容差等项数值，完成后单击 "完成" 按钮，如图 27.20 所示。

（10）右击 "data" 数据集，在弹出的快捷菜单中选择 "新建" | "要素类" 命令，如图

27.21 所示。

（11）弹出"新建要素类"对话框，在"名称"文本框中输入图层名称"railway"，在"别名"文本框中输入图层别名"铁路"。在"类型"选项组中的下拉列表中选择"线要素"类型。在"几何属性"选项组中，根据实际应用勾选复选框"坐标包括 M 值。用于存储路径数据。"，"坐标包括 Z 值。用于存储 3D 数据。"，完成后单击"下一步"按钮，如图 27.22 所示。

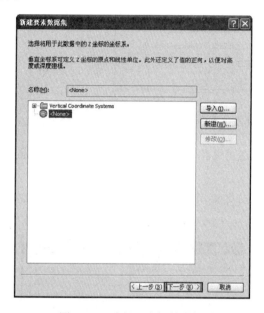

图 27.19　选择 Z 坐标的坐标系

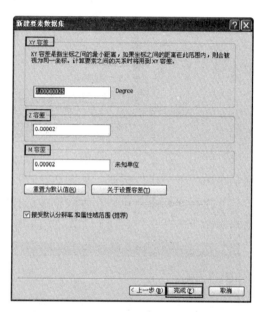

图 27.20　设置容差

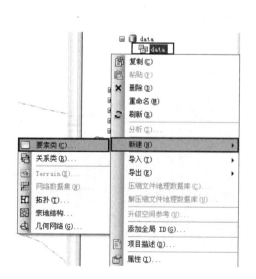

图 27.21　选择"新建"|"要素类"

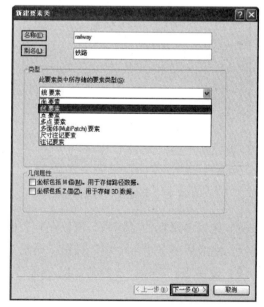

图 27.22　新建要素类

（12）进入图层字段设置对话框，首先进行字段"Name"的设置。在"字段名"列中输入"Name"，在"数据类型"下拉列表中选择"文本"类型；在"字段属性"选项组的"别名"文本框中输入"名称"，"允许空值"输入框中选择"是"，"长度"设置为"50"，如图 27.23 所示。

（13）其次进行字段"Type"的设置。在"字段名"列中输入"Type"，在"数据类型"下拉列表中选择"长整型"类型；在"字段属性"选项组的"别名"文本框中输入"铁路"，"允许空值"输入框中选择"否"，设置后单击"完成"按钮，如图 27.24 所示。

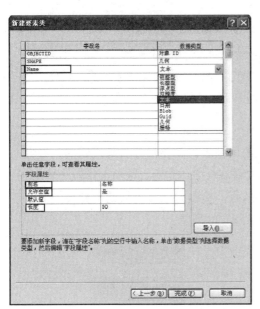

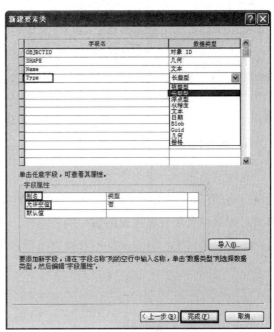

図 27.23　设置 Name 字段属性　　　　図 27.24　设置 Type 字段属性

上面介绍的是最基本的数据库创建和图层创建的方法。

4．属性精度——多种类型数据导入

在实际应用中，往往需要将已有的多种类型数据导入到数据库模型中去，然后再进行属性的整理与修改，这里介绍三种最常用的方法。

第一种方法是右击目标数据库，在弹出的快捷菜单中选择"导入"命令，可以看到支持"要素类（单个）"、"要素类（多个）"、"表（单个）"、"表（多个）"、"栅格数据集"、"XML 工作空间文档"等多种方式的数据导入，如图 27.25 所示。

接下来的步骤不再详细叙述，读者可以导入不同格式数据自行练习。

第二种方法是使用工具箱中"转出至地理数据库"子工具箱中的转换工具，支持 CAD、CAD 注记、Coverage 注记的导入，栅格数据导入，表及要素类的导入等，如图 27.26 所示。

第三种方法是使用快速转换工具。在系统工具箱中找到数据互操作子工具箱"Data Interoperability"，这里提供了两种工具"快速导入"和"快速导出"，这两种工具几乎支持所有现有地理数据格式的导入/导出操作，如图 27.27 所示。

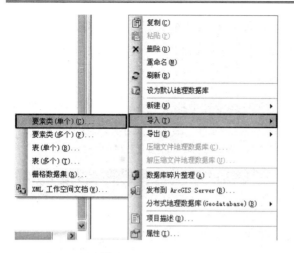

图 27.25　导入要素类

图 27.26　转出至地理数据库工具

5. 属性精度——属性内容检查

入库的数据中，每个要素类图层都对应相应的属性表，而要素分类与代码的正确性、要素属性值的正确性、属性项类型的完备性核查需要在属性表中进行。这项工作较为繁琐细致，需要对照属性要求与属性表的实际内容进行一一核查，检查方法多为借助属性表的对比手工进行。这里总结了一般的属性内容核查流程，如图 27.28 所示。

图 27.27　快速导入导出工具

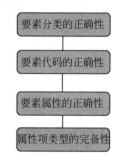

图 27.28　属性内容核查流程

6. 逻辑一致性——重复点的检查

逻辑一致性的核查一般包括拓扑关系的正确性、多边形闭合、节点匹配、重复点的检查等内容，这里介绍重复点的检查方法。

当数据中存在着大量的点要素时，往往会有多个点重合的情况，特别是原始数据质量不高的情况下，如果仅仅通过手动逐个查找，工作量巨大。

可以借助 ArcGIS 工具箱中的分析工具进行辅助核查。下面介绍该工具的使用技巧。

（1）在系统工具箱中找到"Analysis Tools"|"邻域分析"|"点距离"工具，如图 27.29 所示。

（2）弹出"点距离"设置对话框，在"输入要素"与"邻近要素"文本框中输入目标点要素图层，搜索半径中数值设置为"0"，完成后单击"确定"按钮，如图 27.30 所示。

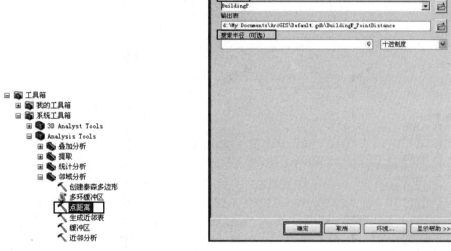

图 27.29　选择"点距离"工具　　　　　　图 27.30　"点距离"对话框设置界面

（3）在输出表路径下将生成一个名为"*_PointDistance"的表，该表中存储了重复的点属性，如图 27.31 所示。

（4）属性表中 INPUT_FID 字段即对应了原属性表中的 Object ID 字段，可以逐一进行对照检查，如图 27.32 所示。

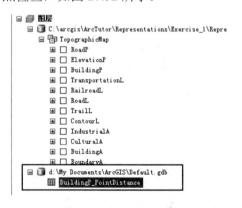

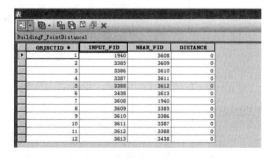

图 27.31　生成结果表　　　　　　　　　图 27.32　重复点表结果

7. 逻辑一致性——几何检查与修复

拓扑关系的检查是数据核查中比较重要的一项内容，ArcGIS 提供了几何检查和几何修复工具，可以检查并修复部分拓扑错误，如自相交等，下面介绍其操作方法。

（1）在系统工具箱中找到"Data Management Tools"|"要素"|"检查几何"工具，如图 27.33 所示。

（2）双击打开检查几何工具，弹出"检查几何"对话框，在"输入要素"文本框中输入目标图层，"输出表"文本框中将得出检查结果表，完成后单击"确定"按钮，如图 27.34 所示。

图 27.33　检查几何工具　　　　　　　　　　　图 27.34　检查几何

（3）完成后将得到后缀名为"*_CheckGeometry"的输出表，如图 27.35 所示。

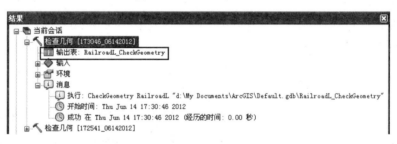

图 27.35　几何检查输出表

（4）检查结果的表格中 feature_ID 对应目标图层中的 OBJECTID，同时将自动生成 PROBLEM 字段，存储错误类型，如图 27.36 所示。

图 27.36　输出表结构

（5）在系统工具箱中找到"Data Management Tools" | "要素" | "修复几何"工具，如图 27.37 所示。

（6）双击弹出"修复几何"对话框，在"输入要素"文本框中选择目标要素类，勾选"删除几何为空的要素"选项，完成后单击"确定"按钮，如图 27.38 所示。

图 27.37　修复几何工具　　　　　　　　　图 27.38　修复几何工具对话框

（7）修复几何工具将目标要素类中的图层数据进行修复，输出结果仍为图层数据，如图 27.39 所示。

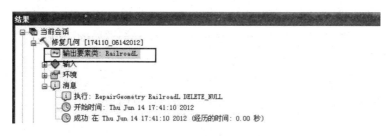

图 27.39　修复几何结果

8．逻辑一致性——拓扑关系正确性检查

拓扑关系的正确性检查内容还有很多，包括点、线、面不同拓扑位置的要素之间相对关系的合理性检查与修复。

ArcGIS 是在 ArcCatalog 中创建拓扑规则，要求目标数据集为 Geodatabase 格式，在 ArcGIS 中规定了点要素、线要素和面要素的不同拓扑规则。

1）点规则主要包含以下类别。

❑　必须被其他要素的边界覆盖：是指一个图层中的点要素必须与另一个图层中面要素的边界重合。

❑　必须被其他要素的端点覆盖：是指一个图层中的点要素必须被另一个图层的线要素的端点覆盖。

❑　点必须被线覆盖：是指一个图层的点要素必须被另一个图层中的线要素覆盖。

❑　必须完全位于内部：是指一个图层的点要素必须完全位于另一个图层的面要素内。

❑　必须与其他要素重合：一个图层的点要素必须与另一个图层中的点要素重合。

❑　必须不相交：是指一个图层的点要素不能与同一图层中的点要素重合。

2）线规则主要包含以下类别。

❑　不能重叠：一个图层中的线不能与同一层中的线重叠。

❑　不能相交：同一图层中的线互相之间不能相交或重叠。

❑　必须被其他要素的要素类覆盖：一个图层中的线必须与另一个图层中的线重合。

❑　不能与其他要素重叠：一个图层中的线不能与另一个图层中的线重叠。

❑　必须被其他要素的边界覆盖：一个图层中的线要素必须与另一个图层面要素的边界重合。

❑　不能有悬挂点：一个图层中线必须在两个端点处与同一图层中的其他线接触。

❑　不能有伪结点：一个图层中的线必须在其端点处与同一图层中的多条线接触。

❑　不能自重叠：一个图层中的线要素不能自相交或自叠置。

❑　不能自相交：一个图层中的线要素不能自相交。

❑　必须为单一部分：一个图层中的线要素不能具有一个以上的构成部分。

❑　不能相交或内部接触：一个图层中的线必须在其端点处与同一图层中的其他线相接触。

❑　端点必须被其他要素覆盖：一个图层中线的端点必须被另一个图层中的点要素覆盖。

❑　不能与其他要素相交：线不能与另一个图层中的其他线相交或叠置。

❑　不能与其他要素相交或内部接触：一个图层中的线必须与另一条线在其端点处接触。

❑　必须位于内部：一个图层中的线必须包含在另一个图层的面要素内。

3）多边形规则

❑　不能重叠：一个区域不能与同一图层的另一个区域叠置。

❑　不能有空隙：同一图层中的区域之间不能存在空隙。

❑　不能与其他要素重叠：一个图层中的区域不能与另一个图层中的区域重叠。

❑　必须被其他要素的要素类覆盖：一个图层的面要素必须覆盖另一个图层的面要素。

❑　必须互相覆盖：一个图层的面要素必须与另一个要素的面要素互相覆盖。

❑　必须被其他要素覆盖：一个图层中的面要素必须包含在另一个图层的面要素内。

❑　边界必须被其他要素覆盖：一个图层中面要素的边界必须被另一个图层的线要素覆盖。

❑　面边界必须被其他要素的边界覆盖：一个图层中面要素的边界必须被另一个图层中面要素的边界覆盖。

❑　包含点：一个图层中的面要素必须至少包含另一个图层中的一个点要素。

❑　包含一个点：一个图层中的面要素必须完全包含另一个图层中的点要素。

下面介绍在 ArcCatalog 下创建拓扑的主要操作方法。

（1）右击目标要素类，在弹出的快捷菜单中选择"新建"|"拓扑"命令，如图 27.40 所示。

（2）弹出"新建拓扑"向导设置对话框，单击"下一步"按钮，如图 27.41 所示。

（3）进入拓扑名称和拓扑容差设置界面，在"输入拓扑名称"文本框中输入名称，在"输入拓扑容差"文本框中输入容差值，完成后单击"下一步"按钮，如图 27.42 所示。

图 27.40　选择新建拓扑命令

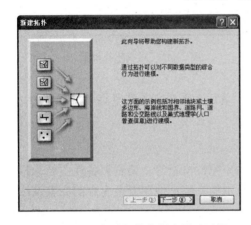

图 27.41　新建拓扑执行向导对话框

图 27.42　设置名称和容差

（4）进入要素类选择设置界面，选择需要进行拓扑分析的要素类，单击"下一步"按钮，如图 27.43 所示。

（5）进入拓扑等级设置界面，在"输入等级数"文本框中输入数目，单击"下一步"按钮，如图 27.44 所示。

图 27.43　选择要素类

图 27.44　输入等级数

（6）进入规则添加设置对话框，单击"添加规则"按钮进行规则添加，完成后单击"下一步"按钮，如图 27.45 所示。

（7）进入拓扑摘要界面，完成后单击"完成"按钮，如图 27.46 所示。

图 27.45　添加规则

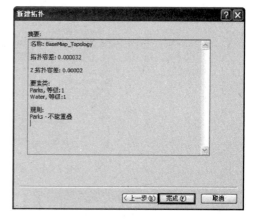

图 27.46　完成拓扑设置

🔔注意：拓扑编辑和错误核查方法这里不再赘述，请读者参考相关章节进行复习掌握。

9. 完备性

完备性的检查主要包括要素的完备性、注记的完整性检查等。要素完备性主要包括整幅地图要素类别与要素内容的完整检查，包括地图范围的完整、地图要素内容的完整及注记内容的完整等，主要操作仍以人工核查为主。

27.2　制图综合图层框架设计

在制图过程中，整个图层的框架设计是影响成图效果的重要内容，图层框架设计的成功与否决定了地图成图的展示效果及后续切图成果。图层框架设计主要包括图层分组设计、可见图层设置、可见比例尺范围设置、图层透明度设置等。

27.2.1　图层框架设计

在制图过程中往往涉及多个图层，有的制图员比较习惯将不同类别图层分为多个 MXD 文档存储，而实际上将这些图层统一放到一个 MXD 文档中将会给后续的工作带来很大方便。因此在进行图层框架设计时，合理分布点线面图层，将同类别图层进行合理分组是十分考验制图员制图经验的一项工作。下面概括介绍图层框架设计的一些技巧。

在实际的项目应用过程中，GIS 系统中的地图图层往往被分为两大组别：业务图层组和地图底图组，采用树结构进行地图的数据组织管理。

原则是在不破坏空间数据库中数据的存储的基础上，在应用层端通过对地图数据的重组来实现地图的简洁快速表达。实际上就是依赖 ArcMap 的图层管理系统将地图分组以树结构的形式进行分组表达。

1．分组时一般遵循工作地图组在上，背景地图组在下的原则

比如在做专题地图制图时，需要将业务数据分组放到底图组的上面。

比如需要做某地区银行点分布状况专题图，整个图层除包含业务图层银行点之外，为了地图的完整与美观，需要将附近居民点作为点图层加入，将道路与轨道交通作为线、面图层加入，将街区、绿地、居民区等作为面状图层加入地图。这里假设涉及以上提到的 9 个图层，那么我们将按照以下方式进行图层框架的组织。

银行点点状图层作为业务图层组放在最上层，居民点、道路、轨道交通、街区、绿地、居民区等作为地图底图组放在下层，操作方法如下。

（1）右击内容列表中的图层框架，在弹出的快捷菜单中选择"新建图层组"命令，如图 27.47 所示。

（2）拖动"银行点"点图层至该图层组，单击图层组名高亮显示，输入自定义图层组名"业务图层组"，如图 27.48 所示。

（3）再次右击内容列表中的图层框架，在弹出的快捷菜单中选择"新建图层组"命令，拖动居民点、道路、轨道交通、街区、绿地、居民区等图层至该图层组，单击图层组名高亮显示，输入自定义图层组名"地图底图组"，如图 27.49 所示。

图 27.47　新建图层组　　　　图 27.48　创建业务图层组　　　　图 27.49　创建地图底图组

2．图层位置调整遵循点在最上，线其次，面在下的顺序

为了使地图图层全部打开时可以保障所有图层要素内容可见，一般需要将点图层放在最上面，线图层其次，面图层放在最下面。

将地图底图组内的图层按照该原则调整后的顺序如图 27.50 所示。

3．合理化面状图层顺序

实际中，面状图层往往会发生重合，如居民地往往在绿地和街区范围内，因此在进行图

层调整时，需要将居民地面状图层放到绿地和街区面状图层之上。

调整后的图层顺序如图 27.51 所示。

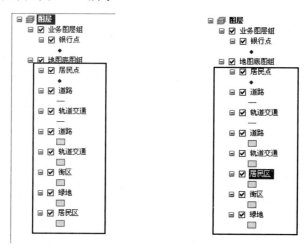

图 27.50　调整图层顺序　　　　图 27.51　调整面状图层

当然在实际操作中远远不止这些操作规则，需要根据实际情况随时调整图层放置顺序，请读者在不同行业的业务应用中及时总结归纳。

27.2.2　图层控制

图层控制中经常会有比例范围设定、图层可视化和对比度、透明度等设置的需求，这里介绍比较常见的图层控制应用。

1．打开、关闭图层设计

仍以上述例子为例，可以看到在 8 个图层中有两个道路图层，一个是线状要素，一个是面状要素；有两个轨道交通图层，一个是线状要素，一个是面状要素。"道路"和"轨道"数据在实际应用中往往是由中心线提取为线状图层用来做分析，在只有制图效果展示的时候，该线状图层的中心线展示效果并不理想，因此，在只有制图需求的情况下，一般会将该类图层关闭。

当然这只是一个例子，其他实际项目应用中会涉及很多类似的情况，可以根据相关的规定或者制图效果的需求，将不需要展示的图层关闭。

具体方法如下。

单击线状图层"道路"前的复选框，去除对勾即可将该图层关闭，如图 27.52 所示。

图 27.52　关闭"道路"图层

2．指定显示图层组的比例范围

指定图层的比例范围设定在高级制图中十分有用，因为在成图结果中往往要求不同比例尺范围下显示不同的要素内容。不同比例范围下展示的具体图层内容受数据量、图幅范围、图层展示要求、成图效果等众多因素的影响。

而该范围的设定更会影响后续工作中地图发布的效果，因此掌握不同图层比例范围设定技巧是实际工作中比较有意义的一项制图技巧。

这里仍以上述例子为例，介绍图层分级和图层分组的具体方法。假设在该银行点专题图制图项目中，要求在比例范围 1∶1000 至 1∶2500 内仅显示银行点、轨道交通面、绿地、街区图层，而在比例范围 1∶2500 至 1∶5000 范围内显示出道路线和轨道线之外的所有图层，那么就需要以下的执行步骤。

（1）指定分级级别，本例比较简单，只需分为两级，分级对应表如图 27.53 所示。

（2）用前面介绍过的图层组创建方法新建图层组，命名为"级别 1"，将银行点、轨道交通面、绿地、街区 4 个图层复制到该图层组中，如图 27.54 所示。

级别	显示比例
1	1∶1000-1∶2500
2	1∶2500-1∶5000

图 27.53　图层分级　　　　　图 27.54　创建级别 1 图层组

或者在新建的图层组中单击"组合"标签，在该设置界面中添加相应图层，如图 27.55 所示。

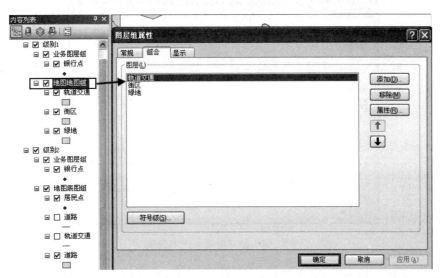

图 27.55　设置图层组内图层

（3）右击图层组"级别 1"，在弹出的快捷菜单中选择"属性"命令，弹出图层组属性设置对话框，单击"常规"标签，进入常规设置界面，在"比例范围"设置框内勾选"缩放超过下列限制时不显示图层"，设置"缩小超过"值为"1∶2500"，输入放大超过值为"1∶

"1000"，完成后单击"确定"按钮，如图 27.56 所示。

（4）用同样的方法新建图层组，命名为"级别 2"，将需要显示的图层复制到该图层组中，如图 27.57 所示。

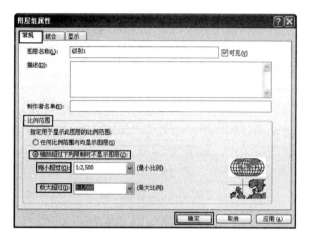

图 27.56　设置级别 1 比例范围

图 27.57　创建级别 2 图层组

（5）右击图层组"级别 2"，在弹出的快捷菜单中选择"属性"命令，弹出图层组属性设置对话框，单击"常规"标签，进入常规设置界面，在"比例范围"设置框内勾选"缩放超过下列限制时不显示图层"，设置"缩小超过"值为"1：5000"，输入放大超过值为"1：2500"，完成后单击"确定"按钮，如图 27.58 所示。

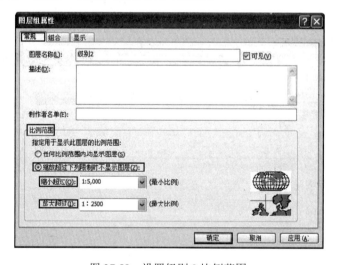

图 27.58　设置级别 2 比例范围

至此即可完成 2 级分级要求的图层比例范围设定，读者可以自行尝试具体展示效果。

3．透明度设置

透明度设置也是制图过程中影响成图效果的一项常用技巧，针对图层组属性进行透明度设置时，除了对组中图层进行透明度效果影响外，整个图层组都将有透明度效果设置。比如在该例中，"街区"面状图层可以进行透明度设置，具体操作方法如下。

（1）右击图层"街区"，在弹出的快捷菜单中选择"属性"命令。

（2）单击"显示"标签，勾选"设置参考比例时缩放符号"选项，在"透明度"文本框中输入相应数值，如图 27.59 所示。

（3）完成后单击"确定"按钮，即可完成透明度设置。

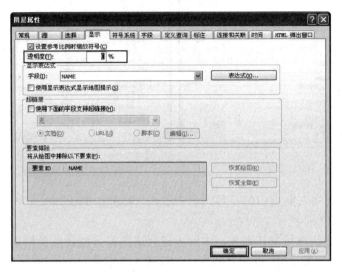

图 27.59　设置透明度

27.3　设置要素符号

符号化的过程是一项细致繁琐的工作，与数据核查一样，也是制图工作中占用时间较长、工作量较大的一项内容。主要包括符号制作、符号归类管理、符号化等内容。前面相关章节中已经介绍过符号管理器的使用，本节举例介绍符号化的基本流程。

27.3.1　符号归类管理

符号归类管理将十分有效地提高符号化过程的工作效率，在 ArcGIS 10 中，样式管理器分类详细，将符号系统细分为参考系统、Maplex 标注、阴影、区域（Area）斑块、线状斑块、标注、制图表达标记、指北针、比例尺、图例项、比例文字、色带、边框、背景、颜色、矢量化设置、填充符号、线符号、标记符号、文字符号、制图表达规则、影线等多个细化类别，且在不同符号类别中提供不同符号制作向导，如图 27.60 所示。

27.3.2　符号化基本流程

下面以上例中的"道路"线状图层为例，介绍线状符号的制作过程。

（1）单击"样式管理器"左侧的"线符号"文件夹，使其文件夹图层为文件打开状态，如图 27.61 所示。

图 27.60　样式细化管理

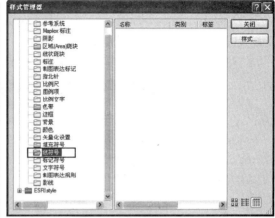

图 27.61　选中"线符号"文件夹

（2）在样式管理器右侧窗口的符号列表中右击，在弹出的快捷菜单中选择"新建"|"线符号"命令，如图 27.62 所示。

（3）系统弹出线状符号制作向导，本例中设置道路符号的属性类型为"简单线符号"，颜色为 RGB 值是"110，110，110"的灰色，样式为"实线"，宽度为"1.0"，如图 27.63 所示。

（4）完成后在符号管理器右侧列表中将出现该新建线状符号，单击名称使之处于高亮显示状态，重命名符号名称为"道路符号"，单击"类别"使之处于高亮显示状态，重命名类别名称为"线状要素类"，标签名称同样可以自定义，本例采用系统默认标签"灰色；单个；实线"，如图 27.64 所示。

图 27.62　新建线符号

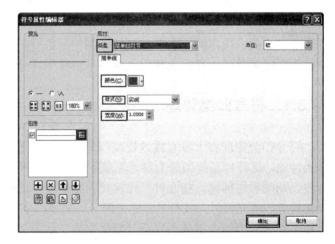

图 27.63　符号属性编辑器

（5）回到 MXD 文档主界面中，单击内容列表中的"道路"图层的线符号，打开符号选择器，在"Administrator"文件夹下就可以看到上一步骤中新建的名为"道路符号"的新建线状要素符号，单击选中该符号后就可以为道路图层进行符号化，如图 27.65 所示。

至此完成单个符号的符号化过程，归纳起来可以将该过程总结为如图 27.66 所示的流程。

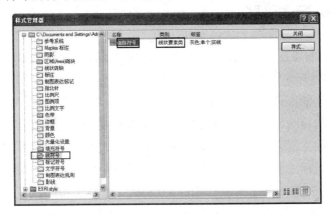

图 27.64　新建"道路符号"

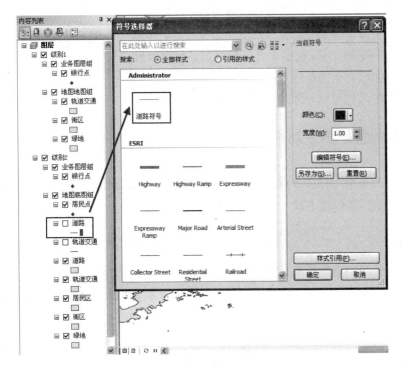

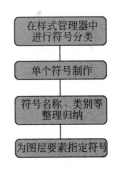

图 27.65　符号化道路线状要素　　　　图 27.66　符号化基本流程

27.4　高级制图中的智能标注

在 ArcGIS 10 中制图表达新增了很多功能，包括对标注的智能化处理，甚至数据的可视化处理等。本节重点介绍在高级制图中常用的智能标注功能，以及对于一般的制图要求所遵守的基本流程。

27.4.1　Maplex 标注引擎

Maplex 标注引擎通过标注管理器对标注进行统一管理。前面的相关章节中已经介绍过 Maplex 的启动方法及标注管理器的基本使用方法。

很多智能标注功能都只支持 Maplex 标注引擎，当使用标准引擎时标注效果将会丢失。

当对点标注、线标注、面标注进行放置时，可以从多种不同的放置位置、偏移类型和标注样式进行选择，标注位置的组合将体现在各种标注样式的放置位置中。

标注放置位置是标注设置的第一个放置属性，其次是要设置标注偏移，控制标注位置与其要素之间的距离。如果无法在偏移距离处放置标注（例如，由于标注或要素冲突），标注会被放置在最大距离内，具体为偏移距离的某个百分比位置处。

配图过程中，如遇到存在障碍而无法放置标注等情况，可通过允许标注少量平移使标注能够被放置在地图上。使用该选项时，平移量在垂直方向最高可达标注高度的一半，在水平方向最高可达标注长度的一半。标注可平移的方向取决于为标注选择的放置位置。

因此最简单基本的标注过程可以总结如下，如图 27.67 所示。

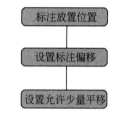

图 27.67　基本标注步骤

27.4.2　高级制图中的智能标注功能

除了上一节中介绍过的基本的标注过程和步骤，高级智能标注还包括很多功能与设置技巧，本节将用大量篇幅介绍这些标注方法。

1. 要素权重调整

通过要素权重调整，可减小重要要素被标注压盖的几率。要素权重的范围为 0～1 000，权重为 1000 的要素将被视为不可标注的空间，要素权重为 0 表示要素应被视为可用空间。

要素权重设置的基本方法如下。

（1）单击"标注"工具条中的"标注权重等级"按钮，如图 27.68 所示。

图 27.68　单击标注权重等级

（2）弹出"权重等级"设置对话框，在"要素权重"列表中设置不同数值进行不同图层的要素权重，如图 27.69 所示。

2. 设置标注优先级

ArcGIS 标注优先级用于控制标注在地图中的放置顺序。通常先放置优先级较高的标注，之后再放置优先级较低的标注。此外，与较高优先级标注冲突的较低优先级标注可能会被放置在备用位置或从地图中删除。

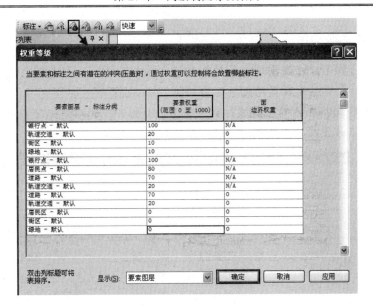

图 27.69　设置要素权重

标注优先级的设置方法如下。

（1）单击"标注"工具栏中的"设置标注优先级"按钮，如图 27.70 所示。

图 27.70　单击设置标注优先级按钮

（2）系统弹出"设置标注优先级"对话框，列表顶部的标注具有最高优先级，由于是银行网点专题图的制作，因此本例中可以选择将银行点图层调整到列表顶部，在标注时将优先进行该图层的标注，如图 27.71 所示。

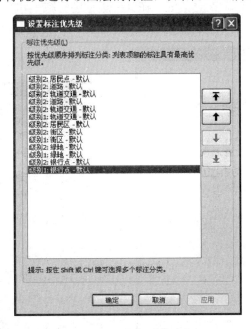

图 27.71　设置标注优先级

（3）完成后单击"确定"按钮即可。

3．减小标注文本大小

在实际制图过程中，往往出现局部数据量过于稠密的情况，造成要素或标注冲突，因此可以通过减小字号及宽度来相对增加标注数目。

减小标注文本大小的操作方法如下。

（1）打开标注管理器，单击其中的"属性"按钮，如图 27.72 所示。

图 27.72　选择标注属性

（2）弹出标注属性设置对话框，单击"自适应策略"标签，进入设置界面后勾选"减小字号"选项，单击其后的"限制"按钮，如图 27.73 所示。

（3）弹出"标注缩小"设置对话框，在其中进行字号减小和字体宽度压缩的相关设置，如图 27.74 所示。

图 27.73　选择减小字号选项

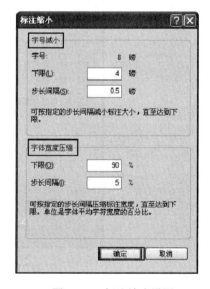

图 27.74　标注缩小设置

（4）完成后单击"确定"按钮即可。

4．重要标注不被移除设置

在该例中的银行点图层，要素数据量较大且需要保证其图层要素的标注永远不被避让，因此在设置该图层的标注属性时需要进行不被移除设置。

具体操作方法如下。

（1）打开标注管理器，单击标注分类列表中的"银行点"图层列表，在对话框右侧的属性设置界面中单击其中的"属性"按钮，如图 27.75 所示。

（2）弹出属性设置界面，单击"冲突解决"标签，进入冲突解决属性设置界面，勾选"从不移除（允许压盖）"选项，完成后单击"确定"按钮，如图 27.76 所示。

图 27.75　选择标注属性　　　　　　　　图 27.76　设置从不移除

5．标注强制换行方法

当标注名称过长时往往需要多行显示，比如本例中银行点图层的标注，比如某要素点的标注名称为"中国农业银行北京分行"，需要在"中国农业银行"后换行，分两行进行标注显示，那么就需要用到标注强制换行的方法实现。具体操作方法如下。

（1）打开标注管理器，单击标注分类列表中的"银行点"图层列表，在对话框右侧的属性设置界面中单击其中的"属性"按钮，弹出属性设置界面，单击"自适应策略"标签，进入"自适应策略"属性设置界面，勾选"堆叠标注"复选框，单击其后的"选项"按钮，如图 27.77 所示。

（2）弹出选项设置对话框，在这里进行标注对齐方式选择、堆叠分隔符设置，以及行数和字符数限制设置。比如本例中选择"，"为堆叠分隔符，那么需要勾选"，"后的"强制分割"复选框，完成后单击"确定"按钮，如图 27.78 所示。

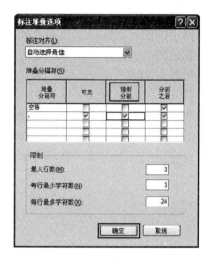

图 27.77　堆叠标注设置　　　　　　　　　　图 27.78　设置堆叠分隔符

（3）换行前后标注的对比效果如图 27.79 和图 27.80 所示。

图 27.79　标注换行前　　　　　　　　　　图 27.80　标注换行后

6. 线标注中的CJK设置

在线标注中，标注往往是沿着线要素的走向进行绘制的，而亚洲文字的书写习惯区别于外语，在国内使用汉化后的 ArcGIS 时，制图过程中会需要将标注文字按照本国的书写习惯进行绘制。

ArcGIS 提供了用垂直的字符方向来正确显示垂直的亚洲文本，以实现在标注垂直放置时水平显示单个字符。

具体操作方法如下。

（1）单击目标线状图层，使之处于选中状态，本例中将设置"道路"线图层的标注，则需要打开标注管理器，在左侧的"标注分类"列表中单击选择"道路"图层，右侧界面进入该图层的设置界面，单击"文本符号"后的"符号"按钮，如图 27.81 所示。

（2）弹出"符号选择器"设置对话框，勾选"CJK 字符方向"复选框，如图 27.82 所示。

（3）使用 CJK 字符方向前后的效果对比如图 27.83 和图 27.84 所示。

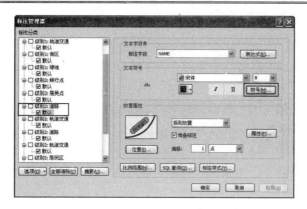

图 27.81　单击文本"符号"按钮

图 27.82　勾选 CJK 字符方向

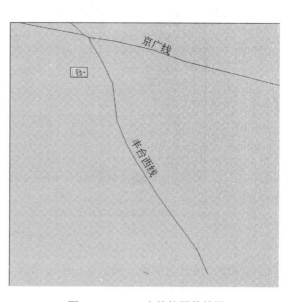

图 27.83　CJK 字符使用前效果

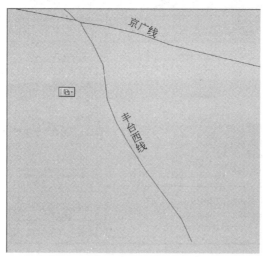

图 27.84　CJK 字符使用后效果

7．点抽稀方法

在制图过程中遇到点数据特别密集时，为了使图面效果整洁清爽，往往会使用点抽稀的方法舍去一些点。

这里介绍 Esri 公司提供的一种点抽稀的方法，基本原理是利用带有牵引线的标注方法，用设置牵引线阈值来限制标注，以达到类似点抽稀的奇妙效果。

本例中仍然将点图层"银行"作为实例图层，实现该图层的点抽稀，具体操作方法如下。

（1）打开标注管理器，在标注分类列表中单击选中银行点图层，单击"文本符号"中的"符号"按钮，如图 27.85 所示。

图 27.85　单击文本符号按钮

（2）弹出"符号选择器"对话框，单击选中"Bullet Leader"符号，即进入牵引线符号设置界面。单击对话框右侧的"编辑符号"按钮，如图 27.86 所示。

图 27.86　选择 Bullet Leader 符号

（3）系统进入标注符号编辑器界面，在右侧"属性"界面中，单击"类型"下拉列表框选择"文本符号"选项，单击"高级文本"标签进入高级文本设置界面，勾选"文本背景"复选框，单击其后的"属性"按钮，如图 27.87 所示。

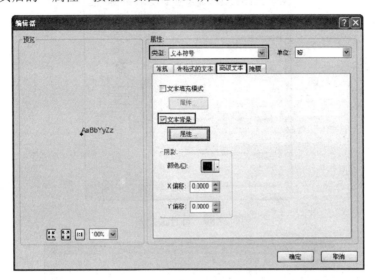

图 27.87　进入文本编辑界面

（4）系统进入文本背景属性设置界面，在编辑器界面右侧的属性界面中单击"类型"下拉列表框，选择"线注释"选项。在"线注释"标签中设置"间距"数值为"1"，设置"牵引线容差"数值为"8"，勾选"牵引线"复选框，单击其后的"符号"按钮，如图 27.88所示。

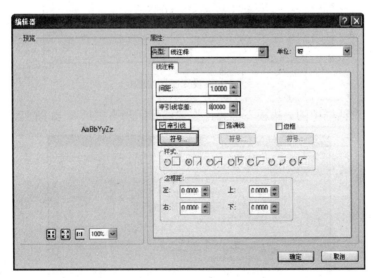

图 27.88　设置线注释属性

（5）系统进入"符号选择器"对话框，单击其中的"编辑符号"按钮，如图 27.89 所示。

（6）系统进入"符号属性编辑器"对话框，单击属性类型列表选择"标记线性符号"选项，单击"制图线"标签，进入制图线设置界面，设置"颜色"属性为无颜色，如图 27.90 所示。

图 27.89　符号选择器

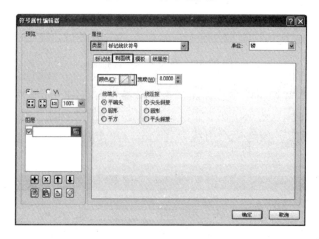

图 27.90　设置制图线颜色

（7）单击该对话框中的"模板"标签，设置偏移间隔为"1"，如图 27.91 所示。

图 27.91　设置模板间隔

（8）单击该对话框中的"线属性"标签，在"线整饰"选项中选择第 2 项，并单击其后的"属性"按钮，如图 27.92 所示。

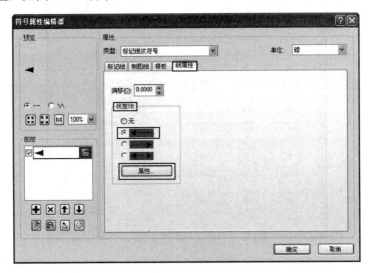

图 27.92　选择线整饰

（9）进入"线整饰编辑器"界面，进入该属性的"线整饰"界面，在"翻转"属性设置中勾选"全部翻转"和"翻转第一个"复选框，在"旋转"属性设置中勾选"使符号与页面成固定角度"，设置完成后单击"符号"按钮，如图 27.93 所示。

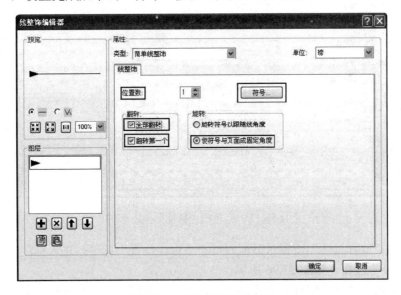

图 27.93　线整饰编辑器设置

（10）系统进入"符号选择器"设置界面，选择自定义的或者感兴趣的符号，如这里选择"Star 3"符号，完成后单击"确定"按钮，如图 27.94 所示。

（11）完成后分别单击各个步骤的"确定"按钮，以保存设置。

（12）回到标注管理器界面，单击放置属性界面中的"属性"按钮，如图 27.95 所示。

图 27.94　选择符号

图 27.95　单击"属性"按钮

（13）进入"放置属性"设置对话框，单击"标注位置"标签，进入标注位置设置界面，单击"标注偏移"按钮，如图 27.96 所示。

（14）系统进入"标注偏移"设置界面，在"首选偏移"文本框中输入数值"9"，完成后单击"确定"按钮，如图 27.97 所示。

注意：偏移数值输入上一步牵引容差+1 的值（超过 8，显示牵引线）。

至此即可完成点抽稀的所有步骤。

这里截取了某地区山脉点图层的点抽稀前后效果对比图，如图 27.98 和图 27.99 所示。

图 27.96　选择标注偏移按钮　　　　　　图 27.97　设置首选偏移数值

图 27.98　点抽稀前

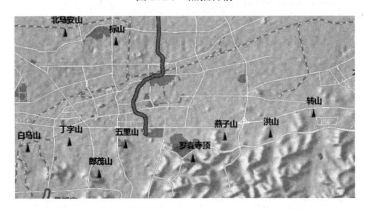

图 27.99　点抽稀后

8．道路连接

道路的制图是在制图过程中遇到问题比较多的一项工作内容。经常会遇到这样的情况，就是在出现交叉路口的情况下，两条道路以线的符号相交之后并不像实际道路的路口那样真实自然。这时可以选择采用 Maplex 的道路连接功能来实现线状要素的平滑自然。

下面以本例中的道路数据为例，介绍道路连接的操作方法。

（1）右击目标图层"道路"，在弹出的快捷菜单中选择"属性"命令。

（2）弹出"图层属性"设置对话框，单击"符号系统"标签进入符号系统设置界面，单击该界面中的"高级"按钮，如图 27.100 所示。

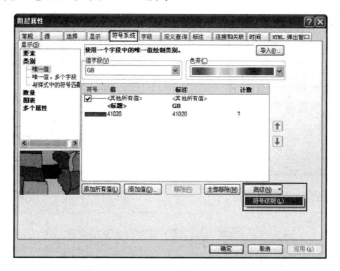

图 27.100　选择符号系统的高级选项

（3）弹出"符号等级"设置对话框，勾选"使用下面指定的符号等级来绘制此图层"复选框，在"连接"选项中勾选目标图层选项，完成后单击"确定"按钮，如图 27.101 所示。

图 27.101　勾选目标图层的连接选项

至此即可完成"道路"图层连接效果的实现过程。

连接前交叉路口相互重叠，而效果使用之后交叉路口将比较自然，设置前后效果对比图如图 27.102 和图 27.103 所示。

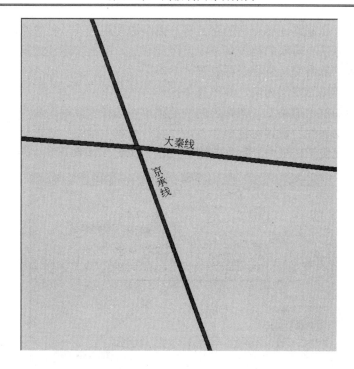

图 27.102　道路连接前效果

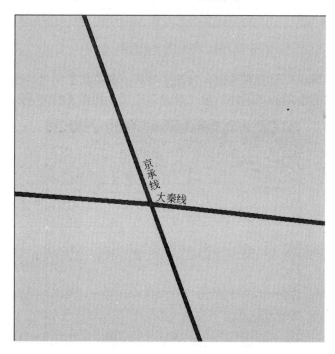

图 27.103　道路连接后效果

9. 道路合并设置

在实际应用中，道路的符号渲染往往会出现多种符号在同一图层出现的情况，比如在同一"道路"图层中，高速路使用一种道路符号，而国道使用另外一种道路符号。同一图层进行不同符号渲染的方法在前面的相关章节中已经介绍过，不再赘述。这里主要介绍如何对同一图层下不同符号的道路交叉进行合并设置。

以本例中的"道路"图层为例，介绍具体操作方法如下。

（1）右击目标图层"道路"，在弹出的快捷菜单中选择"属性"命令。

（2）弹出"图层属性"设置对话框，单击"符号系统"标签，进入符号系统设置界面，单击该界面中的"高级"选项中"符号级别"按钮，如图 27.104 所示。

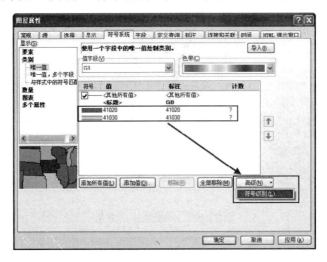

图 27.104　选择"符号级别"按钮

（3）弹出"符号等级"设置对话框，勾选"使用下面指定的符号等级来绘制此图层"复选框，勾选目标图层分级后的"连接"和"合并"选项，如图 27.105 所示。

图 27.105　勾选"连接"和"合并"选项

（4）完成后单击"确定"按钮即可。

至此完成道路合并效果设置，以下是合并前后不同的效果图，如图 27.106 和图 27.107 所示。

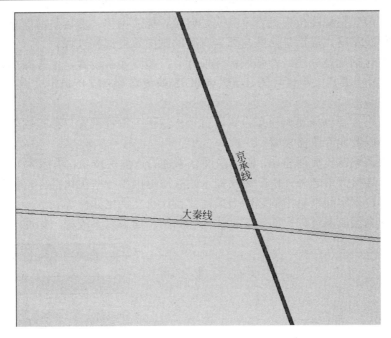

图 27.106 道路合并前效果

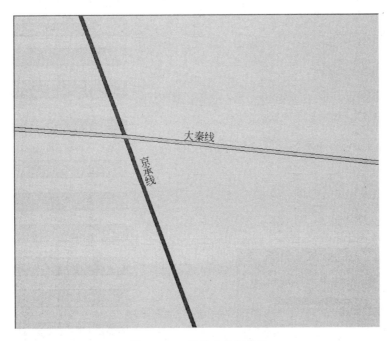

图 27.107 道路合并后效果

27.4.3 制图标注基本流程

通过前面两小节介绍的基本制图标注过程和重要制图智能标注技巧,我们可以把握在高级制图过程中标注的主要流程,具体总结如下。

　　基本要求一般包括标注位置设置，其次是要设置标注偏移，然后是前面总结的一些自适应策略和冲突解决策略，最后是一些与要素有关的制图效果调整过程。

　　自适应策略包括堆叠标注（即强制标注换行）、超限要素设置、字号减小设置、标注缩小设置、标注的最小要素大小设置等，当然 ArcGIS 的策略顺序支持自定义调整，如图 27.108 所示。

　　冲突解决策略主要包括要素权重设置、背景标注优先放置设置、移除同名标注设置、标注缓冲区设置，以及允许压盖设置。

　　而制图效果调整比较灵活自由，除了前面介绍过的点抽稀技巧、线标注中的 CJK 技巧应用及道路合并、连接效果之外，Esri 公司技术团队还提供了一些优化插件，优化制图效果。制图员甚至可以根据实际项目中的制图效果需要自行研发优化插件等。

　　由此可以把高级制图过程中的智能标注内容归纳总结为以下流程，如图 27.109 所示。

图 27.108　调整自适应策略顺序

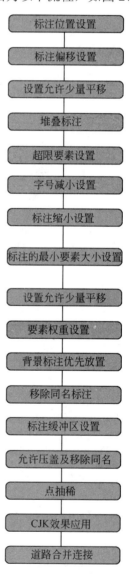

图 27.109　智能标注基本流程图

27.4.4　地图发布的基本方法

目前 ArcGIS 提供的地图发布基本原理就是把配置好的地图资源制作为缓存，应用到客户端程序。

ArcGIS Server 提供了一个平台，允许通过局域网和互联网访问及使用地图，使用地图缓存技术之后，将可以实现更加高效快捷的地图访问体验。

在目前主流的 GIS 制图项目中，缓存制作是地图发布中比较重要的一项工作内容。

ArcGIS Server 支持多种缓存策略，当数据量较小或者是小比例尺制图状况下，可以直接制作全图范围的缓存创建或者某个地图范围内的地图缓存创建。

而当数据量较大或者大比例尺制图时，可以采用渔网切图，即在设定的要素类范围内创建缓存以节省缓存创建时间和硬盘空间。

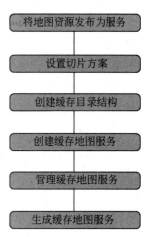

在进行数据更新或者修改时，可根据需更新的要素范围，进行局部地图缓存的创建或更新，从而节省大量时间。当地图在大比例尺下显示存在很多空白、不可用或用户兴趣度低的区域时，可以采用按需缓存策略。按需缓存可以减轻创建和存储这些不必要切片时的负担，但用户仍可以在需要它们的时候对其进行查看。

下面概括一下地图发布的基本步骤，主要包括将配置好的地图资源发布为服务、设置切片方案、创建缓存目录结构、创建和管理缓存地图服务、生成缓存地图服务，将其总结为流程图，如图 27.110 所示。

图 27.110　地图发布基本方法

以下是银行网点专题图发布之后的效果图，如图 27.111 和图 27.112 所示。

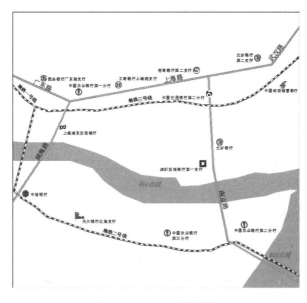

图 27.111　一级切图样图

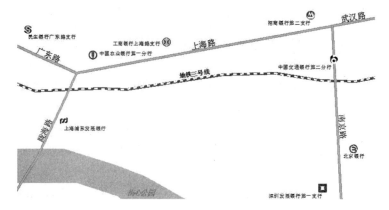

图 27.112   二级切图样图